教育部高等学校电子信息类专业教学指导委员会规划教材
高等学校电子信息类专业系列教材·新形态教材

信息论与编码

主　编　严　军　张祥莉　郭红想
副主编　王　勇　余良俊　李　响

清华大学出版社
北京

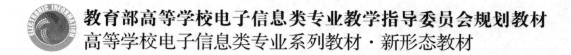

内容简介

本书全面介绍信息论与编码原理及其在通信系统、数据压缩等领域的应用。全书共8章，涵盖了信源模型、信道容量、信源压缩编码、线性分组码、循环码、BCH码、卷积码和Turbo码、5G通信中的LDPC码和Polar码等。本书以丰富的实例和应用案例为引导，深入浅出地阐述了信息论与编码的基本原理和技术方法，帮助读者全面掌握相关知识。

本书将理论与实践相结合，既有深入的理论分析，又有丰富的实际应用案例。通过学习本书，读者不仅能够掌握信息论与编码的基本概念和方法，还能够了解这些理论在通信系统中的应用，提高解决实际问题的能力。

本书适合计算机科学与技术、通信工程、电子信息工程等相关专业的本科生和研究生使用，也适合从事信息论与编码研究的教师和研究人员参考。

图书在版编目（CIP）数据

信息论与编码/严军，张祥莉，郭红想主编. -- 北京：清华大学出版社，2025. 2. --（高等学校电子信息类专业系列教材）. -- ISBN 978-7-302-68175-5

Ⅰ. TN911.2

中国国家版本馆CIP数据核字第2025A8G078号

责任编辑：曾　珊　李　晔
封面设计：李召霞
责任校对：王勤勤
责任印制：丛怀宇

出版发行：清华大学出版社
网　　址：https://www.tup.com.cn，https://www.wqxuetang.com
地　　址：北京清华大学学研大厦A座　　**邮　　编**：100084
社 总 机：010-83470000　　**邮　　购**：010-62786544
投稿与读者服务：010-62776969，c-service@tup.tsinghua.edu.cn
质量反馈：010-62772015，zhiliang@tup.tsinghua.edu.cn
课件下载：https://www.tup.com.cn，010-83470236
印 装 者：三河市铭诚印务有限公司
经　　销：全国新华书店
开　　本：185mm×260mm　　**印　张**：17.5　　**字　　数**：426千字
版　　次：2025年3月第1版　　**印　　次**：2025年3月第1次印刷
印　　数：1～1500
定　　价：59.00元

产品编号：097129-01

前言
FOREWORD

“烽火连三月，家书抵万金。”自古以来，人们对于信息的强烈渴求，用“望穿秋水”来形容也不为过。从“飞鸽传书”“鸿雁传情”到驿路车马，随着社会的进步，对信息的需求与日俱增，促进了通信事业的蓬勃发展。

今天，那些曾经在神话故事里才会出现的“千里眼”“顺风耳”，已经以各种通信系统的形式，步入寻常百姓家。而通信系统高速发展需要基于人们对信息传输本质的深刻理解。

自1895年马可尼实现无线电报传输之后，一个困扰科学界的问题就出现了。如何对信息进行准确的定义，并进而衡量待传信息量的大小？这个问题直到1948年才由香农在其经典论文《通信的数学理论》中给出答案。这篇经典论文给出了信息的统计度量方法，并创造性地指出了信息无失真压缩的速率极限、信息限失真传输下的速率极限以及提高信息传输可靠性的方法。这些研究成果开创了信息时代的先河，香农也被称为“信息论”的奠基人。信息论的发展极大地促进了通信系统设计的发展水平，使得社会在20世纪后半叶进入信息时代。信息技术(Information Technology，IT)一直到现在都是高科技的代名词。

近年来，随着无线通信技术的高速发展，人工智能技术的风靡，信息论的相关知识又成为科研工作者不可或缺的理论基础。随着时代的变迁，虽然有关信息的确切定义和深刻内涵不断地融入新的元素，并扩展到新的领域，但这些恰恰说明，信息论具有独特的魅力，不断吸引科研工作者对其进一步深入研究。

作为电子信息工程、通信专业的教材，本书将从通信系统设计角度，沿着信息论奠基人克劳德·香农的知识脉络，从“狭义信息论”(即基于概率统计的信息数学理论)的角度，描述信息的度量理论、信源的压缩理论及信道编码理论。全书分为8章，内容结构按照信息理论和编码技术分别展开。信息理论模块主要针对信息的测量，信道容量的相关概念，以及信源压缩的相关理论展开，给读者一个有关信息论的大致轮廓；编码技术则详细介绍了在通信系统中广泛应用的经典信源编码和信道编码，包括线性分组码、循环码、BCH码、卷积码和Turbo码。此外，为了紧跟科技发展的时代前沿，本书系统地介绍了在5G通信中使用的LDPC码和Polar码，以与当前5G通信中有关信道编码的应用接轨。

各章内容安排如下：

第1章对信息的核心概念进行介绍。建立各种信源的统计模型，并对离散无记忆信源、马尔可夫信源以及连续信源的熵进行了分类讨论，应用案例是机器学习中信息增益和交叉熵的应用。

第2章主要探讨了通信系统中信息传输的可靠性问题。介绍了信道模型、信道容量的定义和计算方法，引出了有噪信道编码定理(即香农第二定理)，为通信系统的设计和分析提供了重要的理论依据，并为后面介绍的信道编码技术奠定了理论基础。

第 3 章介绍了信源压缩的相关理论和信源编码技术，一些经典的无损压缩、有损压缩编码原理和编译码方法，并引出了保真度准则下的信源编码定理(即香农第三定理)，给出了给定失真下有损压缩的理论极限。本章应用案例是 JPEG 图像压缩编码标准分析以及 ZIP 压缩格式。

第 4 章从通信系统可靠传输的角度介绍信道编码的相关理论，并重点分析了线性分组码的编码和译码方法，以及线性分组码的纠错性能。

第 5 章介绍了循环码的相关概念。首先利用近世代数的知识，建立了循环码的移位寄存器实现的理论基础。其次介绍了循环码的编码方法和译码方法，应用案例是 CRC 码及其校验方案。

第 6 章介绍了 BCH 码的相关知识和技术，包括其背景、原理、编码过程、译码方法和应用场景等。以在密码学和数据存储领域得到广泛应用的 Reed-Solomon 码作为 BCH 码的典型应用。

第 7 章介绍了卷积码和 Turbo 码。首先介绍了卷积码的基本原理、编码方法和经典的维特比译码算法。在此基础上详细介绍了基于串行和并行卷积码结构的 Turbo 码。作为应用案例，介绍了卫星导航中的卷积码。

第 8 章介绍了在 5G 通信中使用的 LDPC 码和 Polar 码，分别介绍了它们的编码原理和构造思路，并详细展示了主流的编码和译码算法，以及优化方案。关于应用案例，我们根据 3GPP TS38.212 技术规范，分别给出了 5G 标准下的 LDPC 码和 Polar 码的信道编码方案。

“信息论与编码”是高等院校电子信息工程和通信工程专业的一门核心课程，其内容涉及较多的数学知识，理论推导较为抽象难懂。编者结合多年的“信息论与编码”课堂教学经验，尽可能以简单明了的方式引导读者理解信息论与编码的相关概念。考虑到当前高校学时压缩情况普遍比较严重，本书凝练了课程内容，突出了基本概念、基本理论和基本应用。书中包含大量例题，并配有视频资源，以帮助读者深入理解相关概念并拓宽知识面。期望读者通过阅读本书能够有所收获。

编　者

2024 年 9 月

视频清单

视频清单

视频名称	时长/min	位置
视频 1 硬币称重	14	1.3 节节末
视频 2 相对熵交叉熵	10	1.6 节节末
视频 3 Huffman 编码图片压缩	13	3.4.1 节节末
视频 4 LZW 算法	26	3.4.2 节节末
视频 5 限失真信源编码	19	3.5 节节末
视频 6 JPEG 压缩	14	3.7 节节末
视频 7 ZIP 压缩	19	3.7 节节末
视频 8 线性分组码的编码电路	5	4.2 节节末
视频 9 多项式除法电路	12	5.4.1 节节末
视频 10 非系统循环码编码电路	3	5.4.2 节节中
视频 11 系统循环码编码电路	8	5.4.2 节节中
视频 12 循环码 r 级编码器电路实现	16	5.4.2 节节中
视频 13 梅吉特译码电路实现	9	5.4.3 节节中
视频 14 循环码 BCH 码的MATLAB仿真	13	6.4 节节末
视频 15 卷积码编码	11	7.2 节节末
视频 16 维特比译码	13	7.4 节节末
视频 17 卷积码 MATLAB 仿真与性能分析	15	7.5 节节末
视频 18 Polar 码的 SC 译码算法仿真	16	8.2.5 节节中

目录
CONTENTS

绪论 …… 1
第 1 章 信源与熵 …… 3
1.1 信号、消息与信息 …… 3
1.2 信源的数学模型 …… 4
1.2.1 离散无记忆信源 …… 5
1.2.2 离散无记忆信源的扩展信源 …… 5
1.2.3 离散有记忆信源 …… 6
1.2.4 连续信源和波形信源 …… 6
1.3 离散信源的信息度量 …… 7
1.3.1 自信息与熵 …… 7
1.3.2 联合熵与条件熵 …… 8
1.3.3 熵的基本性质 …… 10
1.4 离散信源的熵 …… 15
1.4.1 离散无记忆信源的熵 …… 15
1.4.2 离散有记忆信源的熵 …… 17
1.4.3 马尔可夫信源的熵 …… 19
1.5 连续信源和波形信源的熵 …… 22
1.5.1 一维连续信源的微分熵(差熵) …… 22
1.5.2 连续信源微分熵(差熵)的性质 …… 24
1.5.3 波形信源的微分熵(差熵) …… 25
1.6 应用案例 1：机器学习与熵 …… 26
1.6.1 决策树算法的信息增益 …… 26
1.6.2 相对熵与交叉熵 …… 26
第 2 章 信道和信道容量 …… 28
2.1 信道的基本概念 …… 28
2.2 熵与平均互信息 …… 30
2.2.1 互信息 …… 30
2.2.2 平均互信息 …… 31
2.2.3 通信系统中的熵与平均互信息 …… 34
2.3 信道容量 …… 36
2.4 特殊信道的信道容量 …… 38
2.4.1 无噪无损信道 …… 39
2.4.2 无噪有损信道 …… 39

2.4.3 有噪无损信道 …… 39
2.4.4 有噪打字机信道 …… 40
2.4.5 二元对称信道 …… 41
2.4.6 二元删除信道 …… 42
2.4.7 对称离散无记忆信道 …… 43
2.4.8 离散无记忆扩展信道 …… 44
2.5 一般DMC的信道容量 …… 45
2.5.1 一般离散无记忆信道的信道容量泛函求解方法 …… 45
2.5.2 一般离散无记忆信道的信道容量迭代算法 …… 49
2.6 连续信道 …… 51
2.7 波形信道 …… 51
2.7.1 波形信道的噪声 …… 52
2.7.2 带限加性高斯信道的信道容量 …… 53
2.8 组合信道的信道容量 …… 56
2.8.1 级联信道 …… 56
2.8.2 并联信道 …… 56
2.9 有噪信道编码定理 …… 59
2.9.1 译码规则对错误概率的影响 …… 59
2.9.2 信道编码对错误概率的影响 …… 63
2.9.3 有噪信道编码定理 …… 64
2.9.4 信源与信道的匹配 …… 65
第3章 信源编码 …… 66
3.1 信源编码的基本概念 …… 67
3.2 无失真信源编码 …… 70
3.2.1 定长码 …… 70
3.2.2 变长码 …… 71
3.2.3 前缀码 …… 74
3.2.4 唯一可译码 …… 75
3.3 无失真信源编码定理 …… 76
3.3.1 定长无失真信源编码定理 …… 77
3.3.2 变长无失真信源编码定理 …… 78
3.4 典型无失真信源编码方法 …… 80
3.4.1 Huffman编码 …… 80
3.4.2 字典编码 …… 84
3.4.3 算术编码 …… 88
3.4.4 游程编码 …… 94
3.5 限失真信源编码 …… 96
3.5.1 失真函数 …… 97
3.5.2 平均失真 …… 98
3.5.3 离散信源的信息率失真函数 …… 99
3.5.4 连续信源的信息率失真函数 …… 100
3.5.5 保真度准则下的信源编码定理(香农第三定理) …… 102
3.6 典型限失真信源编码方法 …… 102

3.6.1　量化 …… 103
3.6.2　预测编码 …… 104
3.6.3　变换编码 …… 105
3.7　应用案例 2：静止图像的数字压缩编码 JPEG 标准 …… 106
第 4 章　线性分组码 …… 108
4.1　信道编码基本概念 …… 108
4.1.1　信道编码的分类 …… 108
4.1.2　4 种常见的差错控制方式 …… 109
4.2　线性分组码的构造 …… 110
4.2.1　分组码 …… 111
4.2.2　线性分组码的构造——生成矩阵 …… 112
4.2.3　线性分组码的校验矩阵 …… 118
4.3　线性分组码的译码 …… 123
4.3.1　检错和纠错 …… 123
4.3.2　译码策略 …… 125
4.3.3　译码技术 …… 125
4.3.4　线性分组码一般译码器结构 …… 128
4.4　汉明码 …… 130
4.4.1　标准汉明码 …… 130
4.4.2　扩展汉明码 …… 131
4.5　线性分组码的纠错性能 …… 133
4.5.1　线性分组码的最小距离与监督码元数目的关系——极大最小距离码(MDC) …… 133
4.5.2　线性分组码的纠错能力与监督码元数目的关系——完备码(Perfect Code) …… 133
4.5.3　线性分组码对减小错误率的作用 …… 135
第 5 章　循环码 …… 139
5.1　循环码的概念 …… 140
5.1.1　循环码的定义 …… 140
5.1.2　循环码的多项式表示 …… 141
5.1.3　多项式数学结构 …… 142
5.1.4　多项式的分解 …… 144
5.1.5　码字的循环移位 …… 145
5.2　循环码的编码 …… 146
5.2.1　循环码的生成多项式编码方法 …… 146
5.2.2　循环码的生成矩阵编码方法 …… 148
5.2.3　系统循环码的编码 …… 150
5.3　循环码的译码 …… 153
5.3.1　循环码的校验多项式和校验矩阵 …… 153
5.3.2　循环码的伴随式译码 …… 154
5.4　循环码的硬件实现 …… 155
5.4.1　GF(2)上的多项式运算电路 …… 155
5.4.2　循环码的编码电路 …… 158
5.4.3　循环码的译码电路 …… 163
5.5　循环码的扩展——截短循环码 …… 168

5.6 纠突发错误码 …… 169
5.6.1 突发错误 …… 169
5.6.2 法尔码 …… 170
5.7 应用案例 3：CRC 码 …… 171
第 6 章 BCH 码 …… 173
6.1 BCH 码的概念 …… 173
6.1.1 扩域 …… 174
6.1.2 扩域元素与多项式的根 …… 178
6.1.3 最小多项式 …… 179
6.2 BCH 码的构造 …… 183
6.2.1 BCH 码的纠错能力 …… 183
6.2.2 给定纠错能力的 BCH 码生成多项式的构造 …… 184
6.3 BCH 码的译码 …… 186
6.3.1 查表法 …… 186
6.3.2 迭代法 …… 186
6.4 Reed-Solomon 码（RS 码） …… 189
第 7 章 卷积码 …… 191
7.1 卷积码的概念 …… 192
7.1.1 引言 …… 192
7.1.2 卷积码的基本概念 …… 192
7.2 卷积码的编码方法 …… 194
7.3 卷积码常见的表示方法 …… 198
7.3.1 冲激响应和子多项式 …… 198
7.3.2 转移函数矩阵 …… 199
7.3.3 生成矩阵 …… 199
7.3.4 状态转换图和树状图 …… 201
7.3.5 卷积码的网格图 …… 203
7.4 卷积码的译码 …… 204
7.5 卷积码的性能分析 …… 207
7.5.1 维特比译码的软判决和硬判决 …… 207
7.5.2 仿真分析 …… 207
7.6 Turbo 码的编码和译码 …… 208
7.6.1 Turbo 码编码 …… 209
7.6.2 Turbo 码译码算法 …… 210
7.6.3 Turbo 码性能分析 …… 214
7.7 应用案例 4：卫星导航中的卷积码 …… 215
第 8 章 接近香农极限的信道编码 …… 217
8.1 LDPC 码 …… 218
8.1.1 LDPC 码基础 …… 218
8.1.2 LDPC 码的构造 …… 221
8.1.3 LDPC 码的译码 …… 226
8.1.4 LDPC 码性能仿真 …… 234

8.1.5　应用案例5：5G标准LDPC码 …… 234
8.2　Polar码 …… 239
8.2.1　对称容量和巴氏参数 …… 240
8.2.2　信道极化 …… 240
8.2.3　Polar码的编码 …… 245
8.2.4　Polar码的构造 …… 248
8.2.5　Polar码的译码 …… 249
8.2.6　级联Polar码 …… 256
8.2.7　应用案例6：5G标准Polar码 …… 260
附录　IEEE 802.16e基校验矩阵 …… 264
参考文献 …… 266

绪　论

克劳德·艾尔伍德·香农博士(Claude Elwood Shannon,1916 年 4 月 30 日—2001 年 2 月 24 日)是美国数学家,也是信息论的创始人,同时也是包括人工智能在内的多个现代学科的创始人。香农在 1948 年发表的论文《通信的数学理论》,以及在 1949 年发表的论文《噪声下的通信》,引入了信息量的数学表达,从感性的认知中提取出信息的概念,从数学上把信息量化,提出了通信系统的模型,解决了通信的一些基本技术问题,奠定了信息论的基础。香农以解决通信系统的设计问题为目标开始信息论的研究,他所定义的信息概念以通信系统的模型为基础,因此香农信息论也称为狭义信息论,主要研究通信系统中信息的测度、信道容量、信源和信道编码定理。

随着通信和电子技术的飞速发展,信息论得到进一步发展,一般信息论涉及噪声、滤波与预测、估计、密码学等研究领域。信息论的不断发展使人们逐渐认识到,世界上一切事物都处于运动和变化之中,过程中会发出各种各样的信息,人类生活在信息的海洋里,一时一刻也离不开信息。通过认识信息,利用信息,在所有与信息相关的领域不断地拓展信息处理的深度和广度,形成了广义信息论,广泛应用于物理、化学、生物学、心理学、管理学、经济学、计算机等学科,取得了丰硕的成果。

信息论与编码是一门理论与实际相结合的学科,主要研究如何在通信系统中对信息进行有效的处理、存储和可靠的传输。有效性和可靠性是通信系统的两个重要指标。

本书将介绍信息的表征,以及应用概率论与数理统计的方法,对通信系统中传输的信息进行量化、分析和编码的基本理论、基本方法和基本技能。

一个数字信息传输系统的一般模型如图 0-1 所示。

对一个通用的数字信息传输系统来说,信号从发送端经过信道的传输到达接收端,要经过这样一些部分:首先,信源发出的信息通过变换器,变换后的信号通过信源编码器进行信源编码;然后通过信道编码器进行信道编码,再经过调制器,送入发射机。发射的信号通过信道进行传输,通常信道是有噪声的。在接收端,接收机接收到的信号依次经过解调器、信道译码器、信源译码器,以及逆变换器,最后到达信宿,就得到了发送端发送的信息。

在整个通信系统中,“信息论与编码”这门课主要应用在其中两个部分:信源编码器以及相应的译码器、信道编码器以及相应的译码器。

信源编码的作用是提高信息传输的有效性。信源发出的消息中存在冗余,这些冗余可以被去掉而不影响信源发出的信息的完整性。这种去除消息中冗余信息的过程就是信源编

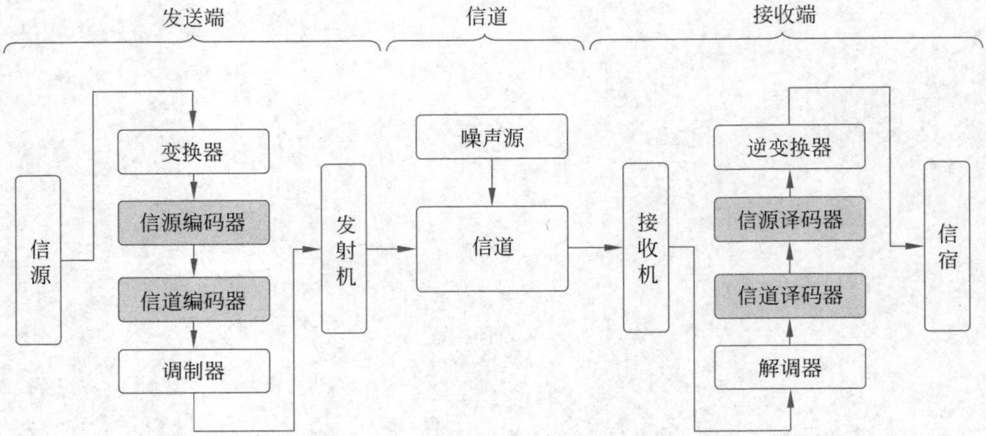

图 0-1 数字信息传输系统的一般模型

码，所以信源编码也被称为压缩编码。信源编码通过对信源发出的数据进行压缩，使得传输的效率更高，单位时间内可以传输的信息量更大。在发送端有编码过程，相应地，在接收端就需要译码过程，这个过程就要用到信源译码器。

信道编码的作用是提高信息传输的可靠性。当信源消息通过信道传输时，由于信道不可避免地存在噪声，所以传输过程中信息量会有损失。可以在要传输的数据中加入一定的冗余信息，这样在信道输出端即使接收到了错误的信息，也可以通过这些冗余把原始信息恢复出来，以减少信道传输中信息量的损失。这种给信息增加冗余的过程就是信道编码，所以信道编码也被称为纠错编码，或可靠性编码。在发送端有信道编码器，相应地，在接收端也有信道译码器。

信息论的发展过程伴随着通信系统的飞速发展。在信息论理论指导下，不断涌现的新的信源编码技术在语音信号压缩、图像信号压缩、视频信号压缩等领域引起了应用领域的一系列突破。而信道编码技术（纠错编码）的进展更是不断突破了信息可靠传输的界限。

第1章 CHAPTER 1 信源与熵

本章概要

熵是香农信息论的基础概念，是对信息不确定性的一种衡量，信息的获取意味着不确定性的消除。

本章首先厘清了信号、消息与信息概念之间的关系，建立了离散信源和连续信源、无记忆信源和有记忆信源的统计模型。

接下来，本章介绍了信源符号的自信息，并得到其数学期望，即信源的熵，对信源的信息发送能力有了定量的衡量。在此基础上，定义了联合熵、条件熵等概念，并从通信系统信息传输的角度给出了它们的物理解释。

然后，本章详细讨论了离散无记忆信源的熵、马尔可夫信源的熵以及连续信源的熵，对绝对熵和微分熵的性质进行了介绍，并给出了连续信源在功率受限条件下的最大熵。

最后，本章介绍了在机器学习方法中得到广泛应用的信息增益和交叉熵，作为本章所学内容的应用案例。

1.1 信号、消息与信息

通信系统中传输的是各种物理信号，如电压信号、电流信号、光信号、电磁波信号等。信号从信源发出，通过通信系统的传输到达信宿，信号中包含语言、文字、图片、声音、视频等消息，消息中携带着需要传递的信息。

信号是消息的表现形式，是携带着消息并适合传输的物理量，如电压信号、电流信号、光信号、电磁波信号等。消息是信息的载体，如语言、文字、图片、声音、视频等，消息要能够被通信双方所理解，并且可以在通信中进行传递和交换。在通信系统中，形式上传输的是信号，但实质上传输的是信息。消息只是表达信息的工具、载荷信息的客体。显然，在通信中被利用的(即携带信息的)实际客体是不重要的，重要的是信息。

信源是通信系统中信息的来源，它产生信源消息，这个消息可以是符号，如文字、语言等，也可以是信号，如声音、图像、视频等。由于在接收消息之前信宿对于消息存在不确定性，或者说随机性，所以可用随机变量来描述信源消息。这样，信源每次发出的消息可以看成是从一个所有可能的消息集合中选择出来的一个。香农认为，通信的基本问题是在通信系统的接收端精确地或者近似地复现发送端所选择的消息。因为信源输出的消息是随机的,是从一组可能的消息集里面选择出来的。在没有收到消息之前,不能肯定信源到底发送什么样的消息,也就是具有不确定性。而通信的目的也就是要使接收者在接收到消息后,尽可能多地消除接收者对信源所存在的不确定性,所以这个不确定性实际上就是在通信中所要传送信息的不确定性。要进行通信系统的分析,首先要进行信息的量化。从统计学角度来看,获得信息意味着不确定性的消除。因此,信息量可以定义为随机不确定性的减少。

例如,正常情况下,我们随意抛掷一枚硬币,硬币落地时正面和反面向上的概率是一样的。那么当随意抛掷 100 枚硬币时,如果硬币落地得到以下两种结果:

(1) 46 枚硬币正面朝上,54 枚硬币反面朝上;

(2) 100 枚硬币全部正面朝上。

这样两种结果,哪一种结果包含的信息量更大呢?或者说,对于一个听到这两条消息的人,也就是信息的接收者来说,哪一条消息能带给他更大的信息量呢?第一条消息中硬币正面朝上和反面朝上的数量比较接近,符合两者概率相同的常态,当听到这条消息时,接收者得到了意料之中的事实;而第二条消息会带给接收者极大的意外,也就是会带来已知经验之外的新信息。可见,因为“正常情况下抛掷 100 枚硬币全部正面朝上”是一个不常发生的事件,所以当它发生时,会带来很大的信息量。

在北宋宋仁宗年间,名将狄青在平定侬智高叛乱时,宋军由于之前打了败仗而士气低迷,狄青就设下祭坛参拜神明,并拿出 100 个铜钱发誓:“这次和叛军作战生死未卜,若能取得胜利,就请神灵保佑,让这 100 枚铜钱全部正面朝上!”神奇的一幕发生了,这 100 枚铜钱落在地上竟然全部正面朝上,军队之中顿时爆发出阵阵欢呼,这样微小概率事件的发生让士兵们以为是神灵保佑,宋军顿时士气大振,气势如虹的宋军最后将叛军打得落花流水。平定叛乱后,士兵们才发现原来 100 枚铜钱的正反两面都是一样的,大家才明白狄青的良苦用心。

所以,对于接收者而言,一条消息所携带的信息量的大小,与其带给接收者的 surprise(意外程度)有关。surprise 越大,这条消息所包含的信息量就越大,给人带来的冲击就越强烈;surprise 越小,这条消息所包含的信息量就越小。从这个意义上说,一条消息所包含的信息量,和它所带给人的 surprise 是相关的。在数学上,我们可以用事件的发生概率来表示一个事件发生所引起的 surprise。当一个事件的发生概率越高,那么这个事件就越常见,当它发生时引起的 surprise 就越小,包含的信息量就越少;反之,当一个事件的发生概率越低,当它发生时所包含的信息量就越多。因此香农提出,可以用概率来量化地表示信息量的大小,信息量的大小和事件的发生概率呈单调递减关系。因此,在考虑信源的数学模型时,需要考虑各个信源符号的发生概率。

1.2 信源的数学模型

由于在接收消息之前信宿对于消息存在不确定性,或者说随机性,所以可以用随机变量来描述信源消息。根据消息的随机性质我们可以对信源进行分类。

按照信源发出消息的时间和幅值分布,可以把信源分为离散信源和连续信源。离散信源发出的消息是时间和幅值都是离散的,它可能发出的消息数是有限的,而且每次只选择其中一个消息发出,例如文字消息。连续信源发出的消息是在时间和幅值上都连续的模拟消息,例如声音、视频等。

如果信源每次只发出一个符号代表一个消息,那么这个信源就称为单符号信源;如果信源每次发出一组符号(符号序列)代表一个消息,那么这个信源就称为符号序列的信源。

按照信源输出符号之间的依赖关系可以把信源分为无记忆信源和有记忆信源。如果信源在不同时刻发出的符号之间是无依赖的,彼此统计独立的,那么这个信源就称为无记忆信源;如果各个时刻的消息之间有相关性,那么这个信源就是有记忆信源。

在没有收到消息之前,信宿对于信源发出的信息是不确定的、随机的,所以可以利用信源的统计规律,应用概率论和随机过程的理论来研究信源,用样本空间及其概率测度(概率空间)来描述信源。

1.2.1　离散无记忆信源

不考虑复杂情况,这里假设离散无记忆信源输出的是平稳的随机序列,也就是序列的统计特性与时间无关。这样的信源就是**离散平稳无记忆信源**,信源输出的每个符号是统计独立的,且具有相同的概率空间,也称为独立同分布(independently identical distribution,i. i. d.)信源。

对于单符号离散无记忆信源(信源每次只发出一个符号代表一个消息),它发出的符号序列中的各个符号之间没有统计关联性,各个符号的出现概率是它自身的先验概率,单符号离散无记忆信源输出的消息可以用离散随机变量描述。

设一个单符号离散无记忆信源的信源符号集合为

$$X=\{a_1,a_2,\cdots,a_r\}$$

集合中符号的个数为 r。

设其中信源符号 a_i 的发生概率为 $p(a_i)$,则单符号离散信源可以用离散型的概率空间表示为

$$\begin{bmatrix}\boldsymbol{X}\\\boldsymbol{P}\end{bmatrix}=\begin{bmatrix}a_1 & a_2 & \cdots & a_r\\p(a_1) & p(a_2) & \cdots & p(a_r)\end{bmatrix}\tag{1-1}$$

其中,$\sum_{i=1}^{r}p(a_i)=1$。

1.2.2　离散无记忆信源的扩展信源

当离散无记忆信源输出长度为 N 的随机符号序列时,这样的信源被称为**离散无记忆信源的 N 次扩展信源**,它每次发出一个包含 N 个符号的符号序列代表一个消息。

扩展信源输出的消息可以用 N 维随机矢量 $\boldsymbol{X}^N=(X_1X_2\cdots X_N)$描述,其中,$N$ 为有限正整数或可数的无限值。这 N 维随机矢量 $\boldsymbol{X}^N$ 也称为随机序列,其中的每个随机变量 X_i $(i=1,2,\cdots,N)$ 都是离散型随机变量,相互之间统计独立。若信源平稳,则各随机变量 X_i 的一维概率分布都相同。

离散无记忆信源的 N 次扩展信源可以用 N 重概率空间来表示:

$$\begin{bmatrix}\boldsymbol{X}^N\\\boldsymbol{P}\end{bmatrix}=\begin{bmatrix}b_1 & b_2 & \cdots & b_{r^N}\\p(b_1) & p(b_2) & \cdots & p(b_{r^N})\end{bmatrix}$$

其中，

$$\sum_{i=1}^{r^N} p(b_i)=1,\quad b_i=a_{i_1}a_{i_2}\cdots a_{i_N}(i_1,i_2,\cdots,i_N=1,2,\cdots,r)。\tag{1-2}$$

其中，a_{i_k} 是单符号离散无记忆信源的信源符号，因为独立同分布，所以联合概率分布满足

$$p(b_i)=p(a_{i_1}a_{i_2}\cdots a_{i_N})=\prod_{k=1}^{N} p(a_{i_k})\tag{1-3}$$

1.2.3 离散有记忆信源

通常情况下的信源在不同时刻发出的符号之间是相互依赖的，这样的信源就是离散有记忆信源。如果符号之间的相关性可以追溯到最初的一个符号，则是无限记忆长度的离散有记忆信源；如果某符号的出现概率只与前面有限个符号有关，而不依赖于更早的符号，那么这样的信源就是有限记忆长度的离散有记忆信源。在 N 维随机矢量的联合概率分布中可以引入条件概率分布来表示这种关联性。

为了简单起见，限制随机序列（随机矢量）的记忆长度，如信源每次发出的符号只与前 m 个符号有关，与更前面的符号无关，就称这个信源的记忆长度为 $m+1$，这种有记忆信源就称为 m 阶马尔可夫信源，可以用马尔可夫链来描述。条件概率：

$$p(a_{k_{t+1}} \mid a_{k_1}a_{k_2}\cdots a_{k_t})=p(a_{k_{t+1}} \mid a_{k_{t-m+1}}\cdots a_{k_{t-1}}a_{k_t})\tag{1-4}$$

如当 $m=1$ 时，任何时刻信源符号的发生概率只与前面一个符号有关，也就是说，

$$p(a_{k_{t+1}} \mid a_{k_1}a_{k_2}\cdots a_{k_t})=p(a_{k_{t+1}} \mid a_{k_t})\tag{1-5}$$

这样，m 阶马尔可夫信源的数学模型可以由信源符号集和条件概率构成的空间来表示：

$$\begin{bmatrix}\boldsymbol{X}\\ \boldsymbol{P}\end{bmatrix}=\begin{bmatrix}a_1,a_2,\cdots,a_r\\ p(a_{k_{m+1}} \mid a_{k_1}a_{k_2}\cdots a_{k_m})\end{bmatrix},\quad k_i=1,2,\cdots,r;\ i=1,2,\cdots,m+1\tag{1-6}$$

并且满足

$$\sum_{k_{m+1}=1}^{r} p(a_{k_{m+1}} \mid a_{k_1}a_{k_2}\cdots a_{k_m})=1\tag{1-7}$$

1.2.4 连续信源和波形信源

在实际中，常见的信源发出的消息一般有时间和幅值上的连续性。如果信源发出的消息的时间为离散的，而随机变量的取值为连续的，那么这样的信源称为连续信源。连续信源可以用连续概率空间来表示：

$$\begin{bmatrix}\boldsymbol{X}\\ \boldsymbol{P}\end{bmatrix}=\begin{bmatrix}(a,b)\\ p(x)\end{bmatrix}$$

其中，$\int_a^b p(x)\mathrm{d}x=1$。 (1-8)

如果信源发出的消息在时间和幅值上都是连续的，这样的信源就是随机波形信源，也称为随机模拟信源。波形信源输出的消息可以用随机过程来描述。实际中的波形信源输出是时间上或频率上有限的随机过程，根据采样定理，这样的随机过程可以用一系列时域（或频域）上离散的取样值来表示，而每个采样值都是连续型随机变量。这样就把波形信源转换成

了连续信源。

1.3 离散信源的信息度量

1.3.1 自信息与熵

设单符号离散无记忆信源的离散概率空间为

$$\begin{bmatrix} \boldsymbol{X} \\ \boldsymbol{P} \end{bmatrix} = \begin{bmatrix} x_1 & x_2 & \cdots & x_r \\ p(x_1) & p(x_2) & \cdots & p(x_r) \end{bmatrix} \tag{1-9}$$

其中，$\sum_{i=1}^{r} p(x_i) = 1$。

上面已经指出，单个不确定事件带来的信息量和事件的发生概率是单调递减的。据此，可以定义信源中每个符号的自信息为

$$I(x_i) = \log \frac{1}{p(x_i)} = -\log p(x_i) \tag{1-10}$$

一个信源符号的自信息表示当信源发送这个符号时发出了多少信息量。这里信息量的单位取决于所用的对数的底。当使用以 2 为底的对数时，信息量的单位是比特(bit)；当使用以 10 为底的对数时，信息量的单位是哈特莱(Hartley)；当使用以 e 为底的对数(自然对数)时，信息量的单位是奈特(nat)。显然，这些单位之间可以根据对数换底来进行换算。如：

$$1\text{nat} = 1.44\text{bit} \tag{1-11}$$

在工程应用中，习惯把一个二进制码元称为 1 比特。

例 1.1 某门课程的学生成绩分布如表 1-1 所示，求每个成绩等级代表符号 A、B、C、D、F 所包含的信息量。

表 1-1 课程成绩包含信息量

A	B	C	D	F
25%	50%	12.5%	10%	2.5%

解：这是一个包含 5 个符号的离散信源，根据各符号的发生概率，可以计算每符号的自信息，也就是每个符号所包含的信息量，如表 1-2 所示。

表 1-2 每符号的信息量

符　号	概率 p	自信息 $\log(1/p)$（单位：bit）
A	0.25	2
B	0.5	1
C	0.125	3
D	0.1	3.32
F	0.025	5.32

从例 1.1 可以看出，如果一个信源符号集合包含多个符号，而且每个符号的发生概率都不同，那么每个符号的自信息就会不同，这样如果用自信息来描述这个信源的发送信息的能力就比较复杂，要考虑到每个符号。由于这个信源发送的数据流所包含的信息量和每个符

号的信息量以及这个符号的发生概率都有关系，因此可以根据其发生概率计算每个信源符号对总的信息量的贡献，如表 1-3 第四列所示。

表 1-3　每个信源符号对总信息量的贡献

符　号	概率 p	自信息 $\log(1/p)$（单位：bit）	对总信息量的贡献 $p\log(1/p)$（单位：bit）
A	0.25	2	0.5
B	0.5	1	0.5
C	0.125	3	0.375
D	0.1	3.32	0.332
F	0.025	5.32	0.133
合计	1	—	1.84

由表 1-3 可见，把所有符号的信息量的贡献率累计起来，得到自信息的数学期望，就可以描述这个离散信源总的发送信息量的能力。

为了从一般意义上描述一个离散无记忆信源发送信息的能力，定义这个信源的所有符号的自信息的数学期望 $H(X)$ 为信源的熵：

$$H(X)=\sum_{i=1}^{r}p(x_i)I(x_i)=-\sum_{i=1}^{r}p(x_i)\log p(x_i) \tag{1-12}$$

其中，$0\cdot\log 0=0$。熵表示了这个信源每符号携带的平均信息量，或者说，从观察 X 中获得的信息期望。熵的单位是比特/符号(bit/symbol)。熵函数只与各符号的发生概率有关，可以写成 $H(p)=H(p_1,p_2,\cdots,p_r)$ 的形式。

利用式(1-12)，可计算例题 1.1 的信源的熵为

$$\begin{aligned}H(X)&=-\sum_{i=1}^{r}p(x_i)\log p(x_i)\\&=H(0.25,0.5,0.125,0.1,0.025)\\&=-(0.25\log_2 0.25+0.5\log_2 0.5+0.125\log_2 0.125+0.1\log_2 0.1+0.025\log_2 0.025)\\&\approx 1.84(\text{比特 / 符号})\end{aligned}$$

1.3.2　联合熵与条件熵

1. 联合自信息与联合熵

前面定义的自信息是单符号的信息量。如果有两种相互联系的、不独立的消息符号 x_i 和 y_j 同时出现，那么可以用联合概率 $p(x_iy_j)$ 来定义它们的联合自信息为

$$I(x_iy_j)=-\log p(x_iy_j) \tag{1-13}$$

可以得到，当 x_i 和 y_j 相互独立时，有 $p(x_iy_j)=p(x_i)p(y_j)$，那么就有 $I(x_iy_j)=I(x_i)+I(y_j)$，即相互独立消息符号的联合自信息为它们各自的自信息之和。

类似于熵与自信息的关系，符号集合 XY 上的每个元素对 x_iy_j 的联合自信息的数学期望被定义为联合熵：

$$H(XY)=\sum_{i,j}p(x_iy_j)I(x_iy_j)=-\sum_{i,j}p(x_iy_j)\log p(x_iy_j) \tag{1-14}$$

联合熵表示符号 X 和 Y 同时出现的不确定度。

2. 条件自信息与条件熵

在给定符号 y_j 出现的条件下出现符号 x_i 的概率用条件概率 $p(x_i|y_j)$ 来表示，这时

的自信息为条件自信息：

$$I(x_i \mid y_j) = -\log p(x_i \mid y_j) \tag{1-15}$$

在给定符号 y_j 出现的条件下，符号集合 X 中的每个元素 x_i 的条件自信息的数学期望可以用 $H(X|y_j)$ 来描述：

$$H(X \mid y_j) = \sum_i p(x_i \mid y_j) I(x_i \mid y_j) = -\sum_i p(x_i \mid y_j) \log p(x_i \mid y_j)$$

再对 $H(X|y_j)$ 在符号集合 Y 上求数学期望，就得到条件熵 $H(X|Y)$：

$$\begin{aligned} H(X \mid Y) &= \sum_j p(y_j) H(X \mid y_j) \\ &= \sum_j p(y_j) \sum_i p(x_i \mid y_j) I(x_i \mid y_j) \\ &= \sum_{i,j} p(y_j) p(x_i \mid y_j) I(x_i \mid y_j) \\ &= \sum_{i,j} p(x_i y_j) I(x_i \mid y_j) \\ &= -\sum_{i,j} p(x_i y_j) \log p(x_i \mid y_j) \end{aligned} \tag{1-16}$$

条件熵 $H(X|Y)$ 表示已知符号 Y 的条件下，对符号 X 的不确定度。若 X 与 Y 相互独立，则有 $H(X|Y)=H(X)$。

3. 联合熵与条件熵的关系

由概率关系 $p(x_i y_j)=p(x_i)p(y_j|x_i)=p(y_j)p(x_i|y_j)$，根据联合熵和条件熵的定义，可以得到：

$$\begin{aligned} H(XY) &= \sum_{i,j} p(x_i y_j) I(x_i y_j) = -\sum_{i,j} p(x_i y_j) \log p(x_i y_j) \\ &= -\sum_{i,j} p(x_i y_j) \log p(x_i) p(y_j \mid x_i) \\ &= -\sum_{i,j} p(x_i y_j) \log p(x_i) - \sum_{i,j} p(x_i y_j) \log p(y_j \mid x_i) \\ &= -\sum_i p(x_i) \log p(x_i) - \sum_{i,j} p(x_i y_j) \log p(y_j \mid x_i) \\ &= H(X) + H(Y \mid X) \end{aligned}$$

同理，可以得到：

$$\begin{aligned} H(XY) &= \sum_{i,j} p(x_i y_j) I(x_i y_j) = -\sum_{i,j} p(x_i y_j) \log p(x_i y_j) \\ &= -\sum_{i,j} p(x_i y_j) \log p(y_j) p(x_i \mid y_j) \\ &= -\sum_{i,j} p(x_i y_j) \log p(y_j) - \sum_{i,j} p(x_i y_j) \log p(x_i \mid y_j) \\ &= -\sum_j p(y_j) \log p(y_j) - \sum_{i,j} p(x_i y_j) \log p(x_i \mid y_j) \\ &= H(Y) + H(X \mid Y) \end{aligned}$$

对于联合分布及相应的边缘分布，也把 X 和 Y 的熵 $H(X)$ 和 $H(Y)$ 称作边缘熵。

例 1.2 在通信传输和数据存储中，常常用奇偶校验来进行简单的错误检测。设信源

X 的符号集合为 $A=\{0,1,2,3\}$，每个符号的发送概率是相等的。$B=\{0,1\}$ 为校验位符号集合，校验位的生成方式为

$$b_j=\begin{cases}0, & a=0 \text{ 或 } a=3 \\ 1, & a=1 \text{ 或 } a=2\end{cases}$$

试求 $H(A)$、$H(B)$ 和 $H(AB)$。

解：A 为等概率分布，B 也为等概率分布，可得

$$H(A)=\log_2(4)=2(\text{bit})$$

$$H(B)=\log_2(2)=1(\text{bit})$$

由题目可以写出条件概率为

$$p(0\mid 0)=1,\quad p(1\mid 0)=0$$

$$p(0\mid 1)=0,\quad p(1\mid 1)=1$$

$$p(0\mid 2)=0,\quad p(1\mid 2)=1$$

$$p(0\mid 3)=1,\quad p(1\mid 3)=0$$

由于 $\lim\limits_{x\to 0} x\log(x)=0$，因此有

$$\begin{aligned}H(B\mid A)&=\sum_{i=0}^{3}p_i\sum_{j=0}^{1}p_{j\mid i}\log_2(1/p_{j\mid i})\\&=4\cdot\frac{1}{4}\cdot(1\cdot\log_2(1)-0\cdot\log_2(0))\\&=0\end{aligned}$$

$$H(AB)=H(A)+H(B\mid A)=2+0=2(\text{bit})$$

可见，B 是完全由 A 决定的，对最终的信息量没有贡献，可以看成冗余。

1.3.3 熵的基本性质

1. 对称性

$H(P)$的值与各概率 $p_1,p_2,\cdots,p_r$ 的顺序无关。

从数学角度来说，$H(P)=-\sum p_i\log p_i$ 中的和式满足交换律；从随机变量的角度来看，熵只与随机变量的总体统计特性有关。

2. 确定性

$$H(1,0)=H(1,0,0)=H(1,0,0\cdots,0)=0$$

从总体来看，信源虽然有不同的输出符号，但如果它有一个符号是必然出现的(概率为1)，则其他符号都不可能出现(概率为0)，那么这个信源是一个确定性信源，其熵等于0。

3. 非负性

$$H(\boldsymbol{P})\geqslant 0$$

随机变量 X 的概率分布满足 $0\leqslant p_i\leqslant 1$，当取对数的底大于1时，$\log(p_i)<0$，$-p_i\log(p_i)>0$，即得到的熵为正值。只有当随机变量是一个确定量时熵才等于0。注意，离散信源的熵的这种非负性对连续信源来说并不存在，后面会看到在相对熵的概念下，可能出现负值。

4. 扩展性

$$\lim_{\varepsilon\to 0}H_{q+1}(p_1,p_2,\cdots,p_q-\varepsilon,\varepsilon)=H_q(p_1,p_2,\cdots,p_q)\tag{1-17}$$

因为

$$\lim_{\varepsilon\to 0} H_{q+1}(p_1, p_2, \cdots, p_q - \varepsilon, \varepsilon)$$

$$= \lim_{\varepsilon\to 0}\left\{-\sum_{i=1}^{q-1} p_i \log p_i - (p_q - \varepsilon)\log(p_q - \varepsilon) - \varepsilon\log\varepsilon\right\}$$

$$= -\sum_{i=1}^{q} p_i \log p_i$$

$$= H_q(p_1, p_2, \cdots, p_q)$$

信源的取值数增多时，若这些取值对应的概率很小（接近于零），则信源的熵不变。

5. 可加性

统计独立信源 X 和 Y 的联合信源的熵等于信源 X 和 Y 各自的熵之和。

$$H(XY) = H(X) + H(Y) \tag{1-18}$$

对于统计独立信源 X 和 Y，其联合概率

$$p(x_i y_j) = p(x_i)p(y_j) = p_i q_j$$

其中

$$\sum_{i=1}^{n} p_i = 1, \quad \sum_{j=1}^{m} q_j = 1, \quad \sum_{i=1}^{n}\sum_{j=1}^{m} p_i q_j = 1$$

则联合熵为

$$\begin{aligned} H(XY) &= H_{nm}(p_1q_1, p_1q_2, \cdots, p_1q_m, p_2q_1, \cdots, p_nq_m) \\ &= H_n(p_1, p_2, \cdots, p_n) + H_m(q_1, q_2, \cdots, q_m) \end{aligned} \tag{1-19}$$

证明：

$$H_{nm}(p_1q_1, p_1q_2, \cdots, p_1q_m, p_2q_1, \cdots, p_nq_m) = -\sum_{i=1}^{n}\sum_{j=1}^{m} p_i q_j \log p_i q_j$$

$$= -\sum_{j=1}^{m} q_j \sum_{i=1}^{n} p_i \log p_i - \sum_{i=1}^{n} p_i \sum_{j=1}^{m} q_j \log q_j$$

$$= -\sum_{i=1}^{n}\sum_{j=1}^{m} p_i q_j \log p_i - \sum_{i=1}^{n}\sum_{j=1}^{m} p_i q_j \log q_j$$

$$= -\sum_{i=1}^{n} p_i \log p_i - \sum_{j=1}^{m} q_j \log q_j$$

$$= H_n(p_1, p_2, \cdots, p_n) + H_m(q_1, q_2, \cdots, q_m)$$

例如，甲信源为

$$\begin{bmatrix} \boldsymbol{X} \\ \boldsymbol{P} \end{bmatrix} = \begin{bmatrix} a_1 & a_2 & \cdots & a_n \\ 1/n & 1/n & \cdots & 1/n \end{bmatrix}$$

乙信源为

$$\begin{bmatrix} \boldsymbol{Y} \\ \boldsymbol{P} \end{bmatrix} = \begin{bmatrix} b_1 & b_2 & \cdots & b_m \\ 1/m & 1/m & \cdots & 1/m \end{bmatrix}$$

它们的联合信源为

$$\begin{bmatrix} Z \\ P \end{bmatrix} = \begin{bmatrix} c_1 & c_2 & \cdots & c_{nm} \\ \frac{1}{nm} & \frac{1}{nm} & \cdots & \frac{1}{nm} \end{bmatrix}$$

可计算的联合信源的联合熵：

$$H(Z) = H(XY) = \log(nm) = \log m + \log n = H(X) + H(Y)$$

6. 强可加性

两个互相关联的信源 X 和 Y 的联合信源的熵等于信源 X 的熵加上在 X 已知条件下信源 Y 的条件熵。

$$H(XY) = H(X) + H(Y \mid X) \tag{1-20}$$

证明：

$$\begin{aligned} H(XY) &= \sum_{i,j} p(x_i y_j) I(x_i y_j) = -\sum_{i,j} p(x_i y_j) \log p(x_i y_j) \\ &= -\sum_{i,j} p(x_i y_j) \log p(x_i) p(y_j / x_i) \\ &= -\sum_{i,j} p(x_i y_j) \log p(x_i) - \sum_{i,j} p(x_i y_j) \log p(y_j / x_i) \\ &= -\sum_{i} p(x_i) \log p(x_i) - \sum_{i,j} p(x_i y_j) \log p(y_j / x_i) \\ &= H(X) + H(Y \mid X) \end{aligned}$$

7. 递增性

设信源 $\boldsymbol{X}$ 的信源空间为

$$\begin{bmatrix} X \\ P \end{bmatrix} = \begin{bmatrix} x_1 & x_2 & \cdots & x_i & \cdots & x_n \\ p_1 & p_2 & \cdots & p_i & \cdots & p_n \end{bmatrix}$$

其中，$\sum_{i=1}^{n} p_i = 1$。

若其中的一个符号 x_n 分裂成了 m 个元素(符号)，这 m 个元素的概率为 $q_1, q_2, \cdots, q_m$，这 m 个元素的概率之和等于原符号 x_n 的概率 p_n，而其他符号的概率不变，即

$$\sum_{j=1}^{m} q_j = p_n$$

则分裂后新信源的熵增加，熵的增加量等于由分裂而产生的不确定性量，即

$$\begin{aligned} & H_{n+m-1}(p_1, p_2, \ldots, p_{n-1}, q_1, q_2, \cdots, q_m) \\ &= H_n(p_1, p_2, \ldots, p_{n-1}, p_n) + p_n H_m\left(\frac{q_1}{p_n}, \frac{q_2}{p_n}, \cdots, \frac{q_m}{p_n}\right) \end{aligned} \tag{1-21}$$

其中，$\sum_{i=1}^{n} p_i = 1$，$\sum_{j=1}^{m} q_j = p_n$。

证明：

将符号 x_n 分裂成的 m 个元素的概率 q_i 写为 $p_n \cdot p_{ni}$ 的形式，即 $p_{ni} = q_i / p_n$，则

$$\begin{aligned} & H_{n+m-1}(p_1, p_2, \ldots, p_{n-1}, q_1, q_2, \cdots, q_m) \\ &= -\sum_{i=1}^{n-1} p_i \log p_i - \sum_{i=1}^{m} q_i \log q_i \end{aligned}$$

$$=H_{n-1}(p_1,p_2,\cdots,p_{n-1})-\sum_{i=1}^{m}(p_n\cdot p_{ni})\log(p_n\cdot p_{ni})$$

$$=H_{n-1}(p_1,p_2,\cdots,p_{n-1})-(p_n\log p_n)\sum_{i=1}^{m}p_{ni}-p_n\sum_{i=1}^{m}p_{ni}\log p_{ni}$$

$$=H_n(p_1,p_2,\cdots,p_{n-1},p_n)-p_n\sum_{i=1}^{m}p_{ni}\log p_{ni}$$

$$=H_n(p_1,p_2,\cdots,p_{n-1},p_n)+p_nH_m(p_{n1},p_{n2},\cdots,p_{nm})$$

$$=H_n(p_1,p_2,...,p_{n-1},p_n)+p_nH_m\left(\frac{q_1}{p_n},\frac{q_2}{p_n},\cdots,\frac{q_m}{p_n}\right)$$

8. 上凸性

熵函数 $H(\boldsymbol{P})$是概率矢量 $\boldsymbol{P}=(p_1,p_2,\cdots,p_q)$的严格∩型凸函数(或称上凸函数)。对任意概率矢量 $\boldsymbol{P}_1=(p_1,p_2,\cdots,p_q)$、$\boldsymbol{P}_2=(p_1',p_2',\cdots,p_q')$和任意的 $0<\theta<1$,有

$$H[\theta\boldsymbol{P}_1+(1-\theta)\boldsymbol{P}_2]>\theta H(\boldsymbol{P}_1)+(1-\theta)H(\boldsymbol{P}_2) \tag{1-22}$$

因为熵函数具有上凸性,所以熵函数具有极值,其最大值存在。

9. 极值性(最大离散熵定理)

在离散信源情况下,信源各符号等概率分布时,熵值达到最大。

$$H(p_1,p_2,\cdots,p_r)\leqslant H\left(\frac{1}{r},\frac{1}{r},\cdots,\frac{1}{r}\right)=\log r$$

其中,$\sum_{i=1}^{r}p_i=1$。 (1-23)

极值性表明,等概率分布信源的平均不确定性为最大。

证明:因为对数函数是∩型凸函数,满足詹森不等式 $E[\log Y]\leqslant\log E[Y]$,故有

$$H(p_1,p_2,\cdots,p_r)=\sum_{i=1}^{r}p_i\log\frac{1}{p_i}\leqslant\log\left(\sum_{i=1}^{r}p_i\frac{1}{p_i}\right)=\log r$$

最大离散熵定理表明,如果离散信源符号集中有 r 个符号,那么信源的熵(即平均每个符号的信息量)介于 0 和 $\log r$ 比特之间,当所有符号概率均匀分布时达到极大值。从直观上看,这时信源发出符号的不确定性也是最大的。

二进制信源是离散信源的一个特例。该信源符号只有两个,设为 0 和 1。符号输出的概率分别为 ω 和 $1-\omega$,即信源的概率空间为

$$\begin{bmatrix}\boldsymbol{X}\\\boldsymbol{P}\end{bmatrix}=\begin{bmatrix}0 & 1\\\omega & \bar{\omega}=1-\omega\end{bmatrix}$$

$$H(\boldsymbol{X})=-\omega\log\omega-(1-\omega)\log(1-\omega)=H(\omega)$$

即信息熵 $H(\boldsymbol{X})$是 ω 的函数。ω 取值于[0,1]区间,可画出熵函数 $H(\omega)$的曲线如图 1-1 所示。

对于一般通信系统中的二元信源,信源符号集合{0,1},可以看成一个随机过程,则其信源空间可以表示为

$$\begin{bmatrix}\boldsymbol{X}\\\boldsymbol{P}\end{bmatrix}=\begin{bmatrix}0 & 1\\p_0 & p_1\end{bmatrix}$$

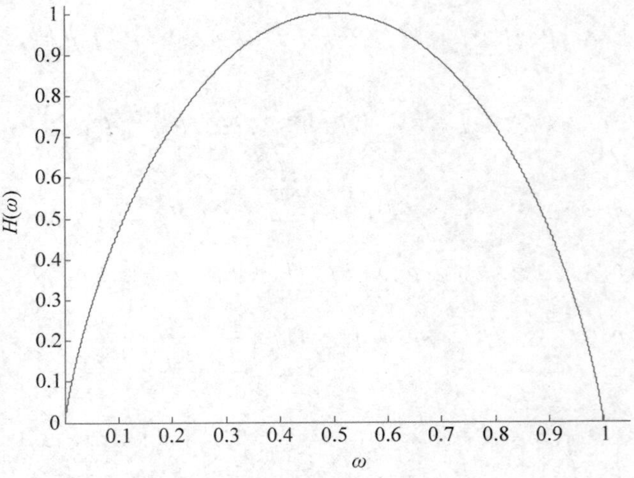

图 1-1 熵函数 $H(\omega)$的曲线

它的熵为

$$H(\boldsymbol{X})=-\sum_{i=0}^{1}p_i\log p_i$$

根据熵的极值性，这个信源的熵的极值为 $\log_2 2=1\text{bit}$，在输入符号等概率分布时达到极值。也就是说，对于某一个随机发送 0 和 1 的二元信源，其每符号所包含的平均信息量就是 1 比特。这样一个信源其实就是我们正常的二进制的计算机系统，当它进行通信时，从统计的意义上说，符号 0 和 1 的出现是等概率的，这样其中每个符号(0 或者 1)所包含的平均信息量就是 1 比特，这也就是在计算机系统中，我们会把每一位 0 或者每一位 1 称为 1 比特的原因。

例 1.3 猜数游戏：两个参与者甲和乙玩猜数游戏。甲随机地从 0～63 中选择一个整数，乙要找出甲选的整数是哪一个。乙可以问甲问题，甲只能回答“是”或“否”。请问：

(1) 要找出这个整数，乙需要问甲多少个问题?

(2) 如何选择问题?

解：

(1) 根据我们已经学过的信息量的概念和计算，可以这样来考虑这个问题。乙要猜出这个数，需要获得多少信息量。而乙问甲的每一个问题中最多能包含多少信息量，两者相除就是要问的问题的个数。

首先把猜数问题表示成信源，

$$\begin{bmatrix}\text{选择的整数}\\ \boldsymbol{P}\end{bmatrix}=\begin{bmatrix}0 & 1 & \cdots & 63\\ p_0 & p_1 & \cdots & p_{63}\end{bmatrix}$$

这个信源的符号集合中包含 64 个符号，$L=64$，每个符号所包含的信息量的最大值就是其熵的极大值，根据熵的极值性，也就是

$$\log_2 L=\log_2 64=6(\text{bit})$$

即这个信源中每个符号(也就是其中的任何一个整数)最多包含 6 比特信息量。

其次看看乙问甲的每一个问题中最多能包含多少信息量。由于回答只能是“是”或

“否”,所以可以表示成一个二元的信源。

$$\begin{bmatrix} \text{回答} \\ \boldsymbol{P} \end{bmatrix} = \begin{bmatrix} \text{是} & \text{否} \\ q_0 & q_1 \end{bmatrix}$$

二元信源的每符号能够包含的最大信息量就是 $\log_2 L = \log_2 2 = 1$ 比特,也就是每个回答所能包含的最大信息量是 1 比特。

所以,需要问至多 6/1=6 个问题就能猜出这个数。

(2) 问题的选取方式,应该能保证问题二元信源的每符号平均信息量达到极大值,也就是熵达到极值,这时的信源符号应该是等概率分布才可以。所以可以知道,问题的选取方式应该基于等概率分布答案“是”或“否”,即采用二分法取值,如第一个问题可以问“这个数是大于 31 吗?”

把这个问题再扩展一下,就是下面的硬币称重问题。

硬币称重问题:有 n 枚硬币,其中有可能包含或不包含一枚假币。如果有一枚假币,它可能比正常币轻一些或者重一些。用一架天平来称量硬币。

(1) 找出硬币个数 n 的上限,使得 k 次称量就可以发现假币(如果有的话)并找出它是比正常币轻一些还是重一些;

(2) 对于称量次数 $k=3$ 和硬币枚数 $n=12$,如何称量才能发现假币(如果有的话)并找出它是比正常币轻一些还是重一些?

视频 1

这个问题留给大家思考。硬币称重问题的解答可以扫码观看视频 1。

1.4　离散信源的熵

1.4.1　离散无记忆信源的熵

1. 单符号离散无记忆信源的熵

对于单符号离散无记忆信源

$$\begin{bmatrix} \boldsymbol{X} \\ \boldsymbol{P} \end{bmatrix} = \begin{bmatrix} x_1 & x_2 & \cdots & x_r \\ p(x_1) & p(x_2) & \cdots & p(x_r) \end{bmatrix}$$

其中,$\sum_{i=1}^{r} p(x_i) = 1$。

前面已经定义了它的熵 $H(\boldsymbol{X})$ 为

$$H(\boldsymbol{X}) = -\sum_{i=1}^{r} p(x_i)\log p(x_i) \tag{1-24}$$

其单位是比特/符号(bit/symbol)。

例 1.4　设有一离散无记忆信源 $\boldsymbol{X}$,其概率空间为

$$\begin{bmatrix} \boldsymbol{X} \\ \boldsymbol{P} \end{bmatrix} = \begin{bmatrix} x_1 & x_2 & x_3 \\ \frac{1}{2} & \frac{1}{4} & \frac{1}{4} \end{bmatrix}$$

求该信源的熵。

解：

$$H(\boldsymbol{X})=-\sum_{i=1}^{3}p(x_i)\log p(x_i)=1.5(\text{比特 / 符号})$$

2. 离散无记忆扩展信源的熵

设一个离散无记忆信源 $\boldsymbol{X}$ 的概率空间为

$$\begin{bmatrix}\boldsymbol{X}\\ \boldsymbol{P}\end{bmatrix}=\begin{bmatrix}a_1 & a_2 & \cdots & a_r\\ p(a_1) & p(a_2) & \cdots & p(a_r)\end{bmatrix},\quad \sum_{i=1}^{r}p(a_i)=1 \tag{1-25}$$

则信源 X 的 N 次扩展信源 X^N，就是一个无记忆的离散序列信源，可以用 N 重概率空间表示：

$$\begin{bmatrix}\boldsymbol{X}^N\\ \boldsymbol{P}\end{bmatrix}=\begin{bmatrix}b_1 & b_2 & \cdots & b_{r^N}\\ p(b_1) & p(b_2) & \cdots & p(b_{r^N})\end{bmatrix},\quad \sum_{i=1}^{r^N}p(b_i)=1 \tag{1-26}$$

其中，$b_i=a_{i_1}a_{i_2}\cdots a_{i_N}(i_1,i_2,\cdots,i_N=1,2,\cdots,r)$，其联合概率分布满足

$$p(b_i)=p(a_{i_1}a_{i_2}\cdots a_{i_N})=\prod_{k=1}^{N}p(a_{i_k}) \tag{1-27}$$

故此 N 次扩展信源的熵为

$$\begin{aligned}
H(\boldsymbol{X}^N)&=-\sum_{i=1}^{r^N}p(b_i)\log p(b_i)\\
&=-\sum_{i=1}^{r^N}\Big(\prod_{k=1}^{N}p(a_{i_k})\Big)\log\Big(\prod_{k=1}^{N}p(a_{i_k})\Big)\\
&=-\sum_{i_1=1}^{r}\sum_{i_2=1}^{r}\cdots\sum_{i_N=1}^{r}p(a_{i_1})p(a_{i_2})\cdots p(a_{i_N})[\log p(a_{i_1})+\log p(a_{i_2})+\cdots+\log p(a_{i_N})]\\
&=-\sum_{i_2=1}^{r}p(a_{i_2})\cdots\sum_{i_N=1}^{r}p(a_{i_N})\sum_{i_1=1}^{r}p(a_{i_1})\log p(a_{i_1})-\\
&\quad\sum_{i_1=1}^{r}p(a_{i_1})\cdots\sum_{i_N=1}^{r}p(a_{i_N})\sum_{i_2=1}^{r}p(a_{i_2})\log p(a_{i_2})-\cdots-\\
&\quad\sum_{i_1=1}^{r}p(a_{i_1})\cdots\sum_{i_{N-1}=1}^{r}p(a_{i_{N-1}})\sum_{i_N=1}^{r}p(a_{i_N})\log p(a_{i_N})\\
&=\sum_{l=1}^{N}H(\boldsymbol{X}_l)
\end{aligned}$$

对于平稳信源来说，有 $H(\boldsymbol{X}_1)=H(\boldsymbol{X}_2)=\cdots=H(\boldsymbol{X}_N)=H(\boldsymbol{X})$，其中，$H(\boldsymbol{X})$ 为相应的单符号离散无记忆信源的熵，即离散平稳无记忆信源的 N 次扩展信源的熵是单符号离散无记忆信源熵的 N 倍。

$$H(\boldsymbol{X}^N)=NH(\boldsymbol{X}) \tag{1-28}$$

例 1.5 设有一离散无记忆信源 $\boldsymbol{X}$，其概率空间为

$$\begin{bmatrix}\boldsymbol{X}\\ \boldsymbol{P}\end{bmatrix}=\begin{bmatrix}x_1 & x_2 & x_3\\ \frac{1}{2} & \frac{1}{4} & \frac{1}{4}\end{bmatrix}$$

求该信源的二次扩展信源的熵。

解：在例 1.4 中已经计算出此单符号离散信源的熵 $H(\boldsymbol{X})=1.5$ 比特/符号，由式(1-28)可以直接计算该信源的二次扩展信源的熵为

$$H(\boldsymbol{X}^2)=2H(\boldsymbol{X})=2\times 1.5=3(\text{比特 / 二个符号})$$

或者，也可以由式(1-26)先得到其二次扩展信源的概率空间为

$$\begin{bmatrix}\boldsymbol{X}^2\\ \boldsymbol{P}\end{bmatrix}=\begin{bmatrix}b_1 & b_2 & \cdots & b_{r^2}\\ p_1 & p_2 & \cdots & p_{r^2}\end{bmatrix}$$

$$=\begin{bmatrix}x_1x_1 & x_1x_2 & x_1x_3 & x_2x_1 & x_2x_2 & x_2x_3 & x_3x_1 & x_3x_2 & x_3x_3\\ \dfrac{1}{4} & \dfrac{1}{8} & \dfrac{1}{8} & \dfrac{1}{8} & \dfrac{1}{16} & \dfrac{1}{16} & \dfrac{1}{8} & \dfrac{1}{16} & \dfrac{1}{16}\end{bmatrix}$$

故此扩展信源的熵为

$$H(\boldsymbol{X}^2)=-\sum_{i=1}^{r^2}p(b_i)\log p(b_i)=3(\text{比特 / 二个符号})$$

与上面的结果一致。

1.4.2 离散有记忆信源的熵

实际信源常常是有记忆信源。一般有记忆信源发出的是有关联性的各符号构成的整体消息，即发出的是符号序列，可以用符号间的联合概率描述这种关联性。对于离散有记忆信源，设信源输出长度为 N 的符号序列，则可以用 N 维随机矢量 $(X_1X_2\cdots X_N)$ 来表示信源，其中的随机变量之间存在统计依赖关系。

其联合概率为

$$p(x_ix_{i+1})=p(x_i)p(x_{i+1}\mid x_i)$$

$$p(x_ix_{i+1}x_{i+2})=p(x_i)p(x_{i+1}\mid x_i)p(x_{i+2}\mid x_ix_{i+1})$$

$$\vdots$$

$$p(x_ix_{i+1}x_{i+2}\cdots x_{i+N})=p(x_i)p(x_{i+1}\mid x_i)p(x_{i+2}\mid x_ix_{i+1})\cdots p(x_{i+N}\mid x_ix_{i+1}x_{i+2}\cdots x_{i+N-1})$$

这个 N 长的离散有记忆信源的熵就是 N 维随机矢量的联合熵。从联合熵与条件熵的关系，可以得到如下结论：

$$H(X_1X_2\cdots X_N)=H(X_1)+H(X_2\mid X_1)+H(X_3\mid X_1X_2)+\cdots+H(X_N\mid X_1X_2\cdots X_{N-1}) \tag{1-29}$$

且条件熵满足：

$$H(X_N\mid X_1X_2\cdots X_{N-1})\leqslant H(X_{N-1}\mid X_1X_2\cdots X_{N-2})\leqslant\cdots\leqslant H(X_2\mid X_1)\leqslant H(X_1)$$

由于联合熵 $H(X_1X_2\cdots X_N)$ 是长度为 N 的离散序列的信息量，因此这个离散有记忆信源平均每个符号的信息量为

$$H_N(\boldsymbol{X})=\frac{1}{N}H(X_1X_2\cdots X_N) \tag{1-30}$$

当 $N\to\infty$ 时，这个信源就是一个无限记忆信源，其记忆长度无限，可以证明

$$H_\infty=\lim_{N\to\infty}H_N(\boldsymbol{X})=\lim_{N\to\infty}\frac{1}{N}H(X_1X_2\cdots X_N)=\lim_{N\to\infty}H(X_N\mid X_1X_2\cdots X_{N-1}) \tag{1-31}$$

这个 H_∞ 就是极限熵，也称为熵率，它反映了离散有记忆信源序列中单个符号的信息量随着 N 的增大而变化的趋势，即实际的离散有记忆信源熵。

例如，英文信源就是一种离散有记忆信源，这个信源的输出是英文字母组成的序列。英文字母共 26 个加上空格共 27 个符号。由熵的极值性，当各个字母相互独立且等概率出现时，那么此信源的熵达到最大 $H_0=\log 27=4.76$ 比特/符号。当然事实上这个熵值是不可能达到的，即使不考虑字母之间的相关性，各个英文字母的出现概率也大不相同，如字母“e”的出现概率要远高于字母“q”的出现概率，如果把英文信源作为一个无记忆不等概率的信源，那么此信源的熵 $H<4.76$ 比特/符号。再考虑到字母之间的依赖关系，英文信源可以看作 N 维离散有记忆信源。当记忆长度 N 逐渐增加，可以求得 $H_1=4.03$ 比特/符号，$H_2=3.32$ 比特/符号，$H_3=3.1$ 比特/符号，……，$H_\infty=1.4$ 比特/符号。可以得到英文信源的效率：

$$\eta=\frac{H_\infty}{H_0}=\frac{1.4}{4.76}\approx 0.294$$

英文信源的冗余度：

$$\gamma=1-\eta=0.706$$

信源的编码效率和冗余度详见第 3 章。信源的冗余度表示了这种信源可以被压缩的程度。

由这个例子可以看到，符号相互独立的信源的每符号所携带的信息量，要远大于符号间存在相关性的信源的每符号所携带的信息量，发送同样信息量所需要的符号个数就越少，而且相关性越强（记忆长度越长），这种差别就越显著。因此，通过去除实际信源中符号间的相关性，就可以减少所需的符号个数，这是实现数据压缩的一条有效途径。

例 1.6 设某离散信源的信源空间为

$$\begin{bmatrix}\boldsymbol{X}\\ \boldsymbol{P}\end{bmatrix}=\begin{bmatrix}0 & 1 & 2\\ \frac{11}{36} & \frac{4}{9} & \frac{1}{4}\end{bmatrix},\quad \sum_{i=1}^{3}p_i=1$$

信源发出的符号只与前一个符号有关，其联合概率 $p(x_ix_j)$ 如表 1-4 所示。

表 1-4 离散信源的联合概率 $p(x_ix_j)$

x_j	x_i		
	0	**1**	**2**
0	1/4	1/18	0
1	1/18	1/3	1/18
2	0	1/18	7/36

求 $H(\boldsymbol{X})$、$H(X_2|X_1)$ 和 $H(X_1X_2)$。

解：

由 $p(x_ix_j)=p(x_i)p(x_j|x_i)=p(x_j)p(x_i|x_j)$，得 $p(x_j|x_i)=p(x_ix_j)/p(x_i)$，得到条件概率如表 1-5 所示。

表 1-5 离散信源的条件概率 $p(x_j|x_i)$

x_j	x_i		
	0	1	2
0	9/11	1/8	0
1	2/11	3/4	2/9
2	0	1/8	7/9

如果不考虑符号间的相关性，则信源熵为

$$H(\boldsymbol{X})=H\left(\frac{11}{36},\frac{4}{9},\frac{1}{4}\right)=-\sum_{i=1}^{3}p(x_i)\log_2 p(x_i)=1.542(\text{比特 / 符号})$$

条件熵为

$$H(X_2\mid X_1)=-\sum_{i=1}^{3}\sum_{j=1}^{3}p(x_ix_j)\log_2 p(x_j\mid x_i)=0.87(\text{比特 / 符号})$$

题目给定了信源发出的符号只与前一个符号有关，因此可以把信源发出的符号看成分组发出的，每两个符号为一组，则这个离散有记忆序列信源的熵为联合熵：

$$H(X_1X_2)=-\sum_{i=1}^{3}\sum_{j=1}^{3}p(x_ix_j)\log_2 p(x_ix_j)=2.412(\text{比特 / 组})$$

可以看到，结果满足熵的强可加性

$$H(X_1X_2)=H(X_1)+H(X_2\mid X_1)$$

这意味着，当信源发出第一个符号时，它发出了 $H(X_1)=H(\boldsymbol{X})$ 的信息量；当它发出第二个符号时，由于相关性，这两个符号的联合信息量 $H(X_1X_2)$ 并不是增加了另一个 $H(\boldsymbol{X})$，而是只增加了 $H(X_2|X_1)$。

由式(1-30)，这个离散有记忆信源的平均符号熵为

$$H_2(\boldsymbol{X})=\frac{1}{2}H(X_1X_2)=1.206(\text{比特 / 符号})$$

显然，这里平均符号熵 $H_2(\boldsymbol{X})<H(\boldsymbol{X})$。

由题目知信源发出的符号只与前一个符号有关，可以得到极限熵(或熵率)为

$$\begin{aligned}H_\infty&=\lim_{N\to\infty}H(X_N\mid X_1X_2\cdots X_{N-1})=\lim_{N\to\infty}H(X_N\mid X_{N-1})\\&=H(X_2\mid X_1)=0.87(\text{比特 / 符号})\end{aligned}$$

通常 H_∞ 的计算比较困难，下面讨论一类特殊的离散有记忆信源——马尔可夫信源，它的熵在 N 不大的情况下比较接近 H_∞。

1.4.3 马尔可夫信源的熵

1. 马尔可夫信源

前面提到，如果非平稳离散信源每次发出的符号只与前 m 个符号有关，与更前面的符号无关，这样的信源就称为 m 阶马尔可夫信源。m 阶马尔可夫信源的数学模型可以由信源符号集和条件概率构成的空间来表示：

$$\begin{bmatrix}\boldsymbol{X}\\\boldsymbol{P}\end{bmatrix}=\begin{bmatrix}x_1,x_2,\cdots,x_r\\p(x_{k_{m+1}}\mid x_{k_1}x_{k_2}\cdots x_{k_m})\end{bmatrix},\quad k_i=1,2,\cdots,r;\ i=1,2,\cdots,m+1 \tag{1-32}$$

并且满足

$$\sum_{k_{m+1}=1}^{r} p(x_{k_{m+1}} \mid x_{k_1} x_{k_2} \cdots x_{k_m}) = 1$$

方便起见，这里只考虑上述条件概率与时间起点无关的时齐(或称齐次)马尔可夫信源。为了描述这类信源，除了信源符号集外，还需引入状态 S。

高阶马尔可夫过程可以通过矢量分析转化为一阶马尔可夫过程来处理。对于 m 阶马尔可夫信源，可以将当前时刻之前出现的 m 个符号组成的序列定义为信源的当前状态 s_i，即 $s_i=(x_{k_1} x_{k_2} \cdots x_{k_m})$，其中 $k_1, k_2, \cdots, k_m \in \{1,2,\cdots,r\}$。$s_i$ 共有 $Q=r^m$ 种可能取值，即可能的状态集为 $S=\{s_1, s_2, \cdots, s_Q\}$。当信源处于状态 s_i 时，发出下一个符号 $x_{k_{m+1}}$ 的条件概率为 $p(x_{k_{m+1}} | x_{k_1} x_{k_2} \cdots x_{k_m}) = p(x_{k_{m+1}} | s_i)$。信源发出符号 $x_{k_{m+1}}$ 以后，信源的状态变成了 $s_j=(x_{k_2} x_{k_3} \cdots x_{k_m} x_{k_{m+1}})$，即从状态 s_i 变成了状态 s_j，这个状态变化可用状态转移概率 $p_{ij}=p(s_j | s_i)$来表示，则有

$$p(s_j \mid s_i) = p(x_{k_{m+1}} \mid s_i) = p(x_{k_{m+1}} \mid x_{k_1} x_{k_2} \cdots x_{k_m}) \tag{1-33}$$

为了简单起见，这里只考虑一步转移概率 p_{ij}。

由于系统在任意时刻可能处于状态集中的任意状态，故状态转移概率可以用转移矩阵 $\boldsymbol{P}$ 来表示：

$$\boldsymbol{P} = \{p_{ij}, i, j \in S\}$$

或

$$\boldsymbol{P} = \begin{bmatrix} p_{11} & p_{12} & \cdots & p_{1Q} \\ p_{21} & p_{22} & \cdots & p_{2Q} \\ \vdots & \vdots & & \vdots \\ p_{Q1} & p_{Q2} & \cdots & p_{QQ} \end{bmatrix}$$

其中，$\boldsymbol{P}$ 的第 i 行表示从状态 s_i 转移到各个状态 s_j ($s_j \in S$)的转移概率，故 $\boldsymbol{P}$ 的每行元素的和为 1。

例如，一个二元二阶马尔可夫信源，其信源符号集为{0,1}，二阶意味着此信源每次发出的符号只与前 2 个符号有关，给出条件概率为

$$p(0 \mid 00) = p(1 \mid 11) = 0.8, \quad p(1 \mid 00) = p(0 \mid 11) = 0.2$$
$$p(0 \mid 01) = p(0 \mid 10) = p(1 \mid 01) = p(1 \mid 10) = 0.5$$

这个二阶马尔可夫信源的状态可以表示为 $s_i=(x_{i_1} x_{i_2})$，$x_{i_1}, x_{i_2} \in \{0,1\}$，可见，一共有 $Q=r^m=2^2=4$ 种可能取值，即可能的状态集为 $S=\{s_1, s_2, s_3, s_4\}=\{00,01,10,11\}$。如果当前状态为 $s_2=01$，因为当前时刻发出的符号只能为 0 或者 1，若当前时刻发出的符号为 0，由于 $p(0|01)=0.5$，故下一时刻将以概率 0.5 转移到 $s_3=10$ 状态，即一步状态转移概率 $p_{23}=p(s_3|s_2)=0.5$；若当前时刻发出的符号为 1，由于 $p(1|01)=0.5$，故下一时刻将以概率 0.5 转移到 $s_4=11$ 状态，即一步状态转移概率 $p_{24}=p(s_4|s_2)=0.5$。以此类推，可以画出此二阶马尔可夫信源的状态转移图如图 1-2 所示，图中括号内为当前时刻发出的符号，后接小数为状态转移概率。

图 1-2 的状态转移矩阵为

$$P=\begin{bmatrix}0.8 & 0.2 & 0 & 0\\ 0 & 0 & 0.5 & 0.5\\ 0.5 & 0.5 & 0 & 0\\ 0 & 0 & 0.2 & 0.8\end{bmatrix}$$

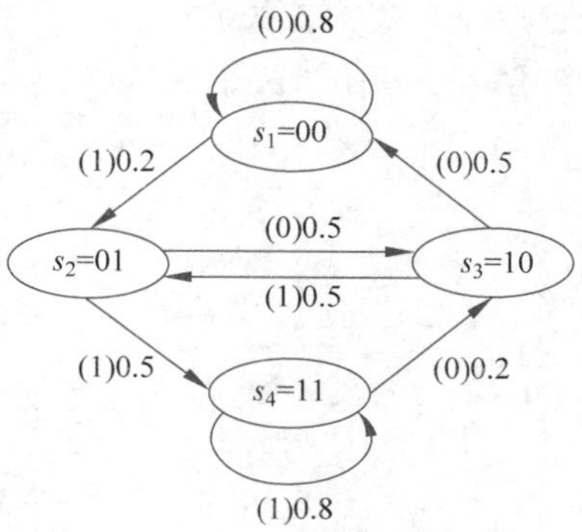

图 1-2 二阶马尔可夫信源的状态转移图

2. 马尔可夫信源的极限熵

一般马尔可夫信源并非平稳信源。信源在初始时刻可以处于任意状态，随着信源发出符号，信源不断进行状态转移。m 阶马尔可夫信源在起始的有限时间内，信源不是平稳和遍历（各态历经性）的，各状态的概率分布有一段变化过程。但经过足够长时间之后，信源处于什么状态已与初始状态无关，这时每种状态的出现概率将达到一种稳定分布。当时齐、遍历的马尔可夫信源达到稳定后，就可以看成平稳信源。

根据离散有记忆信源的极限熵的定义，马尔可夫信源的极限熵为

$$H_{\infty}=\lim_{N\to\infty}\frac{1}{N}H(X_1X_2\cdots X_N)=\lim_{N\to\infty}H(X_N\mid X_1X_2\cdots X_{N-1})$$

对于有限记忆长度的 m 阶马尔可夫信源，可以证明，它的极限熵就等于条件熵：

$$H_{\infty}=H(X_{m+1}\mid X_1X_2\cdots X_m) \tag{1-34}$$

由条件熵的计算及式(1-33)得到 m 阶马尔可夫信源的极限熵为

$$H_{\infty}=-\sum_{i=1}^{r^m}\sum_{j=1}^{r^m}p(s_i)p(s_j\mid s_i)\log p(s_j\mid s_i) \tag{1-35}$$

其中，$p(s_i)$为 m 阶马尔可夫信源稳定后各状态的极限概率，求 $p(s_i)$是求解 m 阶马尔可夫信源的极限熵的关键。时齐、遍历的马尔可夫信源存在唯一的稳态分布。

3. 有限齐次马尔可夫链各态历经定理

对于有限齐次马尔可夫链，若存在一个正整数 $l_0\geqslant 1$，经过 l_0 步从状态 s_i 转移到状态 s_j 的 l_0 步转移概率 $p_{l_0}(s_j\mid s_i)>0$，则称这种马尔可夫链是各态历经的。对于各态历经的 m 阶马尔可夫信源来说，对每个 $j=1,2,\cdots,r^m$ 都存在不依赖于起始状态s_i 的状态极限概率 $p(s_j)=\lim\limits_{l\to\infty}p_l(s_j\mid s_i)(j=1,2,\cdots,r^m)$，此状态极限概率是在约束条件 $p(s_j)>0$，$\sum\limits_{j=1}^{r^m}p(s_j)=1$ 的约束下，方程组

$$p(s_j)=\sum_{i=1}^{r^m}p(s_i)p(s_j\mid s_i),\quad j=1,2,\cdots,r^m \tag{1-36}$$

的唯一解。

时齐、遍历的 m 阶马尔可夫信源的状态极限概率 $p(s_i)$可以用定理中的方法求出，再由式(1-35)就可以求出 m 阶马尔可夫信源的信源熵。

例 1.7 一个三阶的马尔可夫信源的转移矩阵 $\boldsymbol{P}$ 为

$$P=\begin{bmatrix}0.1 & 0 & 0.9\\ 0.5 & 0 & 0.5\\ 0 & 0.2 & 0.8\end{bmatrix}$$

求此马尔可夫信源的熵。

解：该马尔可夫信源的状态转移图如图 1-3 所示。

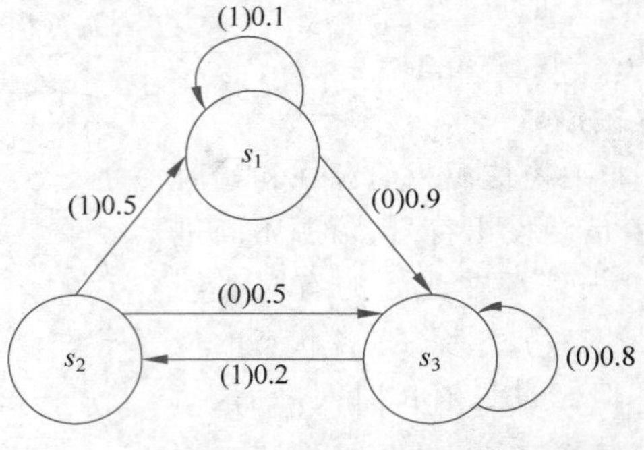

图 1-3 三阶马尔可夫信源状态转移图

设此信源达到稳定后的状态极限概率分布为 $\boldsymbol{P}_s=[p(s_1)p(s_2)p(s_3)]$，由式(1-36)有

$$\boldsymbol{P}_s\boldsymbol{P}=\boldsymbol{P}_s,\quad \sum_{i=1}^{3}p(s_i)=1,\quad p(s_i)\geqslant 0$$

即

$$[p(s_1)\quad p(s_2)\quad p(s_3)]\begin{bmatrix}0.1 & 0 & 0.9\\ 0.5 & 0 & 0.5\\ 0 & 0.2 & 0.8\end{bmatrix}=[p(s_1)\quad p(s_2)\quad p(s_3)]$$

得到方程组：

$$\begin{cases}0.1p(s_1)+0.5p(s_2)=p(s_1)\\ 0.2p(s_3)=p(s_2)\\ 0.9p(s_1)+0.5p(s_2)+0.8p(s_3)=p(s_3)\\ p(s_1)+p(s_2)+p(s_3)=1\end{cases}$$

解方程组得到各状态极限概率：

$$p(s_1)=\frac{5}{59},\quad p(s_2)=\frac{9}{59},\quad p(s_3)=\frac{45}{59}$$

再由式(1-35)可以求出此马尔可夫信源的极限熵为

$$\begin{aligned}H_\infty&=-\sum_{i=1}^{r^m}\sum_{j=1}^{r^m}p(s_i)p(s_j\mid s_i)\log p(s_j\mid s_i)\\&=p(s_1)H(X\mid s_1)+p(s_2)H(X\mid s_2)+p(s_3)H(X\mid s_3)\\&=\frac{5}{59}H(0.1,0,0.9)+\frac{9}{59}H(0.5,0,0.5)+\frac{45}{59}H(0,0.2,0.8)\\&=\frac{5}{59}\times 0.469+\frac{9}{59}\times 1+\frac{45}{59}\times 0.722\\&\approx 0.743(\text{比特 / 符号})\end{aligned}$$

1.5 连续信源和波形信源的熵

1.5.1 一维连续信源的微分熵(差熵)

以上讨论的是离散信源的熵。一旦信源给定，离散熵的值就是确定的，被称为绝对熵。

离散信源发出的消息在时间上和幅值上都是离散的。对于非离散信源，如果信源发出的消息在时间上为离散的，而随机变量的取值为连续的，那么这样的信源被称为**连续信源**。在实际中，我们常常会遇到信源发出的消息在时间上连续、幅值也连续的情况，这样的信源就是随机**波形信源**，也称为随机模拟信源。波形信源的信息熵可以通过转换成连续信源求得。先讨论一维连续信源的信息熵。

如 1.2.4 节所述，对于一维连续信源，我们可以用概率密度函数 $p(x)$ 构成的连续概率空间来表示：

$$\begin{bmatrix} X \\ P \end{bmatrix} = \begin{bmatrix} (a,b) \\ p(x) \end{bmatrix}, \quad \int_a^b p(x)\mathrm{d}x = 1$$

把一维连续信源在时间上离散化，如图 1-4 所示。

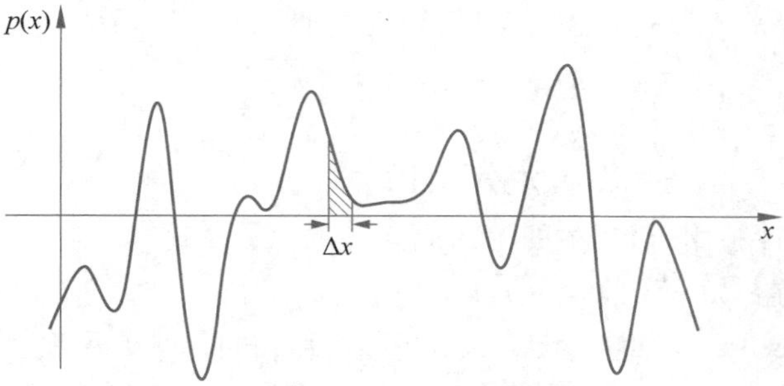

图 1-4 一维连续信源离散化

此连续随机变量在小区间 $(x_i, x_i + \Delta x)$ 内的概率近似为 $p_i = p(x_i)\Delta x$，这样，连续随机变量 X 就可用概率分布为 $p_i (i=1,2,\cdots,r)$ 的离散变量来近似，一维连续信源就被量化为离散信源，计算其熵得到：

$$\begin{aligned} H(x) &= \lim_{\Delta x \to 0} \left[-\sum_i p(x_i)\Delta x \log p(x_i)\right] - \lim_{\Delta x \to 0} (\log \Delta x) \sum_i p(x_i)\Delta x \\ &= -\int_a^b p(x)\log p(x)\mathrm{d}x - \lim_{\Delta x \to 0} \log \Delta x \end{aligned} \tag{1-37}$$

式(1-37)中的第二项 $(-\lim\limits_{\Delta x \to 0} \log \Delta x)$ 当 $\Delta x \to 0$ 时趋于无穷大。可见，连续信源的绝对熵是无穷大。从直观上看也确实如此，因为连续信源可能的取值数是无限多个，若信源均匀分布，则信源的不确定性为无穷大。因此难以用绝对熵来衡量连续分布随机变量的不确定度。考虑到在实际问题中讨论的常常是熵之间的差值，如平均互信息，计算熵差时，只要两个熵进行离散逼近时所取的间隔 Δx 一致，则式(1-37)的第二项就可以相互抵消，熵差就只和第一项有关。基于此，连续分布随机变量的熵被定义为

$$h(X) = -\int_R p(x)\log p(x)\mathrm{d}x \tag{1-38}$$

其中，$p(x)$ 为 X 的概率密度函数。为了和绝对熵的定义相区别，我们把连续随机变量的熵 $h(X)$ 称为**微分熵**，或称**差熵**。在实际应用中，数据都只有有限精度，这样定义的微分熵其实只表达了连续随机变量的部分不确定性，因此和绝对熵相比，微分熵是连续分布随机变量的不确定性的一种相对度量，仅有相对的意义。同理，两个连续随机变量的联合微分熵和条件微分熵可以定义为

$$h(XY) = -\iint_R p(xy)\log p(xy)\mathrm{d}x\mathrm{d}y$$

$$h(Y \mid X) = -\iint_R p(x)p(y \mid x)\log p(y \mid x)\mathrm{d}x\mathrm{d}y \tag{1-39}$$

1.5.2 连续信源微分熵(差熵)的性质

连续信源的微分熵(差熵)是相对熵,它只具有绝对熵的部分含义,而失去了某些性质。这里不加证明地给出连续信源的微分熵(差熵)的性质。

1. 可加性

$$h(XY) = h(X) + h(Y \mid X) = h(Y) + h(X \mid Y) \tag{1-40}$$

离散信源中的以下不等式在连续信源差熵中仍然成立:

$$h(X \mid Y) \leqslant h(X)$$

$$h(Y \mid X) \leqslant h(Y)$$

$$h(XY) \leqslant h(X) + h(Y)$$

当且仅当 X 与 Y 统计独立时,式中的等式成立。

2. 差熵可为负值

由于差熵只描述了连续随机变量去除无穷大分量后的部分不确定性,因此它失去了绝对熵所具有的非负性,连续信源的差熵有可能为负值。

例 1.8 一维连续信号 $x(t)$ 在 $[a,b]$ 区间均匀分布,其概率密度函数为

$$p(x) = \begin{cases} 0, & x < a, x > b \\ \dfrac{1}{b-a}, & a \leqslant x \leqslant b \end{cases}$$

求此均匀信源的差熵。

解:

$$h(X) = -\int_{-\infty}^{\infty} p(x)\log p(x)\mathrm{d}x$$

$$= \frac{1}{b-a}\int_a^b \log(b-a)\mathrm{d}x = \log(b-a)$$

若 $(b-a)<1$,则 $h(X)<0$,即此均匀信源的差熵可为负值。

例 1.9 一维高斯分布的连续信号的概率密度函数为

$$p(x) = \frac{1}{\sqrt{2\pi}\sigma}\exp\left(-\frac{(x-m)^2}{2\sigma^2}\right)$$

求此高斯信源的差熵。

解:

由

$$-\log p(x) = \frac{1}{2}\log(2\pi\sigma^2) + \frac{(x-m)^2}{2\sigma^2}\log e$$

利用 $\int_{-\infty}^{\infty} p(x)\mathrm{d}x = 1$ 和 $\int (x-m)^2 p(x)\mathrm{d}x = \sigma^2$,有

$$h(X)=-\int_{-\infty}^{\infty}p(x)\log p(x)\mathrm{d}x=\frac{1}{2}\log(2\pi e\sigma^2)$$

3. 凸状性和极值性

差熵 $h(X)$ 是输入概率密度函数 $p(x)$ 的 $\cap$ 型凸函数(或称上凸函数),因此对于某一概率密度函数,可以得到差熵的最大值。无限制条件的最大熵是不存在的,一般讨论连续信源在特定限制条件下的差熵的最大值。连续信源在不同限制条件下的最大熵是不同的。

1) 峰值功率受限条件下信源的最大熵

连续信源输出信号的峰值功率受限等价于信号幅度(即信源输出的连续随机变量的取值幅度)受限。可以证明,若输出信号幅度限定在 $[a,b]$ 之内,则均匀分布的连续信源具有最大熵,熵值为 $h_{\max}(X)=\log(b-a)$。

2) 平均功率受限条件下信源的最大熵

可以证明,若输出信号的平均功率被限定为 P,则输出信号幅度的概率密度分布为高斯分布(正态分布)的连续信源具有最大熵,熵值为 $h_{\max}(X)=\frac{1}{2}\log(2\pi eP)$。

对均值为零的信号而言,平均功率受限等价于方差受限。均值为零时,平均功率 P 就等于方差 σ^2,所以这个最大熵又可写为 $h_{\max}(X)=\frac{1}{2}\log(2\pi e\sigma^2)$。

其他分布方式的连续信源,若平均功率相同,则熵值必小于此值。可见,在平均功率一定的情况下,高斯分布的信源具有最大熵,因此高斯白噪声在平均功率一定的条件下会引入最大的有害信息,故在通信系统中,各种设计往往都将高斯白噪声作为标准,这不完全是为了简化分析,而是根据最坏的条件进行设计来获得系统可靠性。

反之,在相同熵值 h 的条件下高斯信源应具有最小的平均功率 $P_0=\frac{2^{2h}}{2\pi e}$。其他分布形式的信源,若熵值也等于 h,则平均功率一定大于 P_0,P_0 是与该信源有相同熵值的高斯信源的平均功率,称为**熵功率**。这一指标代表了在信源发送信息量确定的情况下,信源应该具备的最小能量极限。如果平均功率小于熵功率,则无论如何都不可能发出相应的信息。这一指标将抽象的信息与能量结合起来,指导了我们对通信系统设计的能量要求。

1.5.3 波形信源的微分熵(差熵)

以上讨论的是连续信源的差熵。在实际通信中,常常遇到信源发出的消息在时间上连续、幅值也连续的情况,这样的信源就是随机**波形信源**,也称为随机模拟信源。随机波形信源输出的消息可以用随机过程来描述。实际波形信源的输出是时间或频率有限的随机过程,根据采样定理,这样的随机过程可以用一系列时域(或频域)上离散的取样值来表示,而每个采样值都是连续随机变量。这样就把波形信源转换成了多维连续平稳信源。

根据采样定理,对于频率有限的连续信号 $\{x(t)\}$,只要采样频率不小于信号最高频率 F 的两倍,就能无失真地恢复原信号。如果信号存在的时间为 T,则采样信号可以表示为一个由 N 个采样值($N=2FT$)构成的 N 维连续信源 $X^N=X_1X_2\cdots X_N$。如果各个采样值彼此无关(无记忆信源),则此 N 维连续信源的差熵为 $h(X^N)=N\cdot h(X)$;如果各个采样值相互关联(有记忆信源),则此 N 维连续信源的差熵 $h(X^N)\leqslant N\cdot h(X)$,其中,$h(X)$ 是一维连续信源的差熵。例如，均匀分布多维连续信源的差熵为 $h(X^N)=N\cdot h(X)=2FT\log(b-a)$，高斯分布多维连续信源的差熵为 $h(X^N)=FT\log(2\pi e\sigma^2)$。

1.6 应用案例 1：机器学习与熵

1.6.1 决策树算法的信息增益

决策树是机器学习中一种常用的分类方法。它对于已知概率分布的各种情况，构造一种树形结构，在每一个节点进行特征（属性）的测试和判断，从而确定对样本进行分类的决策方案。具体来说，在决策树分类的学习过程中，每个样本属于某一个类别，算法的目的是能对测试对象进行正确的分类，确定其所属的类别。每个样本包含一些特征，算法需要根据训练样本的特征分布和相应的类别，找出各个特征与样本类别之间的映射关系，从而建立一个预测模型，利用预测模型对测试样本进行分类。

决策树在树形结构的节点根据特征进行划分，特征的选择基于信息熵最小化目标，具体选择方法是：对训练集中的样本，计算每个特征的**信息增益**（决策树算法 ID3）或信息增益率（决策树算法 C4.5），选择信息增益（率）最大的特征用于当前节点的划分。

信息增益是针对特征的，一个特征的信息增益表示获得这个特征的信息使得类别信息的不确定性减少的程度（信息量的增加），即互信息。用特征 A 对样本集 D 进行划分所获得的信息增益 $g(D,A)$ 为

$$g(D,A)=H(D)-H(D\mid A) \tag{1-41}$$

其中，$H(D)$ 为划分之前数据集的信息熵，$H(D|A)$ 为根据特征 A 划分之后的信息熵，它们的差值表示了“根据特征 A 为条件来划分”导致的对于训练样本集的不确定性的减少，即特征 A 的信息增益。某个特征的信息增益越大，意味着这个特征具有更强的区分样本的能力。在著名的决策树 ID3 算法中就使用了信息增益作为节点特征选择的依据。在决策树的每一个非叶子节点划分之前，计算每个特征的信息增益，选择最大信息增益的特征来划分样本。

然而 ID3 算法最大的问题是容易出现过拟合，这是因为如果一个特征的可取值数目多，这个特征的信息增益就会较大，因此算法将会倾向于选择可取值数目较多的特征。基于此，在后续的决策树 C4.5 算法中引入了**信息增益率**，增加了特征固有值作为惩罚项。信息增益率 $g_R(D,A)$ 为

$$g_R(D,A)=\frac{g(D,A)}{H_A(D)} \tag{1-42}$$

其中，$H_A(D)$ 称为特征 A 的固有值，是特征 A 的所有取值在样本集 D 中的概率分布的信息熵，在特征可取值的数目较多时这个固有值也会越大，这样就形成了一种惩罚机制。然而使用信息增益率代替信息增益作为特征划分的标准，算法又会倾向于选择可取值数目较少的特征。因此 C4.5 算法是先在候选特征中找出信息增益高于平均水平的特征，在它们之中再选择信息增益率最高的特征。信息增益和信息增益率的计算实例推荐阅读周志华教授的《机器学习》。

1.6.2 相对熵与交叉熵

相对熵（也被称为 KL 散度，鉴别信息），是两个随机分布之间差异的非对称度量，如对

于同一个随机变量 X 的真实分布 $p(x)$和预测分布 $q(x)$，可以用相对熵来描述它们之间的差异(距离)。相对熵的定义为

$$D_{\mathrm{KL}}(p \,||\, q)=\sum p(x)\log\frac{p(x)}{q(x)} \tag{1-43}$$

可以看出，当两个分布相同时，$D_{\mathrm{KL}}=0$。D_{KL} 的值越小，表示两种分布越接近。因此相对熵可以用来衡量两种分布之间的相似度。相对熵具有非负性和不对称性。

对相对熵的表达式进行变形得到

$$\begin{aligned} D_{\mathrm{KL}}(p \,||\, q) &= \sum p(x)\log\frac{p(x)}{q(x)}=\sum p(x)\log p(x)-\sum p(x)\log q(x) \\ &= -H(p)+\left[-\sum p(x)\log q(x)\right] \end{aligned}$$

式中右边第一项是分布 $p(x)$的信息熵，第二项描述了分布 $p(x)$和分布 $q(x)$之间的差异，被定义为**交叉熵**

$$H(p,q)=-\sum p(x)\log q(x) \tag{1-44}$$

交叉熵表示了对于分布为 p 的随机变量，如果使用分布 q 来编码，平均每符号所需的比特数。交叉熵越小，表示两个概率分布越接近。相对熵和交叉熵之间的关系为

$$D_{\mathrm{KL}}(p \,||\, q)=H(p,q)-H(p) \tag{1-45}$$

在机器学习中，常用损失函数来计算预测值和目标值之间的误差，以确定模型优化的方向。交叉熵是一种常用的损失函数，它可以评估训练模型所预测的分布和真实数据的分布的相似性，通过调整模型来最小化交叉熵(相当于最小化相对熵)，使得模型学到的分布和真实数据分布的差异尽量小。在实际情况下，真实数据分布难以得到，可以用训练数据分布来代替。

视频 2

关于相对熵和交叉熵的例子可以扫码观看视频 2。

第 2 章 信道和信道容量

CHAPTER 2

本章概要

本章主要探讨了通信系统中信息传输的可靠性问题。首先，介绍了信道模型的分类以及平均互信息、信道疑义度和噪声熵等概念的定义和计算方法。这些概念对于理解通信系统的工作原理和提高通信系统的性能具有重要意义。其次，给出了信道容量的定义，并计算了一些特殊信道的信道容量。在此基础上，介绍了有噪信道的信道容量计算方法。对于离散信道，给出了一般离散无记忆信道的信道容量的迭代算法和泛函求解方法；对于连续信道，根据具体的噪声模型和功率限制得到了连续信道的信道容量，并进一步介绍了常用的组合信道的信道容量计算方法。最后，通过对译码规则和信道编码的讨论，引出了有噪信道编码定理(即香农第二定理)。该定理证明了在有噪声的信道上实现无错误传输的可能性，为通信系统的设计和分析提供了重要的理论依据，同时也是本书后面介绍的信道编码技术的理论基础。

通信系统中传输的可靠性问题可以这样表述：一个给定带宽和信噪比的信道，每秒可以传输多少比特的信息量。要解决这个问题，需要了解信道的特性。

2.1 信道的基本概念

1. 信道模型

信道是信息传输的通道。在实际的通信系统中，信道的种类很多，包含的设备也不相同，因此可以按照不同的角度对信道进行分类。例如，根据信道的输入和输出信号的特点，可以把信道分为离散信道、连续信道、波形信道。离散信道即数字信道，其输入/输出信号在时间上和取值上都是离散的；连续信道的输入/输出信号在时间上离散，而取值上连续；波形信道又称为模拟信道，其输入/输出信号是在时间和取值上都连续的随机过程。按照信道的响应特性分类，可以把信道分为有记忆信道和无记忆信道。按照信道的用户数量来分，可以分为单用户信道和多用户信道。单用户信道只有一个输入端和一个输出端，信息只朝一个方向单向传输；多用户信道的输入端和输出端至少有一端有两个以上用户，信息在两个方向都能传输。根据信道输入端和输出端关系有无反馈信道和有反馈信道；根据信道参数与时间的关系有固定参数信道(光纤、电缆)和时变参数信道(无线信道)。根据信道中噪声的种类，可以把信道分为随机差错信道（以高斯白噪声为主的信道）、突发差错信道（噪声干扰的影响前后相关，如：衰落信道、码间干扰信道）等。

信道从广义来说还包括相关的转换设备。如图 2-1 所示，通信系统中的信道可以分别用调制信道和编码信道来描述，对它们的研究关注的是通信传输的不同方面。调制信道覆盖了从调制器的输出端到解调器的输入端，包括发转换器、媒质和收转换器。对调制信道的研究重点在调制器输出的信号形式、调制信道中延迟、损耗和噪声等对已调信号的影响，并不关心信号的中间变换过程，调制信道可以用一个多端口线性时变网络来表示。

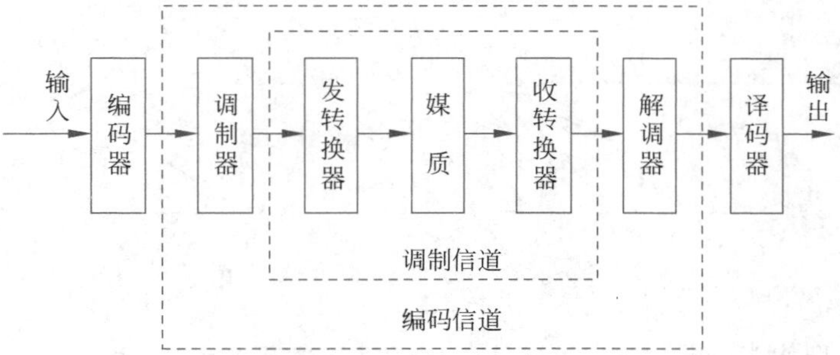

图 2-1 通信系统传输流程

编码信道覆盖了从编码器的输出端到译码器的输入端，包括调制器、调制信道和解调器，编码信道是数字信道或离散信道，它将输入的数字序列变成另一种输出数字序列。信道中噪声等因素的影响使输出数字序列发生错误，这种错误的发生可以用转移概率来表征。转移概率完全由编码信道的特性决定。特定的编码信道有确定的转移概率。

本章所讨论的是编码信道。图 2-2 表示一个离散无记忆信道模型，考虑信道是平稳的情况。所谓平稳，是指信道在不同时刻的响应特性是相同的。

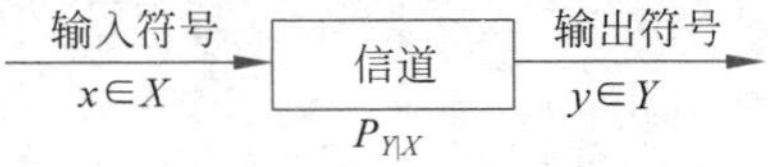

图 2-2 离散无记忆信道模型

2. 信道的转移概率矩阵

单符号离散信道的输入符号 X 取值于符号集合 $\{x_1,x_2,\cdots,x_r\}$；输出符号 Y 取值于符号集合 $\{y_1,y_2,\cdots,y_s\}$。在信道中进行信息传输时所受到的噪声干扰可以用前向概率 $p(y_j|x_i)$ 来表征。前向概率也称为信道转移（传输）概率，这个条件概率表示当发送符号为 x_i 时，接收到符号 y_j 的概率。考虑到信源符号集 X 和信宿符号集 Y，可以把一个信道的转移概率写成矩阵形式

$$\boldsymbol{P}_{Y|X}=\begin{bmatrix} p(y_1 \mid x_1) & p(y_2 \mid x_1) & \cdots & p(y_s \mid x_1) \\ p(y_1 \mid x_2) & p(y_2 \mid x_2) & \cdots & p(y_s \mid x_2) \\ \vdots & \vdots & & \vdots \\ p(y_1 \mid x_r) & p(y_2 \mid x_r) & \cdots & p(y_s \mid x_r) \end{bmatrix} \tag{2-1}$$

其中，$\sum_j p(y_j \mid x_i)=1$，即每行的和为 1。$\boldsymbol{P}_{Y|X}$ 就是信道的转移概率矩阵，也称为信道传输矩阵。

例如，一个二元对称信道(Binary Symmetric Channel，BSC)如图 2-3 所示。

其中，转移概率 $p(1|0)$ 和 $p(0|1)$ 为 p，可以看出，p 就是接收方接收到和发送数据不一致的数据的概率，所以 p 被称为 BSC 的错误传递概率。BSC 的转移概率矩阵为

$$\boldsymbol{P}_{Y|X}=\begin{bmatrix}1-p & p\\ p & 1-p\end{bmatrix}$$

再来看一个二元删除信道(Binary Erasure Channel，BEC)，如图 2-4 所示。

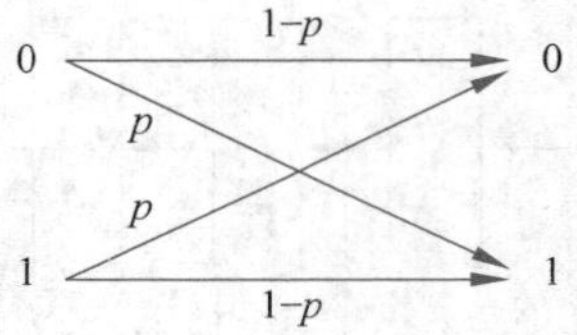

图 2-3 BSC

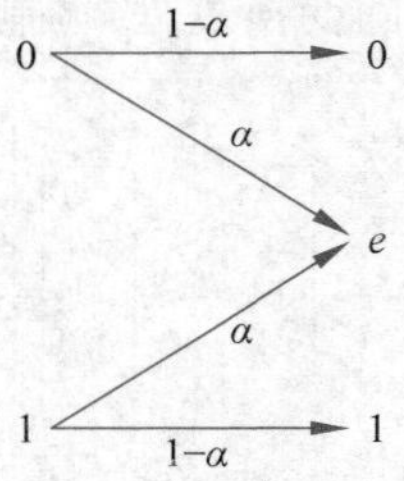

图 2-4 BEC

这个信道模型代表的是一类二元信道，其接收端所接收到的符号有一定的概率会无法和输入符号对应(即对接收信号无把握判断是 0 还是 1)，我们把这样无法对应的符号设定为一个新的输出符号 e(也称为删除符号)，则输出端就是三符号的数据集。BEC 的转移概率矩阵为

$$\boldsymbol{P}_{Y|X}=\begin{bmatrix}1-\alpha & \alpha & 0\\ 0 & \alpha & 1-\alpha\end{bmatrix}$$

根据概率知识，可以由输入概率分布和信道的转移概率矩阵得到输出概率分布：

$$p(y_j)=\sum_{i=1}^{r}p(x_i)p(y_j \mid x_i) \tag{2-2}$$

其中，$j=1,2,\cdots,s$。

如果要用矩阵运算的形式表达上面的关系，则可以写成

$$\begin{bmatrix}p(y_1)\\ p(y_2)\\ \vdots\\ p(y_s)\end{bmatrix}=\boldsymbol{P}_{Y|X}^{\mathrm{T}}\begin{bmatrix}p(x_1)\\ p(x_2)\\ \vdots\\ p(x_r)\end{bmatrix} \tag{2-3}$$

2.2 熵与平均互信息

2.2.1 互信息

第 1 章中定义的自信息、联合自信息和条件自信息表征了信源符号的信息度量。互信息则是通信系统的信息传输能力的基本度量。信息在信道中传输时，发送端发送符号 x_i，经过信道传输，在接收端收到符号 y_j，通信系统传输这一对符号 (x_i, y_j) 所传输的信息量的大小，可以通过通信过程发生前后的两个不确定度相减来计算，这就是互信息 $I(x_i; y_j)$。

$$I(x_i; y_j)=I(x_i)-I(x_i \mid y_j) \tag{2-4}$$

其中，

$$I(x_i)=\log\frac{1}{p(x_i)}=-\log p(x_i) \tag{2-5}$$

$$I(x_i\mid y_i)=\log\frac{1}{p(x_i\mid y_j)}=-\log p(x_i\mid y_j) \tag{2-6}$$

$I(x_i)$是信源符号 x_i 的自信息，它表示信宿收到 y_j 之前，对于信源发送的符号是 x_i 的不确定度。$I(x_i|y_j)$是在信宿收到 y_j 的条件下，信源符号 x_i 的条件自信息，它表示在收到 y_j 之后，对于信源发送的符号是 x_i 的仍然存在的不确定度。这两个不确定度相减得到的互信息 $I(x_i;y_j)$表示，通过信道传输，当信宿收到 y_j 时所获得的关于信源发出的符号 x_i 的信息量。所以得到互信息 $I(x_i;y_j)$的计算公式为

$$I(x_i;y_j)=I(x_i)-I(x_i\mid y_j)=\log\frac{p(x_i\mid y_j)}{p(x_i)} \tag{2-7}$$

注意，式中 $p(x_i|y_j)$是收到符号 y_j 后，关于发送符号为 x_i 的后验概率。

类似地，可以定义其对称的互信息 $I(y_j;x_i)$：

$$I(y_j;x_i)=\log\frac{p(y_j\mid x_i)}{p(y_j)}=I(y_j)-I(y_j\mid x_i) \tag{2-8}$$

这个互信息表示信源发送符号 x_i 前后，对于信宿接收到的符号是 y_j 的不确定度的减少，即这次通信过程中，通过 x_i 获得的关于接收符号 y_j 的信息量。互信息 $I(x_i;y_j)$可为正、负或是 0。当 X 与 Y 相互独立时，有 $I(x_i;y_j)=0$。

2.2.2　平均互信息

当考虑通信过程时，我们感兴趣的不是单个的符号，而是系统的整体信息量的流通情况。因此为了客观地测度信道中流通的信息，定义互信息量 $I(x_i;y_j)$在联合概率空间 $p(x,y)$中的统计平均值为 Y 对 X 的平均互信息量：

$$I(X;Y)=\sum_{i=1}^{r}\sum_{j=1}^{s}p(x_iy_j)I(x_i;y_j)=\sum_{i=1}^{r}\sum_{j=1}^{s}p(x_iy_j)\log\frac{p(x_i\mid y_j)}{p(x_i)} \tag{2-9}$$

平均互信息 $I(X;Y)$克服了互信息 $I(x_i;y_j)$的随机性，成为一个确定的量。

同样有，

$$I(Y;X)=\sum_{i=1}^{r}\sum_{j=1}^{s}p(x_iy_j)I(y_j;x_i)=\sum_{i=1}^{r}\sum_{j=1}^{s}p(x_iy_j)\log\frac{p(y_j\mid x_i)}{p(y_j)} \tag{2-10}$$

平均互信息表示信源端的信息通过信道传输到信宿端的有效信息量。

从平均互信息的定义，可以得到

$$\begin{aligned}I(X;Y)&=\sum_{i=1}^{r}\sum_{j=1}^{s}p(x_iy_j)I(x_i;y_j)=\sum_{i=1}^{r}\sum_{j=1}^{s}p(x_iy_j)\log\frac{p(x_i\mid y_j)}{p(x_i)}\\&=\sum_{i=1}^{r}\sum_{j=1}^{s}p(x_iy_j)\log\frac{p(x_iy_j)}{p(x_i)p(y_j)}\\&=\sum_{i=1}^{r}\sum_{j=1}^{s}p(x_iy_j)\log\frac{p(x_iy_j)}{p(x_i)}-\sum_{i=1}^{r}\sum_{j=1}^{s}p(x_iy_j)\log p(y_j)\end{aligned}$$

$$
\begin{aligned}
&=\sum_{i=1}^{r}\sum_{j=1}^{s}p(x_i)p(y_j\mid x_i)\log p(y_j\mid x_i)-\sum_{i=1}^{r}\sum_{j=1}^{s}p(x_iy_j)\log p(y_j)\\
&=\sum_{i=1}^{r}p(x_i)\Big(\sum_{j=1}^{s}p(y_j\mid x_i)\log p(y_j\mid x_i)\Big)-\sum_{j=1}^{s}\log p(y_j)\Big(\sum_{i=1}^{r}p(x_iy_j)\Big)\\
&=-\sum_{i=1}^{r}p(x_i)H(Y\mid X=x_i)-\sum_{j=1}^{s}\log p(y_j)(p(y_j))\\
&=-H(Y\mid X)+H(Y)\\
&=H(Y)-H(Y\mid X)
\end{aligned}
$$

类似地，可以推出 $I(X;Y)=H(X)-H(X|Y)$，即有

$$I(X;Y)=H(X)-H(X\mid Y)=H(Y)-H(Y\mid X) \tag{2-11}$$

平均互信息具有如下性质：

1）非负性

$$I(X;Y)\geqslant 0 \tag{2-12}$$

因为条件熵不大于无条件熵，所以必然有 $I(X;Y)=H(X)-H(X|Y)\geqslant 0$，因此平均互信息不会是负值，这表明通信总可以获得一些信息，至少是零信息，不会是负信息。

需要注意的是，平均互信息的非负性并不意味着每对互信息 $I(x_i;y_j)$ 也都恒为正值。

2）有界性

由 $I(X;Y)=H(X)-H(X|Y)$ 和 $H(X|Y)$ 的非负性，可以得到

$$I(X;Y)\leqslant H(X) \tag{2-13}$$

即平均互信息是有界的，最大不会超过信源熵。

3）对称性

$$I(X;Y)=I(Y;X) \tag{2-14}$$

证明如下：

$$
\begin{aligned}
&I(x_i;y_j)\\
&=\log\frac{p(x_i\mid y_j)}{p(x_i)}=\log\frac{p(y_j)p(x_i\mid y_j)}{p(y_j)p(x_i)}\\
&=\log\frac{p(x_iy_j)}{p(x_i)p(y_j)}=\log\frac{p(x_i)p(y_j\mid x_i)}{p(x_i)p(y_j)}=\log\frac{p(y_j\mid x_i)}{p(y_j)}\\
&=I(y_j;x_i)
\end{aligned}
$$

故有

$$I(X;Y)=E[I(x_i;y_j)]=E[I(y_j;x_i)]=I(Y;X)$$

4）极值性

由平均互信息的计算过程可以看出，它是信源概率分布 $p(x)$ 和信道转移概率分布 $p(y|x)$ 的函数，信源和信道的统计性质共同决定了平均互信息的大小。可以证明：

(1) 当信道给定（即 $p(y|x)$ 确定）时，平均互信息 $I(X;Y)$ 是信源概率分布 $p(x)$ 的 $\cap$ 型凸函数。即，总存在一个信源能使平均互信息取极大值，这个信源称为此信道的最佳匹配信源。

(2) 当信源给定（即 $p(x)$ 确定）时，平均互信息 $I(X;Y)$ 是信道转移概率分布 $p(y|x)$

的∪型凸函数。即，总存在一个信道能使平均互信息取极小值，这个信道称为此信源的最差不匹配信道。

例如，设二元无记忆信源发出的消息通过二元对称信道传输，信源和信道分别为

$$\begin{bmatrix}\boldsymbol{X}\\\boldsymbol{P}\end{bmatrix}=\begin{bmatrix}0 & 1\\\omega & 1-\omega\end{bmatrix},\quad \boldsymbol{P}_{Y|X}=\begin{bmatrix}1-p & p\\p & 1-p\end{bmatrix}$$

则可以求出联合概率和接收符号概率分别为

$$\boldsymbol{P}_{XY}=\begin{bmatrix}(1-p)\omega & p\omega\\p(1-\omega) & (1-p)(1-\omega)\end{bmatrix}$$

$$\boldsymbol{P}_{Y}=\begin{bmatrix}\omega\bar{p}+\bar{\omega}p\\\omega p+\bar{\omega}\bar{p}\end{bmatrix}$$

其中，$\bar{\omega}=1-\omega$，$\bar{p}=1-p$。

如果用符号 $H(p)$表示熵值 $p\log\frac{1}{p}+\bar{p}\log\frac{1}{\bar{p}}$，那么输出符号集的熵可以写成

$$H(Y)=H(\omega\bar{p}+\bar{\omega}p)=H(\omega p+\bar{\omega}\bar{p})$$

而条件熵

$$\begin{aligned}H(Y\mid X)&=\sum_{x}\sum_{y}p_x p_{y|x}\log\frac{1}{p_{y|x}}\\&=\omega\left(\bar{p}\log\frac{1}{\bar{p}}+p\log\frac{1}{p}\right)+\bar{\omega}\left(p\log\frac{1}{p}+\bar{p}\log\frac{1}{\bar{p}}\right)\\&=H(p)\end{aligned}$$

所以平均互信息

$$I(X;Y)=H(Y)-H(Y\mid X)=H(\omega\bar{p}+\bar{\omega}p)-H(p)$$

其中，

$$H(p)=p\log\frac{1}{p}+\bar{p}\log\frac{1}{\bar{p}}$$

即

$$I(X;Y)=-z\log z-(1-z)\log(1-z)+p\log p+(1-p)\log(1-p)$$

其中，$z=(1-p)\omega+p(1-\omega)$。可见，平均互信息是 ω 和 p 的函数。可以用曲线表示平均互信息随 ω 和 p 变化的情况，如图 2-5 所示。

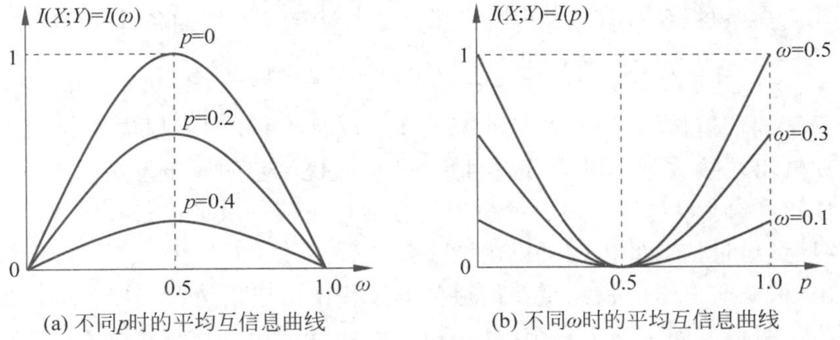

图 2-5　平均互信息与信源分布和信道分布的关系

可以看出，当信道给定（p 一定）时，平均互信息随信源概率分布 ω 的变化存在极大值；当信源给定（ω 一定）时，平均互信息随信道传输概率 p 的变化存在极小值。

2.2.3 通信系统中的熵与平均互信息

在通信系统中，各种熵有明确的物理意义。一个一般离散通信系统如图 2-6 所示。

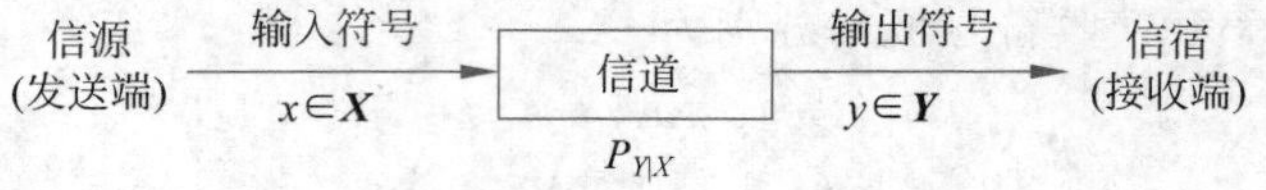

图 2-6 一般离散通信系统

离散信源发送出来的信息 $\boldsymbol{X}$（取值于符号集合$\{x_1, x_2, \cdots, x_r\}$）通过离散信道传输，到达接收端成为输出符号 $\boldsymbol{Y}$（取值于符号集合$\{y_1, y_2, \cdots, y_s\}$）。

设离散通信系统中的信源 $\boldsymbol{X}$ 为

$$\begin{bmatrix} \boldsymbol{X} \\ \boldsymbol{P} \end{bmatrix} = \begin{bmatrix} x_1 & x_2 & \cdots & x_i & \cdots & x_r \\ p(x_1) & p(x_2) & \cdots & p(x_i) & \cdots & p(x_r) \end{bmatrix}, \quad \sum_i p(x_i) = 1$$

信道的传输特性可以用信道转移概率 $p(y_j | x_i)$定义。信道转移概率 $p(y_j | x_i)$是一个条件概率，指的是当发送符号为 x_i 时，接收到符号 y_j 的概率，它表示了在信道中进行信息传输时所受到的噪声干扰。

信宿的概率分布 $p(y_j)$可以由信源的概率分布 $p(x_i)$和信道转移概率 $p(y_j | x_i)$得到：

$$p(y_j) = \sum_{x_i \in X} p(y_j \mid x_i) p(x_i) \tag{2-15}$$

可见，信宿符号的概率分布不仅和信源符号的概率分布有关，而且和信道中的噪声干扰有关系。根据 $\boldsymbol{X}$ 和 $\boldsymbol{Y}$ 的概率分布，可以分别计算信源的熵 $H(\boldsymbol{X})$和信宿的熵 $H(\boldsymbol{Y})$。$H(\boldsymbol{X})$就是信源的熵，表示信源中每个符号的平均信息量。$H(\boldsymbol{Y})$就是信宿的熵，表示信宿中每个符号的平均信息量。

由转移概率 $p(y_j | x_i)$可以计算条件熵 $H(\boldsymbol{Y}|\boldsymbol{X})$

$$H(\boldsymbol{Y} \mid \boldsymbol{X}) = -\sum_{i,j} p(x_i y_j) \log_2 p(y_j \mid x_i) \tag{2-16}$$

在通信系统的信道传输模型中，这个条件熵 $H(\boldsymbol{Y}|\boldsymbol{X})$被称为噪声熵（也称为信道散布度），它表示在已知 $\boldsymbol{X}$ 的全部符号后，对于输出 $\boldsymbol{Y}$ 尚存的平均不确定性。

如果已知后向条件概率 $p(x_i | y_j)$，那么也可以计算其对应的条件熵 $H(\boldsymbol{X}|\boldsymbol{Y})$

$$H(\boldsymbol{X} \mid \boldsymbol{Y}) = -\sum_{i,j} p(x_i y_j) \log_2 p(x_i \mid y_j) \tag{2-17}$$

在通信系统的信道传输模型中，这个条件熵 $H(\boldsymbol{X}|\boldsymbol{Y})$被称为损失熵（也称为信道疑义度），它表示在输出端接收到 $\boldsymbol{Y}$ 的全部符号后，由于干扰引起的对于发送端发送的 $\boldsymbol{X}$ 尚存的平均不确定性。联合熵 $H(\boldsymbol{XY})$则表示整个信息传输系统一次通信过程的平均不确定性。

这样，信息量通过信道的传输可以用图 2-7 表示。

可以看出，信源所发送的信息量在信道传输过程中由于信道疑义度和噪声熵的干扰，到达信宿时成为信宿熵。如果除去噪声的影响，其中的在信道中传输的有效信息量就是平均互信息。

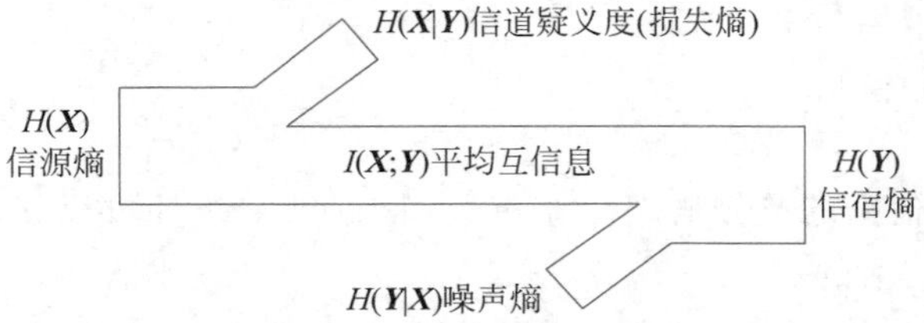

图 2-7 信息量通过信道的传输示意图

平均互信息和条件熵之间的关系还可以用维恩图表示为如图 2-8 所示的形式。

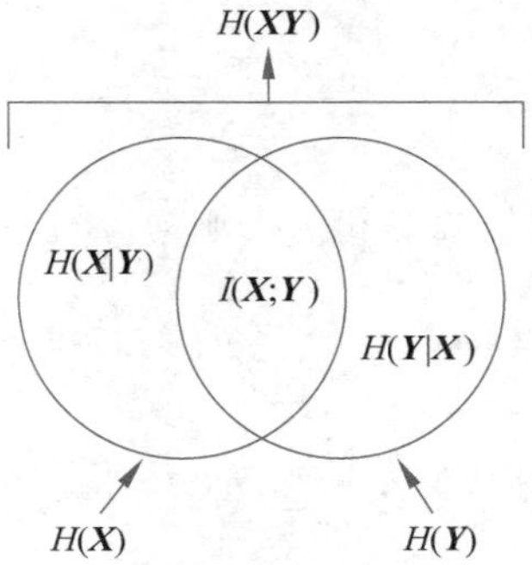

图 2-8 平均互信息和条件熵之间的关系维恩图

其中，各个信息量的关系可以写成：

$$I(\boldsymbol{X};\boldsymbol{Y})=H(\boldsymbol{X})-H(\boldsymbol{X}\mid\boldsymbol{Y})$$
$$I(\boldsymbol{X};\boldsymbol{Y})=H(\boldsymbol{Y})-H(\boldsymbol{Y}\mid\boldsymbol{X})$$
$$I(\boldsymbol{X};\boldsymbol{Y})=H(\boldsymbol{X})+H(\boldsymbol{Y})-H(\boldsymbol{XY}) \tag{2-18}$$

下面进一步讨论平均互信息的物理意义。

1) $I(\boldsymbol{X};\boldsymbol{Y})=H(\boldsymbol{X})-H(\boldsymbol{X}|\boldsymbol{Y})$

其中，$H(\boldsymbol{X})$是信源熵，表示 $\boldsymbol{X}$ 的不确定度，也就是信源含有的平均信息量（有用总体）；$H(\boldsymbol{X}|\boldsymbol{Y})$是已知 $\boldsymbol{Y}$ 时，对 $\boldsymbol{X}$ 仍剩的不确定度，也就是因信道有扰而丢失的平均信息量，故称损失熵；而 $I(\boldsymbol{X};\boldsymbol{Y})$就是信宿收到的平均信息量（有用部分）。

2) $I(\boldsymbol{Y};\boldsymbol{X})=H(\boldsymbol{Y})-H(\boldsymbol{Y}|\boldsymbol{X})$

其中，$H(\boldsymbol{Y})$是信宿收到的平均信息量；$I(\boldsymbol{Y};\boldsymbol{X})$是信道传输的平均信息量（有用部分）；因此 $H(\boldsymbol{Y}|\boldsymbol{X})$是因信道有扰而产生的信息量，故称噪声熵、散布度，也就是发出 $\boldsymbol{X}$ 后，关于 $\boldsymbol{Y}$ 的后验不确定度。

3) $I(\boldsymbol{X};\boldsymbol{Y})=H(\boldsymbol{X})+H(\boldsymbol{Y})-H(\boldsymbol{XY})$

其中，$H(\boldsymbol{X})+H(\boldsymbol{Y})$表示通信前整个系统的先验不确定度；$H(\boldsymbol{XY})$表示通信后整个系统仍剩余的不确定度；所以 $I(\boldsymbol{X};\boldsymbol{Y})$表示通信前后整个系统不确定度的减少量，即传输的有效信息量。所以平均互信息 $I(\boldsymbol{X};\boldsymbol{Y})$表示平均每传送一个信源符号时，流经信道的平均（有效）信息量。

例 2.1 已知离散无记忆信源的信源空间为

$$\begin{bmatrix}\boldsymbol{X}\\\boldsymbol{P}\end{bmatrix}=\begin{bmatrix}x_1 & x_2\\0.5 & 0.5\end{bmatrix}$$

这个信源发送的符号通过一个离散信道传输，已知

$$\boldsymbol{P}_{Y|X}=\begin{bmatrix}0.98 & 0.02\\0.2 & 0.8\end{bmatrix}$$

求：

(1) 信源的熵和信宿的熵；

(2) $\boldsymbol{X}$ 的各后验概率；

(3) 联合熵 $H(\boldsymbol{XY})$；

(4) 平均互信息 $I(\boldsymbol{X};\boldsymbol{Y})$；

(5) 信道疑义度 $H(\boldsymbol{X}|\boldsymbol{Y})$；

(6) 噪声熵 $H(\boldsymbol{Y}|\boldsymbol{X})$。

解：

(1) 信宿的熵与信宿的符号概率分布有关，根据已知条件可以先求出信宿符号集合 $\boldsymbol{Y}$ 的概率分布，然后求信宿的熵。

由 $p(x_iy_j)=p(x_i)p(y_j|x_i)$，得到联合概率

$$p(x_1y_1)=0.49,\quad p(x_1y_2)=0.01,\quad p(x_2y_1)=0.1,\quad p(x_2y_2)=0.4$$

由 $p(y_j)=\sum_i p(x_iy_j)$，得到边缘概率

$$p(y_1)=0.59,\quad p(y_2)=0.41$$

则信源熵和信宿熵为

$$H(\boldsymbol{X})=-\sum_{i=1}^{2}p(x_i)\log_2 p(x_i)=-0.5\log_2 0.5-0.5\log_2 0.5=1(\text{比特}/\text{符号})$$

$$H(\boldsymbol{Y})=-\sum_{i=1}^{2}p(y_j)\log_2 p(y_j)=-0.59\log_2 0.59-0.41\log_2 0.41\approx 0.98(\text{比特}/\text{符号})$$

(2) 由 $p(x_i|y_j)=\dfrac{p(x_iy_j)}{p(y_j)}$ 得到 $\boldsymbol{X}$ 的各后验概率

$$p(x_1\mid y_1)=0.831,\quad p(x_1\mid y_2)=0.024,\quad p(x_2\mid y_1)=0.169,\quad p(x_2\mid y_2)=0.976$$

(3) 联合熵

$$H(\boldsymbol{XY})=-\sum_{i=1}^{2}\sum_{j=1}^{2}p(x_iy_j)\log_2 p(x_iy_j)=1.43(\text{比特}/\text{符号})$$

(4) 平均互信息

$$I(\boldsymbol{X};\boldsymbol{Y})=H(\boldsymbol{X})+H(\boldsymbol{Y})-H(\boldsymbol{XY})=1+0.98-1.43=0.55(\text{比特}/\text{符号})$$

(5) 信道疑义度

$$H(\boldsymbol{X}\mid\boldsymbol{Y})=-\sum_{i=1}^{2}\sum_{j=1}^{2}p(x_iy_j)\log_2 p(x_i\mid y_j)=0.45(\text{比特}/\text{符号})$$

(6) 噪声熵

$$H(\boldsymbol{Y}\mid\boldsymbol{X})=-\sum_{i=1}^{2}\sum_{j=1}^{2}p(x_iy_j)\log_2 p(y_j\mid x_i)=0.43(\text{比特}/\text{符号})$$

从例题结果看出，在这个二元通信系统中，输入符号个数等于输出符号个数，都是 2，然而得到的结果中，$H(\boldsymbol{X})$不等于 $H(\boldsymbol{Y})$，也就是通过信道传输以后，平均每个信源符号所携带的信息量并没有全部到达信宿端。显然这与信道的传输特性有关系，或者说与信道中存在的噪声相关。由于噪声和损失的存在，导致信源端发送的信息量和信宿端接收的信息量不一致。

2.3 信道容量

由平均互信息的极值性可知，当信道给定时，平均互信息随信源概率分布的变化存在约束条件下的最大值。这个最大值就是给定信道的信道容量。对于连续信道，除了概率约束

条件以外，还有其他约束条件，如平均功率或峰值功率受限等。

信道容量是指对于一个给定信道，在所有可能的输入概率分布中，一次通信过程所能够传输的最大的平均互信息。它表示了信道传输信息的最大能力。

$$C=\max_{p(x)} I(X;Y) \tag{2-19}$$

其中，$p(x_i)\geqslant 0$，且 $\sum_{i=1}^{r} p(x_i)=1$。信道容量的单位是比特/符号。当把信道容量表示为单位时间内通过信道传输的最大信息量时，它的单位是比特/秒。注意，信道容量是平均互信息的最大值，这个最大值是在所有输入概率分布意义上的最大，它所对应的输入概率分布被称为最佳分布。

根据信道容量的定义，可以写成

$$C=\max_{p(x)} I(X;Y)=\max_{p(x_i)}\sum_{i=1}^{r}\sum_{j=1}^{s} p(x_i)p(y_j\mid x_i)\log\frac{p(y_j\mid x_i)}{p(y_j)} \tag{2-20}$$

其中，$\sum_{i=1}^{r} p(x_i)=1$。

由式(2-20)可以得到信道容量的性质：

(1) 信道容量 $C\geqslant 0$；

在平均互信息的讨论中我们已经知道 $I(X;Y)\geqslant 0$，所以有 $C\geqslant 0$。

(2) 信道容量 $C\leqslant \log|X|$，$C\leqslant\log|Y|$；

根据定义，有

$$C_C=\max_{p(x)} I(X;Y)\leqslant \max H(X)=\log|X| \tag{2-21}$$

同样，

$$C_C=\max_{p(x)} I(X;Y)\leqslant \max H(Y)=\log|Y| \tag{2-22}$$

例 2.2 某信源发送端有 2 个符号 x_1 和 x_2，每秒发出一个符号，已知 $p(x_1)=a$。接收端有 3 个符号，信道的转移概率矩阵为 $\boldsymbol{P}$。

$$\boldsymbol{P}=\begin{bmatrix}\frac{1}{2} & \frac{1}{2} & 0\\ \frac{1}{2} & \frac{1}{4} & \frac{1}{4}\end{bmatrix}$$

(1) 计算接收端的平均不确定性；

(2) 计算由于噪声产生的不确定性 $H(Y|X)$；

(3) 计算信道容量。

解：

计算联合概率和接收符号概率：

由 $p(x_1)=a$，$p(x_2)=1-a$，$\boldsymbol{P}(Y|X)=\begin{bmatrix}\frac{1}{2} & \frac{1}{2} & 0\\ \frac{1}{2} & \frac{1}{4} & \frac{1}{4}\end{bmatrix}$，得到

$$\boldsymbol{P}_{XY}=\begin{bmatrix}\frac{1}{2}a & \frac{1}{2}a & 0\\ \frac{1}{2}(1-a) & \frac{1}{4}(1-a) & \frac{1}{4}(1-a)\end{bmatrix}$$

从而有

$$\begin{cases}p(y_1)=\dfrac{1}{2}\\ p(y_2)=\dfrac{1}{4}+\dfrac{1}{4}a\\ p(y_3)=\dfrac{1}{4}(1-a)\end{cases}$$

(1) 接收端的平均不确定性即接收符号熵为

$$H(Y)=\frac{3}{2}-\frac{1+a}{4}\log(1+a)-\frac{1-a}{4}\log(1-a)(\text{比特 / 符号})$$

(2) 噪声熵 $H(Y|X)$为

$$H(Y\mid X)=\sum_x\sum_y p(xy)\log\frac{1}{p(y\mid x)}=\frac{3}{2}-\frac{1}{2}a(\text{比特 / 符号})$$

(3) 要计算信道容量,先求平均互信息:

$$\begin{aligned}I(X;Y)&=H(Y)-H(Y\mid X)\\&=\left[\frac{3}{2}-\frac{1+a}{4}\log(1+a)-\frac{1-a}{4}\log(1-a)\right]-\left(\frac{3}{2}-\frac{1}{2}a\right)\end{aligned}$$

可见,平均互信息是 a 的函数:

$$I(a)=\left[\frac{3}{2}-\frac{1+a}{4}\log(1+a)-\frac{1-a}{4}\log(1-a)\right]-\left(\frac{3}{2}-\frac{1}{2}a\right)$$

由$\dfrac{\mathrm{d}}{\mathrm{d}a}I(a)=0$ 可以求得当 $a=\dfrac{3}{5}$时平均互信息达到最大值,即

$$C=\max_{p(x)}\{I(X;Y)\}=I\left(\frac{3}{5}\right)=0.161(\text{比特 / 符号})$$

在通信系统中常用到以下几个指标。

(1) **传码率 $\boldsymbol{R_B}$**:信道每秒所传输的码元数,单位是波特(Baud),所以传码率也称为波特率。一般来说,信道所传输的码元就是信源所发出的码元,即传码率=发码率。

(2) **发信率 $\boldsymbol{R_b}$**:信源每秒所发送的信息量,单位是比特/秒,所以发信率也称为比特率。因为每个信源符号的平均信息量就是熵 $H(X)$,所以有 $R_b=R_B\cdot H(X)$。

(3) **传信率 $\boldsymbol{R_t}$**:信道每秒所传输的净信息量,单位也是比特/秒。因为每符号通信时信道传输的净信息量就是平均互信息,所以有 $R_t=R_B\cdot I(X;Y)$。

2.4 特殊信道的信道容量

从定义可以看出,求信道容量的问题就是一个在给定约束条件下求平均互信息的最大值的问题。对于一般信道的信道容量并没有通用公式可以计算。然而对于一些特殊信道,我们可以通过数学推导得到它们的信道容量的表达式。

2.4.1　无噪无损信道

无噪无损信道如图 2-9 所示。输入符号 X 与输出符号 Y 是一一对应的关系，可见这是一个确定性的信道。

由图 2-9 可以写出其转移概率矩阵为

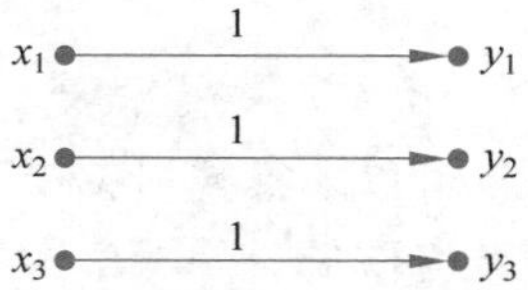

图 2-9　无噪无损信道

$$\boldsymbol{P}_{Y|X}=\begin{bmatrix}1&0&0\\0&1&0\\0&0&1\end{bmatrix}=\boldsymbol{P}_{X|Y}$$

这样，就可以求得其条件熵为 $H(X|Y)=H(Y|X)=0$，即它的损失熵 $H(X|Y)$ 和噪声熵 $H(Y|X)$ 都为零。

从而得到平均互信息 $I(X;Y)=H(Y)=H(X)$。信道容量是平均互信息的最大值，根据熵的最大值特性，所以信道容量为

$$C=\log|X|=\log|Y| \tag{2-23}$$

其中，$|X|$ 为输入符号集的符号个数，$|Y|$ 为输出符号集的符号个数。这个信道容量在输入符号（输出符号）等概率分布时达到。

2.4.2　无噪有损信道

无噪有损信道如图 2-10 所示。可以看到，在这种信道中，X 和 Y 是多对一的关系。

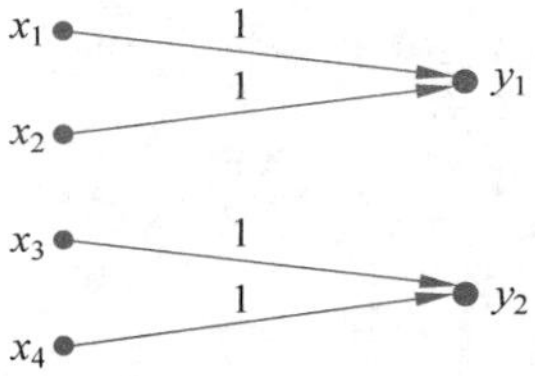

图 2-10　无噪有损信道

写出它的转移概率矩阵为

$$\boldsymbol{P}_{Y|X}=\begin{bmatrix}1&0\\1&0\\0&1\\0&1\end{bmatrix}$$

可以求得其噪声熵为 $H(Y|X)=0$，而它的损失熵 $H(X|Y)\neq 0$。所以这种信道被称为无噪有损信道。

从而得到平均互信息

$$I(X;Y)=H(Y)<H(X)$$

所以信道容量为 $C=\log|Y|$，其中 $|Y|$ 为输出符号集的符号个数。这个信道容量在输出符号等概率分布时达到。

2.4.3　有噪无损信道

有噪无损信道如图 2-11 所示。可以看到，在这种信道中，X 和 Y 是一对多的关系。

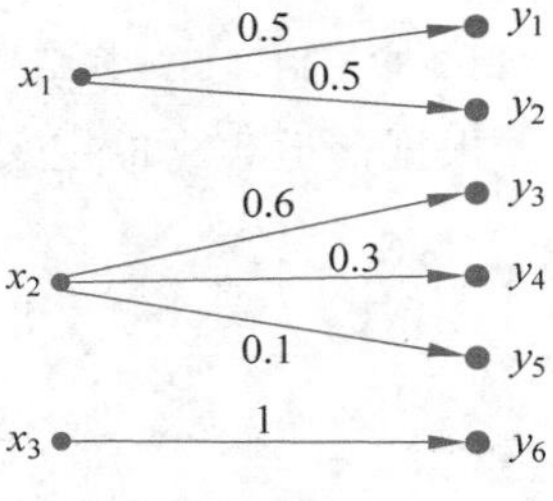

图 2-11　有噪无损信道

写出它的转移概率矩阵为

$$\boldsymbol{P}_{Y|X}=\begin{bmatrix}0.5&0.5&0&0&0&0\\0&0&0.6&0.3&0.1&0\\0&0&0&0&0&1\end{bmatrix}$$

从信道传输关系也可以得到

$$P_{X|Y}=\begin{bmatrix}1&0&0\\1&0&0\\0&1&0\\0&1&0\\0&1&0\\0&0&1\end{bmatrix}$$

可以求得其损失熵 $H(X|Y)=0$,而它的噪声熵 $H(Y|X)\neq 0$。所以这种信道被称为有噪无损信道。

从而得到平均互信息

$$I(X;Y)=H(X)<H(Y)$$

所以信道容量为 $C=\log|X|$,其中 $|X|$ 为输入符号集的符号个数。这个信道容量在输入符号等概率分布时达到。

2.4.4 有噪打字机信道

这个信道是香农所提出来的一个概念。假设有一台打字机出了问题,当按键 A 的时候打出来的字是 A 或者 B 的概率分别是 50%,当按键 B 的时候打出来的字是 B 或者 C 的概率分别是 50%,……,当按键 Z 的时候打出来的字是 Z 或者 A 的概率分别是 50%。画出信道传递模型如图 2-12 所示。

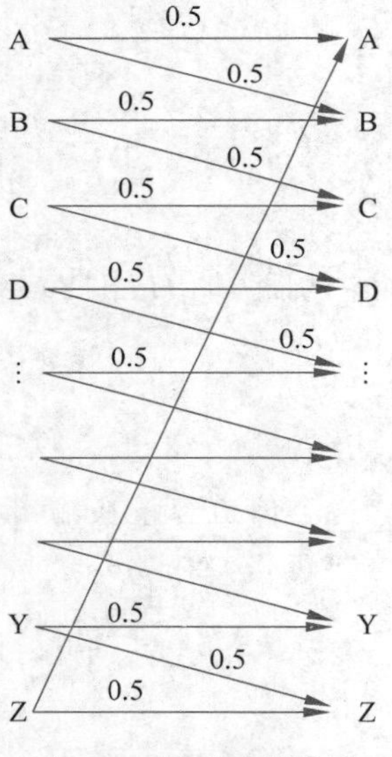

图 2-12 信道传递模型

写出它的转移概率矩阵为

$$P_{Y|X}=\begin{bmatrix}0.5&0&\cdots&0.5\\0.5&0.5&\cdots&0\\0&0.5&\cdots&0\\0&0&\cdots&0\\\vdots&\vdots&&\vdots\\0&0&\cdots&0.5\end{bmatrix}$$

计算它的噪声熵:

$$\begin{aligned}H(Y\mid X)&=\sum_x\sum_y p(x)p(y\mid x)\log\frac{1}{p(y\mid x)}\\&=\sum_x p(x)\sum_y p(y\mid x)\log\frac{1}{p(y\mid x)}\\&=\sum_x p(x)H(0.5)\\&=1\end{aligned}$$

根据信道容量的定义,有

$$\begin{aligned}C&=\max I(X;Y)\\&=\max[H(Y)-H(Y\mid X)]\\&=\max H(Y)-1\\&=\log 26-1\\&=\log 13\end{aligned}$$

这个信道容量在输出符号 Y 等概率分布时达到。根据输入分布和输出分布的关系

$$\boldsymbol{P}_Y = \boldsymbol{P}_{Y|X}^{\mathrm{T}} \boldsymbol{P}_X \tag{2-24}$$

其中的 $\boldsymbol{P}_{Y|X}$ 是上面给出的可逆方阵，$\boldsymbol{P}_X$ 和 $\boldsymbol{P}_Y$ 分别是输入、输出符号的概率分布以单列形式表示的矩阵。可以求得，当 $\boldsymbol{P}_Y$ 为等概率分布时，$\boldsymbol{P}_X$ 也为等概率分布。所以，有噪打字机信道的信道容量为 log13，这个信道容量在输入符号 X 等概率分布时达到。

其实，有了前面分析过的特殊信道，我们也可以把有噪打字机信道看成一个输出有重叠的有噪无损信道。为了达到最大的平均互信息，我们可以减少一半输入字符的个数，使得这些有噪无损信道相互之间不重叠，如图 2-13 所示。

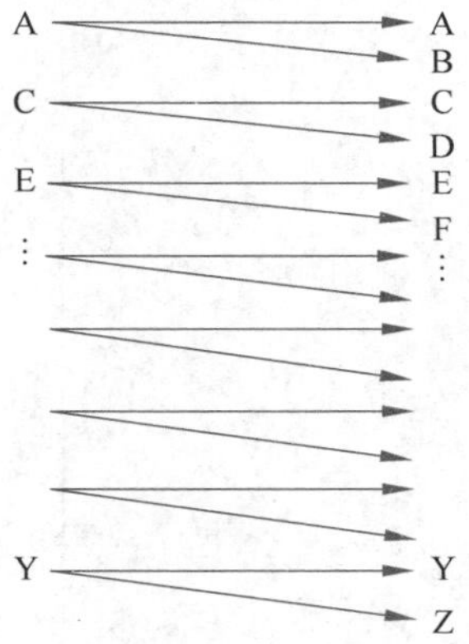

图 2-13 有噪无损信道相互不重叠

根据前面的结论，这个信道容量为 $C=\log|X|=\log 13$，这个信道容量在输入符号等概率分布时达到。

在这里可以看到，有噪声的打字机信道通过减少输入符号集合，也就是降低了码率，从而变成了一个无差错的信道。这就是在噪声信道中通过信道编码可以提高可靠性的基础。

2.4.5 二元对称信道

二元对称信道（Binary Symmetric Channel，BSC）的信道模型如图 2-14 所示。其中 p 为 BSC 的错误传递概率。

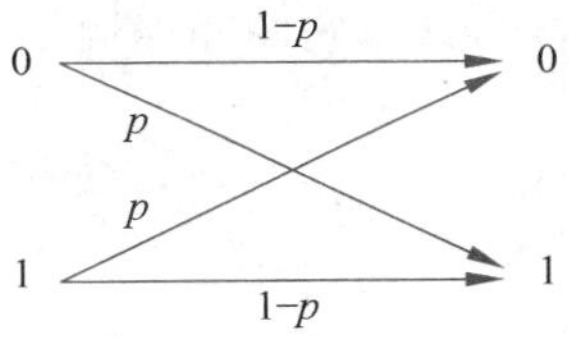

图 2-14 BSC

前面我们在例题中已经分析过 BSC。它的转移概率矩阵为

$$\boldsymbol{P}_{Y|X} = \begin{bmatrix} 1-p & p \\ p & 1-p \end{bmatrix} \tag{2-25}$$

根据前面的计算，其噪声熵 $H(Y|X)=H(p)$，其中，$H(p)=p\log\frac{1}{p}+\bar{p}\log\frac{1}{\bar{p}}$。这样，BSC 的信道容量为

$$\begin{aligned} C &= \max I(X;Y) \\ &= \max[H(Y)-H(Y|X)] \\ &= \max H(Y)-H(p) \\ &= 1-H(p) \end{aligned} \tag{2-26}$$

这个信道容量在输出符号 Y 等概率分布时达到。由于信道对称，而且它的转移概率矩阵为可逆方阵，根据 $\boldsymbol{P}_Y=\boldsymbol{P}_{Y|X}^{\mathrm{T}}\boldsymbol{P}_X$，可知输出符号 Y 等概率分布时，输入符号 X 也为等概率分布。

所以，BSC 的信道容量为 $1-H(p)$，在输出符号等概率分布时达到信道容量。

画出 BSC 的信道容量 C_C 随错误传递概率 p 变化的曲线如图 2-15 所示。

曲线揭示了 BSC 的一些有趣的特性。当 $p=0$ 时，信道是一个完全无噪无损信道，所有输入符号都被正确传输，这时信道容量为最大值 $C=1$；当 $p=0.5$ 时信道容量 $C=0$，这时信道完全不能传输任何信息量；而当 $p=1$ 时，这时虽然所有的输入符号都被错误传输了，然而由于它再次变成了一个确定性的无噪无损信道，所以信道容量再次达到了最大值 $C=1$。

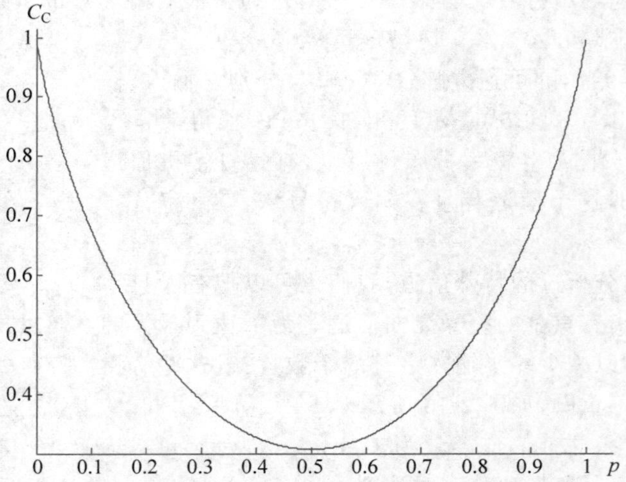

图 2-15　BSC 的信道容量 C_C

2.4.6　二元删除信道

二元删除信道(Binary Erasure Channel,BEC)的信道模型如图 2-16 所示。

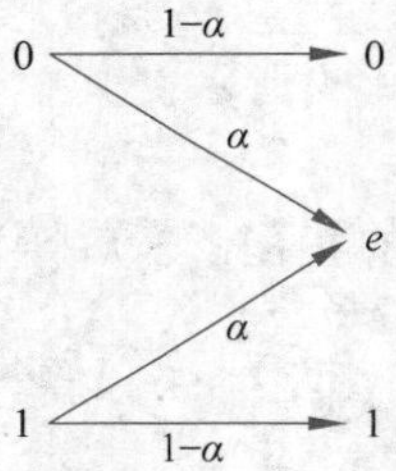

图 2-16　BEC

BEC 的转移概率矩阵为

$$\boldsymbol{P}_{Y|X}=\begin{bmatrix}1-\alpha & \alpha & 0\\ 0 & \alpha & 1-\alpha\end{bmatrix}$$

设输入符号的概率分布为 $p(x)=(1-\pi,\pi)$,计算它的噪声熵:

$$\begin{aligned}H(Y\mid X)&=\sum_x\sum_y p_x p_{y|x}\log\frac{1}{p_{y|x}}\\&=\sum_x p_x\sum_y p_{y|x}\log\frac{1}{p_{y|x}}\\&=\sum_x p_x H(\alpha)\\&=H(\alpha)\end{aligned}$$

而

$$\boldsymbol{P}_Y=\boldsymbol{P}_{Y|X}^{\mathrm{T}}\boldsymbol{P}_X=\begin{bmatrix}(1-\alpha)(1-\pi)\\ \alpha\\ (1-\alpha)\pi\end{bmatrix}$$

故

$$H(Y)=\sum p_y\log\frac{1}{p_y}=(1-\alpha)H(\pi)+H(\alpha) \tag{2-27}$$

则 BEC 的信道容量为

$$\begin{aligned}C&=\max_{p(x)}I(X;Y)\\&=\max_{p(x)}[H(Y)-H(Y\mid X)]\end{aligned}$$

$$=\max_{\pi}(1-\alpha)H(\pi)$$
$$=1-\alpha \tag{2-28}$$

这个信道容量在输入符号为等概率分布(即 $\pi=0.5$)时达到。

达到信道容量 C 的概率分布是使输出等概率分布的信道输入分布。或者说,求离散对称信道的信道容量实质上是求一种输入分布,它能使信道输出符号达到等概率分布。一般情况下,不一定存在一种输入符号的概率分布能使输出符号达到等概率分布。但对于列对称的信道,当输入符号等概率分布时,则输出符号也一定会达到等概率分布。

例 2.3 设离散信道的前向概率转移矩阵为

$$\boldsymbol{P}_{Y|X}=\begin{bmatrix}1 & 0\\ 1 & 0\\ 0 & 1\end{bmatrix}$$

若传输一个符号需要 t 秒,则该信道在单位时间内的最大信息传输速率是多少?

解:

由转移概率矩阵可以看出,这个信道是一个三输入二输出的无噪有损信道。根据前面的分析,它的信道容量为

$$C=\log|Y|=\log 2=1(\text{比特}/\text{符号})$$

这个信道容量在输出符号等概率分布时达到,也就是当 $q_y=\{0.5,0.5\}$时达到。

所以最大信息传输速率为

$$C_t=\frac{C}{t}=\frac{1}{t}(\text{b/s})$$

2.4.7 对称离散无记忆信道

对于一个矩阵,如果每行都是集合 $P=\{p_1,p_2,\cdots,p_n\}$中诸元素的不同排列,则称矩阵的行是可排列的;如果每列都是集合 $Q=\{q_1,q_2,\cdots,q_m\}$中诸元素的不同排列,则称矩阵的列是可排列的;如果矩阵的行和列都是可排列的,则称矩阵是可排列的。如果一个信道的转移概率矩阵具有可排列性,那么这个信道称为对称信道。

例如,信道

$$\boldsymbol{P}_{Y|X}=\begin{bmatrix}\frac{1}{2} & \frac{1}{3} & \frac{1}{6}\\ \frac{1}{6} & \frac{1}{2} & \frac{1}{3}\\ \frac{1}{3} & \frac{1}{6} & \frac{1}{2}\end{bmatrix}$$

就是一个对称信道。

如果仅行是重排或仅列是重排,则只能算是准对称矩阵。如信道

$$\boldsymbol{P}_{Y|X}=\begin{bmatrix}1-p-\varepsilon & p-\varepsilon & 2\varepsilon\\ p-\varepsilon & 1-p-\varepsilon & 2\varepsilon\end{bmatrix}$$

就是一个准对称信道。

设对称离散无记忆信道的前向概率矩阵的每行都是集合 $P=\{p_1,p_2,\cdots,p_n\}$中诸元

素的不同排列，则其噪声熵

$$\begin{aligned}H(Y \mid X) &= \sum_x \sum_y p_x p_{y|x} \log \frac{1}{p_{y|x}} \\ &= \sum_x p_x H(Y \mid X = x) \\ &= H(p_1, p_2, \cdots, p_n)\end{aligned} \tag{2-29}$$

其中，$H(p_1,p_2,\cdots,p_n)=\sum_{i=1}^{n} p_i \log \frac{1}{p_i}$。

可以求得信道容量为

$$\begin{aligned}C &= \max_{p(x)}[H(Y) - H(Y \mid X)] \\ &= \max_{p(x)} H(Y) - H(p_1, p_2, \cdots, p_n)\end{aligned} \tag{2-30}$$

信道容量在输出符号等概率分布时达到。由于信道的对称性，要使输出等概率分布，那么输入也为等概率分布。所以，对称 DMC 的信道容量为

$$C = \log n - H(p_1, p_2, \cdots, p_n) \tag{2-31}$$

这个信道容量在输入输出符号等概率分布时达到。二元对称信道(BSC)就是其特例。

例 **2.4** 离散无记忆信道的前向概率转移矩阵为

$$\boldsymbol{P}_{Y|X} = \begin{bmatrix} \frac{1}{3} & \frac{1}{3} & \frac{1}{6} & \frac{1}{6} \\ \frac{1}{6} & \frac{1}{6} & \frac{1}{3} & \frac{1}{3} \end{bmatrix}$$

求它的信道容量。

解：可以看出，这个信道是对称信道，其信道容量为

$$\begin{aligned}C &= \log 4 - H\left(\frac{1}{3}, \frac{1}{3}, \frac{1}{6}, \frac{1}{6}\right) \\ &= 0.0817(\text{比特} / \text{符号})\end{aligned}$$

这个信道容量在输入符号等概率分布时达到。

需要指出的是，当达到信道容量时，最优输入分布是不唯一的，可能有多种输入分布都能达到信道容量；然而，达到信道容量时的输出分布是唯一的。任何导致这一输出分布的输入分布都是最佳分布，可以使互信息达到信道容量。

2.4.8 离散无记忆扩展信道

离散无记忆扩展信道也称为离散序列信道。对离散无记忆单符号信道进行 N 次扩展，就形成了离散无记忆 N 次扩展信道，此信道的输入随机序列为 $X^N=(X_1X_2\cdots X_N)$，通过信道传输，接收到的随机序列为 $Y^N=(Y_1Y_2\cdots Y_N)$。若信源和信道都是无记忆的，则有

$$I(X^N; Y^N) = \sum_{i=1}^{N} I(X_i; Y_i) = NI(X; Y)$$

对于一般的离散无记忆信道的 N 次扩展信道，其信道容量为

$$C^N = \max_{p(\boldsymbol{x})} I(X^N; Y^N)$$

$$=\max_{p(\boldsymbol{x})}\sum_{i=1}^{N}I(X_i;Y_i)$$

$$=\sum_{i=1}^{N}\max_{p(x_i)}I(X_i;Y_i)$$

$$=\sum_{i=1}^{N}C_i$$

由于输入序列中的各分量是在同一信道中传输的，故有

$$C^N=NC$$

通常，消息序列在离散无记忆 N 次扩展信道中传输的信息量

$$I(X^N;Y^N)\leqslant NC$$

例如，对错误传递概率为 p 的 BSC 进行二次扩展得到信道如图 2-17 所示。

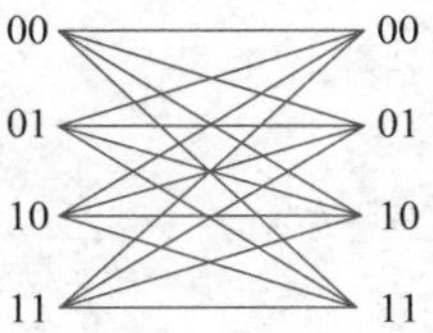

图 2-17 BSC 的二次扩展信道

因为是离散无记忆信道，所以这个扩展信道的转移概率可以由 $p(y_1y_2|x_1x_2)=p(y_1|x_1)p(y_2|x_2)$求得，为

$$\boldsymbol{P}_{Y|X}=\begin{bmatrix}(1-p)^2 & p(1-p) & p(1-p) & p^2\\ p(1-p) & (1-p)^2 & p^2 & p(1-p)\\ p(1-p) & p^2 & (1-p)^2 & p(1-p)\\ p^2 & p(1-p) & p(1-p) & (1-p)^2\end{bmatrix}$$

可见，这个信道也是对称信道，可以得到其信道容量为

$$C_2=\log_2 4-H[(1-p)^2,p(1-p),p(1-p),p^2]$$

2.5 一般 DMC 的信道容量

以上介绍了一些特殊信道的信道容量。对于一般 DMC，由于平均互信息 $I(X;Y)$为 $p(x)$的∩型凸函数，所以最大值是存在的，求信道容量的问题就是求约束条件下的平均互信息的最大值，其中 $p(x)$要满足非负且归一化的约束条件。对于离散信道，$p(x)$是离散的数值集合，最大值可以用拉格朗日乘数法求解；对于连续信道则可以用变分法求解。然而对于许多 DMC 来说，常常得不到信道容量的一个清晰的解析解，这时可以用迭代算法求解信道容量。本节分别介绍这两种方法。

2.5.1 一般离散无记忆信道的信道容量泛函求解方法

求信道容量就是求平均互信息对输入概率分布的条件极值。

$$C=\max_{p(x)}I(X;Y)$$

约束条件为

$$\begin{cases}\sum_i p(x_i)=1\\ p(x_i)\geqslant 0,i=1,2,\cdots,r\end{cases}$$

用拉格朗日乘数法求解，引入辅助函数

$$F=I(X;Y)-\lambda\left[\sum_{i=1}^{r}p(x_i)-1\right]$$

其中,λ 为待定常数,则有

$$\begin{aligned}\frac{\partial F}{\partial p(x_i)}&=\frac{\partial}{\partial p(x_i)}\left\{I(X;Y)-\lambda\left[\sum_{i=1}^{r}p(x_i)-1\right]\right\}\\&=\frac{\partial I(X;Y)}{\partial p(x_i)}-\lambda\end{aligned}$$

由于

$$\begin{aligned}I(X;Y)&=\sum_{i=1}^{r}\sum_{j=1}^{s}p(x_i)p(y_j\mid x_i)\log\frac{p(y_j\mid x_i)}{p(y_j)}\\&=\sum_{i=1}^{r}p(x_i)\sum_{j=1}^{s}p(y_j\mid x_i)\log p(y_j\mid x_i)-\sum_{j=1}^{s}p(y_j)\log p(y_j)\end{aligned}$$

其中,$p(y_j)=\sum_{i=1}^{r}p(x_i)p(y_j\mid x_i)$,可以得到

$$\frac{\partial p(y_j)}{\partial p(x_i)}=p(y_j\mid x_i)$$

$$\frac{\partial \log p(y_j)}{\partial p(x_i)}=\frac{p(y_j\mid x_i)}{p(y_j)}\log e$$

故有

$$\begin{aligned}\frac{\partial}{\partial p(x_i)}I(X;Y)&=\sum_{j=1}^{s}p(y_j\mid x_i)\log p(y_j\mid x_i)-\sum_{j=1}^{s}p(y_j\mid x_i)\log p(y_j)-\sum_{j=1}^{s}p(y_j\mid x_i)\log e\\&=\sum_{j=1}^{s}p(y_j\mid x_i)\log\frac{p(y_j\mid x_i)}{p(y_j)}-\log e\end{aligned}$$

令$\frac{\partial F}{\partial p(x_i)}=0$,则有

$$\frac{\partial F}{\partial p(x_i)}=\sum_{j=1}^{s}p(y_j\mid x_i)\log\frac{p(y_j\mid x_i)}{p(y_j)}-\log e-\lambda=0$$

即

$$\sum_{j=1}^{s}p(y_j\mid x_i)\log\frac{p(y_j\mid x_i)}{p(y_j)}=\log e+\lambda \tag{2-32}$$

将式(2-32)两边乘以达到极值时的输入概率 $p(x_i)$,并将 $i=1,2,\cdots,r$ 的所有方程相加,考虑到$\sum_{i=1}^{r}p(x_i)=1$,则有

$$\sum_{i=1}^{r}\sum_{j=1}^{s}p(x_i)p(y_j\mid x_i)\log\frac{p(y_j\mid x_i)}{p(y_j)}=\log e+\lambda$$

上式左边就是信道容量,则有 $C=\log e+\lambda$,代入式(2-32),则

$$\sum_{j=1}^{s}p(y_j\mid x_i)\log\frac{p(y_j\mid x_i)}{p(y_j)}=C$$

整理得到

$$\sum_{j=1}^{s} p(y_j \mid x_i)\log p(y_j \mid x_i) = \sum_{j=1}^{s} p(y_j \mid x_i)\log p(y_j) + C$$

由 $\sum_{j=1}^{s} p(y_j \mid x_i) = 1$，上式可以写成

$$\sum_{j=1}^{s} p(y_j \mid x_i)\log p(y_j \mid x_i) = \sum_{j=1}^{s} p(y_j \mid x_i)[\log p(y_j) + C]$$

令 $\beta_j = \log \mathrm{p}(y_j) + C$，则有

$$\sum_{j=1}^{s} p(y_j \mid x_i)\log p(y_j \mid x_i) = \sum_{j=1}^{s} p(y_j \mid x_i)\beta_j$$

这是一个含有 s 个未知数、由 r 个方程组成的方程组。当 $r=s$ 且信道矩阵是可逆矩阵时，该方程组有唯一解 β_j。得到 β_j 以后就可以求出信道容量 C。

由 $\beta_j = \log p(y_j) + C$，以及 $\sum_{j=1}^{s} p(y_j) = 1$，可以求得信道容量为

$$C = \log \sum_{j} 2^{\beta_j}$$

之后可以求得达到信道容量时的接收符号概率分布 $p(y_j)$，并进而求得相应的最佳输入概率分布 $p(x_i)$。

由上，**一般离散信道的信道容量的计算步骤为**：

(1) 由 $\sum_{j=1}^{m} p(y_j \mid x_i)\beta_j = \sum_{j=1}^{m} p(y_j \mid x_i)\log_2 p(y_j \mid x_i)$，求 β_j；

(2) 由 $C = \log_2\left(\sum_{j=1}^{m} 2^{\beta_j}\right)$，求 C；

(3) 由 $p(y_j) = 2^{\beta_j - C}$，求 $p(y_j)$；

(4) 由 $p(y_j) = \sum_{i=1}^{n} p(x_i)p(y_j \mid x_i)$，求 $p(x_i)$。

需要注意的是，由于推导过程中并没有限制输入概率非负，因此有可能最后求得的 $p(x_i)$ 为负值，这种情况下得到的 C 是无意义的。这种情况下可以用 2.5.2 节介绍的迭代算法求解信道容量。

例 2.5 给定信道的转移概率矩阵 $\boldsymbol{P}$，求此信道的信道容量及对应的最佳输入概率分布。

$$\boldsymbol{P} = \begin{bmatrix} 0.9 & 0.1 \\ 0.2 & 0.8 \end{bmatrix}$$

解：

(1) 由 $\sum_{j=1}^{s} p(y_j \mid x_i)\beta_j = \sum_{j=1}^{s} p(y_j \mid x_i)\log p(y_j \mid x_i)$ 列方程：

$$\begin{cases} 0.9\beta_1 + 0.1\beta_2 = 0.9\log 0.9 + 0.1\log 0.1 \\ 0.2\beta_1 + 0.8\beta_2 = 0.2\log 0.2 + 0.8\log 0.8 \end{cases}$$

解得：$\beta_1 = -0.433$，$\beta_2 = -0.794$。

(2) 由 $C=\log\sum_{j=1}^{s}2^{\beta_j}$，得到信道容量 $C=\log(2^{-0.433}+2^{-0.794})\approx 0.398$(比特/符号)。

(3) 接收符号概率分布 $p(y_j)=2^{\beta_j-C}$，得到：$p(y_1)=0.562$；$p(y_2)=0.438$。

(4) 由 $p(y_j)=\sum_{i=1}^{m}p(x_i)p(y_j\mid x_i)$ 列出方程组：

$$\begin{cases}0.9p(x_1)+0.2p(x_2)=0.562\\0.1p(x_1)+0.8p(x_2)=0.438\end{cases}$$

解得达到信道容量的最佳输入概率分布为：$p(x_1)=0.517$；$p(x_2)=0.483$。

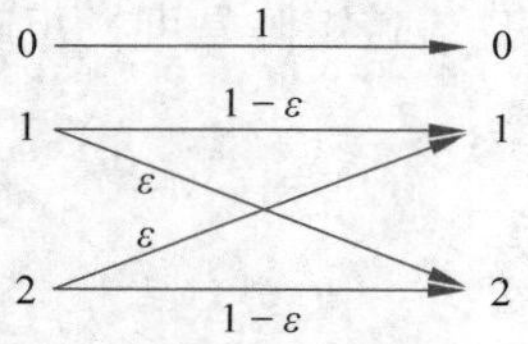

图 2-18 例 2.6 信道

例 2.6 给定信道如图 2-18 所示，求其信道容量及对应的最佳输入概率分布，并计算当 $\varepsilon=0$ 和 $\varepsilon=0.5$ 时的信道容量。

解：

信道的转移概率矩阵

$$\boldsymbol{P}=\begin{bmatrix}1 & 0 & 0\\0 & 1-\varepsilon & \varepsilon\\0 & \varepsilon & 1-\varepsilon\end{bmatrix}$$

为非奇异矩阵，且有 $r=s$。

(1) 由 $\sum_{j=1}^{s}p(y_j\mid x_i)\beta_j=\sum_{j=1}^{s}p(y_j\mid x_i)\log p(y_j\mid x_i)$ 列方程：

$$\begin{cases}\beta_1=0\\(1-\varepsilon)\beta_2+\varepsilon\beta_3=(1-\varepsilon)\log(1-\varepsilon)+\varepsilon\log\varepsilon\\(1-\varepsilon)\beta_3+\varepsilon\beta_2=(1-\varepsilon)\log(1-\varepsilon)+\varepsilon\log\varepsilon\end{cases}$$

解得

$$\beta_1=0,\quad \beta_2=\beta_3=(1-\varepsilon)\log(1-\varepsilon)+\varepsilon\log\varepsilon$$

(2) 由 $C=\log\sum_{j=1}^{s}2^{\beta_j}$，得到信道容量

$$\begin{aligned}C&=\log\sum_{j=1}^{s}2^{\beta_j}\\&=\log[2^0+2\times 2^{(1-\varepsilon)\log(1-\varepsilon)+\varepsilon\log\varepsilon}]\\&=\log[1+2(1-\varepsilon)^{1-\varepsilon}\varepsilon^{\varepsilon}]\end{aligned}$$

(3) 接收符号概率分布 $p(y_j)=2^{\beta_j-C}$，得到

$$\begin{cases}p(y_1)=2^{\beta_1-C}=2^{-C}=\dfrac{1}{1+2(1-\varepsilon)^{1-\varepsilon}\varepsilon^{\varepsilon}}\\p(y_2)=2^{\beta_2-C}=\dfrac{(1-\varepsilon)^{1-\varepsilon}\varepsilon^{\varepsilon}}{1+2(1-\varepsilon)^{1-\varepsilon}\varepsilon^{\varepsilon}}\\p(y_3)=2^{\beta_3-C}=p(y_2)\end{cases}$$

(4) 由 $p(y_j)=\sum_{i=1}^{m}p(x_i)p(y_j \mid x_i)$，解得达到信道容量的最佳输入概率分布为

$$\begin{cases} p(x_1)=p(y_1)=\dfrac{1}{1+2(1-\varepsilon)^{1-\varepsilon}\varepsilon^{\varepsilon}} \\ p(x_2)=p(y_2)=\dfrac{(1-\varepsilon)^{1-\varepsilon}\varepsilon^{\varepsilon}}{1+2(1-\varepsilon)^{1-\varepsilon}\varepsilon^{\varepsilon}} \\ p(x_3)=p(x_2) \end{cases}$$

当 $\varepsilon=0$ 时，此信道为一一对应信道，信道容量 $C=\log 3\approx 1.585$(比特/符号)，对应的最佳输入概率分布为 $p(x_1)=p(x_2)=p(x_3)=1/3$。

当 $\varepsilon=0.5$ 时，信道容量 $C=\log 2=1$(比特/符号)，对应的最佳输入概率分布为 $p(x_1)=1/2$，$p(x_2)=p(x_3)=1/4$。

2.5.2 一般离散无记忆信道的信道容量迭代算法

信道容量的求解是一个在给定约束条件下求平均互信息最大值的问题。对于一般DMC来说，常常得不到一个清晰的解析解，这时可以使用迭代算法求解一般DMC的信道容量。信道容量迭代算法的理论基础是离散无记忆信道的信道容量定理，下面不加证明地介绍这个定理。

离散无记忆信道的信道容量定理

对转移概率为 $p(y|x)$ 的离散无记忆信道，其输入符号的概率分布 p^* 能使平均互信息取最大值的充要条件是

$$\begin{cases} I(x=x_k;Y)\big|_{p=p^*}=C, & p^*(x_k)>0 \\ I(x=x_k;Y)\big|_{p=p^*}\leqslant C, & p^*(x_k)=0 \end{cases} \tag{2-33}$$

其中，

$$I(x=x_k;Y)=\sum_{j=1}^{s}p(y_j \mid x_k)\log\frac{p(y_j \mid x_k)}{p(y_j)}$$

是输入符号 x_k 传送的平均互信息，C 就是这个信道的信道容量。

我们知道，平均互信息 $I(X;Y)$ 是 $I(x=x_k;Y)$ 的平均值，从定理可以看出，当 $I(X;Y)$ 达到最大时，那些概率非零的输入符号的 $I(x=x_k;Y)$ 都相等，且等于信道容量 C；而其他输入符号的 $I(x=x_k;Y)\leqslant C$，但它们的概率为零，说明这些符号不值得使用。基于这个结论，我们可以用迭代算法来得到离散无记忆信道的信道容量。

信道容量迭代算法中比较经典的是1972年由R. Blahut和A. Arimoto分别独立提出的一种算法，现在称为Blahut-Arimoto算法，该迭代算法可以作为一般DMC的信道容量的通用解法。根据离散无记忆信道的信道容量定理，当信道的平均互信息达到信道容量时，输入符号集中的每一个符号 x_i 对输出端 Y 提供相同的互信息，但是概率为零的符号除外。

用迭代算法求解信道容量的过程就是对输入符号概率分布进行调节的过程。通过不断调节输入概率分布，找到信道对应的最大平均互信息。

算法首先初始化输入符号的概率分布，使得所有分量都不为零，然后计算出每个输入符号的互信息 $I(x=x_k;Y)$。在迭代的过程中，不断提高具有较大互信息 $I(x=x_k;Y)$ 的输

入符号 x_k 的概率 $p(x_k)$，降低那些具有较小互信息的输入符号的概率，然后重新计算互信息。当两次迭代过程的最大互信息足够接近时，迭代结束，此时认为平均互信息达到信道容量。算法流程如图 2-19 所示。

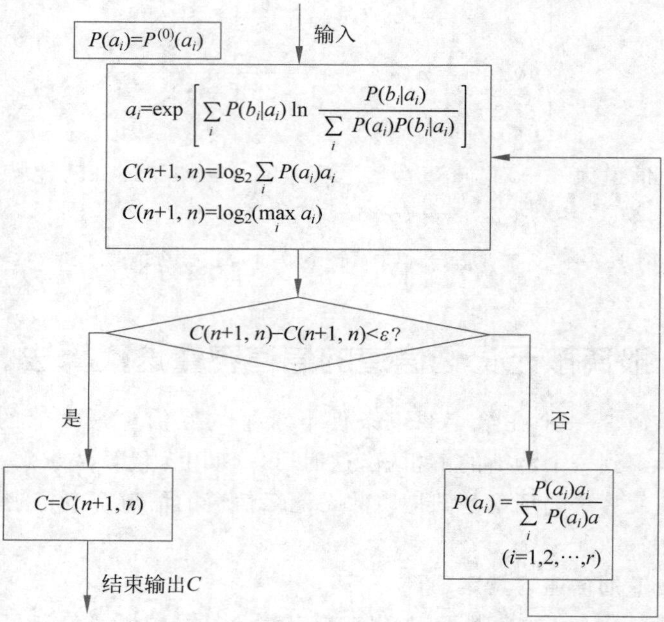

图 2-19 **Blahut-Arimoto** 算法流程图

下面是算法的伪代码。

设输入符号集合 X，输出符号集合 Y，$\boldsymbol{P}_{Y|X}$ 为给定信道的转移概率矩阵。$|X|=M$，$|Y|=N$，令 $\boldsymbol{F}=[f_0 f_1 \cdots f_{M-1}]$。设 ε 是一个给定的小的正数。令 $j\in[0,1,\cdots,M-1]$，$k\in[0,1,\cdots,N-1]$。初始化 $\boldsymbol{P}_X=\begin{bmatrix} p_0 \\ p_1 \\ \vdots \\ p_{M-1}\end{bmatrix}$，其中，$p_j=\frac{1}{M}$，$\boldsymbol{Q}_Y=\boldsymbol{P}_{Y|X}\times\boldsymbol{P}_X$。以下是迭代过程。

REPEAT UNTIL stopping point is reached:

$f_j=\exp\left\{\sum_k\left[p_{k|j}\ln\left(\frac{p_{k|j}}{q_k}\right)\right]\right\}$ for $j\in[0,1,\cdots,M-1]$

$x=\boldsymbol{F}\times\boldsymbol{P}_X$

$I_{\mathrm{L}}=\log_2(x)$

$I_{\mathrm{U}}=\log_2(\max_j(f_j))$

IF$(I_{\mathrm{U}}-I_{\mathrm{L}})<\varepsilon$ THEN

$C_{\mathrm{C}}=I_{\mathrm{L}}$

STOP

ELSE

$p_j = f_j p_j / x \qquad \text{for } j = 0, 1, \cdots, M-1$

$\boldsymbol{Q}_Y = \boldsymbol{P}_{Y|X} \times \boldsymbol{P}_X$

END IF

END REPEAT

2.6 连续信道

连续信道指时间离散、幅值连续的信道。这种信道的输入、输出之间的关系可以用概率密度函数来描述。基本连续信道，也就是单符号连续信道，指输入 X 和输出 Y 都是单个连续型随机变量的信道。其中，X、Y 在实数域 $\mathbf{R}$ 或其某个子集上连续取值。信道的前向转移概率密度函数为 $p(y|x)$，且

$$\int_{\mathbf{R}} p(y \mid x) \mathrm{d}y = 1 \tag{2-34}$$

若连续信道在任一时刻输出的变量只与对应时刻的输入有关，而与其他时刻的输入，输出无关，则称这个信道为无记忆连续信道。

为了得到连续信道的信道容量，我们先讨论连续随机变量之间的平均互信息。第1章已经定义了两个连续随机变量 X、Y 的联合熵和条件熵，即

$$\begin{aligned} h(XY) &= -\iint p(xy) \log p(xy) \mathrm{d}x \mathrm{d}y \\ h(Y \mid X) &= -\iint p(xy) \log p(y \mid x) \mathrm{d}x \mathrm{d}y \\ h(X \mid Y) &= -\iint p(xy) \log p(x \mid y) \mathrm{d}x \mathrm{d}y \end{aligned} \tag{2-35}$$

可以得到两个单符号连续分布随机变量之间的平均互信息为

$$I(X;Y) = h(X) - h(X \mid Y) = h(Y) - h(Y \mid X) = h(X) + h(Y) - h(XY) \tag{2-36}$$

可见，连续信道的平均互信息与各种熵之间的关系，和离散信道的相对应的关系是一致的。

同样，单符号连续信道的信息传输率 $R = I(X;Y)$。当扩展到多维连续信道时，也能得到类似的结论。

连续信道的最大的信息传输率就是它的信道容量。

$$C = \max_{p(x)} I(X;Y) = \max_{p(x)} [h(Y) - h(Y \mid X)] \tag{2-37}$$

其中，$p(x)$ 为输入随机变量 X 的概率密度函数。

2.7 波形信道

在实际的模拟通信系统中，无论是微波通信、光纤通信，还是通过电缆通信，传输信息的物理信道都是波形信道(模拟信道)，所以对波形信道的信道容量的讨论具有最大的实际意义，对波形信道的信道容量进行充分利用有重要的价值。

波形信道的输入、输出信号在时间上和取值上都连续，然而在实际应用中，信道的带宽是有限的。最高频率为 F 的信号在有限的观察时间 T 内满足限频 F、限时 T 的条件。按

照采样定理，可以把波形信道的输入$\{x(t)\}$和输出$\{y(t)\}$的随机过程信号离散化为$N=2FT$个时间离散、取值连续的平稳随机序列$X^N=X_1X_2\cdots X_N$和$Y^N=Y_1Y_2\cdots Y_N$，这样就把波形信道转化成了多维连续信道，其信道前向概率密度函数为

$$p(y \mid x)=p(y_1y_2\cdots y_N \mid x_1x_2\cdots x_N) \tag{2-38}$$

且有

$$\iint\limits_{\mathbf{R}\mathbf{R}}\cdots\int\limits_{\mathbf{R}} p(y_1y_2\cdots y_N \mid x_1x_2\cdots x_N)\mathrm{d}y_1\mathrm{d}y_2\cdots\mathrm{d}y_N=1 \tag{2-39}$$

其中，$\mathbf{R}$为实数域。随机序列$X^N=X_1X_2\cdots X_N$和$Y^N=Y_1Y_2\cdots Y_N$的联合熵、条件熵和平均互信息为

$$h(X^NY^N)=-\iint p(x^Ny^N)\log p(x^Ny^N)\mathrm{d}x^N\mathrm{d}y^N$$

$$h(Y^N \mid X^N)=-\iint p(x^Ny^N)\log p(y^N \mid x^N)\mathrm{d}x^N\mathrm{d}y^N$$

$$h(X^N \mid Y^N)=\iint p(x^Ny^N)\log p(x^N \mid y^N)\mathrm{d}x^N\mathrm{d}y^N$$

$$\begin{aligned}I(X^N;Y^N)&=h(X^N)-h(X^N \mid Y^N)=h(Y^N)-h(Y^N \mid X^N)\\&=h(X^N)+h(Y^N)-h(X^NY^N)\end{aligned}$$

2.7.1 波形信道的噪声

波形信道的传输性能与它的信道噪声密切相关。按信道噪声对信号的影响可以把信道分为乘性信道（即噪声表现为与信号相乘的关系，$Y=X*Z$）和加性信道（即噪声表现为与信号相加的关系，$Y=X+Z$），其中，X、Y分别为无记忆波形信道的输入、输出，Z是独立无记忆噪声源的输出。按信道噪声的统计特性进行分类，可以分为高斯噪声和非高斯噪声，或者分为白噪声和有色噪声。

1. 高斯噪声

高斯噪声在实际中很常见，由电子的随机热运动引起的热噪声、半导体器件的散粒噪声等都属于高斯噪声。高斯噪声是平稳遍历的随机过程，噪声信号瞬时值的概率密度函数服从高斯分布（即正态分布）。高斯噪声随机变量Z的一维概率密度为

$$p(z)=\frac{1}{\sqrt{2\pi}\sigma}\mathrm{e}^{-\frac{(z-m)^2}{2\sigma^2}} \tag{2-40}$$

其中，m是z的均值，σ^2是z的方差。

2. 白噪声

白噪声也是平稳遍历的随机过程，其功率谱密度为一个常数：

$$P_z(\omega)=N_0,\quad -\infty<\omega<\infty \tag{2-41}$$

其中，N_0为正、负两半轴上的功率谱密度。

当然，实际上噪声的功率谱密度不可能具有无限带宽。在工程实际中，我们近似认为，只要噪声具有均匀功率谱密度的带宽比我们要考虑的频带范围宽得多，就可以把噪声当作白噪声来处理。在这种假设下，热噪声和散粒噪声都可以认为是白噪声。白噪声以外的噪声就是有色噪声。

2.7.2 带限加性高斯信道的信道容量

1. 一维加性高斯信道的信道容量

高斯信道，常指加性高斯白噪声(AWGN)信道，其噪声为高斯噪声，即在整个信道带宽下功率谱密度为常数，并且振幅符合高斯分布。对于一维高斯加性信道，设输入、输出信道的随机变量为 X 和 Y，噪声 n 与 X 统计无关，则有

$$Y = X + n$$

其联合概率密度为

$$p(xy) = p(xn) = p(x)p(n)$$

故信道前向概率为

$$p(y \mid x) = p(xy)/p(x) = p(n)$$

噪声熵为

$$h(Y \mid X) = -\iint p(xy)\log p(y \mid x)\mathrm{d}x\mathrm{d}y = -\int p(n)\log p(n)\mathrm{d}n = h(n)$$

故此信道的信道容量为

$$C = \max I(X;Y) = \max[h(Y) - h(n)]$$

根据第1章中关于一维高斯分布的连续信号的差熵的结论，高斯噪声的差熵为

$$h(n) = \frac{1}{2}\log(2\pi\mathrm{e}\sigma^2) = \frac{1}{2}\log(2\pi\mathrm{e}P_{\mathrm{n}})$$

其中，σ^2 是噪声的方差，P_{n} 为噪声的平均功率，当均值为零时，平均功率就等于方差。

另外，在输出端平均功率 P_Y 为有限值时，$h(Y)$的最大值应出现在 Y 的均值为零的高斯分布的情况下。于是平均功率受限的一维高斯加性信道的信道容量为

$$C = \max[h(Y) - h(n)] = \frac{1}{2}\log(2\pi\mathrm{e}P_Y) - \frac{1}{2}\log(2\pi\mathrm{e}P_{\mathrm{n}}) = \frac{1}{2}\log\frac{P_Y}{P_{\mathrm{n}}}$$

习惯上在计算信道容量时使用发送端的信号功率 P_X，由 $P_Y = P_X + P_{\mathrm{n}}$，则有

$$C = \frac{1}{2}\log\left(1 + \frac{P_X}{P_{\mathrm{n}}}\right)$$

推广到多维无记忆高斯加性连续信道，当各采样值方差相同时，有

$$C = \frac{1}{2}N\log\left(1 + \frac{P_X}{P_{\mathrm{n}}}\right) = FT\log\left(1 + \frac{P_X}{P_{\mathrm{n}}}\right)$$

一般认为，最高频率就是带宽，所以公式中的最高频率 F 常常用带宽 W 代替，表示为

$$C = WT\log\left(1 + \frac{P_X}{P_{\mathrm{n}}}\right)$$

2. 带限加性高斯信道的信道容量(香农公式)

带限加性高斯白噪声信道是深空通信、卫星通信等实际信道的理想模型。在这种信道中，信号和噪声频带受限，设带宽为 W，即 $|f| \leqslant W$。信道的噪声是加性的均值为零的高斯随机过程，而且噪声具有平坦的功率谱，其单边功率谱密度为常数 N_0。如果输入信号的平均功率受限为 P_{s}，$N_0 W$ 为高斯白噪声在带宽 W 内的平均功率，那么这个带限加性高斯白噪声信道的单位时间的信道容量为

$$C_t = W\log\left(1+\frac{P_s}{N_0 W}\right) \tag{2-42}$$

当式(2-42)中的对数取以 2 为底时,信道容量的单位为 b/s,这就是香农公式。只有当信道的输入信号是平均功率受限的高斯白噪声信号时,信息传输率才达到这个信道容量。式中 P_s/N_0W 为输入信号功率与噪声功率之比,即 S/N。在实际使用中,信噪比 SNR (Signal-Noise Ratio)的单位为分贝(dB),与 S/N 的换算关系为

$$\text{SNR} = 10\log_{10}(S/N)(\text{dB})$$

例如,当 $S/N=10$ 时,信噪比 SNR=10dB。

在实际中,天电干扰、工业干扰和其他脉冲干扰都属于加性干扰,它们是非高斯分布,非高斯噪声信道的信道容量要大于高斯噪声信道的信道容量,所以在实际中,我们常常采用计算高斯噪声信道容量的方法来保守地估计信道容量,这样可简化信道容量的计算。采用香农公式计算一般非高斯波形信道的信道容量时,得到的是非高斯波形信道的信道容量的下限值。

例 2.7 给定一个输入信号平均功率受限的 AWGN 信道,带宽为 1MHz。

(1) 若 S/N 为 10,求信道容量;

(2) 若 S/N 降为 5,希望得到与(1)中同样的信道容量,求带宽;

(3) 若带宽为 0.5MHz,希望得到与(1)中同样的信道容量,求 S/N。

解:

(1) $C_t = W\log(1+S/N) = 1\times\log 11 \approx 3.4596(\text{Mb/s})$

(2) $W = \dfrac{C}{\log(1+S/N)} = \dfrac{3.4596}{\log(1+5)} \approx 1.3383(\text{MHz})$

(3) $S/N = 2^{C/W}-1 = 2^{3.4596/0.5}-1 \approx 120.03$

例 2.8 在电话信道中常允许多路复用。一般电话信号的带宽为 3.3kHz。若信噪比为 20dB,求电话信道的信道容量。

解:

信噪比为 20dB,则有 $10\lg(P_x/P_n)=20\text{dB}$,得到 $P_x/P_n=100$。

由香农公式得到信道容量

$$C_t = W\log\left(1+\frac{P_s}{N_0W}\right) = 3.3\log_2(1+100) \approx 21.96(\text{kb/s})$$

从香农公式可以看出,带限加性高斯白噪声信道的信道容量与带宽 W、信号的平均功率 P_s,以及噪声功率谱密度 N_0 有关。在给定信道容量时,香农公式给出了带宽 W、时间 T 和信噪比 P_s/N_0W 三者之间的制约关系。对于给定信道(即信道容量不变)的情况下,可以牺牲一些通信效率,用扩展带宽(如 CDMA)或延长时间(如积累法接收弱信号)的办法获得信噪比(通信的质量)的改善;也可以牺牲一些信噪比来换取更高的信道传输率(如 IP 电话以及可视电话)。下面分析在不同情况下由香农公式得到的一些结论。

(1) 当 P_s/N_0 一定时,信道容量与带宽的关系。

如前所述,信道容量的大小与带宽 W 和信噪比 P_s/P_N 有关,它随着带宽的增大和信噪比的增大而变大。但是因为噪声功率 $P_N=N_0W$,其中 N_0 为噪声的功率谱密度,所以随着带宽的增大,噪声功率会变大,信噪比随之减小,又会使信道容量变小,如图 2-20 所示。

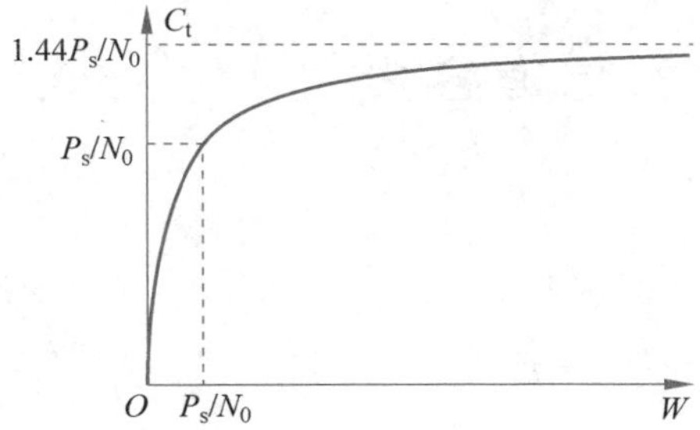

图 2-20 信道容量随带宽的变化

在香农公式中，如果令

$$x = P_s/N_0W$$

则香农公式可写为

$$C = \frac{P_s}{N_0 x}\log(1+x) = \frac{P_s}{N_0}\log(1+x)^{\frac{1}{x}} \tag{2-43}$$

当 $W \to \infty$ 时，$x \to 0$，$(1+x)^{\frac{1}{x}} \to \mathrm{e}$，于是有

$$\lim_{W\to\infty} C = \frac{P_s}{N_0}\log \mathrm{e} = 1.4427\,\frac{P_s}{N_0} \tag{2-44}$$

随着带宽的增大，信道容量的增大会越来越慢，最后不再改变，趋于一个理论极限值 $1.4427P_s/N_0$。定义 $W_0 = P_s/N_0$ 为临界带宽，由 $N_0W_0 = P_s$ 知，临界带宽 W_0 的含义是噪声与信号功率相等时的带宽。于是，无限带宽所对应的信道容量理论极限值为临界带宽的 1.4427 倍。

(2) 当带宽 W 一定时，信道容量与发射功率的关系。

从香农公式看到，在带宽 W 一定的条件下，信道容量 C_t 是随着 P_s 的增加而增加的，从理论上说，增加 P_s 可以无限增加信道容量 C_t。然而在实际中，信号的发射功率 P_s 是不可能无限增加的。那么如何在同样的发射功率 P_s 下使得信道传输的信息量最大呢？

如果传输 1bit 信息所需要的最小能量为 E_b，那么当信道传输最大信息量即信道容量 C 时，信号的平均功率为 $P_s = E_bC$，可以得到

$$\frac{E_b}{N_0} = \frac{P_s}{CN_0} = \frac{P_s}{N_0W\log\left(1+\frac{P_s}{N_0W}\right)} \tag{2-45}$$

其中，P_s/N_0W 为信噪比。可以得到，E_b/N_0 的最小值发生在带宽趋于无穷的时候，这时

$$\frac{E_b}{N_0} \approx 0.693$$

这一最小值称为香农限，它表明，传输 1bit 信息所需要的最小能量为 $0.693N_0$。

需要注意的是，香农公式在信道容量一定的条件下，给出的是带宽与信噪比的等效搭配关系，较大的带宽搭配较小的信噪比与较小的带宽搭配较大的信噪比均能得到同样的信道容量，达到相同的通信效果。不能把这种关系误认为是带宽与信噪比之间的因果关系，即误认为当带宽较大时信噪比就会较小。

2.8 组合信道的信道容量

2.8.1 级联信道

在级联信道中，前一信道的输出是后一信道的输入。在一些实际通信系统中，常常出现级联信道。例如微波中继接力通信就是一种级联信道。图 2-21 表示了两个单符号离散信道级联的情况。

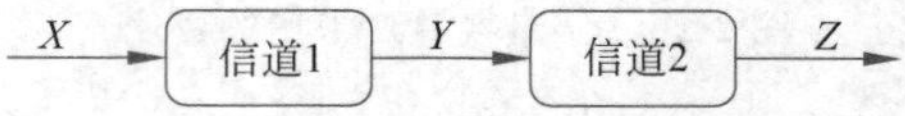

图 2-21 级联信道

根据信道输入/输出的统计随机特性，级联信道中 XYZ 的关系可以看成马尔可夫链。可以证明，

$$I(X;Y) \geqslant I(X;Z) \tag{2-46}$$

且

$$I(Y;Z) \geqslant I(X;Z) \tag{2-47}$$

也就是说，级联信道的信道容量一定小于或等于各组成信道的信道容量，这就是数据处理定理。数据处理定理意味着任何数据处理过程都必然带来信息量的损失。所以，信道的不断级联将使信道容量越来越小。

设级联信道第 i 级子信道的转移概率矩阵为 Q_i，则级联信道的转移概率矩阵为

$$\boldsymbol{Q} = \boldsymbol{Q}_1 \boldsymbol{Q}_2 \cdots \boldsymbol{Q}_N = \prod_{k=1}^{N} \boldsymbol{Q}_k \tag{2-48}$$

例如，两个错误概率为 p 的 BSC 级联，如图 2-22 所示。

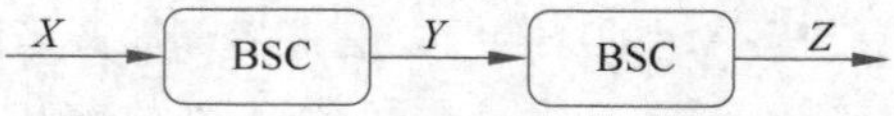

图 2-22 两个错误概率为 p 的 BSC 级联

可以得到级联信道的转移概率矩阵为

$$\boldsymbol{Q} = \boldsymbol{Q}_1 \boldsymbol{Q}_2 = \begin{bmatrix} \bar{p} & p \\ p & \bar{p} \end{bmatrix} \begin{bmatrix} \bar{p} & p \\ p & \bar{p} \end{bmatrix} = \begin{bmatrix} \bar{p}^2 + p^2 & 2p\bar{p} \\ 2p\bar{p} & \bar{p}^2 + p^2 \end{bmatrix}$$

可以看出，级联信道仍然是一个 BSC，错误概率为 $2p\bar{p} = 2p(1-p)$。根据 BSC 的信道容量，可以得到这个级联信道的信道容量为

$$C = 1 - H(2p(1-p))$$

2.8.2 并联信道

并联信道中各个信道是并行的，然而根据信号输入/输出各个信道的方式不同，并联信道也有多种不同的形式。

1. 输入并接信道

输入并接信道是单输入/多输出的信道，其输入为 X，输出为 $Y=(Y_1 Y_2 \cdots Y_N)$，如图 2-23 所示。

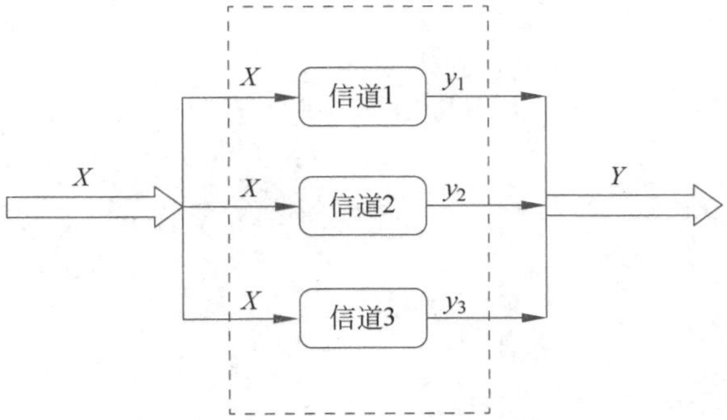

图 2-23　输入并接信道

输入并接信道的信道容量大于任何一个单独信道的信道容量，而小于信源的熵 $H(X)$，且有

$$\underset{N\to\infty}{C} \to \max_{p(x)} H(X)$$

N 个二元对称信道输入并接所形成的信道，N 越大，信道容量越大，越接近 $H(X)$。通信中的分集，就是典型的输入并接信道。分集是无线通信中常用的一种技术，通过接收多个副本或版本的同一信号，然后合并这些信号来减少由于多径、阴影或其他因素造成的信号衰减和失真。分集技术利用信号在传输过程中经历的多个独立（或部分独立）的衰落特性，通过合并这些衰落特性不同的信号，来改善接收信号的质量。常用的分集技术有以下几种：

(1) 频率分集：使用两个或多个不同的频率来传输相同的信号。由于不同频率的电磁波在传播过程中可能受到不同的衰落影响，因此频率分集有助于降低整体衰落的影响。

(2) 空间分集：通过在不同的地理位置（或使用不同的天线）接收信号来实现。由于不同位置的信号可能受到不同的环境因素影响，因此空间分集能够降低特定位置的衰落对整体通信质量的影响。

(3) 时间分集：通过在不同的时间点发送和接收信号来减少衰落的影响。时间分集通常涉及信号的重复发送，并在接收端进行信号合并。

(4) 极化分集：利用电磁波的不同极化方向（如水平极化和垂直极化）来传输信号。由于不同极化方向的信号在传播过程中可能经历不同的衰落，因此极化分集也是一种有效的分集方式。

在接收端，分集技术通常涉及信号的合并。合并的方式有多种，如选择合并（选择信号质量最好的一个）、最大比值合并（对各个信号进行加权合并）、等增益合并等。合并后的信号质量通常比任何一个单独的信号都要好，从而提高了通信的可靠性。

2. 并用信道

并用信道是多输入/多输出的信道。在并用信道中，N 个信道的输入/输出彼此独立，共同组成整个信道的输入和输出，如图 2-24 所示。

并用信道的转移概率为

$$p(y_1 y_2 \cdots y_N \mid x_1 x_2 \cdots x_N) = \prod_{i=1}^{N} p(y_i \mid x_i) \tag{2-49}$$

可以证明，并用信道的信道容量是各组成信道的容量之和。

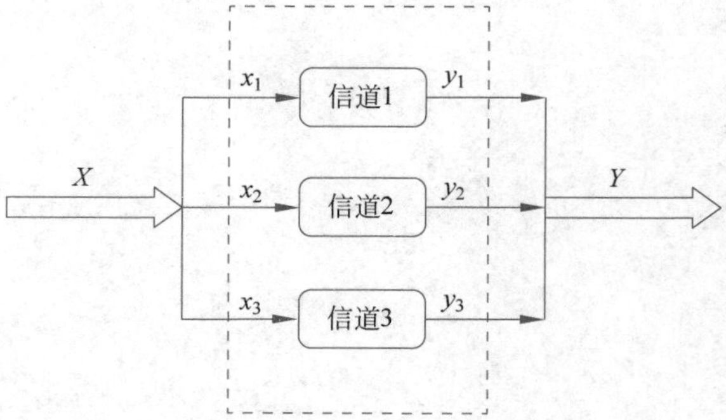

图 2-24 并用信道

$$C=\sum_{i=1}^{N}C_i \tag{2-50}$$

通信系统中的并用信道同时利用多个独立的或部分独立的信道来传输信息，通过在不同维度（如频率、时间、空间等）复用信号来实现信道的并用，以提高系统的吞吐量、频谱效率或可靠性。在通信中，正交频分复用（OFDM）和多输入/多输出（MIMO）技术就是典型的并用信道技术。

(1) 正交频分复用（OFDM）。

正交频分复用是一种高效的频谱复用技术，它将高速数据流分配到多个正交子载波上进行并行传输。每个子载波采用正交调制，即在频率上相互重叠但互不干扰，从而能够抵抗多径干扰和频率选择性衰落，提高频谱利用率。在 OFDM 系统中，每个子载波上的数据都可被视为一个独立的信道，因此整个 OFDM 系统可以看作一个由多个子载波构成的并用信道。

(2) 多输入/多输出（MIMO）。

在 MIMO 系统中，发射端通过多个天线同时发送多个数据流，这些数据流在空中相互独立传播，接收端则通过多个天线接收这些数据流。通过在同一频段上建立多个并行的空间信道，从而在不增加频谱资源的情况下提高系统的吞吐量和容量。

MIMO 技术还可以与 OFDM 技术相结合，形成 MIMO-OFDM 系统。这种系统结合了 MIMO 的空间复用优势和 OFDM 的频谱效率优势，能够在复杂的无线环境中实现高速、可靠的数据传输。

3. 和信道

和信道是单输入/单输出的信道。和信道由 N 个独立的信道组成，但传输的信息 X 每次只随机应用其中一个信道，如图 2-25 所示。

可以证明，和信道的信道容量为

$$C=\log\sum_{i=1}^{N}2^{C_i} \tag{2-51}$$

当达到信道容量时，各组成信道的使用概率为

$$p_i(C)=2^{(C_i-C)} \tag{2-52}$$

通信复用技术中的时分多址（TDMA）是实现和信道的一种典型技术。在 TDMA 中，时间被划分为周期性的帧，每个帧进一步被分割成多个时隙。每个时隙作为一个独立的通

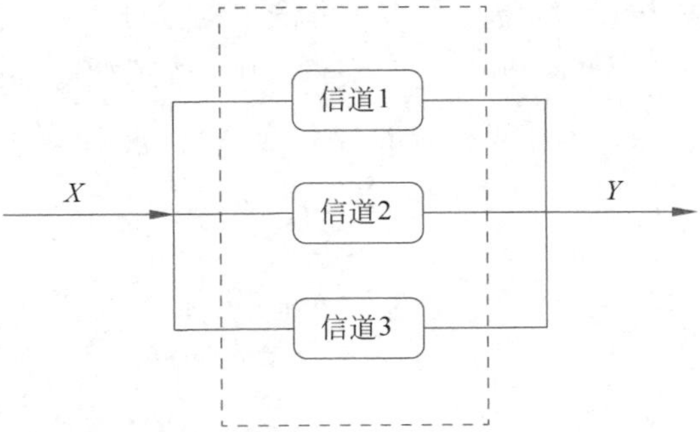

图 2-25 和信道

信信道，被分配给不同的用户用于数据传输或语音通话。由于每个用户只在指定的时隙内发送或接收信号，因此多个用户可以在不产生干扰的情况下共享同一物理信道。TDMA 技术的特点如下：

(1) 高效性。通过时分的方式，多个用户可以交替使用同一信道，从而显著提高了频谱利用率。

(2) 灵活性。时隙的分配可以根据需要进行调整，以适应不同用户的数据传输需求。

(3) 抗干扰性。由于每个用户只在特定的时隙内活动，因此不同用户之间的信号不会相互干扰。

2.9 有噪信道编码定理

在有噪声和损失存在的信道中，发送端发送的信息量通常并不能全部到达接收端，输入符号与接收符号不能一一对应，传输错误就产生了。可以采用添加冗余(监督码元)的方式对发送的消息进行信道编码，这些监督码元满足一定的约束关系，在接收端通过检验这种约束关系的破坏情况来识别或者校正在传输过程中所发生的错误。这就是利用信道编码减少传输错误。对于有噪信道来说，我们关心的是信息通过这个信道传输时的信息损失情况，也就是信道的传输可靠性问题。具体来说，信息的可靠传输涉及两个方面：一方面要使信息传输后发生的错误最少，另一方面要使可靠传输的信息率最大。

对于第一个问题，如何使信息传输后发生的错误最少？香农用平均错误概率作为一次通信过程的可靠性的衡量指标。在一个 BSC 中，传输的错误概率就是接收端收到错误码字的概率。常用平均译码错误概率表示。所以问题就变成了：如何降低平均译码错误概率。根据平均译码错误概率的计算方法可知，可以通过改变输入符号的概率分布，或者改变译码规则来降低错误概率。

对于第二个问题，即无错误传输可以达到的最大信息传输率是多少？噪信道编码定理即香农第二定理给出了回答。

2.9.1 译码规则对错误概率的影响

选择好的译码规则可以降低错误概率。译码规则是指，设计一个函数 $F(y_j)$，它对于每一个输出符号 y_j 确定一个唯一的输入符号 x_i^* 与其对应。确定了译码规则后，当收到符

号 y_j 时,按译码规则它就被译为 x_i^*。如果信源发出的符号恰为 x_i^*,则译码正确;如果信源发出的是其他符号,可是译码器却把它译为 x_i^*,则译码错误。根据后验概率计算可知,译码正确的概率是 $p(x_i^* \mid y_j)$,译码错误的概率是 $\sum_{i\neq i^*} p(x_i \mid y_j)$。这样可以得到译码正确的平均概率为

$$P=\sum_{j=1}^{s} p(y_j)p(x_i^* \mid y_j) \tag{2-53}$$

译码错误的平均概率为

$$P_{\mathrm{E}}=1-P=\sum_{j=1}^{s} p(y_j)\sum_{i\neq i^*} p(x_i \mid y_j)$$

然而一般实际情况下后验概率难以得到。可以把式(2-53)写为联合概率的形式。

平均正确译码概率为

$$P=\sum_{j=1}^{s} p(x_i^* y_j)$$

平均错误译码概率为

$$P_{\mathrm{E}}=\sum_{j=1}^{s}\sum_{i\neq i^*} p(x_i y_j)=1-P$$

例如,已知信源和信道的统计性质,信源分布为

$$\begin{bmatrix}\boldsymbol{X}\\ \boldsymbol{P}\end{bmatrix}=\begin{bmatrix}a_1 & a_2 & a_3\\ 0.3 & 0.4 & 0.3\end{bmatrix}$$

信道转移概率矩阵为

$$\boldsymbol{P}_{\mathrm{Y|X}}=\begin{bmatrix}0.5 & 0.3 & 0.2\\ 0.2 & 0.3 & 0.5\\ 0.3 & 0.3 & 0.4\end{bmatrix}$$

可以得到联合概率矩阵为

$$\boldsymbol{P}_{XY}=\begin{bmatrix}0.15 & 0.09 & 0.06\\ 0.08 & 0.12 & 0.20\\ 0.09 & 0.09 & 0.12\end{bmatrix}$$

构造如下两种译码规则:

译码规则 A

$$F(y_1)=x_1;\quad F(y_2)=x_2;\quad F(y_3)=x_3$$

译码规则 B

$$F(y_1)=x_1;\quad F(y_2)=x_3;\quad F(y_3)=x_2$$

如果采用规则 A 译码,得到平均正确译码概率为

$$P=p(x_1 \mid y_1)+p(x_2 \mid y_2)+p(x_3 \mid y_3)=0.15+0.12+0.12=0.39$$

平均错误译码概率为

$$P_{\mathrm{E}}=1-P=0.61$$

如果采用规则 B 译码,得到平均正确译码概率为

$$P=p(x_1 \mid y_1)+p(x_3 \mid y_2)+p(x_2 \mid y_3)=0.15+0.09+0.20=0.44$$

平均错误译码概率为

$$P_E = 1 - P = 0.56$$

显然，采用译码规则 B 得到的平均错误概率较小，所以可以认为规则 B 比规则 A 好。

是否存在更好的译码规则呢？如何确定最佳译码规则呢？一个合理的想法是，好的译码规则应该使译码的平均错误概率最小。这就是**平均错误概率最小准则**。要使平均错误概率 P_E 最小，译码的平均正确概率 P 就应当最大，由式(2-53)可知，其充分条件是对于每一个接收符号 y_j 都满足其后验概率 $p(x_i^* | y_j)$ 为最大，即选择译码规则 $F(y_j) = x_i^*$，使得

$$p(x_i^* \mid y_j) \geqslant p(x_i \mid y_j), \quad x_i \neq x_i^* \tag{2-54}$$

也就是把后验概率最大的那个 x_i 指定为 y_j 对应的译码结果，记作 x_i^*，这就是**最大后验概率译码准则**，可见平均错误概率最小准则等价于后验概率最大准则。

这样译码的平均错误概率可以计算为

$$P_E = \sum_j p(y_j) p(e \mid y_j) = \sum_j p(y_j)[1 - p(x_i^* \mid y_j)] \tag{2-55}$$

由式(2-53)联合概率的形式可以看出，对于每个指定的 y_j，后验概率最大与**联合概率最大**是一致的。因此，常常可以通过联合概率来确定译码规则并计算平均错误概率。

上面的例子中，如果按照最大后验概率译码准则，采用联合概率最大，从联合概率矩阵的每列选出最大者打 * 号：

$$\boldsymbol{P}_{XY} = \begin{bmatrix} 0.15^* & 0.09 & 0.06 \\ 0.08 & 0.12^* & 0.20^* \\ 0.09 & 0.09 & 0.12 \end{bmatrix}$$

得到译码规则 C：

$$F(y_1) = x_1; \quad F(y_2) = x_2; \quad F(y_3) = x_2$$

采用规则 C 译码，得到平均正确译码概率为

$$P = p(x_1 \mid y_1) + p(x_2 \mid y_2) + p(x_2 \mid y_3) = 0.15 + 0.12 + 0.20 = 0.47$$

平均错误译码概率为

$$P_E = 1 - P = 0.53$$

显然，译码规则 C 优于译码规则 A 与 B，是最佳译码规则。

另外，由贝叶斯公式，可以把最大后验概率译码准则中的后验概率变换为信道的传递概率 $p(y_j | x_i)$和输入符号的先验概率 $p(x_i)$：

$$\frac{p(y_j \mid x_i^*) p(x_i^*)}{p(y_j)} \geqslant \frac{p(y_j \mid x_i) p(x_i)}{p(y_j)}, \quad x_i \neq x_i^* \tag{2-56}$$

这样最大后验概率译码准则就变成了

$$p(y_j \mid x_i^*) p(x_i^*) \geqslant p(y_j \mid x_i) p(x_i), \quad x_i \neq x_i^* \tag{2-57}$$

当输入符号为等概率分布时，式(2-57)就变成了

$$p(y_j \mid x_i^*) \geqslant p(y_j \mid x_i), \quad x_i \neq x_i^* \tag{2-58}$$

这就是**最大似然译码准则**。

这时，平均错误概率的计算为

$$P_E = \sum_Y p(y_j) p(e \mid y_j)$$

$$= \sum_{X,Y} p(x_i y_j) - \sum_{Y} p(x^* y_j)$$

$$= \sum_{X-x^*,Y} p(x_i y_j)$$

$$= \sum_{X-x^*,Y} p(x_i) p(y_j \mid x_i) \tag{2-59}$$

当输入符号为等概率分布时,最大似然译码准则等价于最大后验概率译码准则,能得到最小的平均错误概率;否则,最大似然译码准则不保证能得到最小的平均错误概率。根据最大似然译码准则,可以由信道的前向概率矩阵直接确定译码规则。

例 2.9 已知信源和信道的统计性质如下,分别按(1)最大后验概率译码准则,(2)最大似然译码准则,制定译码规则并计算错误概率。

$$\begin{bmatrix} \boldsymbol{X} \\ \boldsymbol{P} \end{bmatrix} = \begin{bmatrix} a_1 & a_2 & a_3 \\ \dfrac{1}{4} & \dfrac{1}{4} & \dfrac{1}{2} \end{bmatrix}, \quad \boldsymbol{P}_{Y|X} = \begin{bmatrix} 0.4 & 0.3 & 0.3 \\ 0.2 & 0.3 & 0.5 \\ 0.3 & 0.6 & 0.1 \end{bmatrix}$$

解:

(1) 按最大后验概率译码准则,采用联合概率最大:

$$\boldsymbol{P}_{XY} = \begin{bmatrix} 0.10 & 0.075 & 0.075 \\ 0.05 & 0.075 & 0.125^* \\ 0.15^* & 0.30^* & 0.05 \end{bmatrix}$$

得到译码规则:

$$F(y_1) = x_3; \quad F(y_2) = x_3; \quad F(y_3) = x_2$$

平均正确译码概率为

$$P = p(x_3 \mid y_1) + p(x_3 \mid y_2) + p(x_2 \mid y_3) = 0.15 + 0.30 + 0.125 = 0.575$$

平均错误译码概率为

$$P_E = 1 - P = 0.425$$

(2) 按最大似然译码准则,直接采用前向概率择大:

$$\boldsymbol{P}_{Y|X} = \begin{bmatrix} 0.4^* & 0.3 & 0.3 \\ 0.2 & 0.3 & 0.5^* \\ 0.3 & 0.6^* & 0.1 \end{bmatrix}$$

得到译码规则:

$$F(y_1) = x_1; \quad F(y_2) = x_3; \quad F(y_3) = x_2$$

平均正确译码概率为

$$P = \sum_i \sum_j p(x_i^*) p(y_j \mid x_i^*) = \frac{1}{4} \cdot 0.4 + \frac{1}{4} \cdot 0.5 + \frac{1}{2} \cdot 0.6 = 0.525$$

平均错误译码概率为

$$P_E = 1 - P = 0.475$$

可见,由于信源分布不等概率,按最大似然译码准则得到的译码规则并不是最佳译码规则。另外,例子也清晰表明了,在信道不变的情况下,仅仅改变译码规则就能改变传输的平均错误概率。

2.9.2 信道编码对错误概率的影响

不但译码规则的选取会影响错误概率，另外，从平均错误概率的计算公式也能看到，输入符号的概率分布 $p(x_i)$ 对错误概率也有影响。在信源分布不变的情况下，我们也可以改变信道输入符号的概率分布来降低平均错误概率，其实也就是对这些符号进行信道编码。

下面以一种直观的信道编码——重复码为例来观察信道编码对降低平均错误概率的影响。如图 2-26 所示，在一个 BSC 上采用三次重复码进行传输，即把传输的符号都重复 3 次。例如要发送符号 0，就发送符号 000。与扩展信源类似，重复码相当于用编码的方法来扩展信道，得到三次无记忆扩展信道。如果用三次重复码在错误概率为 p 的(BSC)上传输信息，信道就可以看成原 BSC 的三次无记忆扩展信道，只不过由于输入端原本只有两个输入符号 0 和 1，所以扩展信道的输入端也只有两个符号：000 和 111。而在输出端，由于信道干扰的影响，有可能出现 8 种不同的输出符号。

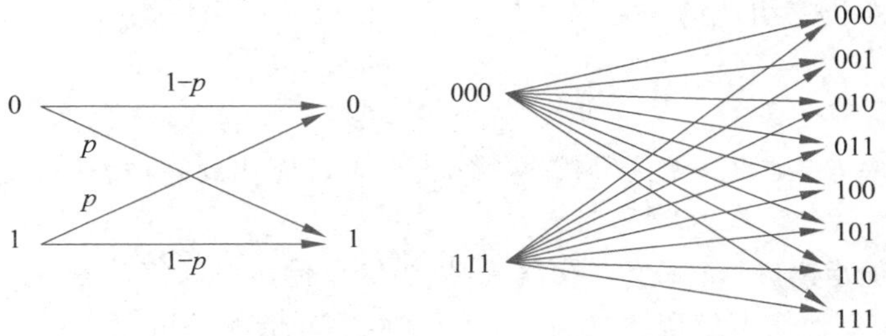

图 2-26 错误概率为 p 的 BSC(左)和 BSC 的三次无记忆扩展信道(右)

可以得到此三次无记忆扩展信道的前向概率矩阵为

$$\boldsymbol{P}_{Y|X}=\begin{bmatrix}\bar{p}^3 & \bar{p}^2p & \bar{p}^2p & \bar{p}p^2 & \bar{p}^2p & \bar{p}p^2 & \bar{p}p^2 & p^3\\ p^3 & \bar{p}p^2 & \bar{p}p^2 & \bar{p}^2p & \bar{p}p^2 & \bar{p}^2p & \bar{p}^2p & \bar{p}^3\end{bmatrix}$$

其中，$\bar{p}=1-p$。设 BSC 的错误概率 $p=0.01$，则有 $\bar{p}=0.99$。由于 $\bar{p}\gg p$，则矩阵中含 $\bar{p}^3$、$\bar{p}^2p$ 的元素都较大，按照最大似然译码准则，可以选它们作为 x_i^*，即

$$\boldsymbol{P}_{Y|X}=\begin{bmatrix}\bar{p}^{3*} & \bar{p}^2p^* & \bar{p}^2p^* & \bar{p}p^2 & \bar{p}^2p^* & \bar{p}p^2 & \bar{p}p^2 & p^3\\ p^3 & \bar{p}p^2 & \bar{p}p^2 & \bar{p}^2p^* & \bar{p}p^2 & \bar{p}^2p^* & \bar{p}^2p^* & \bar{p}^{3*}\end{bmatrix}$$

由此可确定译码规则：

$$F(000)=F(001)=F(010)=F(100)=000\rightarrow 0$$

$$F(011)=F(101)=F(110)=F(111)=111\rightarrow 1$$

平均译码错误概率为(设输入符号等概率分布)

$$P_E=\frac{1}{r}\sum_{i\neq *}\sum_{j}p(y_j\mid x_i)=\frac{1}{2}(2p^3+6\bar{p}p^2)=p^2(p+3\bar{p})=2.98\times10^{-4}$$

可见，平均错误概率比原来的 BSC 的错误概率 $p=0.01$ 降低了两个数量级。然而，这个错误概率下降的代价是，现在每次通信需要传输的符号从 1 个变成了 3 个。定义信息传输率为

$$R=\frac{\log M}{n}(\text{比特 / 码符号}) \tag{2-60}$$

R 也称为码率。其中 M 表示输入符号集的个数(这里 $M=2$),所以分子就是每个输入符号可能的最大信息量,分母是每个消息符号的编码长度(这里 $n=3$)。这样对于三次重复码,信息传输率为 $R=1/3$。注意,如果不进行信道编码,那么原本的信息传输率为 $R=1$。可见,采用三次重复码进行信道编码,传输的错误概率降低了两个数量级,传输可靠性提高了,然而代价是信息传输率降为原来的 1/3,也就是传输效率降低了。

可以看到,信道编码可以有效地降低信道传输的平均错误概率。事实上,香农第二定理指出,当满足一定条件时,采用信道编码可以在有干扰的信道上实现无差错的传输。

2.9.3 有噪信道编码定理

有噪信道编码定理(香农第二定理)

给定信道容量为 C 的离散无记忆信道$[X,P(y|x),Y]$,其中 $P(y|x)$为信道传递概率。当信息传输率 $R<C$ 时,只要编码长度 N 足够长,总可以在长度为 N 的编码符号序列中找到 $M=2^{NR}$ 个码字组成的一组码$(2^{NR},N)$和相应的译码规则,使译码的平均错误概率任意小($P_E \to 0$)。

逆定理

当信息传输率 $R>C$ 时,无论码长 N 多大,也不可能找到一种编码,使译码错误概率任意小。

香农第二定理指出,对于一个有噪信道,只要信息传输率和信道容量之间满足 $R<C$ 的关系,就一定存在某种信道编码方法,使得 P_E 趋于零,也就是可以实现无差错传输。有噪信道编码定理指出了在有噪声干扰信道中进行可靠信息传输的可能性,实现方式就是进行信道编码。然而定理并没有给出编码的具体方法,而是采用随机编码的思路进行了理论证明。实际的信道编码方法将在后续章节学习。

例 2.10 某图片含 2.25×10^6 个像素,采用 12 级量化电平传输。假定各电平等概率出现,信道中信噪比为 30dB。若要求 3 分钟完成传输,需要多大的带宽?

解:

由有噪信道编码定理,可靠的通信传输要求信道输入的信息传输率 R 不大于信道容量 C。若要求 3 分钟完成传输,则发信率为

$$R=\frac{2.25\times10^6\times\log12}{3\times60}=4.48\times10^4(\text{b/s})\leqslant C=W\log_2\left(1+\frac{P_x}{P_n}\right)$$

信噪比为 30dB,则有 $10\lg(P_x/P_n)=30\text{dB}$,得到 $P_x/P_n=10^3$。

由香农公式得到所需带宽为

$$W\geqslant\frac{R}{\log_2\left(1+\frac{P_x}{P_n}\right)}=\frac{4.48\times10^4}{\log_2 1001}=4.49(\text{kHz})$$

香农公式给出了求波形信道的信道容量的方法。在香农公式中,我们讨论了通过改变各个变量来增加信道容量的方法,如用频带换取信噪比,等等。我们讨论增加信道容量的目的,就是因为在香农第二定理中,只有当 $R<C$ 时才能通过信道编码进行无差错的传输。如果不满足这个条件,就不能进行无差错传输。所以为了进行无差错的传输,需要提高信道容量,使得这个不等式在尽可能多的情况下成立,这样才能进行无差错的传输。可见通过香农

第二定理的讨论，说明了提高信道容量的重要性。在各种通信系统中，需要以各种方式来提高信道容量，其最终目的是满足香农第二定理的条件，从而能够通过信道编码进行无差错的传输。这就是香农公式和香农第二定理的结合点和意义所在。

2.9.4 信源与信道的匹配

一般情况下，当信源与信道相连接时，其信息传输率并未达到最大。有噪信道编码定理指出，信息传输率 $R<C$ 是在信道中进行可靠传输的前提，在这个前提下，我们希望信源的信息传输率越大越好，能达到或尽可能接近信道容量。当达到信道容量时，称信源与信道达到匹配，否则就认为信道有剩余。

信道剩余度定义为信道的实际传信率和信道容量之差：

信道剩余度 $=C-I(X;Y)$

相对信道剩余度 $=\dfrac{C-I(X;Y)}{C}=1-\dfrac{I(X;Y)}{C}$

信道剩余度可以用来衡量信道利用率的高低。

例如，离散无记忆信源

$$\begin{bmatrix}\boldsymbol{X}\\\boldsymbol{P}\end{bmatrix}=\begin{bmatrix}x_1 & x_2 & x_3 & x_4 & x_5 & x_6\\\frac{1}{2} & \frac{1}{4} & \frac{1}{8} & \frac{1}{16} & \frac{1}{32} & \frac{1}{32}\end{bmatrix}$$

发出的消息要通过一个无噪无损二元离散信道传输。

可以求出，此信源的熵 $H(X)=1.937$ 比特/信源符号，而无噪无损二元离散信道的信道容量 $C=1$ 比特/信道符号，因此有 $R>C$，可见不能进行无差错的传输。

要使信源在这个二元信道中无差错传输，必须使用信道符号{0,1}对信源进行二元编码，以使 $R\leqslant C$。设有两种二元编码：

编码方式	x_1	x_2	x_3	x_4	x_5	x_6
C_1	000	001	010	011	100	101
C_2	0000	0001	0010	0011	0100	0101

可见，编码 C_1 使用 3 个信道符号编码 1 个信源符号，编码 C_2 使用 4 个信道符号编码 1 个信源符号，可以求得每种编码对应的信息传输率分别为

对于编码 C_1，

$$R_1=\frac{H(X)}{3}=0.646(\text{比特 / 信道符号})$$

对于编码 C_2，

$$R_2=\frac{H(X)}{4}=0.484(\text{比特 / 信道符号})$$

可见，$R_2<R_1<C$，故对信源进行这两种编码都使信道有剩余，编码 C_1 的相对信道剩余度为 35.4%，而编码 C_2 的相对信道剩余度为 51.6%。

当满足 $R<C$ 的条件后，要在有噪信道中进行无差错的传输，根据香农第二定理，还需要找到合适的信道编码方法。我们将从第 4 章开始介绍各种信道编码方案。

第3章 信源编码

CHAPTER 3

本章概要

信源编码的目的是压缩消息长度。

本章首先介绍了离散无记忆信源的无失真信源编码的基本概念，从定长码、变长码的应用实例，以及码树的结构得到了唯一可译码的判别方法，从而引出了定长无失真信源编码定理；在此基础上，以概率匹配原则为主要思路，详细介绍了变长无失真信源编码定理(即香农第一定理)，这个定理给出了无损压缩的理论极限。

其次详细介绍了经典的无损压缩编码方法，包括 Huffman 编码、算术编码、LZ 编码和游程编码，包括原理和编译码方法。

随后介绍了用于有损压缩的限失真信源编码的基本概念，定义了失真度、离散信源和连续信源的信息率失真函数，从而引出了保真度准则下的信源编码定理(即香农第三定理)，这个定理给出了给定失真下有损压缩的理论极限。

最后介绍了经典的有损压缩编码方法，包括量化、预测编码和变换编码，并给出了 JPEG 图像压缩编码标准分析与实例，作为本章所学内容的一个综合应用案例。

信源编码又称为压缩编码，目的是减少消息中的冗余，对需要传输的数据进行压缩，以提高通信系统中信息传输的有效性。香农提出的信息熵的概念为信源编码算法奠定了理论基础，香农第一定理和香农第三定理分别给出了无损压缩编码和有损压缩编码的理论极限。有了完备的理论，不代表就有了实用的技术。压缩编码算法的发展历程可谓是奇招迭出，精彩纷呈。

莫尔斯电码是满足概率匹配原则的早期压缩编码，虽然它的压缩效果有限，然而它在早期的无线电通信中有过辉煌的历史，当然它在电影和推理小说中也常常以莫尔斯密码的形式出现。

第一个实用的压缩编码方法是 Huffman 编码，1952 年由当时还在麻省理工学院攻读博士学位的 D. A. Huffman 在其信息论课程的期末报告中提出，后来发表在他的论文《一种最小冗余码的构造方法》中。Huffman 编码效率高，运算速度快，实现方式灵活，直到今天，许多压缩工具和压缩标准中都还把 Huffman 编码作为算法的一部分。

1976 年，J. Rissanen 提出了算术编码，把无损压缩技术向信息熵极限推进了一步，后来经过一系列改进，以及与部分匹配预测模型相结合，算术编码在无损压缩的效果上已经可以最大限度地逼近香农极限了,美中不足的是它的运算复杂性较高,运行速度有限。

1977 年,J. Ziv 和 A. Lempel 发表的论文 *A Universal Algorithm for Sequential Data Compression* 开启了 LZ 系列编码算法垄断通用数据压缩领域的时代。LZ 编码是一种字典编码算法,它比 Huffman 编码更有效,比算术编码更快捷实用,今天我们熟悉的大多数压缩工具 WinRAR、WinZIP 等和压缩文件格式都采用了 LZ 编码。

1994 年,M. Burrows 和 D. J. Wheeler 共同提出了一种全新的通用数据压缩算法——BWT 算法,并在开放源码的压缩工具 bzip2 中获得了巨大的成功,bzip2 对于文本文件的压缩效果要远好于使用 LZ 系列算法的工具软件。

在数据压缩领域之外,各种数字设备的音频、图像、视频信息,通过不同的有损压缩编码算法和混合编码算法进行压缩。离散余弦变换 DCT 是图像和视频压缩编码的核心,如图像压缩领域经典的 JPEG 标准,视频压缩领域的 MPEG 系列标准、H. 264～H. 266 标准、AV1 高质量网络视频标准,以及我国拥有自主知识产权的 AVS3 视频编码标准等。

随着现代通信系统对传输时延和带宽的要求日益提升,5G、6G 网络的逐渐成熟,多媒体资源的爆炸式增长,以及大众对虚拟现实、超高清视频等身临其境的极致体验的强烈需求,当前压缩编码领域的研究和发展热点纷呈,分布式信源编码、信源信道联合编码等面向网络需求的研究在不断发展,其中基于深度学习的压缩算法的研究是未来很有潜力的发展方向。

3.1 信源编码的基本概念

实际信源发出的符号序列,一般总含有一定的冗余。信源编码,也就是压缩编码,通过减少冗余来实现对消息序列的压缩,从而在信宿端可接受的情况下,减少需要传输的信息量,提高传输效率。如果编码结果能够无失真地恢复为编码前的消息,这样的编码就是无失真信源编码,也就是说,在编码过程中没有信息量的损失,也称为无损信源编码。反之就是有损信源编码,也被称为限失真信源编码,它的编码结果不能无失真地恢复成原来的信息。连续信源的编码都是限失真信源编码。

有损/无损信源编码的目的都是压缩待传输的代码长度,这种压缩可以通过两种方式实现:一是使编码后各个码符号的出现概率尽可能相等,即使概率均匀化分布,这类方法主要是统计编码(熵编码);二是使编码后的序列中的各个符号之间尽可能地互相独立,即解除相关性,这类方法包括预测编码和变换编码。

首先讨论离散信源的无失真信源编码。信源编码就是把信源消息符号序列变换成码符号序列的过程。如果不考虑抗干扰问题,可以得到如图 3-1 所示的信源编码器模型。

图 3-1 信源编码器模型

设信源符号集 $A=\{a_1,a_2,\cdots,a_m\}$,待编码的消息字(即消息符号串)为 $S_i=(s_1^i s_2^i\cdots s_N^i)$,$s_k^i\in A$,编码码元符号集 $X=\{x_1,x_2,\cdots,x_r\}$,各 x_j 称为码元($j=1,2,\cdots,r$),编码以后的码字(即码元符号串)为 $W_j=(w_1^j w_2^j\cdots w_L^j)$;$w_l^j\in X$,码字 W_j 的长度(码元个数)l_j

被称为码字 W_j 的码长。

在信源发送端将某个待发送的消息字 S_i 映射为某个码字 W_j 的过程就是编码过程，在信宿接收端将接收到的某个码字 W_j 恢复为某个消息字 S_i 的过程就是译码过程。对应于所有可能的消息字的所有码字的集合就是码集，有时也简称为“码”。

回顾例 1.1 已知某门课程的学生成绩分布如表 3-1 所示。

表 3-1 学生成绩分布表

A	B	C	D	F
25%	50%	12.5%	10%	2.5%

这个信源的熵为

$$H(X)=-\sum_{i=0}^{1}p_i\log p_i=1.84\text{b}$$

这个信源每信源符号的平均信息量是 1.84 比特。如果把这个信源的消息用二进制通信系统传输，先要把每个信源符号用二进制的 0 和 1 来表示，这里 0 和 1 就是用来编码的二进制码元符号。因为有 5 个信源符号，所以每信源符号至少需要 3 位码元符号来表示（如果采用二进制表示，2 位最多只能表示 4 种不同信源符号，如表 3-2 所示）。

表 3-2 用二进制码元编码信源符号示例

信源符号	2 位二进制表示（编码码字）	3 位二进制表示（编码码字）
A	00	000
B	01	001
C	10	010
D	11	011
F	无码字可用	100
		101（未用到）
		110（未用到）
		111（未用到）

由第 1 章的分析可以知道，3 位的二进制符号能够包含的最大信息量是 3 比特，那么这样的编码方法也就是用了能够包含 3 比特的码元位数只表示了 1.84 比特的信息量，可见这样的编码的信息表示效率不高，里面存在冗余。对这个信源的消息进行传输时，其中一部分传输的是冗余信息。这也是可以对信源进行压缩编码的原因。

在讨论具体的压缩编码技术之前，我们先讨论衡量信源编码性能的评价指标。对于离散信源空间：

$$\begin{bmatrix}\boldsymbol{X}\\\boldsymbol{P}\end{bmatrix}=\begin{bmatrix}a_1 & a_2 & \cdots & a_m\\ p(a_1) & p(a_2) & \cdots & p(a_m)\end{bmatrix},\quad \sum_{i=1}^{m}p(a_i)=1 \tag{3-1}$$

如果采用某种编码方式对这个信源中的符号进行编码，设符号 a_i 所对应的编码码字的长度（即码元符号的个数）为 l_i，则这种编码的性能可用以下指标进行度量。

1. 平均码长

平均码长是编码码字的平均长度，表示信源的每个符号平均需要多少个码元符号来表示。平均码长的计算为

$$\overline{L}=\sum_{i=1}^{m}p(a_i)l_i \tag{3-2}$$

需要注意的是，这里的离散信源不仅仅指单符号信源，也有可能是离散序列信源。例如，当信源 A 为一个离散无记忆信源 X 的 N 次扩展信源 X^N 时，这个平均码长表示的是每个**序列信源符号**对应的编码码字的平均码长，那么其单个信源符号的平均码长就应该是这个平均码长的 $1/N$。

2. 编码效率/码率/信息传输速率

某种信源编码下的编码效率(code efficiency)定义为

$$\eta=\frac{H(X)}{\overline{L}\cdot\log r} \tag{3-3}$$

其中，$H(X)$为信源的熵，r 为编码符号集中码元符号的个数，当我们进行二进制编码时，$r=2$。注意，如果对离散序列信源进行编码，那么分子表示的是序列信源的熵 $H(X^N)$，$\overline{L}$ 表示的是序列信源符号对应的编码码字的平均码长。

另一个常用到的指标是**码率**(code rate)，某种信源编码下的码率 R 可以这样计算：

$$R=\frac{H(X)}{\overline{L}} \tag{3-4}$$

码率的单位为“比特/码元”。码率与编码效率之比 $\log r$ 就是每个码元符号的最大熵。

如果再考虑通信系统的码元传输速率，设每个码元的传输时间为 t 秒，则可以得到该编码在此通信系统中的**平均信息传输速率**(单位为“比特/秒”)为

$$R_{\mathrm{t}}=\frac{H(X)}{t\cdot\overline{L}} \tag{3-5}$$

编码效率 η 反映的是每符号的平均信息量和在通信系统中传输时所用到的每符号的编码长度所能容纳的最大信息量之间的差距。从表达式的角度来看，给定一个信源，如何提高其编码效率？对于给定的无失真信源编码，其符号集合的概率分布是确定的，那么信源熵也就确定了。要提高编码效率只能减少平均码长，平均码长越短，编码效率就会越高。如果有一种编码，它既是唯一可译的，而且它的平均码长小于其他唯一可译码的长度，这种码就称为**紧致码**或**最佳码**。无失真信源编码的基本问题就是寻找最佳码。

而对于限失真信源编码，还可以减少信源的熵率，从而进一步提升压缩效果。

3. 编码剩余度

信源编码是有效性编码，是对信源的冗余进行压缩。和编码效率相反，编码剩余度表示了当前的信源编码与理想编码之间的差距，定义为

$$\gamma=1-\eta \tag{3-6}$$

4. 压缩率/压缩比

信源编码的主要目的是进行数据压缩，因此压缩比/压缩率是衡量信源编码的压缩效果的重要指标。设编码前的数据长度(常用以比特为单位的长度表示)为 L，经过某种信源编码后的数据长度为 L'，则称在此编码下的压缩率为

$$\text{压缩率}=\frac{L'}{L} \tag{3-7}$$

在此编码下的压缩比一般定义为

$$压缩比 = \frac{L - L'}{L} \times 100\% \tag{3-8}$$

3.2 无失真信源编码

从编码长度来说，信源编码分为两种：定长码和变长码。定长码的所有信源符号都用同样长度的码字来表示，而变长码则对不同的信源符号选择不同长度的码字来表示。

3.2.1 定长码

经典的定长码的例子，有BCD码、ASCII码等。

1. BCD码

BCD码是一种经典的定长码。BCD码(Binary coded decimal)就是用二进制定长码来编码十进制，十进制的符号是0～9一共10个符号，要用二进制符号0和1表示，每个十进制符号最少需要4位二进制码才可以表示。BCD码有多种编码方式，表3-3是8421BCD码的编码表。

表3-3 8421BCD码的编码表

十进制符号	0	1	2	3	4	5	6	7	8	9
BCD码字	0000	0001	0010	0011	0100	0101	0110	0111	1000	1001

这种编码方式也就是编码从左到右的4位的权值分别是8、4、2、1。BCD码还有多种编码方式，如5421BCD码、余三码等。

2. ASCII码

ASCII码是最常用的二进制定长编码之一，使用二进制表示现代英语和其他西欧语言。作为ISO 646国际标准，ASCII（The American Code for Information Interchange，美国信息交换标准代码）广泛用于各种通信系统的信息交换中。如表3-4所示的标准ASCII码也叫基础ASCII码，使用7位二进制数(剩下的1位二进制为0)来表示所有的大写和小写字母，数字0到9、标点符号，以及在美式英语中使用的特殊控制字符。为了表示更多符号，在基础ASCII码的基础上，还有扩展ASCII码等。

表3-4 基础ASCII码示例

Bin(二进制)	Dec(十进制)	Hex(十六进制)	缩写/字符	解　释
0000 0000	0	0x00	NUL(null)	空字符
0000 0001	1	0x01	SOH(start of headline)	标题开始
0000 0010	2	0x02	STX (start of text)	正文开始
0000 0011	3	0x03	ETX (end of text)	正文结束
⋮	⋮	⋮	⋮	⋮
0010 0000	32	0x20	(space)	空格
0010 0001	33	0x21	!	叹号
0010 0010	34	0x22	"	双引号
0010 0011	35	0x23	#	井号
0010 0100	36	0x24	$	美元符

续表

Bin(二进制)	Dec(十进制)	Hex(十六进制)	缩写/字符	解　释
⋮	⋮	⋮	⋮	⋮
0011 0000	48	0x30	0	字符 0
0011 0001	49	0x31	1	字符 1
0011 0010	50	0x32	2	字符 2
0011 0011	51	0x33	3	字符 3
⋮	⋮	⋮	⋮	⋮
0100 0001	65	0x41	A	大写字母 A
0100 0010	66	0x42	B	大写字母 B
0100 0011	67	0x43	C	大写字母 C
0100 0100	68	0x44	D	大写字母 D
⋮	⋮	⋮	⋮	⋮
0110 0001	97	0x61	a	小写字母 a
0110 0010	98	0x62	b	小写字母 b
0110 0011	99	0x63	c	小写字母 c
0110 0100	100	0x64	d	小写字母 d
⋮	⋮	⋮	⋮	⋮
0111 1001	121	0x79	y	小写字母 y
0111 1010	122	0x7A	z	小写字母 z
0111 1011	123	0x7B	{	开花括号
0111 1100	124	0x7C	|	垂线
0111 1101	125	0x7D	}	闭花括号
0111 1110	126	0x7E	～	波浪号
0111 1111	127	0x7F	DEL (delete)	删除

3.2.2 变长码

经典的变长码的例子，是莫尔斯电码(Morse Code)。莫尔斯电码是由美国人塞缪尔·莫尔斯(又说为艾尔菲德·维尔)在 1837 年发明的，莫尔斯电码在海事通信中被作为国际标准一直使用到 1999 年，至今仍作为一种单纯的通信手段在业余无线电界被永久保留。图 3-2 为一台莫尔斯电报机。

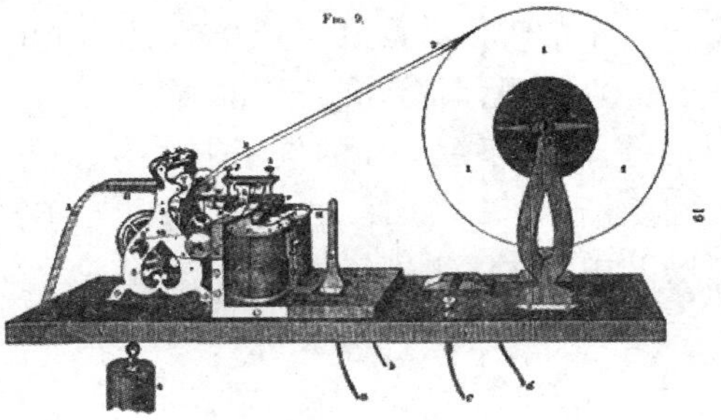

图 3-2　莫尔斯电报机（图片来自美国国家医学图书馆）

莫尔斯电码是一种高效率的变长码，用来编码英文字母、数字和标点符号。它的编码效率高的原因，在于每个符号的码字长度是和自然英语中的出现概率相对应的，高概率的符号用短码字，低概率的符号用长码字。在活字印刷时代，通过在印刷厂里数每个符号的活字印刷的印模的个数，莫尔斯找到了所有英文字母、数字及标点符号等的使用概率。表 3-5 给出了自然英语 1000 个符号中平均每个字母的出现次数。

表 3-5 自然英语 1000 个符号中平均每个字母的出现次数

英文字母	出现次数	英文字母	出现次数	英文字母	出现次数
E	132	S	61	U	24
T	104	H	53	G,P,Y	20
A	82	D	38	W	19
O	80	L	34	B	14
N	71	F	29	V	9
R	68	C	27	K	4
I	63	M	25	X,J,Q,Z	1

根据每个符号的发生概率，莫尔斯给每个符号(包括字母、数字和标点符号)分别赋予了一个由点、划，以及中间的停顿所构成的变长码字，这就是莫尔斯电码。表 3-6 给出了英文字母的莫尔斯码表。

表 3-6 英文字母的莫尔斯码表

符号	莫尔斯码字	符号	莫尔斯码字	符号	莫尔斯码字
A	•—	K	—•—	U	••—
B	—•••	L	•—••	V	•••—
C	—•—•	M	——	W	•——
D	—••	N	—•	X	—••—
E	•	O	———	Y	—•——
F	••—•	P	•——•	Z	——••
G	——•	Q	——•—		
H	••••	R	•—•		
I	••	S	•••		
J	•———	T	—		

莫尔斯电码包括字母、数字和标点符号的码表，表 3-6 中只列出了英文字母的电码表。由于莫尔斯电码在分配变长码字的时候考虑到了符号的概率分布，所以对自然英语来说，其编码效率相当高。这也是它一直到现代都还在使用的原因。

关于定长码和变长码的差异，可以用下面的例子来说明。

例 3.1 给定信源符号集合{A,B,C,D,E,F,G,H}，对于某一个待编码的消息序列“ABADCABFH”，分别用以下 3 种方法来进行二进制编码，并计算消息序列的总编码长度。

解：

(1) 用定长码编码：

由于给定的信源符号集合中一共有 8 个符号，可见如果用二进制定长码表示，则每个信源符号至少需要 3 位二进制码来表示，如表 3-7 所示。

表 3-7 定长码的码表

符 号	码 字	符 号	码 字
A	000	E	100
B	001	F	101
C	010	G	110
D	011	H	111

应用这种定长码来编码消息序列“ABADCABFH”,可以得到编码结果为 000 001 000 011 010 000 001 101 111,总编码长度为 27 位二进制符号,或者说 27 比特。

(2) 用变长码 1 编码,码表如表 3-8 所示。

表 3-8 变长码 1 的码表

符 号	码 字	符 号	码 字
A	00	E	101
B	010	F	110
C	011	G	1110
D	100	H	1111

应用这种变长码(变长码 1)来编码消息序列“ABADCABFH”,可以得到编码结果为 00 010 00 100 011 00 010 110 1111,总编码长度为 25 位二进制符号,或者说 25 比特。

(3) 用变长码 2 编码,码表如表 3-9 所示。

表 3-9 变长码 2 的码表

符 号	码 字	符 号	码 字
A	0	E	10
B	1	F	11
C	00	G	000
D	01	H	111

应用这种变长码(变长码 2)来编码消息序列“ABADCABFH”,可以得到编码结果为 0 1 0 01 00 0 1 11 111,总编码长度为 14 位二进制符号,或者说 14 比特。

讨论:上面 3 种不同的编码方式,对同一个消息序列所得到的编码长度是不同的,分别为 27 比特、25 比特和 14 比特。可见这里的两种变长码的编码长度都小于定长码的编码长度。我们可以认为,在这里变长码在编码效率上比定长码是有优势的。

进一步地,我们是否可以根据这个结果得出结论:变长码 2 优于变长码 1 呢?看看译码结果,就发现这个结论是不可靠的。因为变长码 2 的译码是有问题的。其编码结果“0 1 0 01 00 0 1 11 111 ”既可以译码成消息序列“ABADCABFH”,也可以译码成消息序列“ABADCABBBBBB”,或者译成“DCBCABFH”等。也就是说,这种编码的结果在接收端不是唯一可译的,所以无法在实际中使用。

唯一可译码又称为单义可译码,如果一个码是唯一可译码,说明在这种编码方式下,一个任意有限长的码元符号序列只能被译成唯一的信源符号序列。否则,这种码就是非唯一可译码。例如,码 $C_1=\{1,01,00\}$ 是唯一可译码,码字序列 10001101 只可唯一地划分为“1,00,01,1,01”; 而码 $C_2=\{0,10,01\}$ 就是非唯一可译码,取码字序列 01001,它可以被划分为“0,10,01”或“01,0,01”,不是唯一的。当然在实际中我们希望使用唯一可译码来传输信息,以确保接收码字序列在接收方不会发生歧义。

另外,我们也希望一个码字一旦接收完毕立刻就能判断译码,而不必等到接收到后面的码字以后再开始译码,也就是具有即时性,这样的码称为即时码。什么样的码是可以实际译码出来不会产生歧义,而且是即时的?答案是前缀码。

3.2.3 前缀码

如果在一个码字集合中,任意一个码字都不是其他码字的前缀,就称这个码集满足前缀条件。满足前缀条件的码字集合就称为前缀码(Prefix Code,也被译为异前缀码)。可以证明,一个唯一可译码是即时码的充分必要条件是它是前缀码。

前缀码可以用码树来表示。码树是一个 r 进制的码字的全体集合,可以用一棵 r 分叉的码树来描述。如图 3-3 所示为 $r=2$ 和 $r=3$ 时的码树。

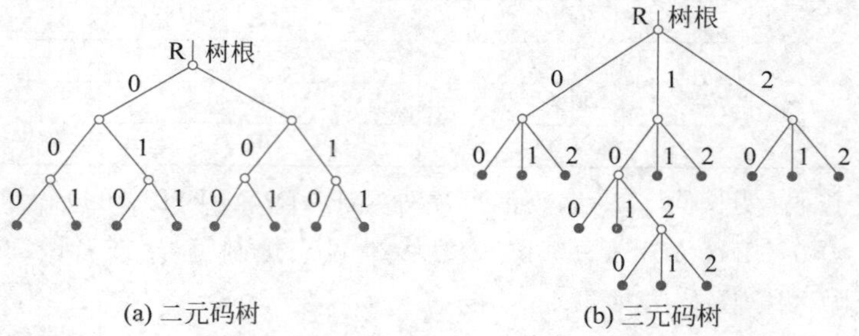

图 3-3 码树

对于 r 进制的码字,从根节点开始,码树的每一个节点都可以生出最多 r 个树枝,每个树枝分配一个从 $1\sim r$ 的标号。树枝的端点就是节点,节点又可以发出树枝。一个节点对应于一个码字,这个码字表示为从根节点到此节点的分枝标号序列,这个节点的阶数就是从根节点到这个节点所经过的树枝的数目。通常可以用码树来表示唯一可译即时码的各码字的构成。

定理 3.1 Kraft 不等式

给定信源符号集所对应的码字集合 $\{w_1, w_2, \cdots, w_m\}$,其中各码字的码长为 l_i,$1\leqslant i\leqslant m$。则存在一种码长为 $l_1\leqslant l_2\leqslant\cdots\leqslant l_m$,而且满足前缀码条件的 r 进制编码的充分必要条件是

$$\sum_{i=1}^{m} r^{-l_i} \leqslant 1 \tag{3-9}$$

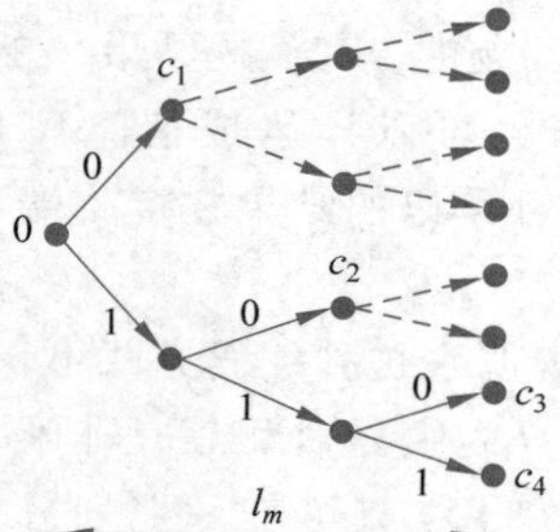

图 3-4 阶数为 l_m 的二叉树

证明:首先看 $r=2$ 的情况。

充分性:考虑阶数(深度)为 $n=l_m$ 的二叉树。这个树有 2^n 个终端叶子节点,如图 3-4 所示。

如果选任意的阶数为 l_1 的码作为第一个码字 c_1。为了满足前缀条件,这样的选择就排除了 2^{n-l_1} 个叶子节点。继续这个过程,直到最后一个码字被赋予叶子节点 $n=l_m$。由于这棵树有 2^n 个终端叶子节点,故被排除的叶子节点的个数占总节点的个数的比例为

$$\sum_{i=1}^{m} 2^{n-l_i}/2^n = \sum_{i=1}^{m} 2^{-l_i} \tag{3-10}$$

当式(3-9)满足时,意味着用这种方式可以构造一个嵌入到总共有 l_m 个节点的全树中的前缀码。被排除的节点在图中用一个指向它们的带虚线的箭头标出。

必要性:在阶数为 $n=l_m$ 的码树中,从总数为 2^n 个叶子节点中排除的叶子节点个数为

$$\sum_{i=1}^{m} 2^{n-l_i} \leqslant 2^n \tag{3-11}$$

则得到

$$\sum_{i=1}^{m} 2^{-l_i} \leqslant 1 \tag{3-12}$$

证明可以很容易扩展到 r 元码上,只需要将二叉树变成 r 叉树就可以。对应的不等式变成

$$\sum_{i=1}^{m} r^{-l_i} \leqslant 1 \tag{3-13}$$

如果某个编码是前缀码,那么它一定满足 Kraft 不等式。但并不是说满足 Kraft 不等式的码都是前缀码。

例 3.2 对信源符号集合$\{S_1,S_2,S_3,S_4\}$进行二进制编码,表 3-10 中的两种编码是否满足 Kraft 不等式?

表 3-10 例 3.2 码表

信源符号	码 1	码 2
S_1	1	1
S_2	10	01
S_3	00	001
S_4	01	0001

解:根据 Kraft 不等式,可以得到

对于码 1,

$$\sum_{i=1}^{4} 2^{-l_i} = 2^{-1} + 2^{-2} + 2^{-2} + 2^{-2} = \frac{5}{4} > 1$$

可见,不满足 Kraft 不等式的条件,因此这种码一定不是唯一可译码。

对于码 2:

$$\sum_{i=1}^{4} 2^{-l_i} = 2^{-1} + 2^{-2} + 2^{-3} + 2^{-4} = \frac{15}{16} < 1$$

满足 Kraft 不等式的条件,因此这种码有可能是唯一可译码。这种码的码字都是以 1 结尾,所以接收方收到 1 时,就可以断定当前码字接收结束,可以开始译码,因此它是即时码。

对于某一个信源符号集来说,满足 Kraft 不等式的唯一可译码可以有多种,在这些唯一可译码中,如果有一种(或几种)码,其平均码长小于所有其他唯一可译码的平均码长,则该码称为**最佳码**(或**紧致码**)。

3.2.4 唯一可译码

即时码存在的充分必要条件是 Kraft 不等式成立,这个结论被证明也可以推广到唯一

可译码，即唯一可译码存在的充分必要条件也是 Kraft 不等式成立。但满足 Kraft 不等式的码长分布只是保证了在这种码长分布下唯一可译码是存在的，具体到某一个码字集合，如何判断它是不是唯一可译码呢？

根据唯一可译码的定义，如果一个码集中的码字构成的有限长码符号序列可以被译为两种不同的码字序列，那么这个码一定不是唯一可译码。如图 3-5 所示，假设码 C 的码字构成的一个有限长序列可以被译为码字序列 $\{A_i\}$，也可以被译为码字序列 $\{B_i\}$，其中的 A_i 和 B_i 都是 C 中的码字。

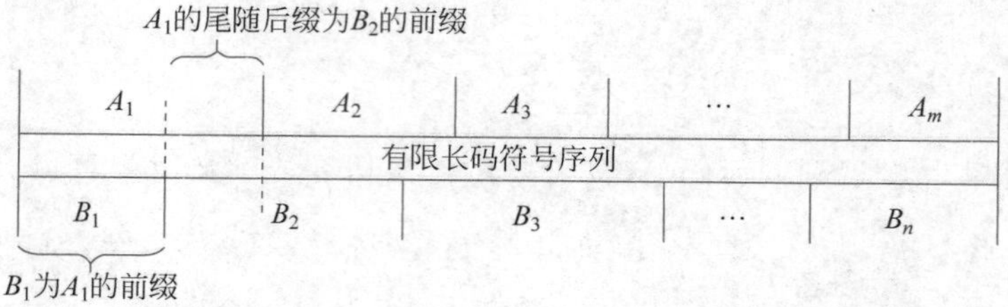

图 3-5 尾随后缀示意图

那么，图 3-5 中的 B_1 一定是 A_1 的前缀。定义码字 A_1 去掉码字 B_1 后余下的部分为 A_1 的尾随后缀，那么这个尾随后缀一定是另一码字 B_2 的前缀。如果 B_2 也存在尾随后缀，那么它一定也是其他码字的前缀。并且，序列的尾部一定是某个码字。由此可知，如果将码 C 中所有码字可能的尾随后缀组成一个集合，当且仅当这个集合中没有包含任何 C 中的码字时，此码 C 为唯一可译码。

对于给定的码 C，唯一可译码的判断步骤如下：

(1) 初始化：将码 C 置于集合 S_0 中($S_0=C$)。

(2) 构造集合 S_1：考查 S_0 中的所有码字，若一个码字是另一个码字的前缀，则将尾随后缀置于 S_1 中。

(3) 构造集合 $S_k(k>1)$：比较 S_0 与 S_{k-1}。

① 如果 S_0 中有码字是 S_{k-1} 中元素的前缀，则将尾随后缀置于 S_k 中；

② 同样，如果 S_{k-1} 中有元素是 S_0 中码字的前缀，则也将尾随后缀置于 S_k 中。

(4) 检验 S_k。

① 若 S_k 是空集，则码 C 是唯一可译码，结束；

② 若 S_k 中有元素是码 C 中的码字，则码 C 不是唯一可译码，结束；

③ 若上述两个条件均不满足，则返回步骤(3)。

例如，要判断码 $C=\{0,10,1100,1110,1011,1101\}$ 是不是唯一可译码，根据以上判断步骤，首先发现 C 中的码字 10 是码字 1011 的前缀，得到尾随后缀 11，而这个尾随后缀 11 又是码字 1100、1110、1101 的前缀，得到尾随后缀 00、10、01，其中 10 是 C 中的码字，可见，码 C 不是唯一可译码。

3.3 无失真信源编码定理

无失真信源编码就是采用编码的方法，寻找一种更短的代码序列，来替代信源发出的符号序列进行通信，以去除信源符号序列中的冗余。在接收端，再把原来的消息替换回来，这样就得到无失真的信息传输。

3.3.1 定长无失真信源编码定理

要用定长码实现信源编码，就是要在固定长度的各种信源符号串与长度不变的各个码字之间建立一一对应关系。如何缩短定长码字的长度呢？

设信源符号集 $A=\{a_1,a_2,\cdots,a_m\}$，编码码元符号集 $X=\{x_1,x_2,\cdots,x_r\}$。

对于定长码，设信源符号序列长度为 N，则长度为 N 的信源符号序列共有 m^N 个。设所编码的码字长度为 L，则长度为 L 的码字符号串共有 r^L 个。要满足唯一可译性条件，即每一个信源符号序列至少要有一个码字和它对应，则要求 $r^L\geqslant m^N$，即 $L\log r\geqslant N\log m$。也就是单个信源符号的码长满足

$$l=\frac{L}{N}\geqslant\frac{\log m}{\log r}=\frac{H_0}{\log r}\tag{3-14}$$

对于定长码来说，当 m 和 r 给定时，L 与 N 成正比，待编码的字符串越长，就需要用码长更长的码，越难以实现缩短码长的目的。

香农指出，当信源符号组合成序列后，大多数序列可能都是杂乱无章的符号堆积，它们出现的概率很小，香农把它们称为非典型序列。而能出现在实际信源消息中有语义的文字序列只占很少数，它们出现的概率很高，香农把它们称为典型序列。如果只对典型序列进行编码而抛弃非典型序列，那么编码所需要的码字数量就少得多，这时用较短的码长就能满足码字在数量上的需求，从而实现码长的压缩。

例如，英文的句子是由 26 个英文字母和空格组成，可以看成一个 $m=27$ 的信源符号集合。对这个信源进行二进制编码，即码元符号集合的 $r=2$。当我们对长度为 $N=10$ 的信源符号序列（10 次扩展信源）进行定长编码时，为了满足 $r^L\geqslant m^N$，得到编码长度 $L\geqslant 48$。假设英文中实际可能出现的长度为 10 的字串数目不到 3 万个，根据香农的典型序列概念，我们可以只对这些典型序列作编码，则只要取 $L=15$，就有 215=32 768 个码字（>3 万），足够编码使用。

从式(3-14)可以看到，定长编码的码长的极限出现在当 $L\log r=N\log m$ 时，也就是 L 个码元符号的信息量为 $L\log r$，这意味着每个码元符号都包含了最大信息量 $\log r$，由最大熵定理可知，所有码元符号独立且等概率出现，这时平均每个码字的信息荷载量可达到最大值 $L\log r$，这时达到最佳的编码。

香农定长编码定理

设有离散平稳无记忆信源，对长度为 N 的信源序列进行定长码编码，H_N 为长度为 N 的信源序列的每个符号的熵。编码码字是从 r 个码元的符号集中选取 L 个码元构成。对任意 $\varepsilon>0$，只要满足：

$$L/N\geqslant(H_N+\varepsilon)/\log r\tag{3-15}$$

则当 N 足够大时，几乎可实现无失真编码，使错误概率任意小；反之，若

$$L/N\leqslant(H_N-2\varepsilon)/\log r\tag{3-16}$$

则不可能实现无失真编码。当 N 足够大时，译码错误概率近似为 1。

对于平稳有记忆信源的情况，定长编码定理也成立，不过要将其中的 H_N 换成极限熵 H_∞，即实际信源的信息熵。另外，如果要使定长编码的译码错误概率小于 δ，则所选取的信

源序列长度 N 需要满足

$$N \geqslant \frac{D[I(x)]}{[H(X)]^2} \cdot \frac{\eta^2}{(1-\eta)^2 \delta} \tag{3-17}$$

其中,$D[I(x)]$为自信息的方差,η 为编码效率。

定长编码定理表明,定长码在理论上是能够进行无失真信源编码的,而实现无失真编码的临界码长是

$$l_0 = \frac{H_N}{\log r} \tag{3-18}$$

实现无失真编码的条件是每字符平均码长 $\bar{L} > l_0$,并且被编序列长度 N 必须足够大。然而,定理并没有给出具体的编码方案,它是一个存在性定理。

另外,定长码压缩代码长度,是以舍弃非典型系列为代价的。所以定长码不能实现完全的无失真编码。要想无失真,码长就要无穷大。因此在实际中,用定长码进行信源编码不是压缩编码的最佳选择。

3.3.2 变长无失真信源编码定理

根据编码效率的公式

$$\eta = \frac{H(A)}{\bar{L}} \tag{3-19}$$

对于给定的概率分布已知的信源,其熵是确定的,要提高编码效率,就需要降低平均码长。根据平均码长的公式,

$$\bar{L} = \sum_{i=1}^{n} p(a_i) l_i \tag{3-20}$$

平均码长与符号的概率 p_i 及其对应码长 l_i 的乘积有关,而对于一个给定的信源,其所有符号概率和为 1,所以问题就变成了如何把短码和长码依符号概率进行合理分配,使得平均码长最短。如果信源符号是等概率分布的,那么定长编码就是效率最高的码。对于一般非等概率分布的信源,就要寻找一种通用方法使得平均码长尽量小。

1. 概率匹配原则

设信源符号集 $A = \{a_1, a_2, \cdots, a_m\}$,编码码元符号集 $X = \{x_1, x_2, \cdots, x_r\}$。由 3.3.1 节的介绍可知,一个信源编码的平均码长为

$$\bar{L} = \sum_{i=1}^{m} p_i l_i$$

其中,$p_i = p(a_i)$。

由最大熵定理,平均一个码字能容纳的最大信息量为 $\bar{L}\log r$,要进行无失真信源编码,$\bar{L}\log r$ 应不小于 $H(X)$,而且它们越接近,意味着所得到的码字就越短。即要求

$$\begin{aligned} \bar{L}\log r - H(X) &= \sum_{i=1}^{m} p_i l_i \log r - \left(-\sum_{i=1}^{m} p_i \log p_i\right) \\ &= \sum_{i=1}^{m} p_i [l_i \log r + \log p_i] \to 0^+ \end{aligned} \tag{3-21}$$

如果求和中的每一项都为零,每一个 i 都满足

$$l_i \log r + \log p_i = 0, \quad i = 1, 2, \cdots, m \tag{3-22}$$

那么求和必然为零，它等价于

$$l_i = -\frac{\log p_i}{\log r} = \log_r \frac{1}{p_i} = I_r(a_i) \tag{3-23}$$

也就是说，只要每一码字的长度都等于它所对应的信源符号的自信息（以 r 为底），就能使编码最短。这就是变长码编码的概率匹配原则。

从概率匹配原则可以看出，要使编码码字尽量短，就应该信息量大的符号用长码，信息量小的符号用短码。自信息小的符号必然概率大，经常出现，采用较短的码字表示，必能节省代码长度；而自信息大的符号，虽然采用较长的码字表示，但由于它的概率小，不常出现，从总体上讲，不会明显影响平均码长。

2. 香农变长编码定理

1）对单个信源符号进行变长编码

考虑到码长只能取整数，概率匹配原则可写为

$$\log_r(1/p_i) \leqslant l_i < 1 + \log_r(1/p_i) \tag{3-24}$$

对各符号取统计平均，则有

$$\frac{H(X)}{\log r} \leqslant \bar{L} < \frac{H(X)}{\log r} + 1 \tag{3-25}$$

即如下定理。

平均码长界定定理（单符号编码）

对一个存在有限熵 $H(X)$ 的离散信源进行 r 进制变长编码。任意一种唯一可译码的平均码长 $\bar{L}$ 都满足：

$$\bar{L} \geqslant \frac{H(X)}{\log r} \tag{3-26}$$

一定存在唯一可译码，其平均码长 $\bar{L}$ 满足：

$$\bar{L} < \frac{H(X)}{\log r} + 1 \tag{3-27}$$

2）对 N 个信源符号的分组进行变长编码

把 N 个信源符号的序列当作一个符号来编码，由概率匹配原则，其码字平均码长 $\bar{L}_N$ 满足：

$$\frac{H(X_1 X_2 \cdots X_N)}{\log r} \leqslant \bar{L}_N < \frac{H(X_1 X_2 \cdots X_N)}{\log r} + 1 \tag{3-28}$$

为便于比较，仍然平均到单个信源符号上，有

$$\frac{H_N}{\log r} \leqslant \frac{\bar{L}_N}{N} < \frac{H_N}{\log r} + \frac{1}{N} \tag{3-29}$$

其中，H_N 为 N 长的信源符号序列中平均每个符号的信息量。定理如下。

变长无失真信源编码定理（香农第一定理）

设离散无记忆信源的符号集合为 $\{w_1, w_2, \cdots, w_m\}$，信源发出 N 重符号序列，则此信源可以发出 m^N 个不同的符号序列，其中各符号序列的码长为 l_i，发生概率为 p_i，$0 \leqslant i \leqslant m^N$。$H_N$ 为 N 重符号序列中平均每个符号的信息量。N 重符号序列的平均码长为

$$\bar{L}_N = \sum_{j=1}^{m^N} p_j l_j \tag{3-30}$$

对此信源进行 r 进制编码，则总可以找到一种无失真信源编码方法，构成唯一可译码，满足：

$$\frac{H_N}{\log r} \leqslant \frac{\bar{L}_N}{N} < \frac{H_N}{\log r} + \frac{1}{N} \tag{3-31}$$

当 N 趋于无限大时，有

$$\lim_{N \to \infty} \frac{\bar{L}_N}{N} = \frac{H_\infty}{\log r} \tag{3-32}$$

这就是香农给出的极限码长。

这种编码的编码效率为

$$\eta = \frac{NH_\infty}{\bar{L}_N \log r} \tag{3-33}$$

编码效率代表了实际编码的平均码长（$\bar{L}_N/N$）与极限码长（$H_\infty/\log r$）的逼近程度。它也代表信源符号实际包含的信息量 H_∞ 与编码后码元可荷载的信息量 $\bar{l}\log r$ 之比，因此具有相对信息率的意义。信源编码后的信息传输率为

$$R = \log r \tag{3-34}$$

这意味着编码后新信源中的符号达到了等概率分布。这也和前述的分析吻合，即当所有码元符号独立且等概率分布时得到最佳编码。

香农第一定理是一个存在性定理，它指出，一定存在这样一种编码，其平均码长可以接近信源熵，可是定理中并没有给出具体编码的构造方法。这个定理给出了变长无失真信源编码的编码效率的极限和可行性，指出了研究者们寻找和改进信源编码技术的方向。

3.4 典型无失真信源编码方法

根据无失真信源编码的概率匹配原则，要得到平均码长尽量短的编码，应该给信息量大的符号赋长码，信息量小的符号赋短码。如果信源符号是等概率分布的，那么定长编码就是效率最高的码。对于一般非等概率分布的信源，应该设法让编码序列各个码元尽量相互独立且近似等概率出现，就会使单位符号信息含量更多，代码就比原来更短。

3.4.1 Huffman 编码

Huffman 编码是 David Albert Huffman（1925—1999 年）于 1951 年在 MIT 攻读博士学位时，为了完成他的信息论课程报告而提出的，后来这种编码于 1952 年发表在他的论文“一种最小冗余码的构造方法”中。

Huffman 编码的原则就是为了提高编码效率，通过根据概率分配长码和短码的方法降低平均码长。简单地说，Huffman 编码采用的方法就是给概率高的符号赋予短码，而把长码赋予概率低的符号，从而在统计意义上降低平均码长。

1. 二元 Huffman 编码

二元 Huffman 编码具体的实现方法是采用自底向上构造二叉树的方法，就是对所有信

源符号按概率从高到低进行排序，每次合并概率最低的两个符号的概率，作为一个新的符号的概率，然后对所有的符号概率再重新排序，再合并概率最低的两个符号，这个过程一直持续，直到最后合并为概率 1。然后对每次的合并分配二进制代码 0 和 1。最后将所有二进制代码从后向前排列即为每个信源符号对应的二元 Huffman 编码。同理，多元 Huffman 编码就是自底向上构造多分叉树的过程。理论上已经证明，Huffman 编码是单符号信源编码的最佳方案。

下面用一个例题说明如何进行 Huffman 编码。

例 3.3 给定 4 符号的离散无记忆信源符号集合$\{a_0,a_1,a_2,a_3\}$，概率分布为$\{0.5,0.3,0.15,0.05\}$，对它发送的单符号序列进行二元 Huffman 编码。

解：

二元 Huffman 编码的编码过程如图 3-6 所示，表 3-11 列出了对 4 符号的离散无记忆信源发送的单符号序列进行二元 Huffman 编码得到的结果码字。

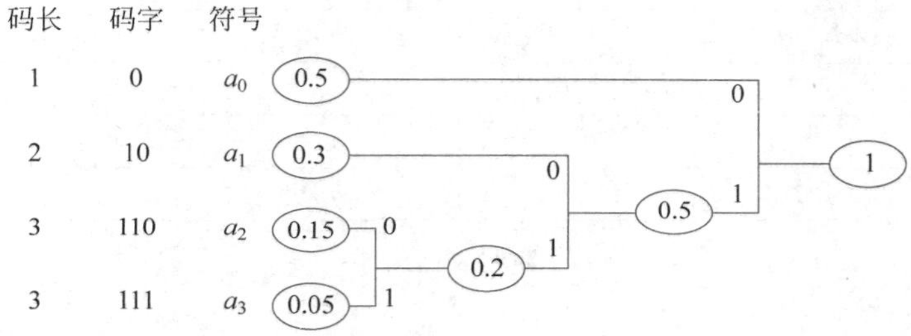

图 3-6 二元 Huffman 编码

表 3-11 对 4 符号的离散无记忆信源发送的单符号序列进行二元 Huffman 编码

符号	概率	码字
a_0	0.5	0
a_1	0.3	10
a_2	0.15	110
a_3	0.05	111

信源熵为

$$H_1(X)=-\sum_{i=1}^{m}p_i\log p_i=1.6477$$

平均码长为

$$\bar{L}_1=\sum_{i=1}^{m}p_i l_i=1.7$$

其编码效率为

$$\eta_1=\frac{H_1(X)}{\bar{L}_1}=96.93\%$$

这里要注意的是，每次对合并后的新旧符号概率进行重新排序时，如果存在同样的概率，那么把新符号的概率放在排序表的上部还是放在下部，是一个值得讨论的问题。虽然排序并不影响最后得到的编码的平均码长，但会影响码长的方差。如果把合并以后得到的新符号的概率放在排序表的上部，也就是尽量多使用旧符号进行最小概率的合并，那么最后得到的所有码字长度的方差较小；否则，码长方差较大。对于某些对码长编码敏感的应用，这是一个值得考虑的方面。

例 3.4 把例 3.3 中的信源符号进行两两组合，成为一个 16 符号的信源，即信源的二次扩展信源，再对这个扩展信源进行 Huffman 编码。

解：

对 16 符号的信源发送的单符号序列进行 Huffman 编码的结果如表 3-12 所示。

表 3-12 对 16 符号的信源发送的单符号序列进行 Huffman 编码

符号	概率	码字	符号	概率	码字
a_0a_0	0.25	00	a_2a_0	0.075	1101
a_0a_1	0.15	100	a_2a_1	0.045	0111
a_0a_2	0.075	1100	a_2a_2	0.0225	111110
a_0a_3	0.025	11100	a_2a_3	0.0075	1111110
a_1a_0	0.15	101	a_3a_0	0.025	11101
a_1a_1	0.09	010	a_3a_1	0.015	111101
a_1a_2	0.045	0110	a_3a_2	0.0075	11111110
a_1a_3	0.015	111100	a_3a_3	0.0025	11111111

计算可以得到这个二次扩展信源的编码效率。

信源熵为

$$H_2(X)=-\sum_{i=1}^{m}p_i\log p_i=3.2955$$

平均码长为

$$\bar{L}_2=\sum_{i=1}^{m}p_il_i=3.3275$$

其编码效率为

$$\eta_2=\frac{H_1(X)}{\bar{L}_1}=99.04\%$$

可以看到，当进行多重符号编码时，虽然信源概率分布和编码方法都没有改变，但编码效率逐渐提高了。这个例子体现了香农第一定理中多重符号序列提高编码效率的含义。

2. 多元 Huffman 编码

多元码可以用多元码树表示。r 元码树每个节点分为 r 个分支，编码时，仍然从概率最小的符号开始，每次 r 个符号合并为一个节点。

例 3.5 给定 5 符号的离散无记忆信源符号集合$\{a_0,a_1,a_2,a_3,a_4\}$，概率分布为$\{0.4,0.3,0.2,0.05,0.05\}$，对它发送的单符号序列分别进行三元和四元 Huffman 编码。

解：

(1) 三元 Huffman 编码。

三元 Huffman 编码的编码过程如图 3-7 所示，表 3-13 列出了对 5 符号的离散无记忆信源发送的单符号序列进行三元 Huffman 编码得到的结果码字。

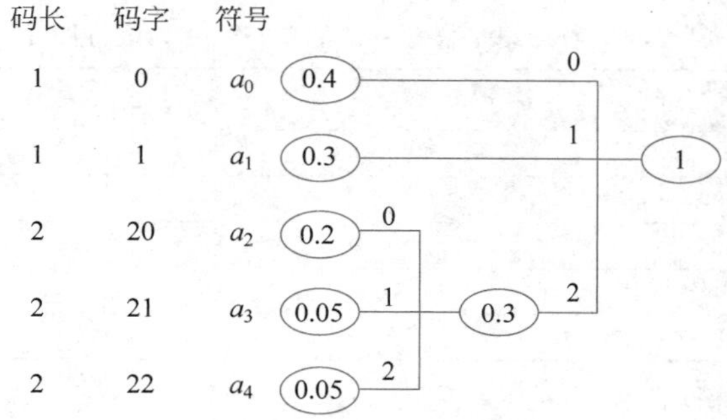

图 3-7 三元 Huffman 编码

表 3-13 对 5 符号的离散无记忆信源发送的单符号序列进行三元 Huffman 编码

符 号	概 率	码 字
a_0	0.4	0
a_1	0.3	1
a_2	0.2	20
a_3	0.05	21
a_4	0.05	22

计算可以得到平均码长为

$$\bar{L}_3=\sum_{i=1}^{m}p_i l_i=1.3$$

其编码效率为

$$\eta_3=\frac{H(X)}{\bar{L}_3\log r}=\frac{1.95}{1.3\log 3}\approx 94.6\%$$

(2) 四元 Huffman 编码。

四元编码时若第一次将码树的 4 个分支合并，则剩下 2 支，没法进行第二次合并。为此，我们事先添加了两个概率为零的“虚”符号 a_5 和 a_6，凑成 4 个分支，使第二次合并时正好还有 4 个分支。

四元 Huffman 编码的编码过程如图 3-8 所示，表 3-14 列出了对 5 符号的离散无记忆信源发送的单符号序列进行四元 Huffman 编码得到的结果码字。

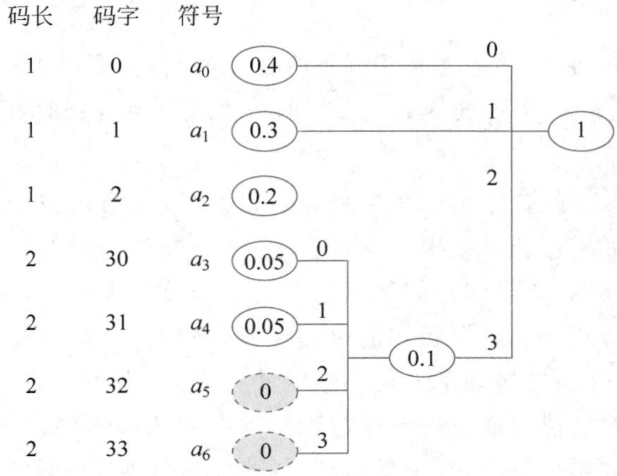

图 3-8 四元 Huffman 编码

表 3-14　对 5 符号的离散无记忆信源发送的单符号序列进行四元 Huffman 编码

符　号	概　率	码　字
a_0	0.4	0
a_1	0.3	1
a_2	0.2	2
a_3	0.05	30
a_4	0.05	31

计算可以得到平均码长为

$$\bar{L}_4=\sum_{i=1}^{m}p_i l_i=1.1$$

其编码效率为

$$\eta_4=\frac{H(X)}{\bar{L}_4\log r}=\frac{1.95}{1.1\log 4}\approx 88.6\%$$

Huffman 编码是一种非常重要的无失真压缩编码，在图像、音频、视频信号的压缩领域有着非常广泛的应用。

视频 3

视频 3 是一个用 Huffman 编码实现图片无损压缩的例子，请扫码观看。

对于给定分布的信源，在所有可能的唯一可译码中，如果此码的平均码长为最短，那么这个码就称为最佳码或紧致码。可以证明，在信源给定的情况下，Huffman 编码是最佳码（紧致码）。

Huffman 编码方法的不足之处在于，它要求编码的信源的概率分布已知。对于大多数信源来说，这就要求在发送数据之前先对它进行一遍扫描，统计出信源符号的出现概率，然后对这些符号进行 Huffman 编码，然后根据得到的编码表对数据进行第二遍扫描并发送码字。

其次，这个编码表还要传输到接收端存储起来，以便对接收到的码字进行译码。这些都导致了信息传输实时性的降低，并且需要额外的存储空间。

另外，Huffman 编码的编码表需要事先给定，并传递给接收端。而且一旦决定就不能更改了，即使后期符号概率发生了调整，也无法相应改变编码表，所以缺乏灵活性。

3.4.2　字典编码

为了应对 Huffman 编码这一类最佳编码所存在的问题，研究者们提出了一系列的编码方案，字典编码就是其中的一个典型代表，它可以解决前面提到的 Huffman 编码的一些问题。

字典编码的基本思想就是构造一个字典，然后用字典条目的序号来代替这个条目输出。由于一个条目可以表示任意长的一串字符，而序号的长度是一定的，这就意味着压缩比可以很大。事实上，字典编码对于足够长的数据序列的压缩效果大大超过了 Huffman 编码。另外，对于好的实现算法，其压缩和解压缩的速度也异常惊人。

举例来说，要发送的消息是某个专业领域的文章，其中有不少该专业的常见术语。这些术语在传输的开始是无法预知的，当传输进行时，这些术语会不断出现。每次出现新的术语时，字典编码就把它们作为字典的一个条目记录下来，并给它们赋予一个简单码字，这样后面再遇到时就可以直接发送。而且通过不断累积某些常常出现的符号组合，就可以把越来越长的组合仍然用简单码字来表示，这样组合出现的频率越高，用来表示它的码字就越短。从而达到降低平均码长，提高编码效率的效果。可见，字典编码不需要事先扫描整个文档，大幅缩短了编码过程，而且提高了编码的速度。

字典编码有很多种实现算法。1977 年，以色列教授 Jacob Ziv 和 Abraham Lempel 发表了论文《顺序数据压缩的一个通用算法》，其中提出的字典压缩算法被简称为 LZ77 算法；1978 年，他们发表了论文《通过可变比率编码的独立序列的压缩》，提出了 LZ78 算法。在他们的研究基础上，Terry Welch 在 1984 年发表了对 LZ78 算法的改进，被称为 LZW (Lempel-Ziv Welch)压缩算法，也是后来应用最广泛的字典编码算法之一。

LZW 算法可以边扫描，边编码，边发送，是一种实时的无失真压缩编码技术。并且，应用这种字典编码技术，可以在发送端和接收端同步生成相同的编码表，这样就不需要传输编码表；而且随着发送的进行，某些重复率高的术语的编码会变得越来越短，也就是编码效率会逐渐提高。由于具有大压缩比和高速压缩和解压缩的性能，LZW 算法一诞生就很快进入了商业应用，如我们常用的压缩工具软件 WinRAR、WinZIP 中都用到了 LZW 算法。

1. LZW 编码算法

LZW 编码算法的核心思想就是构造一个实时字典，在发送端不断把每一个待传输的新字符串都存储到字典里并给它编号，传输时直接传输字符串所对应的编号，这样出现频率高的字符串不断变长，每个字符所对应的编号长度就相对越来越短。LZW 编码算法的流程如图 3-9 所示。

具体来说，LZW 编码算法可以用以下步骤来实现：

(1) 设置初始字典包括信源符号集中所有单个符号；

(2) 从发送端读入第一个符号作为新的字符串的起首；

(3) 从发送端读入新符号(如果没有新符号，则发送当前字符串所对应的字典编号，编码结束)；

(4) 将新符号累积到新字符串中，持续这个过程直到新字符串无法匹配字典中的任何条目；

(5) 将这个新字符串定义为字典的一个新条目，并发送上一步的那个字符串的编号(也就是新字符串没有匹配最后一个字符之前的那个字符串的编号)；

(6) 将刚才剩余没有发送的最后一个字符作为新的字符串的起首，回到步骤(3)；

算法 3.1 总结了字典码的 LZW 编码过程。

算法 3.1：字典码的 LZW 编码

```
Dictionary[j] ← all n single-character
j ← n+1
prefix ← read first character in char-stream
while(( c ← next character) ! =NULL)
    If prefix.c is in Dictionary
        prefix ← prefix.c
    else
        code-stream ← cw for prefix
        Dictionary[j] ← prefix.c
        j ← n+1
        prefix ← c
    end
code-stream ← cw for prefix
```

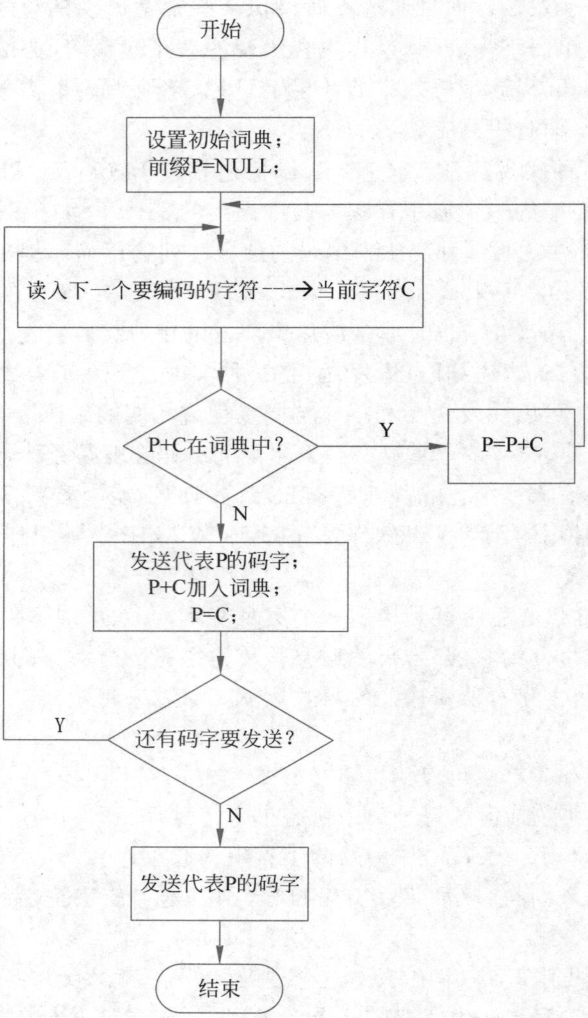

图 3-9 LZW 编码算法流程

2. LZW 译码算法

译码是编码的逆过程，LZW 译码算法的主要过程，就是根据现有字典译出每一个接收到的码字，同时根据该码字构造新的字典条目。LZW 译码算法流程如图 3-10 所示。

具体来说，LZW 译码算法可以用以下步骤来实现：

(1) 设置初始字典包括信源符号集中所有单个符号。

(2) 从接收端读入第一个接收码字。

(3) 输出该码字在字典中对应的字符串。

(4) 从接收端读入新码字(如果没有新码字，则译码结束)。

(5) 如果字典中已经存在这个码字，则：

① 输出该码字在字典中对应的字符串；

② 将前一个接收码字所对应的字符串加上新码字所对应的字符串的第一个符号，作为一个新的字符串，定义为字典中的一个新条目。

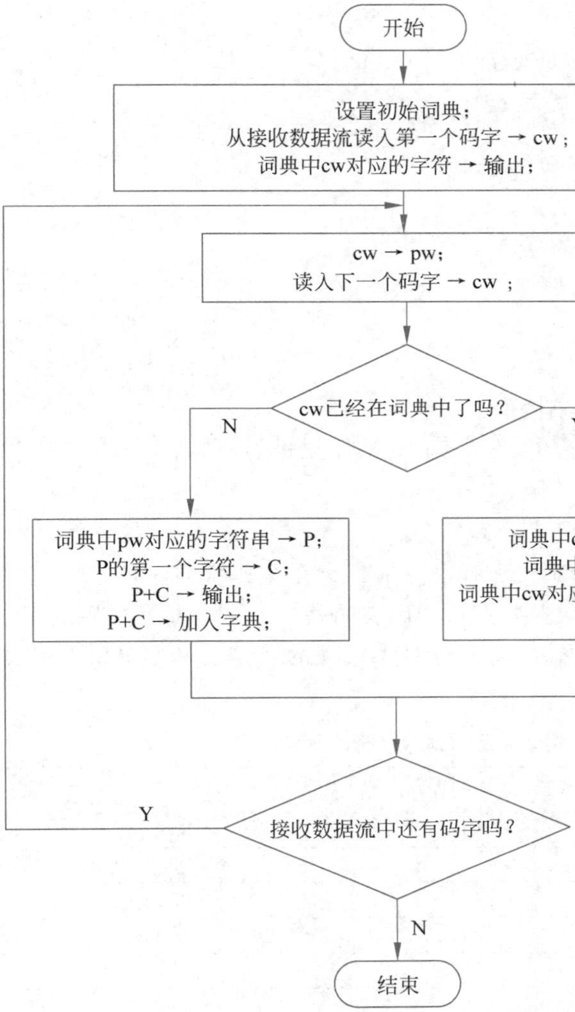

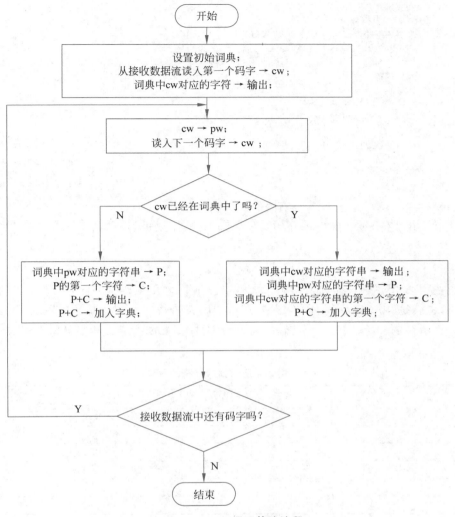

图 3-10 LZW 译码算法流程

(6) 如果字典中还不存在这个码字，则：

① 将前一个接收码字所对应的字符串加上前一个码字所对应的字符串的第一个符号，作为一个新的字符串，定义为字典中的一个新条目；

② 输出这个新的字符串。

(7) 返回步骤(4)。

算法 3.2 总结了字典码的 LZW 译码过程。

算法 3.2：字典码的 LZW 译码

```
Dictionary[j] ← all n single-character
j ← n+1
cw ← first code from code-stream
char-stream ← Dictionary[cw]
pw ← cw
while (( cw ← next code word) !=NULL )
    if cw is in Dictionary
```

```
        char-stream ← Dictionary[cw]
        prefix ← Dictionary[pw]
        k ← first character of Dictionary[cw]
        Dictionary[j] ← prefix.k
        j ← n+1
        pw ← cw
    else
        prefix ← Dictionary[pw]
        k ← first character of prefix
        char-stream ← prefix.k
        Dictionary[j] ← prefix.k
        pw ← cw
        j ← n+1
    end
```

下面通过一个例子来说明字典编码的 LZW 算法。

例 3.6 用 LZW 算法编码下面的符号序列，并对结果进行译码。

itty bitty bit bin

解：

这里使用 ASCII 码表作为初始字典。基本 ASCII 码是 7 比特的码，扩展 ASCII 码是 8 比特的码，也就是 0～255。我们的字典就在这个码表的基础上从 256 开始继续编码。设定码字 256 表示传输开始，257 表示传输结束。题目中出现的字符的基本 ASCII 码如表 3-15 所示。

表 3-15 例 3.6 所用到的字符的 ASCII 码

符　　号	ASCII 码字
空格	32
b	98
i	105
n	110
t	116
y	121

图 3-11 从左到右完整地表示了整个数据处理过程，包括读入符号序列，生成编码字典，传输数据，生成译码字典，输出译码结果。

可以看到，在 LZW 算法的字典码传输过程中，并不需要传输发送端生成的字典，这个字典将在接收端重新生成，这大大降低了要传输的信息量。

视频 4

这个 LZW 算法例题的详细编译码过程请扫码观看视频 4。

3.4.3 算术编码

前面讨论的编码方法都是分组码，也称为块码，它们将信源消息序列分成长度为 N 的字符组，按组进行编码，编码和译码都通过码表来进行；算术编码则不然，它是一种序列编码，也称为流码，它直接为整个信源消息序列寻找编码序列，把信源发出的非等概率序列变换成等概率序列。算术编码是从全序列出发，考虑符号之间的关系来进行编码。

算术编码的概念由 Peter Elias 在 1960 年提出，后来经过 R. Pasco、J. Rissanen 和 G. G. Langdon 等的系统优化和硬件实现。1987 年，Witten 等发表了一个实用的算术编码程序，

编码 → 传输 → 译码

传输（9比特符号）

编码：输入		编码：新字典		传输		译码：新字典		译码：输出
105	i	-	-	256	(start)	-	-	-
116	t	258	it	105	i	-	-	i
116	t	259	tt	116	t	258	it	t
121	y	260	ty	116	t	259	tt	t
32	space	261	y-space	121	y	260	ty	y
98	b	262	space-b	32	space	261	y-space	space
105	i	263	bi	98	b	262	space-b	b
116	t	-	-	-	-	-	-	-
116	t	264	itt	258	it	263	bi	it
121	y	-	-	-	-	-	-	-
32	space	265	ty-space	260	ty	264	itt	ty
98	b		-	-	-	-	-	-
105	i	266	space-bi	262	space-b	265	ty-space	space-b
116	t	-	-	-		-	-	-
32	space	267	it-space	258	it	266	space-bi	it
98	b	-	-	-		-	-	-
105	i	-	-	-		-	-	-
110	n	268	space-bin	266	space-bi	267	it-space	space-bi
-	-	-	-	110	n	268	space-bin	n
-	-	-	-	257	stop	-	-	-

输入（8比特符号）

图 3-11 例 3.6 LZW 编码/译码过程

即 CACM87(后来用于 H.263 视频压缩标准)。从此,算术编码迅速得到了广泛的注意。算术编码在图像和视频数据压缩标准(如 JPEG、MPEG、H.263 等)中扮演了重要的角色。

由香农第一定理可以知道,当离散信源的符号序列长度 N 趋于无穷时,一定存在某种编码方案使得平均码长接近信源熵。算术编码就是这样一种符号序列长度不断增加的编码,它将一个无限长的信源符号串直接编码为一个无限长的码元符号串。它的编码效率很高,当信源符号序列很长时,平均码长接近信源的符号熵。

在算术编码中,消息用 0～1 的实数进行编码,将信源符号序列的累积概率值对应为[0,1]区间的一个点。算术编码用到两个基本的参数:符号的概率和它的编码间隔。信源符号的概率决定了压缩编码的效率,也决定了编码过程中信源符号的间隔,而编码过程中的间隔决定了符号压缩后的输出。

1. 算术码的编码过程

下面用一个简单的例子说明算术编码的原理。

给定离散无记忆信源空间

$$\begin{bmatrix} A \\ P \end{bmatrix} = \begin{bmatrix} a & b & c & d \\ 0.5 & 0.25 & 0.125 & 0.125 \end{bmatrix}$$

我们需要对消息序列"*abaabcda*"进行编码。

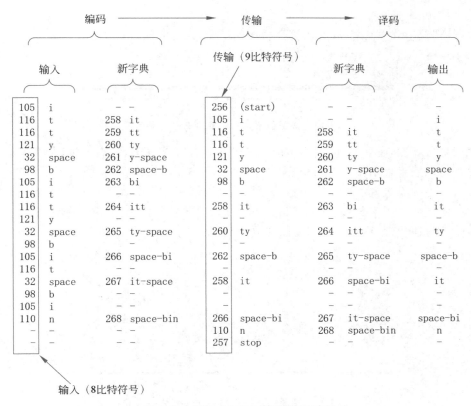

简单地说,算术编码的方法就是根据信源符号集中符号的概率分布,按比例把实数区间[0,1]分成几部分,每个子区间分配给一个信源符号,这个子区间中的所有实数都可以用来

表示这个信源符号。

在这个例题中，首先按照信源符号概率分布将实数区间[0,1]划分为 4 个子区间，如图 3-12 所示。

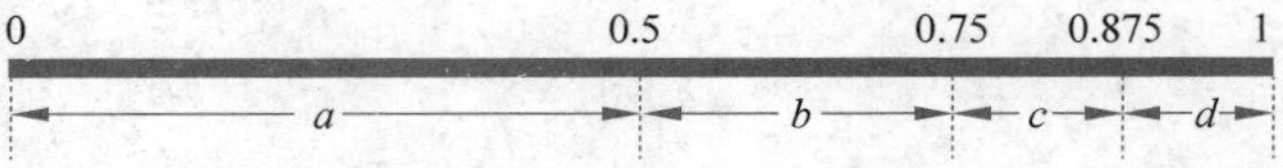

图 3-12 按照信源符号概率分布划分子区间

区间划分以后，子区间[0,0.5)中的实数就可以用来表示符号 a，子区间[0.5,0.75)中的实数就可以用来表示符号 b，子区间[0.75,0.875)中的实数就可以用来表示符号 c，子区间[0875,1]中的实数就可以用来表示符号 d。这样就用实数表示了各个信源符号。

如果要进一步用实数表示一个消息序列，那么只要重复这个过程，不断地按概率的比例对子区间进行迭代划分就可以了，如图 3-13 所示。

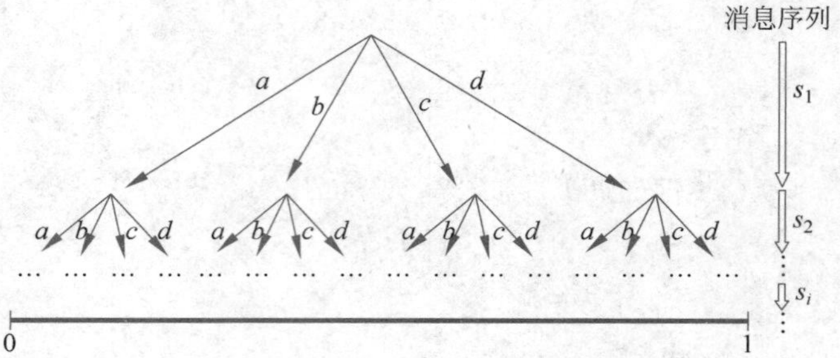

图 3-13 按照输入消息序列迭代划分子区间

如果要对消息序列“*abaabcda*”进行编码，编码过程如图 3-14 所示。

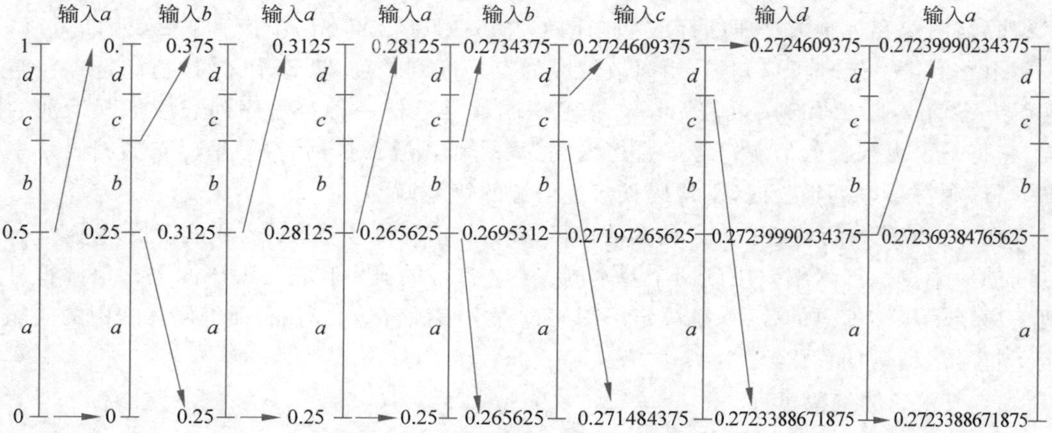

图 3-14 算术编码示意图，输入为“*abaabcda*”

经过不断对子区间进行分割，最后得到的子区间是[0.2723388671875, 0.27239990234375]，在这个区间内的实数都可以用来表示消息序列“*abaabcda*”。这就是算术编码的编码过程。虽然整个子区间内的实数都可以表示这个消息序列，不过为了简单起见，通常选择子区间中一个固定的值作为编码结果。

算术编码中这个不断分割子区间的过程，也就是不断计算序列的累积概率和子区间宽

度的过程。定义各信源符号的累积概率为

$$q_j = \sum_{i=0}^{i<j} p_i \tag{3-35}$$

对于上面的信源可以得到符号的累积概率，如表 3-16 所示。

表 3-16 信源符号的累积概率(1)

信源符号	p_i	q_i
a	0.5	0
b	0.25	0.5
c	0.125	0.75
d	0.125	0.875

对消息序列“$abaabcda$”进行编码时，子区间的开头(即序列的累积概率)和宽度可以用递推公式表示为

$$\begin{cases} C_k = C_{k-1} + A_{k-1} \times q_i \\ A_k = A_{k-1} \times p_i \end{cases} \tag{3-36}$$

其中，C_k 为子区间的左端点，A_k 为子区间宽度，子区间的右端点就是$(C_k + A_k)$，初始值 $C_0=0, A_0=1$。

例 3.7 对信源符号集$\{a_1, a_2, a_3, a_4\}$的五符号序列 $a_1a_2a_3a_3a_4$ 进行算术编码。已知：$p(a_1)=0.2, p(a_2)=0.2, p(a_3)=0.4, p(a_4)=0.2$。

解：首先计算符号的累积概率，如表 3-17 所示。

表 3-17 信源符号的累积概率(2)

信源符号	p_i	q_i
a_1	0.2	0
a_2	0.2	0.2
a_3	0.4	0.4
a_4	0.2	0.8

根据递推公式

$$\begin{cases} C_k = C_{k-1} + A_{k-1} \times q_i \\ A_k = A_{k-1} \times p_i \end{cases}$$

初始值 $C_0=0, A_0=1$。

输入第一个符号 a_1，

$$C_1 = 0 + 1 \times 0 = 0$$
$$A_1 = 1 \times 0.2 = 0.2$$

输入第二个符号 a_2，

$$C_2 = 0 + 0.2 \times 0.2 = 0.04$$
$$A_2 = 0.2 \times 0.2 = 0.04$$

输入第三个符号 a_3，

$$C_3 = 0.04 + 0.04 \times 0.4 = 0.056$$
$$A_3 = 0.04 \times 0.4 = 0.016$$

输入第四个符号 a_3，

$$C_4 = 0.056 + 0.016 \times 0.4 = 0.0624$$
$$A_4 = 0.016 \times 0.4 = 0.0064$$

输入第五个符号 a_4，

$$C_5 = 0.0624 + 0.0064 \times 0.8 = 0.06752$$
$$A_5 = 0.0064 \times 0.2 = 0.00128$$

可见，最终得到的子区间为[0.06752,0.0688)。用这个子区间内的任意一个实数，如0.06752就可用来表示整个符号序列，当然也可以在这个子区间中选一个二进制表示最短的小数作为编码输出。需要注意的是，其实十进制小数0.06752可以表示远远超过5个符号的序列，因为凡是以 $a_1a_2a_3a_3a_4$ 开头的序列都会落在[0.06752,0.0688)内。编码过程如图3-15所示。

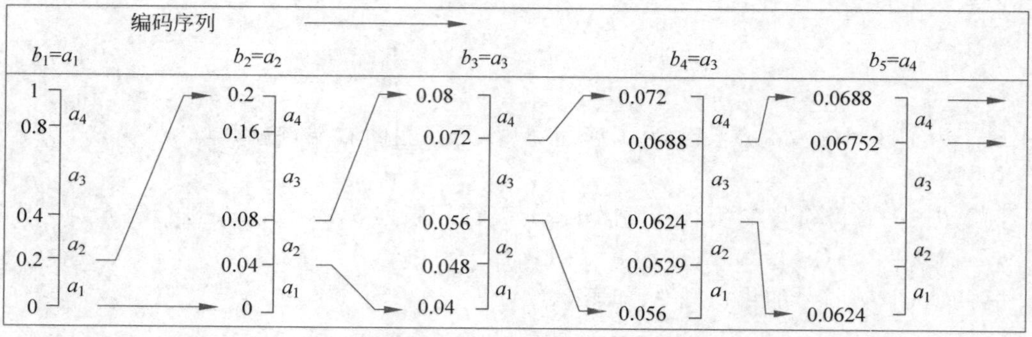

图 3-15 例 3.7 算术编码过程

如果要在二进制的通信系统中传输这个算术编码的结果0.06752，则需要用二元码序列来表示它。一种常用的算术编码方法如下：首先将这个十进制小数0.06752变成二进制小数：

$$(0.06752)_{10} = (0.00010001010010\cdots)_2$$

可以看到，这个二进制小数的位数可以无限长，那么我们应该取多长的码元序列作为编码结果呢？因为这里是对五符号序列 $a_1a_2a_3a_3a_4$ 进行算术编码，这个五符号序列的概率，即其联合概率(也就是递推公式中的 A_k)为

$$p(s) = p(a_1a_2a_3a_3a_4) = 0.2 \times 0.2 \times 0.4^2 \times 0.2 = 0.00128$$

根据第1章信息量的定义，这个五符号序列携带的信息量为

$$I = \log \frac{1}{p(a_1a_2a_3a_3a_4)} = \log \frac{1}{0.00128} = 9.61 \text{ 比特}$$

如果用二进制码元来表示，由于每个二进制码元(0或者1)最多能携带的信息量为log2=1比特，因此至少要用10个二进制码元才能表达，也就是说，最终的二进制码序列的长度 L 应该满足

$$L = \left\lceil \log \frac{1}{p(s)} \right\rceil = \lceil 9.61 \rceil = 10 \tag{3-37}$$

这里 $\lceil x \rceil$ 表示大于或等于 x 的最小整数。

确定了码序列的长度，就可以从0.06752的二进制表达 $(0.00010001010010\cdots)_2$ 中截取长度为 $L=10$ 的码元0001000101，这就是算术编码的结果码字。

可以计算这个算术编码的编码效率为

$$\eta=\frac{H(A)}{\bar{L}}=\frac{1.922}{10/5}=96.1\%$$

随着要编码的信源符号序列长度不断增加，这个效率还会不断提高。

2. 算术码的译码过程

算术码的译码过程是一系列比较过程，将所接收到的码字对应的概率值与子区间的端点相比较，根据递推公式的相反过程，看落在哪个子区间内，从而确定下一个要译出的信源符号。

译码时，若上一个译出的符号为 a_i，则求

$p=$(信源符号串的编码概率 $-a_i$ 的子区间下界值)$/a_i$ 的子区间宽度

然后看 p 落在哪个符号的子区间里，这个符号就是新的译出符号。用新的 p 继续迭代下去。需要注意的是结束符号的判断。具体步骤以例题来说明。

上面例 3.7 中编码信源符号的累积概率如表 3-18 所示。

表 3-18 信源累积概率与子区间

信源符号	p_i	q_i	对应的子区间
a_1	0.2	0	[0,0.2)
a_2	0.2	0.2	[0.2,0.4)
a_3	0.4	0.4	[0.4,0.8)
a_4	0.2	0.8	[0.8,1)

例 3.7 中的编码结果码字为 0001000101，即概率为 $p=(0.0001000101)_2=(0.067382813)_{10}$，初始时译出序列为空。

(1) $p=0.067382813$ 落在[0,0.2)区间，因此第一个符号译为 a_1；

(2) 利用编码的逆作用，首先减去 a_1 的下界值 0，得 $p=0.067382813$，然后用 a_1 的范围 range=0.2 去除所得到的 p，即得到新的 $p=0.336914065$，落在[0.2,0.4)区间，因此第二个符号译为 a_2；

(3) 减去 a_2 的下界值 0.2，得 $p=0.136914065$，然后用 a_2 的范围 range=0.2 去除 p，即得到新的 $p=0.684570325$，落在[0.4,0.8)区间，因此第三个符号译为 a_3；

(4) 减去 a_3 的下界值 0.4，得 $p=0.284570325$，然后用 a_3 的范围 range=0.4 去除 p，即得到新的 $p=0.7114258125$，落在[0.4,0.8)区间，因此第四个符号译为 a_3；

(5) 减去 a_3 的下界值 0.4，得 $p=0.3114258125$，然后用 a_3 的范围 range=0.4 去除 p，即得到新的 $p=0.77856453125$，落在[0.4,0.8)区间，因此第五个符号译为 a_3。

这样就译码出了完整的信源符号序列为：$a_1a_2a_3a_3a_3$。可以看到，最后一个符号的译码是错误的。这是因为我们在编码输出时取的是最终区间的下界值，又在取 L 长的码字时截掉了后面的位数，所以得到的概率落到了前一个符号的子区间里，发生了译码错误。这个错误可以在编码时多编码一位符号(然后在译码时去掉最后一位)来规避。

这里仅仅是为了说明算术码的译码原理，所以在译码过程中我们忽略了如何判断译码结束的问题。在实际应用中，一种判断译码结束方式是加终止符，在编译码器中添加一个专门的终止符，当译码器看到终止符时就停止译码。

如果用结果子区间的下边界作为被编码的消息序列的算术编码，设 Low 和 High 分别表示子区间的下边界和上边界，CodeRange 为子区间的长度，LowRange(symbol)和

HighRange(symbol)分别代表为 symbol 分配的初始区间下边界和上边界。算法 3.3 总结了算术码的编码过程。

算法 3.3：算术码的编码

```
set Low to 0
set High to 1
while there are input symbols do
      take a symbol
      CodeRange= High - Low
      High= Low + CodeRange * HighRange(symbol)
      Low= Low + CodeRange * LowRange(symbol)
end of while
output Low
```

译码是编码的逆过程。算术编码的译码过程，就是不断地判断给定实数处于哪个子区间的过程。算法 3.4 总结了算术码的译码过程。

算法 3.4：算术码的译码

```
get encoded number
do
      find symbol whose range straddles the encoded number
      output the symbol
      range= symbo.HighValue - symbol.LowValue
      substract symbol.LowValue from encoded number
      divide encoded number by range
until no more symbols
```

上面的算术码算法需要事先知道信源的概率分布，在实际应用中这常常难以做到，针对一些信源概率未知或非平稳的情况，可以用自适应算术码。在编码开始时，假设各个符号出现的概率相同，随着编码的进行再更新信源符号的出现概率。另外，算术码在具体的实现过程中，还需要解决如小数溢出、计算复杂度高、计算精度与压缩效率矛盾等问题。

3.4.4 游程编码

游程编码(Run-Length Coding，RLC)是一种简单又快速的编码方法，在图文传真、文件(数据)压缩、图形和视频文件压缩中应用非常广泛。游程编码的原理很简单，它把码流中连续的相同值输出为这个值及其重复个数组成的二元组，从而达到去除冗余、压缩数据的目的。简单来说，游程编码的主要任务是统计连续相同字符的个数，解码时根据字符及连续相同字符的个数，恢复原来的数据。

游程长度(Run-Length)被定义为重复出现的符号的重复次数，这样就可以把待编码的信源符号序列映射为对应符号和游程长度的二元组序列。例如，信源符号序列 5555557777733322221111111，其游程编码为：(5,6)(7,5)(3,3)(2,4)(1,7)。

对于二进制的符号序列，因为 0 和 1 总是交替出现的，因此其游程编码可以更简洁。如二进制的符号序列 0000111110011100001111111，可以映射为游程序列 452346，这样就把二元序列变换成了多元序列，这时就可以用其他编码方法，例如 Huffman 编码，进一步压缩信源，提高通信效率。

二元信源游程编码的一般方法是：

(1) 首先测定 0 游程长度和 1 游程长度的概率分布，即以游程长度为元素，构造一个新的信源；

（2）对新的信源（游程序列）进行 Huffman 编码。

三类传真终端（Group 3 Fax Machine）中使用的压缩编码的国际标准 MH（Modified Huffman）编码，可以用于对黑白二值文件传真的数据压缩。它将游程编码和 Huffman 码相结合，是一种改进的 Huffman 码。MH 码分别对“黑”“白”的不同游程长度进行 Huffman 编码，形成黑、白两个 Huffman 码表。编码和译码都通过查表进行。MH 编码适用于传真等黑白位图图像的压缩，也是一种 TIFF 格式图像的压缩选项。

在 ITU-T 用于文件传输的三类传真终端标准 T.4 中给出的一维游程编码方案如图 3-16 所示。

Table 2/T.4 – Terminating codes

White run length	Code word	Black run length	Code word
0	00110101	0	0000110111
1	000111	1	010
2	0111	2	11
3	1000	3	10
4	1011	4	011
5	1100	5	0011
6	1110	6	0010
7	1111	7	00011
8	10011	8	000101
9	10100	9	000100
10	00111	10	0000100
11	01000	11	0000101
12	001000	12	0000111
13	000011	13	00000100
14	110100	14	00000111
15	110101	15	000011000
16	101010	16	0000010111
17	101011	17	0000011000
18	0100111	18	0000001000
19	0001100	19	00001100111
20	0001000	20	00001101000
21	0010111	21	00001101100
22	0000011	22	00000110111
23	0000100	23	00000101000
24	0101000	24	00000010111
25	0101011	25	00000011000
26	0010011	26	000011001010
27	0100100	27	000011001011
28	0011000	28	000011001100
29	00000010	29	000011001101
30	00000011	30	000001101000
31	00011010	31	000001101001
32	00011011	32	000001101010

Table 2/T.4 – Terminating codes

White run length	Code word	Black run length	Code word
33	00010010	33	000001101011
34	00010011	34	000011010010
35	00010100	35	000011010011
36	00010101	36	000011010100
37	00010110	37	000011010101
38	00010111	38	000011010110
39	00101000	39	000011010111
40	00101001	40	000001101100
41	00101010	41	000001101101
42	00101011	42	000011011010
43	00101100	43	000011011011
44	00101101	44	000001010100
45	00000100	45	000001010101
46	00000101	46	000001010110
47	00001010	47	000001010111
48	00001011	48	000001100100
49	01010010	49	000001100101
50	01010011	50	000001010010
51	01010100	51	000001010011
52	01010101	52	000000100100
53	00100100	53	000000110111
54	00100101	54	000000111000
55	01011000	55	000000100111
56	01011001	56	000000101000
57	01011010	57	000001011000
58	01011011	58	000001011001
59	01001010	59	000000101011
60	01001011	60	000000101100
61	00110010	61	000001011010
62	00110011	62	000001100110
63	00110100	63	000001100111

Table 3a/T.4 – Make-up codes

White run length	Code word	Black run length	Code word
64	11011	64	0000001111
128	10010	128	000011001000
192	010111	192	000011001001
256	0110111	256	000001011011
320	00110110	320	000000110011
384	00110111	384	000000110100
448	01100100	448	000000110101
512	01100101	512	0000001101100
576	01101000	576	0000001101101
640	01100111	640	0000001001010
704	011001100	704	0000001001011
768	011001101	768	0000001001100
832	011010010	832	0000001001101
896	011010011	896	0000001110010
960	011010100	960	0000001110011
1024	011010101	1024	0000001110100
1088	011010110	1088	0000001110101
1152	011010111	1152	0000001110110
1216	011011000	1216	0000001110111
1280	011011001	1280	0000001010010
1344	011011010	1344	0000001010011
1408	011011011	1408	0000001010100
1472	010011000	1472	0000001010101
1536	010011001	1536	0000001011010
1600	010011010	1600	0000001011011
1664	011000	1664	0000001100100
1728	010011011	1728	0000001100101
EOL	000000000001	EOL	000000000001

NOTE – It is recognized that terminals exist which accommodate larger paper widths maintaining the standard horizontal resolution. This option has been provided for by the addition of the make-up code set defined in this table.

Table 3b/T.4 – Make-up codes

Run length (black and white)	Make-up codes
1792	00000001000
1856	00000001100
1920	00000001101
1984	000000010010
2048	000000010011
2112	000000010100
2176	000000010101
2240	000000010110
2304	000000010111
2368	000000011100
2432	000000011101
2496	000000011110
2560	000000011111

NOTE – Run lengths in the range of lengths longer than or equal to 2624 pels are coded first by the make-up code of 2560. If the remaining part of the run (after the first make-up code of 2560) is 2560 pels or greater, additional make-up code(s) of 2560 are issued until the remaining part of the run becomes less than 2560 pels. Then the remaining part of the run is encoded by terminating code or by make-up code plus terminating code according to the range as mentioned above.

图 3-16 MH 编码用于文件传输的三类传真终端标准 T.4 的一维游程编码方案

一行数据由一系列可变长度的码字组成。每个码字代表全白或全黑的游程长度。白游程和黑游程交替进行。总共 1728 个像素代表一条 215 毫米长的水平扫描线。为了确保接收器保持颜色同步,所有数据线将以白游程长度码字开始。如果实际扫描线以黑色运行开始,将发送长度为零的白色游程。码字有两种：结尾码和组合基干码。游程长度为 0～63 像素的游程用图 3-16 的 Table2/T. 4-Terminating codes 中对应的结尾码表示。游程长度超过 64 像素的游程由图 3-16 中 Table3a/T. 4-Make-up codes 和 Table3b/T. 4-Make-up codes 中的组合基干码加上图 3-16 的 Table2/T. 4-Terminating codes 中的结尾码表示。每行结束时用一个结束码 EOL 作标记。注意,黑游程和白游程的码表是分开的。

例如,若一行黑白二值传真文件中有连续的 19 个白色点,接着有连续的 30 个黑色点,则查表得码字为：0001100　000001101000;

若白游程长度为 65,则查表得码字为：11011　000111;

若黑游程长度为 856,则查表得码字为：0000001001101　00000010111。

某页黑白传真文件某一扫描行的像素点为：

像素点个数	17 白	5 黑	55 白	10 黑	1600 白	41 白	EOL
对应的 MH 码	101011	0011	01011000	0000100	010011010	00101010	000000000001

原本一行为 1728 个像素,需 1728 位二元码元表示。而用 MH 码表示这行只需用 54 位二元码元。这一行数据压缩比为 1728∶54＝32,可见,压缩效率很高。

3.5 限失真信源编码

信源编码的目的是压缩数据,从而提高信息的传输效率。对信源进行压缩有两种模式：无损压缩和有损压缩。香农第一定理讨论的是关于无损压缩的范畴,是对信源存在的冗余度进行压缩,从而减少要传送的数据,进而提高信息的传输率。在这个过程中,信源熵是维持不变的,在接收端可以精确再现发送端的信息。无损压缩就是我们前面讨论的无失真信源编码。

信源编码的另外一种模式就是有损压缩。它是在给定一定失真度的情况下对信源进行压缩,压缩的结果将导致熵的损失,而且这种压缩是不可逆的,无法再恢复原来的数据。这样的压缩方法又被称为熵压缩编码,或者称为限失真编码。限失真编码固然可以通过降低信源的熵率来提高传输效率,然而它更重要的意义在于它是模拟信源进行数字化传输无法避免的一个环节。

在自然界和实际应用中,绝大部分需要传输的信息都是声音、图像、视频等,这些信源原本都是模拟信源,从绝对熵的角度来说,它们所包含的信息量都是无穷的,需要使用无限大的码率才能够进行可靠的传输。在码率有限的情况下,我们其实只能采用限失真编码来进行熵压缩,也就是对模拟信号进行采样、量化、数字化的过程。一旦对模拟信号进行了数字化,信源的信息就已经失真了。

其实,自然界赋予我们的信息感知系统本来就是限失真编码系统。比如我们的耳朵只能听见 20～20000Hz 频带内的声音,大部分人的眼睛可以感知的电磁波的波长为 400～760nm,而且人的听觉和视觉的分辨能力都很有限,从这个意义上来说,有限失真的信源信息的编码是信源压缩编码研究的不可缺少的一部分。

本节讨论限失真信源编码的最基本内容，也就是在允许一定的失真的情况下，对信源熵可压缩到的最低程度。我们将从分析失真度出发，了解率失真函数，然后讨论保真度准则。

3.5.1 失真函数

在系统分配的频谱资源有限的情况下，我们希望每一路信号所占用的频谱宽度越窄越好，在二元信道中，信道的频谱宽度取决于待传输序列的码速率，也就是信息传输率。这个信息传输率可以看成信道中每个符号所能传输的平均信息量，可用平均互信息量 $I(U;V)$ 来表示，也就是信道的信息传输率 $R=I(U;V)$。

从我们的直观感觉可知，允许失真越大，信息传输率可越小；允许失真越小，信息传输率需越大。所以信息传输率与信源编码所引起的失真（或误差）是有关的。

设离散无记忆信源空间为

$$\begin{bmatrix}U\\P\end{bmatrix}=\begin{bmatrix}u_1 & u_2 & \cdots & u_n\\ p(u_1) & p(u_2) & \cdots & p(u_n)\end{bmatrix}$$

信源符号通过信道传输到接收端，信宿空间为

$$\begin{bmatrix}V\\P\end{bmatrix}=\begin{bmatrix}v_1 & v_2 & \cdots & v_m\\ p(v_1) & p(v_2) & \cdots & p(v_m)\end{bmatrix}$$

对应于输入输出符号对 (u_i,v_j)，定义一个非负函数：

$$d(u_i,v_j)\geqslant 0,\quad i=1,2,\cdots,n;\ j=1,2,\cdots,m$$

称此函数为单个符号的失真函数（或称单个符号失真度），它用来表示信源发出的符号 u_i 在接收端被复现为符号 v_j 所引起的误差，也就是失真。

由于信源 U 有 n 个符号，而信宿 V 有 m 个符号，所以 $d(u_i,v_j)$ 就有 $n\times m$ 个，这 $n\times m$ 个非负的函数可以排成矩阵形式，即

$$\boldsymbol{d}=\begin{bmatrix}d(u_1,v_1) & d(u_1,v_2) & \cdots & d(u_1,v_m)\\ d(u_2,v_1) & d(u_2,v_2) & \cdots & d(u_2,v_m)\\ \vdots & \vdots & \ddots & \vdots\\ d(u_n,v_1) & d(u_n,v_2) & \cdots & d(u_n,v_m)\end{bmatrix} \tag{3-38}$$

称它为失真矩阵 $\boldsymbol{d}$，它是 $n\times m$ 阶矩阵。失真矩阵 $\boldsymbol{d}$ 用这些失真函数描述了变量 U 和 V 之间的关系。

失真函数 $d(u_i,v_j)$ 可有多种形式，但应尽可能符合信宿的主观特性，即主观上的失真感觉应与 $d(u_i,v_j)$ 的值相对应。$d(u_i,v_j)$ 越大，所感觉到的失真也越大，而且最好成正比。当 $u_i=v_j$ 时，$d(u_i,v_j)$ 应等于零，表示没有失真；当 $u_i\neq v_j$ 时，$d(u_i,v_j)$ 应为正值，表示存在失真。负的失真函数违反数据处理定理，不可以使用。所以常用的失真函数都保证失真函数为非负。

常用的适用于连续信源的失真函数有

$$\text{均方失真：}d(x,y)=(x-y)^2$$
$$\text{绝对失真：}d(x,y)=|x-y|$$
$$\text{相对失真：}d(x,y)=\frac{|x-y|}{|x|} \tag{3-39}$$

适用于离散信源的失真函数常用的是汉明失真：

$$d(x,y)=\delta(x,y)=\begin{cases}0, & x=y\\ 1, & x\neq y\end{cases} \tag{3-40}$$

式中，x 是信源输出的消息符号；y 是信宿收到的消息符号。

对于离散对称信源来说，其汉明失真矩阵 $\boldsymbol{d}$ 为一个方阵，且对角线上的元素为零：

$$\boldsymbol{d}=\begin{bmatrix}0 & 1 & 1 & \cdots & 1\\ 1 & 0 & 1 & \cdots & 1\\ 1 & 1 & 0 & \cdots & 1\\ \vdots & \vdots & \vdots & & \vdots\\ 1 & 1 & 1 & \cdots & 0\end{bmatrix} \tag{3-41}$$

例 3.8　信源 $U=\{0,1,2\}$，接收变量 $V=\{0,1,2\}$，失真函数为 $d(u_i,v_j)=(u_i-v_j)^2$，求失真矩阵。

解：由失真定义得

$$\begin{aligned}&d(0,0)=d(1,1)=d(2,2)=0\\&d(0,1)=d(1,0)=d(1,2)=d(2,1)=1\\&d(0,2)=d(2,0)=4\end{aligned}$$

所以失真矩阵 $\boldsymbol{d}$ 为

$$\boldsymbol{d}=\begin{bmatrix}0 & 1 & 4\\ 1 & 0 & 1\\ 4 & 1 & 0\end{bmatrix}$$

3.5.2　平均失真

单个符号对的失真 $d(u_i,v_j)$ 描述了某个信源符号通过传输后发生的失真的大小。对于不同的信源符号和不同的接收符号，其值是不同的。因为信源 U 和信宿 V 都是随机变量，因此单个符号失真 $d(u_i,v_j)$ 也是随机变量。为了从总体上描述整个系统失真情况，可以定义传输一个符号引起的平均失真，即信源平均失真为

$$\bar{d}=E[d(u,v)]=\sum_{i=1}^{n}\sum_{j=1}^{n}p(u_i)p(v_j\mid u_i)d(u_i,v_j) \tag{3-42}$$

式中，u_i 是信源输出符号，$i=1,2,\cdots,n$；$p(u_i)$ 是信源输出符号 u_i 的概率；v_j 是信宿接收符号，$j=1,2,\cdots,m$；$p(v_j|u_i)$ 是广义无扰信道的传递概率。

可见，$\bar{d}$ 的大小与信道传递概率 $p(v_j|u_i)$ 有关，也就是和信道的统计特性有关。

根据系统的性能要求，通常要求系统的平均失真不大于所允许的失真 D，即

$$\bar{d}\leqslant D \tag{3-43}$$

式(3-43)就被称为保真度准则。其中，D 就是允许失真的上界，是由设计要求决定的技术指标。

例 3.9　设离散信源 $U=\{0,1\}$ 的概率分布为均匀分布，信宿 $V=\{0,1,2\}$，传递概率矩阵为

$$\boldsymbol{P}_{V|U}=\begin{bmatrix}0.6 & 0.3 & 0.1\\0.3 & 0.7 & 0\end{bmatrix}$$

如果采用绝对失真,求平均失真。

解：由绝对失真得到失真矩阵为

$$d(x,y)=|x-y|$$

$$\boldsymbol{d}=\begin{bmatrix}0 & 1 & 2\\1 & 0 & 1\end{bmatrix}$$

联合概率为

$$p(uv)=p(u)p(v\mid u)=\begin{bmatrix}0.3 & 0.15 & 0.05\\0.15 & 0.35 & 0\end{bmatrix}$$

平均失真为

$$\begin{aligned}\bar{d}&=\sum_{i=1}^{n}\sum_{j=1}^{m}p(u_iv_j)d(u_i,v_j)\\&=0\times0.3+1\times0.15+2\times0.05+1\times0.15+0\times0.35+1\times0\\&=0.4\end{aligned}$$

3.5.3　离散信源的信息率失真函数

对于给定信源,在规定了允许的失真值 D 以后,即可研究限失真信源编码的实质问题了。香农第一定理告诉我们：只要编码后用于每个原始信源符号的编码位数不小于信源的熵值,则总可以找到无失真的信源编码方法。换言之,原始信源的熵值越小(即信源剩余度越大),就可用越少的编码位数来表示信源符号,而译码时仍然能够保证不失真。即,压缩编码前的信息熵值越小,就可以用越少的编码位数对信源符号进行无失真编码,从而使压缩编码后的信息传输率越大,进而实现尽可能高的通信效率。

离散信源的概率分布是离散的,在信源给定,又定义了失真函数以后,总希望在满足一定失真的情况下,使信源传输给信宿所需要的信息传输率 R 能尽可能小。接收端获得的平均信息量可用平均互信息量 $I(U;V)$来表示,也就是信息传输率 $R=I(U;V)$。

由于 $\bar{d}$ 的大小和信道的统计特性有关,可以认为凡是满足保真度准则的所有信道都是满足平均失真要求的信道。我们把这些所有满足保真度准则的信道的集合称为试验信道集合,记为 B_D,则

$$B_D=\{p(v_j\mid u_i);\ \bar{d}\leqslant D;\ i=1,2,\cdots,n;\ j=1,2,\cdots,m\}\tag{3-44}$$

可以在试验信道集合 B_D 中寻找某一个信道使 $I(U;V)$取最小值,也就是使得信息传输率 $R=I(U;V)$最小,但仍能满足平均失真要求的信道。也就是说,我们把保真度准则作为约束条件,找出一个最差但仍能满足平均失真要求的信道,就可以用最低的代价满足通信的失真要求。

这个寻找最差信道的过程,也就是在满足保真度准则 $\bar{d}\leqslant D$ 的条件下,寻找平均互信息量 $I(U;V)$的最小值的过程。

由于当 $p(u_i)$一定时,平均互信息量 $I(U;V)$是 $p(v_j|u_i)$的∪型凸函数,所以在 B_D 中,$I(U;V)$的最小值一定存在。这个最小值就是在 $\bar{d}\leqslant D$ 条件下,信源必须传输的最小平

均信息量，由于它是失真 D 的函数，所以称为信息率失真函数 $R(D)$，或率失真函数。即

$$R(D)=\min_{p(v_j|u_i)\in B_D}\{I(U;V);\bar{d}\leqslant D\};\text{比特 / 符号} \tag{3-45}$$

式中，B_D 是所有满足保真度准则的试验信道的集合。率失真函数的单位为比特/符号。

信道容量 C 和信息率失真函数 $R(D)$ 都与平均互信息 $I(U;V)$ 有关，它们之间有什么样的联系与区别呢？

信道容量的表达式为

$$C_C=\max_{p(x)}I(X;Y)=\max_{p(x_j)}\sum_{j=0}^{q-1}\sum_{i=0}^{r-1}p(x_j)p(y_i\mid x_j)\log\frac{p(y_i\mid x_j)}{p(y_i)}$$

它表示在给定信道 $p(v|u)$ 的情况下，对于所有的信源概率分布 $p(u)$，平均互信息 $I(U;V)$ 是 $p(u)$ 的 $\cap$ 型凸函数，也就是说，对于一个给定的信道，一定存在某种信源概率分布使得平均互信息 $I(U;V)$ 最大，这个最大值就是这个给定信道的信道容量 C。信道容量 C 是这个给定信道的特性，它的大小由信道参数决定，和信源概率分布 $p(u)$ 没有关系。

信息率失真函数的表达式为

$$R(D)=\min_{p(v_j|u_i)\in B_D}\{I(U;V);\bar{d}\leqslant D\};\text{比特 / 符号}$$

它表示在给定某个信源（即给定 $p(u)$）的情况下，对于所有可能的信道 $p(v|u)$，平均互信息 $I(U;V)$ 是 $p(v|u)$ 的 $\cup$ 型凸函数，也就是说，对于一个给定的信源，一定存在某种信道使得平均互信息 $I(U;V)$ 最小，这个最小值就是这个给定信源的信息率失真函数。信息率失真函数是这个给定信源的特性，它的大小由信源决定，和信道参数没有关系。它之所以是一个函数而不是像信道容量 C 那样是一个单值，是因为对于预设的不同的允许失真 D，这个值是不同的，所以它是允许失真 D 的函数，就称为信息率失真函数 $R(D)$。

需要注意的是，其实这里并没有一个实际意义上的信道，这里是把信源编码方法作为信道来看待的，这里的信道传递概率 $p(v_j|u_i)$ 表达的其实是对这个信源的信源符号 u_i 进行有失真信源编码成为符号 v_j 的过程。也就是说，信息率失真函数反映的是在有失真的信源编码方法下，给定信源对于限定的失真 D 下的最小数据传输率。换句话说，信息率失真函数 $R(D)$ 确实是在允许失真为 D 的情况下信源信息压缩的下限值。这就是后面讲的限失真信源编码定理，即香农第三定理。

3.5.4 连续信源的信息率失真函数

对于连续信源，根据其信源概率分布的概率密度函数，可以定义连续信源的平均失真为

$$\bar{d}=E[d(u,v)]=\iint_{-\infty}^{+\infty}p(u)p(v\mid u)d(u,v)\mathrm{d}u\mathrm{d}v \tag{3-46}$$

式中，$d(u,v)$ 为连续信源失真函数，$p(u)$ 为连续信源的概率密度函数，$p(v|u)$ 为信道的传递概率密度。

根据连续信源平均失真的定义，可以求得平均互信息 $I(U;V)=h(V)-h(V|U)$，则连续信源的信息率失真函数定义为

$$R(D)=\inf_{p(v|u)\in B_D}\{I(U;V);\bar{d}\leqslant D\} \tag{3-47}$$

式中，B_D 是满足保真度准则的所有广义无扰信道集合，inf 指下确界。

信息率失真函数是在信源固定，满足保真度准则的条件下所需要的信息传输率的最小值，它反映了满足一定失真条件下信源可以压缩的程度，也就是满足一定失真条件下，传递信源信息所需的最小平均信息量。$R(D)$是信源特性的参数，信源一旦确定就不会改变。$R(D)$与试验信道无关，不同的信源$R(D)$也不相同。

计算一般信源的信息率失真函数是很困难的，往往需要借助于计算机，常用迭代算法来计算。不过在某些特殊情况下，可以推导出计算$R(D)$的简便方法。

如采用汉明失真时，可以证明平均失真等于信道的平均错误概率，即

$$\bar{d} = P_E \tag{3-48}$$

这样，可以计算出率失真函数为

$$R(D) = \min\{I(U;V)\} = H(U) - H(D) - D\log(n-1) \tag{3-49}$$

例 3.10　二元对称信源 $\begin{bmatrix} U \\ P \end{bmatrix} = \begin{bmatrix} 0 & 1 \\ \omega & 1-\omega \end{bmatrix}$，其中 $\omega \leqslant 1/2$。信宿 $V=\{0,1\}$，采用汉明失真，求 $0<D<\omega$ 的率失真函数 $R(D)$。

解：由汉明失真，所以有

$$R(D) = \min\{I(U;V)\} = H(U) - H(D) - D\log(n-1)$$

这里 $n=2$，

$$\begin{aligned} R(D) &= H(U) - H(D) \\ &= H(\omega) - H(D) \\ &= -\omega\log\omega - (1-\omega)\log(1-\omega) + D\log D + (1-D)\log(1-D) \end{aligned}$$

根据条件 $\omega \leqslant 1/2$ 和 $0<D<\omega$，可以画出率失真函数 $R(D)$ 随 D 变化的曲线，如图 3-17 所示。

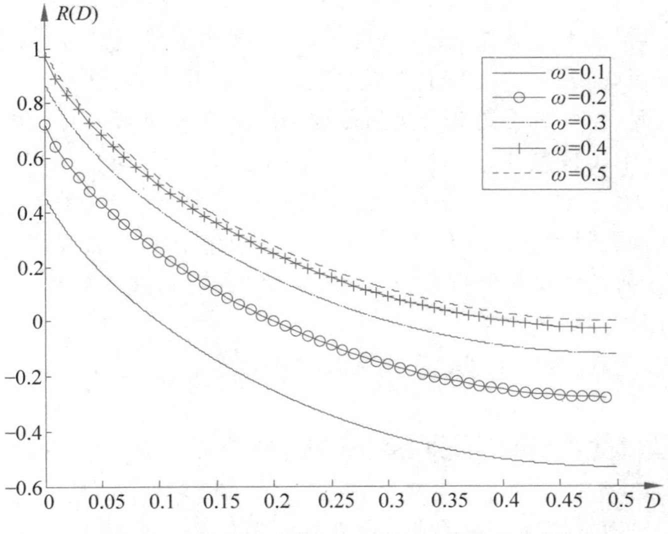

图 3-17　率失真函数 $R(D)$ 随 D 变化的曲线

对于给定的信源和允许失真 D 以及相应的失真测度，率失真函数 $R(D)$ 总是存在的，但 $R(D)$ 的计算非常复杂，许多情况下往往难以求得精确的解，但作为衡量限定失真条件下信源可压缩程度的指标，它是一种客观存在的。

3.5.5 保真度准则下的信源编码定理(香农第三定理)

根据前面的讨论，我们当然希望存在最佳的有限失真编码方法，能使编码后的信息传输率达到下限值 $R(D)$，而译码的平均失真 $\bar{d}$ 又不超过给定的允许失真 D。香农的保真度准则下的信源编码定理(即香农第三定理)表明：这样的最佳编码是存在的。香农第三定理也被称为限失真信源编码定理。

保真度准则下的信源编码定理(香农第三定理)

设 $R(D)$ 为某离散无记忆信源的信息率失真函数，并选定有限的失真函数。对于任意允许失真 $D \geqslant 0, \varepsilon > 0, \delta > 0$，以及足够长的码长 k，则一定存在一种信源编码 C，其码字个数 $M \leqslant 2^{k[R(D)+\varepsilon]}$，而编码后码的平均失真 $\bar{d} \leqslant D+\delta$。

逆定理

设允许失真为 D，若码字个数 $M > 2^{kR(D)}$，则一定有 $\bar{d} > D$。

香农第三定理指出，只要码长 k 足够长，总可以找到一种信源编码，使编码后的信息传输率略大于(直至无限逼近)信息率失真函数 $R(D)$，且码的平均失真小于给定的允许失真。由于 $R(D)$ 为给定失真 D 前提下信源编码可能达到的信息传输率下限，所以香农第三定理说明，达到此下限的最佳信源编码是存在的。当信源给定后，无失真信源压缩的极限值是信源熵 $H(U)$；有失真信源压缩的极限值是信息率失真函数 $R(D)$。在给定失真 D 后，有 $R(D) < H(U)$。因此，率失真理论也被称为数据压缩理论。

限失真编码是在限定失真的前提下尽可能多地压缩信源的信息量，这一信息量压缩的极限就是信源的率失真函数 $R(D)$，在达到这一极限时信源具有最大的冗余度。显然，此时不能直接将其送上信道，而必须紧跟着作无失真编码，将有失真编码后存在的信源冗余度尽可能多地去除，而仅将其中的有用信息量(即 $R(D)$)送往信道，使传输效率达到最高。可见两者虽然直接目的正好相反，但实质上它们是互相依赖、互相补充的。

实际的信源编码(无失真编码或先进行限失真编码后无进行失真编码)的最终目标是尽量接近最佳编码，使编码信息传输率接近最大值 $\log r$，同时又保证译码后能无失真地恢复信源的全部信息量 $H(S)$ 或限失真条件下的必要信息量 $R(D)$。编码后信息传输率的提高使每个编码符号能携带尽可能多的信息量，从而使得传输同样多的信源总信息量所需的码符号数大大减少，使所需的单位时间信道容量 C_t 大大减小，或在 C_t 不变的前提下使传输时间大大缩短，从而提高通信效率。

关于限失真信源编码的讨论可以扫码观看视频 5。

视频 5

3.6 典型限失真信源编码方法

无失真信源编码通常用来压缩数据，限失真信源编码通常用来压缩音乐、图像、视频。限失真信源编码的 3 种主要方法是量化、预测与变换。对于相关性很强的信源，条件熵可以远小于无条件熵，因此人们常采用尽量解除相关性的办法，使信源输出转化为独立序列，以利于进一步压缩码率。预测编码和变换编码是常用的解除信源相关性的主要措施。一般来说，预测编码有可能完全解除序列的相关性，但必须确知序列的概率特性；变换编码一般只解除矢量内部的相关性，但它有许多可供选择的变换方法，以适应不同的信源特性。

3.6.1 量化

在从模拟形式的连续信号到数字信号转换的过程中，将采样得到的时间离散、幅值连续的信号近似为一系列离散值的过程就是量化。信号的采样和量化通常都是由模拟数字转换器 ADC 实现的。量化的过程以适度误差为代价，由于量化输出值集合中值的个数有限，因此可以用较少的位数来表示，就实现了压缩。

当量化器的输入信号幅度 x 落在分层电平 x_k 与 x_{k+1} 之间时，量化器的输出为量化电平 y_k，它们的关系表示为

$$y=Q(x)=Q\{x_k<x\leqslant x_{k+1}\}=y_k,\quad k=1,2,\cdots,L \tag{3-50}$$

其中，L 为量化电平数，通常取 $L=2^n$，n 为表示位数。$\Delta_k=x_{k+1}-x_k$ 称为量化间隔，如果输入信号的值域如果等间隔量化，则称为均匀量化，均匀量化可以用 A/D 转换器实现。

量化误差，即量化噪声可以表示为

$$e=x-y=x-Q(x) \tag{3-51}$$

其均方误差，即噪声功率为

$$\sigma^2=E\{[x-Q(x)]^2\}=\int_{-\infty}^{+\infty}[x-Q(x)]^2 f(x)\mathrm{d}x \tag{3-52}$$

对于输入范围为$[-V,+V]$的均匀分布，均匀量化器的误差可以计算得

$$\sigma^2=\int_{-V}^{+V}[x-Q(x)]^2\frac{1}{2V}\mathrm{d}x=\frac{1}{2V}\sum_{i=1}^{L}\int_{x_{i-1}}^{x_i}[x-Q(x)]^2\mathrm{d}x=\frac{\Delta^2}{12} \tag{3-53}$$

可见，量化间隔越小，误差越小，精度越高。

最佳量化是在一定约束条件下使量化噪声达到最小的量化过程。表 3-19 表示了对均值为 0、方差为 1 的高斯随机变量的 8 级量化结果。由最小均方误差最小化，可以得到如表 3-19 所示的最佳量化及 Huffman 编码。

表 3-19 8 级高斯量化及 Huffman 编码

	x_k	y_k	p_k	Huffman 编码
1	−1.748	−2.152	0.04	0010
2	−1.050	−1.344	0.107	011
3	−0.5	−0.756	0.162	010
4	0	−0.245	0.191	10
5	0.5	0.245	0.191	11
6	1.050	0.756	0.162	001
7	1.748	1.344	0.107	0000
8	∞	2.152	0.04	0011

由表 3-19 可以得到，失真 $D=0.0345$，也就是−14.62dB。这个最佳 8 级量化器的比特率为 $R=3$，表 3-19 中的 Huffman 编码的平均码长 $R_{\mathrm{H}}=2.805$，而理论极限为 $H(X)=2.825$。

对于连续信源的量化是限失真信源编码的重要应用，最典型的是矢量量化编码。矢量量化是把输入数据分组为多维矢量，将多维矢量映射为码字，并以码字的索引进行存储或传输。矢量量化编码压缩比大、解码简单且能够很好地保留信号的细节。它在图像、语音信号

处理中应用广泛，如卫星遥感照片的压缩与实时传输、数字电视与 DVD 的视频压缩、医学图像的压缩与存储、语音编码与合成、说话人识别等。

3.6.2 预测编码

预测编码中典型的压缩方法有脉冲编码调制（Pulse Code Modulation，PCM）、差分脉冲编码调制（Differential Pulse Code Modulation，DPCM）、自适应差分脉冲编码调制（Adaptive Differential Pulse Code Modulation，ADPCM）等。预测编码方法是从时域上解除信源数据的相关性，利用前面一个或多个信号预测下一个信号的值，然后对实际值和预测值的差（预测误差）进行编码。如果预测比较准确，误差就会很小。在同等精度要求的条件下，可以用比较少的比特进行编码，以达到压缩数据的目的。

由于相关性很强的信源可较精确地预测待编码的值，使得这个差值的方差将远小于原来的信源取值，所以在同样失真要求下，量化级数可大大减少，从而较显著地压缩码率。

差值预测编码系统框图如图 3-18 所示，在编码端主要由一个符号编码器和一个预测器组成，在解码端主要由一个符号解码器和一个预测器组成。

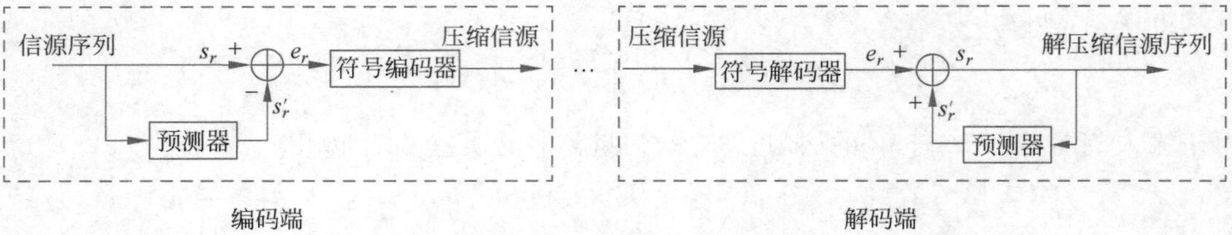

图 3-18 差值预测编码系统框图

这里以线性预测编码（Linear Predictive Coding，LPC）为例说明预测编码的原理。要实现最佳预测就要找到计算预测值的预测函数。设有信源符号序列 $s_{r-k},\cdots,s_{r-2},s_{r-1},\cdots,k$ 阶预测就是由 s_r 的前 k 个数据来预测 s_r。

令预测值为

$$s'_r=f(s_{r-1},s_{r-2},\cdots,s_{r-k}) \tag{3-54}$$

式中，$f()$是待定的预测函数。要使预测值具有最小均方误差，必须确知 k 个变量的联合概率密度函数，这在一般情况下较难实现，实际中常用比较简单的线性预测方法，即取预测函数为各已知信源符号的线性函数：

$$s'_r=\sum_{i=1}^{k}a_i s_{r-i} \tag{3-55}$$

其中，a_i 为预测系数。

预测误差定义为

$$e_r=s_r-s'_r \tag{3-56}$$

预测编码的过程为：当输入信源序列逐个进入编码器时，预测器根据若干过去的输入符号计算当前输入符号的预测值 s'_r，同时计算预测误差 e_r，并将这个误差编码输出。

在接收端，解码器根据接收到的变长码字重建 e_r，并由之前的结果得到预测值 $s'_r=\sum_{i=1}^{k}a_i s_{r-i}$，然后由 $s_r=e_r+s'_r$ 得到解码结果。

最简单的一阶线性预测编码为 $k=1$ 的情况，即

$$s'_r = a_1 s_{r-1} \tag{3-57}$$

所对应的预测编码方法即为差值预测（也称为前值预测）。

LPC 在语音处理中得到广泛应用，多脉冲线性预测编码（MPLPC）、规则脉冲激励编码（RPE）等算法都是从它发展而来的。

3.6.3　变换编码

变换编码是在变换域上解除信源数据的相关性。变换编码的基本方法，是将原来在空间（时间）域上描述的信号，通过一种数学变换（例如，傅里叶变换等）将信号变到变换域（如频域等）中进行描述。一般变换编码系统框图如图 3-19 所示。

图 3-19　一般变换编码系统框图

高性能的变换方法不仅能使输出的压缩信源矢量中各分量之间的相关性大大减弱，而且使能量集中到少数几个分量上，在其他分量上数值很小，甚至为 0。因此在对变换后的分量（系数）进行量化再编码时，因为在量化后等于 0 的系数可以不传送，因此在一定保真度准则下可达到压缩数据率的目的，量化参数主要根据保真度要求或恢复信号的主观评价效果来选取。

对于图像信源等相关性较强的信源，常采用基于正交变换的变换编码方法进行数据压缩。离散傅里叶变换（DFT）、哈达玛变换、KL 变换等都可在图像压缩中应用，目前常用的图像压缩的核心算法大多是基于离散余弦变换（DCT）。

离散余弦变换（DCT）即输入信号为实偶函数的离散傅里叶变换（DFT），离散余弦变换比离散傅里叶变换有更好的频域能量聚集度，大多数的自然信号（包括声音和图像）的能量经过离散余弦变换后都集中在低频部分。例如，一张信息论创始人香农的照片如图 3-20(a) 所示，它是 32px×32px 的图像信源，对它进行 DCT，则其 DCT 系数如图 3-20(b) 所示。

可以看到，图像变换后得到的 DCT 系数表的左上角数值最大，而右下方相对来说都是很小的数值，说明能量集中于左上角，也就是说，大部分的细节信息都在高频部分，低频只是传输了一些大面积的色彩形状等信息。如果采用合适的量化矩阵对这些 DCT 系数进行量化，就可以在除去左上角信息后将剩下的大部分系数都变成 0，这样就很便于采用游程编码来压缩这些大量的 0，实现数据压缩。具体实例见 3.7 节中的例子。

变换算法具有将信号能量集中于某些系数的能力，不同的变换算法信号能量集中的能力不同。对某一个给定的编码应用，如何选择变换算法取决于可容许的重建误差和计算要求。许多信号变换方法都可用于变换编码。需要注意的是，数据的压缩并不是在变换步骤取得的，而是在量化变换系数时取得的，在实际编码时，对应方差很小的分量往往可以不传送，从而使数据量得到压缩。

(a)

4190	-711	117	-12	347	-27	23	91	-50	35	160	13	-56	80	3	-1	-3	-23	48	22	32	22	-43	5	11	-21	-6	-13	-23	-7	24	46
404	-150	325	-326	-213	150	-244	10	68	-120	-86	-53	-7	-17	-17	36	-38	-79	15	-31	-60	13	19	5	-16	-16	27	-10	19	45	-30	-20
-441	-76	216	205	-209	-27	-24	53	36	-30	79	16	27	30	2	-32	24	113	-12	-17	60	3	-45	24	45	20	-11	-28	-4	-12	-25	22
-51	17	176	65	-164	-44	44	-120	211	67	-171	87	-42	-149	42	27	12	27	-15	12	-21	-39	25	-27	-28	30	4	-17	-6	8	33	-3
37	-28	134	133	-135	-4	274	0	-71	27	-27	-9	-79	92	47	-64	56	19	-54	-58	-70	-44	46	44	29	26	-27	24	4	-46	-5	-19
68	-33	-87	47	-331	-107	103	-70	40	184	-90	-105	103	-91	-22	100	-29	-45	40	98	25	-13	2	-28	13	-5	-31	13	-3	-6	39	5
151	32	-62	-123	4	151	149	-60	-128	-59	-56	-17	45	82	64	-38	-17	0	-96	-27	43	41	3	-10	-1	-37	-33	11	-1	15	30	-26
243	7	-371	-103	144	21	153	131	-100	-38	-18	-32	92	31	-79	40	-1	-90	21	-15	-38	40	58	14	-17	-27	12	-12	-8	28	1	39
256	175	-194	-60	86	-27	-65	37	39	-16	-60	-16	18	18	86	-10	-96	29	14	-37	75	25	-46	25	-36	-16	34	-42	-4	30	1	9
19	-107	-86	65	118	-77	-57	35	-60	-14	148	-25	-63	17	-61	18	76	3	0	44	-12	-59	-13	13	18	-8	-11	21	12	-13	-19	-12
-9	-19	-12	7	-14	17	21	-26	-78	20	20	-2	37	-42	-43	54	-60	-57	82	-11	2	9	-55	18	20	16	62	35	-29	-26	-20	-40
35	12	-100	-28	87	51	8	36	-13	-33	41	29	5	24	27	-65	-23	62	14	9	2	5	-3	-56	-38	20	10	-1	30	-12	-36	-2
72	62	8	15	63	-81	-69	-14	-29	-14	43	4	-26	-3	-68	-23	36	-35	22	33	-56	10	9	-40	37	-4	-10	50	-35	-14	26	-17
-63	-89	-38	68	66	18	-27	9	14	-1	22	36	-9	18	7	-2	39	1	2	-2	-19	9	-10	19	39	-6	-4	-41	15	24	-30	23
5	-10	-5	18	-30	-50	-27	20	-17	-39	54	-1	-59	-12	3	-2	23	-22	-13	47	-7	-29	33	3	-31	9	-6	2	3	2	11	-7
-38	40	82	-92	-57	94	109	-39	-62	33	11	-31	37	32	-25	-15	5	15	-51	-13	8	-23	27	-13	-11	31	-34	-8	11	-15	29	-6
56	41	-61	-68	9	76	14	-24	-28	-9	-2	44	7	-29	-3	10	29	3	-3	12	16	-14	22	32	-20	-9	9	14	8	-14	-2	7
75	29	-44	-18	-13	17	20	-44	-12	10	48	-13	-61	4	-4	-20	26	1	-6	12	-32	-3	5	0	10	-13	-14	-9	-14	21	11	-1
26	-50	-92	-15	64	26	-45	-27	20	14	-6	-9	-8	26	26	-9	19	18	-33	-18	13	4	-5	0	7	14	8	-20	15	10	-16	6
26	-3	-45	41	65	-16	-49	-2	7	40	32	10	-42	-60	-15	20	25	11	-30	-5	25	-35	-5	34	6	-10	-7	-15	-24	3	8	10
24	25	0	3	4	-25	17	16	-33	-31	45	17	-45	-31	54	21	-19	-8	-15	1	17	-3	8	14	-29	-5	2	5	39	-7	-11	22
20	6	-30	-14	40	-4	-46	-16	16	20	10	15	-10	7	9	-4	-11	33	8	-17	8	2	-8	10	-6	-13	19	-14	-8	11	-13	10
-14	-40	-37	37	55	13	-27	21	6	-8	5	-16	-22	3	21	2	8	-1	-6	-35	9	12	0	6	12	6	-6	-12	0	10	-8	-3
7	-11	1	26	-5	-44	-25	7	20	-11	19	4	-20	-18	3	11	-10	-4	-28	2	18	6	-19	14	-10	-9	0	-6	17	4	-6	2
53	11	-25	17	9	-46	-28	43	29	-19	-3	25	-17	-4	19	10	9	14	2	-20	26	25	-5	-26	3	-17	-4	22	3	-9	-1	0
-3	-1	-11	4	9	20	34	10	-33	-35	-27	3	6	2	7	-8	-11	-25	-30	3	6	3	4	17	-3	-14	4	27	-9	-8	0	-22
3	-6	-19	-33	-23	-1	42	16	-20	-11	35	27	6	-14	27	9	-26	14	26	6	-6	6	-23	-22	-5	-7	13	12	-2	1	-6	-13
25	20	-14	-3	8	-8	-12	-1	-13	1	-9	-10	-21	4	-5	-4	-2	-3	7	-12	16	25	3	-14	11	1	8	19	-10	-12	3	-11
14	0	-11	-24	4	41	-22	-42	33	54	6	-32	8	21	-12	-9	17	0	-25	5	14	5	-17	-4	-3	-7	-3	17	-6	7	12	-30
-5	-10	-18	12	56	26	-23	-29	-6	-8	7	-1	4	0	2	16	13	-17	1	10	-8	-9	-2	7	22	-3	-9	-1	-3	-8	16	0
-1	6	2	4	4	-14	2	24	-23	4	24	5	-30	9	2	0	-11	-4	1	-2	14	3	-12	-5	-5	-20	9	28	-20	-7	5	-17
10	7	-26	-35	3	6	-11	-18	-4	12	22	-18	-15	-2	14	-11	-10	1	17	11	-21	1	7	-7	-2	14	18	-12	-5	10	0	-6

(b)

图 3-20 32px×32px 的图像信源及其 DCT 系数表

3.7 应用案例 2：静止图像的数字压缩编码 JPEG 标准

本章介绍了一系列典型的无失真信源编码（无损压缩）方法和限失真信源编码（有损压缩）方法，它们各有优势，无损压缩算法不会产生失真，但压缩比较小；有损压缩算法信息虽有损失，但压缩比可以很大。在实际中被广泛应用的压缩方法，多数都是以上方法的综合集成，下面以图像压缩中的 JPEG 标准为例来说明。

JPEG (Joint Photographic Experts Group)是国际标准化组织（ISO）和国际电报电话咨询委员会（CCITT）联合制定的静态图像的压缩编码标准，编码文件扩展名为.jpg 或.jpeg，是最常用的图像文件格式。

JPEG 压缩算法根据人眼视觉的高频不敏感性和色彩不敏感性，去除图像信息中的视觉不敏感成分。它采用量化、预测编码、变换编码以及熵编码的联合编码方式去除静态图像的冗余，实现图像信息的高度压缩。JPEG 压缩算法支持多种压缩级别，可以灵活地得到高压缩率的图像。

JPEG 压缩主要有如下 3 个步骤：

（1）**信息空间压缩**。在 JPEG 中采用 YCbCr 色彩空间，其中，Y 指亮度分量，Cb 指蓝色色度分量，而 Cr 指红色色度分量。由于人的视觉对亮度变化比色彩变化更敏感，因此保留亮度分量，减少色度分量，肉眼将难以察觉到图像质量的变化，从而实现信息空间压缩。

（2）**信息数据压缩**。利用人眼视觉的细节不敏感性，选择一种变换算法来提取图像信息中的主要能量，而丢弃那些影响很小或者没有影响的微小能量，因为这些小能量的系数数量庞大，去除这些系数就实现了信息数据压缩。

(3) **数据编码**。对前面得到的数据进行熵编码，从而实现数据压缩。

JPEG 压缩算法的编码流程如图 3-21 所示。

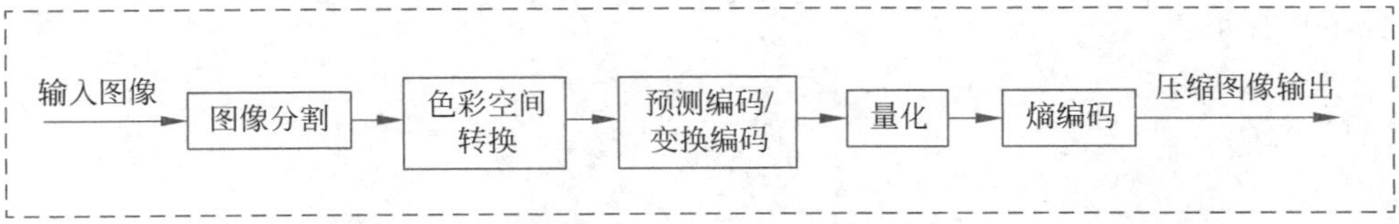

图 3-21 JPEG 压缩算法的编码流程

译码流程就是编码流程的逆操作过程。

JPEG 有 3 种模式，分别是基线顺序模式(Baseline Sequential Process)、基于 DCT 的扩展模式(Extended DCT Based Process)和无失真模式(Lossless Process)，它们分别使用不同的预测编码、变换编码和熵编码算法，实现针对不同应用情境的图像压缩。其中最常用的是基线顺序模式。

关于基线顺序模式的 JPEG 图像压缩算法过程和 Python 实现示例的详细讲解，请扫码观看视频 6。

视频 6

要进行数据压缩和文档存储，一种主流的通用文件压缩格式是 ZIP，通常使用扩展名 .zip，发明者为 Phil Katz。ZIP 文件格式采用的压缩算法可以将多个文件和文件夹打包成一个 ZIP 文件。ZIP 文件是一种存档文件，它将多个文件和文件夹以及相关的目录结构打包到一个文件中，以便于传输、备份或存储。ZIP 格式具有压缩效率高、多平台兼容和保留原始文件结构等优点。关于 ZIP 压缩算法的详细讲解，请扫码观看视频 7。

视频 7

第4章 线性分组码

CHAPTER 4

本章概要

本章首先介绍了信道编码的基本概念，以及通信传输中常见的差错控制方式。其次，通过定义分组码和线性分组码，引入了本书介绍的第一种信道编码方法。本章详细介绍了线性分组码的编码和译码方法，包括生成矩阵、校验矩阵、译码算法和译码器结构，以及其纠错性能和最小距离的关系。本章还详细讲解了标准汉明码和扩展汉明码的构造和译码方法。最后，本章详细讨论了线性分组码的纠错性能，及其在减小错误率方面的重要作用。通过了解这些概念和技术，可以更好地理解数据传输中的错误控制和纠错方法，提高通信系统的可靠性和稳定性。

香农第二定理(Noisy-Channel Coding Theorem)指出，在存在噪声的信道中，只要信息传输速率 R 小于信道容量 C，就总是存在一种信道编码和译码方法，可以使信息传输的错误率任意小。根据这个定理，对特定信道寻找最优信道编码成为提高通信系统可靠性的有效途径。信道编码一直是信息论领域的研究热点。

线性分组码是最广泛使用和实现的信道编码技术之一，通过对原始数据进行特定方式的编码，使得在接收到的编码数据中检测和纠正错误成为可能。线性分组码基于严格的数学理论，包括代数理论，因此也被称为代数编码。经典的 BCH 码、RS 码、LDPC 码均为线性分组码。

4.1 信道编码基本概念

信道编码也被称为纠错码。纠错的过程就是在通信系统的发送端给待传输的消息流增加可控的冗余位，然后在接收端通过检测这些冗余位的状态来消除信道中的干扰(噪声影响)，从而恢复原始消息流。

编码的构造是根据一定的编码规则(编码算法)，对要传输的信息生成相应的冗余位。具体来说，编码器将 k 位的信息，按照一定的编码规则，产生一个 n 位($n>k$)码字输出，其中有 $n-k=r$ 位的冗余位。其原理图如图 4-1 所示。

4.1.1 信道编码的分类

按照不同的原则，可以对信道编码进行分类。

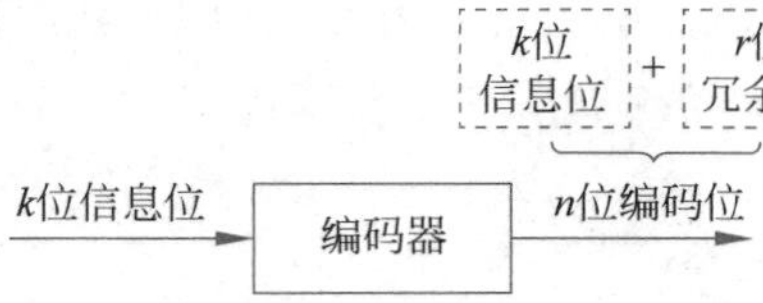

图 4-1 信道编码的构造

1. 检错码、纠错码和纠删码

如果构造的码只能够检测出有错误传输位而不能纠正错误，称其为检错码；如果既能够检出错误又能够自动纠正错误，则称为纠错码。纠删码则不仅具备识别错码和纠正错码的功能，而且当错码超过纠正范围时，还可把无法纠错的信息删除。

2. 分组码和卷积码

如果每组码字的 r 位（$r=n-k$，其中，n 为码长，k 为信息位长度）冗余位只和当前输入的 k 位信息位有关，和之前输入的信息位无关，那么这样的码就是分组码。如果每组码字的 r 位冗余位不仅和当前输入的 k 位信息位有关，还和之前输入的信息位有关，那么这样的码就是卷积码。

3. 线性码和非线性码

如果冗余位是信息位的线性组合，则称纠错码为线性码；如果冗余位不是信息位的线性组合，则称纠错码为非线性码。

4. 循环码和非循环码

如果每组码字循环移位后形成的新码仍属于码集合，则称为循环码；如果码字循环移位后形成的新码不再是码集合中的元素，则称为非循环码。

5. 二元码和多元码

如果一组码中每一位元素的取值只有两种可能，则称为二元码；若有多种可能则称为多元码。目前的通信系统多为二进制数字系统，所以如果没有特别指出，那么本章中的纠错码均指二元码。

上述分类只是从不同角度对码的某一特性进行的区分，当然还有其他的分类方法。某一信道码可以既是二元码，又是线性分组码，还具有循环性。

4.1.2 4 种常见的差错控制方式

通信系统在传输数据时，待传信息的差错控制方式大致分为 4 类：前向纠错（FEC）、反馈重发（ARQ）、混合纠错（HEC）和信息反馈（IRQ）。通信系统在工作时，同一种信道编码可以分别应用在 4 种不同的差错控制方式，也可以根据差错控制方式的不同选择不同编码类型。

1. 前向纠错

前向纠错是最传统的差错控制方式，这时收发端之间是单向通信，接收端收到信号后，译码器根据译码规则可自动纠正传输中存在的错误位。在前向纠错方式下，信道编码设计时必须考虑最差信道条件。因此，这种纠错方式的优点是系统比较简单，缺点是当信道条件较差时，编码和译码复杂度会大大增加，因此不适合复杂的通信网络。

2. 反馈重发

反馈重发是指当接收端收到信息后有一路反馈信道能够对信源进行控制。在编码冗余度确定的前提下，纠错码的检错能力比纠错能力要高得多，利用反馈重发的方式可以使系统获得极低的误码率。该方式的缺点在于系统复杂度高，且当信道干扰严重时会因频繁重发而影响信号传输的连续性和实时性。

3. 混合纠错

混合纠错在一定程度上结合了 FEC 和 ARQ 的特征。接收端在接收到码序列后，首先检验错误情况，若在纠错码纠错能力之内，则自动进行纠错；若超出了码的纠错能力，但在其检错范围内，便会要求发送端重发信息。避免了 FEC 方式不适合复杂信道的缺点，又避免了 ARQ 信息连贯性差的缺点，因而在实际中应用广泛。

4. 信息反馈

信息反馈又称回程校验方式，是指接收端把接收的信号原封不动地回传给发送端，由发送端比较数据是否有错，并把传错的信息再次传送，直到对方接收到正确的信息为止。4 种差错控制方式如图 4-2 所示。

一个好的信道编码应该具备以下特性：

首先，应该具备较强的纠错能力。纠错码的纠错能力是指它的每个码字能够纠正的错误个数。

其次，要能够快速而且有效率地对信息位进行编码，而且存在相应的译码算法能够快速而有效率地进行译码。

最后，在这样的前提下，当然还希望纠错码通过信道进行传输时，单位时间内的信息传输率（比特率）能够达到最大，或者说，希望码的冗余开销尽可能小。

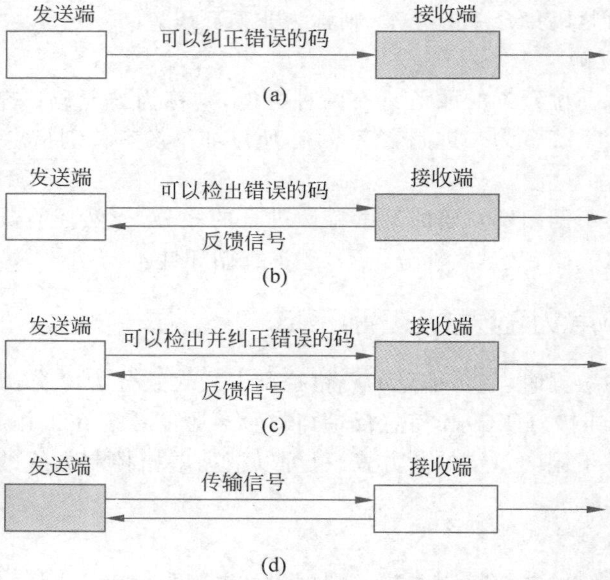

图 4-2　4 种差错控制方式示意图（灰色框表示在此端进行信息校验）

4.2　线性分组码的构造

在纠错码中，最基本的一类就是分组码。

4.2.1 分组码

1. 分组码的定义

一些定长码字的集合构成分组码，所以分组码是等长码。通常分组码表示为(n,k)码的形式，其中，k 为编码前信息字的长度(位数)，n 为编码后码字的长度。分组码编码器示意图如图 4-3 所示。

图 4-3　分组码编码器

分组码的集合的大小取决于用来编码的信息字的集合大小，或者说取决于信息字的长度。

对于一个 q 元的(n,k)码来说，如果信息字的每一位都是从 q 元域中取出，那么这个(n,k)码的码字集合的大小为

$$M=q^k \tag{4-1}$$

码长为 n 的码元组合共有 q^n 个，通常 $q^n\gg q^k$，因此分组编码的任务就是要在 n 维矢量空间的 q^n 种可能组合中选择其中的 q^k 个构成一个码空间，这 q^k 个码字就是**许用码字**(也称为**合法码字**)的码集，其他(q^n-q^k)个码字就是**禁用码字**(也称为**非法码字**)。选择一个分组码，就是选择一种从 k 维 k 重信息空间到 k 维 n 重码空间的映射方法。

分组码可以用矢量来表示。如一个(n,k)码的码字可以表示为矢量 $\boldsymbol{c}=[c_0c_1\cdots c_{n-1}]$，码字对应的信息字可以表示为矢量 $\boldsymbol{m}=[m_0m_1\cdots m_{k-1}]$。

2. 汉明距离和汉明重量

分组码需要考虑的参数主要有两个：码字的汉明重量和码的汉明距离。

汉明重量 $w(\boldsymbol{c})$：是码字 $\boldsymbol{c}$ 中非零元素的个数。

汉明距离 $d_{\mathrm{H}}(\boldsymbol{c}_1,\boldsymbol{c}_2)$：指两个码字 $\boldsymbol{c}_1$ 和 $\boldsymbol{c}_2$ 在相同位置上的不同元素的个数。

例如，码字 $\boldsymbol{c}=[001011]$，其汉明重量 $w(c)=3$。任选两个码字 $\boldsymbol{c}_1=[101100]$和 $\boldsymbol{c}_2=[110001]$，它们之间的汉明距离 $d_{\mathrm{H}}(\boldsymbol{c}_1,\boldsymbol{c}_2)=4$。

对于一个码字集合 C 来说，任意两个码字之间都有汉明距离，那么就存在一个最小汉明距离 d^*，也就是这个集合中任意两个码字的汉明距离的最小值。例如，上面(6,3)码的最小汉明距离为 3。如果一个(n,k)码的最小汉明距离是 d^*，那么这个码可以表示为一个(n,k,d^*)码。类似地，在码字集合 C 中，也存在一个最小汉明重量 w^*，也就是这个集合中所有非零码字的汉明重量的最小值。

3. 域和伽罗华域

组成分组码的元素是取自 q 元域的，如上面的(6,3)二元码，其元素就是取自二元域$\{0,1\}$。下面介绍域的概念。

域(field)：由一系列元素 A 以及其上定义的两种运算(加法运算和乘法运算)所构成的集合。

域满足如下特性：

(1) 封闭性。如果 $a,b\in A$，那么 $a+b\in A$，而且 $a\cdot b\in A$。

(2) 对加法运算和乘法运算的结合律。如果 $a,b,c\in A$,那么

$$a+b+c=(a+b)+c=a+(b+c)$$

$$a\cdot b\cdot c=(a\cdot b)\cdot c=a\cdot(b\cdot c)$$

(3) 单位元。集合 A 包含

① 元素 0：加法单位元,对所有集合元素满足

$$a+0=0+a=a$$

② 元素 1：乘法单位元,对所有集合元素满足

$$a\cdot 1=1\cdot a=a$$

(4) 加法逆：对于所有集合元素 a,存在元素 b 满足

$$b=-a\rightarrow a+b=0$$

(5) 乘法逆：对于所有非零的集合元素 a,存在元素 b 满足

$$b=a^{-1}\rightarrow a\cdot b=1$$

(6) 加法交换律：

$$a+b=b+a$$

(7) 分配律：

$$a\cdot(b+c)=a\cdot b+a\cdot c$$

$$(a+b)\cdot c=a\cdot c+b\cdot c$$

如二元伽罗华域(Galois Field)GF(2)包含两个元素,$A=\{0,1\}$。GF(2)上的加法运算和乘法运算定义如下：

$$0+0=0$$

$$1+1=0$$

$$0+1=1+0=1$$

$$0\cdot 1=1\cdot 0=0\cdot 0=0$$

$$1\cdot 1=1$$

其中的加法运算就是异或运算$\oplus$；乘法运算就是与运算。

一个分组码定义在某个域上,意味着构成这个分组码的码字的每个符号都是从这个域中取出的域元素。本章重点讨论的是定义在二元伽罗华域 GF(2)上的分组码。

4.2.2 线性分组码的构造——生成矩阵

1. 线性分组码的定义

线性分组码的码字的线性组合仍然是这个集合中的码字,换句话说,线性分组码的码字之间满足叠加原理。线性分组码有如下性质：

(1) 码集合中的两个码字的和仍然是码集合中的码字,$\boldsymbol{c}_1+\boldsymbol{c}_2=\boldsymbol{c}_3$；

(2) 码集合中包含全零码字。

这里将一个线性分组码的码集合中的码字称为合法码字(也称为许用码字),和它对应的就是非法码字(也称为禁用码字),非法码字表示同样长度但是不在码集合中的码字。注意,如果两个码字的和是另外一个合法码字,那么这两个码字的差也会是一个合法码字。如 $\boldsymbol{c}_1+\boldsymbol{c}_2=\boldsymbol{c}_3$,那么 $\boldsymbol{c}_3-\boldsymbol{c}_1=\boldsymbol{c}_2$。

定理 4.1 线性分组码的最小汉明距离就是这个码字集合中非零码字的最小重量,即

$d^* = w^*$。

直观证明：对于任意两个码字 $\boldsymbol{c}_1$ 和 $\boldsymbol{c}_2$，根据定义，最小距离指两个码字 $\boldsymbol{c}_1$ 和 $\boldsymbol{c}_2$ 在相同位置上的不同元素的个数，再根据线性分组码的叠加性，有

$$d_H(\boldsymbol{c}_1, \boldsymbol{c}_2) = w(\boldsymbol{c}_1 - \boldsymbol{c}_2) = w(\boldsymbol{c}_3) \tag{4-2}$$

其中，$\boldsymbol{c}_3$ 是码字集合中另一个合法码字。而

$$w(\boldsymbol{c}_3) = d_H(\boldsymbol{c}_3, \boldsymbol{0}) \tag{4-3}$$

所以线性分组码的非零码字的最小重量就反映了码的最小距离，即

$$d^* = w^* \tag{4-4}$$

例如，对于码长 $n=4$ 的线性分组码 $C=\{0000,1010,0101,1111\}$，可以验证上面的性质。可以求得任意两个码字的和为

$0000+0000=0000$，　$0000+1010=1010$，　$0000+0101=0101$，　$0000+1111=1111$

$1010+1010=0000$，　$1010+0101=1111$，　$1010+1111=0101$

$0101+0101=0000$，　$0101+1111=1010$，　$1111+1111=0000$

可见，所有的和都仍然是 C 中的合法码字，而且 C 中包含全零码字。显然，这个码字集合的最小汉明重量 $w^*=2$。而其中任意两个码字之间的汉明距离为

$d_H(0000,1010)=2$，　$d_H(0000,0101)=2$，　$d_H(0000,1111)=4$

$d_H(0101,1010)=4$，　$d_H(1010,1111)=2$，　$d_H(0101,1111)=2$

可见，这个线性分组码的最小汉明距离 $d^*=2=w^*$。

例 4.1　一个(6,3)二元线性分组码，其信息字可以表示为 $\boldsymbol{m}=[m_0 m_1 m_2]$，其码字可以表示为 $\boldsymbol{c}=[c_0 c_1 c_2 c_3 c_4 c_5]$，信息元和码元之间的关系(监督方程组)如下：

$$\begin{cases} c_0 = m_0 \\ c_1 = m_1 \\ c_2 = m_2 \\ c_3 = m_0 \oplus m_1 \\ c_4 = m_0 \oplus m_1 \oplus m_2 \\ c_5 = m_0 \oplus m_2 \end{cases}$$

求出这个纠错码的码字集合 C 中所有的码字。

解：由题目给出的监督方程组可以看出，前 3 位码元就是信息码元，后 3 位码元是由各信息码元进行线性组合而成，为冗余位，或称为监督码元。这里信息字的长度是 3 位，编码后码字的长度是 6 位。因为是二元码，信息字的每一位都是从二元域中取出的，即集合 $\{0,1\}$ 的元素。因此 $q=2$。所以，许用码字集合的大小 $M=q^k=2^3=8$，也就是长为 3 的信息字一共有 8 个，分别对应于码集合中的 8 个许用码字。全体许用码字＋禁用码字的总数目是 $2^6=64$ 个。根据监督方程组得到的信息字和码字如表 4-1 所示。

表 4-1　信息字和码字对应表

信息字 $\boldsymbol{m}$	码字 $\boldsymbol{c}$
000	000000
001	001011
010	010110

续表

信息字 m	码字 c
011	011101
100	100111
101	101100
110	110001
111	111010

2. 线性分组码的生成矩阵

线性分组码可以用矢量空间来表示。

1）矢量空间

矢量空间就是这样一种结构，它是由一系列矢量和标量的集合，以及在这个空间上定义的两种运算构成，这两种运算是矢量加法和标量乘法，它们一起构成一个矢量空间。

如二元矢量空间，包含矢量集合 A^n，其中的矢量为 $\boldsymbol{a}=(a_0,a_1,\cdots,a_{n-1})$，其中的元素 $a_i\in A=\{0,1\}$。矢量空间上定义的两种运算为

① 矢量加法：$\boldsymbol{a},\boldsymbol{b}\in A^n$，有

$$\boldsymbol{a}+\boldsymbol{b}=((a_0+b_0),(a_1+b_1),\cdots,(a_{n-1}+b_{n-1})) \tag{4-5}$$

② 标量乘法：矢量 $\boldsymbol{a}\in A^n$，二元标量 $b\in A=\{0,1\}$，有

$$b\cdot\boldsymbol{a}=\boldsymbol{a}\cdot b=(ba_0,ba_1,\cdots,ba_{n-1}) \tag{4-6}$$

2）生成矩阵

定义了矢量空间，就可以在矢量空间里描述线性分组码。一个(n,k)线性分组码 C 对应于一个矢量空间，其中的码字可以表示为矢量 $\boldsymbol{c}=[c_0c_1\cdots c_{n-1}]$，码字对应的信息字可以表示为矢量 $\boldsymbol{m}=[m_0m_1\cdots m_{k-1}]$，它们之间的对应关系可以表示为

$$\boldsymbol{c}=\boldsymbol{mG} \tag{4-7}$$

其中的 $\boldsymbol{G}$ 为 k 行 n 列的矩阵，就是这个线性分组码的生成矩阵。

如例 4.1 中(6,3)码的监督方程组为

$$\begin{cases} c_0=m_0 \\ c_1=m_1 \\ c_2=m_2 \\ c_3=m_0\oplus m_1 \\ c_4=m_0\oplus m_1\oplus m_2 \\ c_5=m_0\oplus m_2 \end{cases}$$

其码矢量 $\boldsymbol{c}=[c_0c_1\cdots c_5]$，消息矢量 $\boldsymbol{m}=[m_0m_1m_2]$，故方程组又可以写为

$$\boldsymbol{c}=[c_0c_1\cdots c_5]=[m_0m_1m_2]\begin{bmatrix}1&0&0&1&1&1\\0&1&0&1&1&0\\0&0&1&0&1&1\end{bmatrix}=\boldsymbol{mG}$$

这里

$$\boldsymbol{G}=\begin{bmatrix}1&0&0&1&1&1\\0&1&0&1&1&0\\0&0&1&0&1&1\end{bmatrix}$$

就是这个(6,3)码的生成矩阵。可见生成矩阵是 k 行 n 列的矩阵。对照表 4-1 可以看出,上面生成矩阵 $\boldsymbol{G}$ 的 3 行正好是对应于消息字[100]、[010]、[001]的 3 个许用码字,也就是这个码字空间的基矢量。

如果把 $\boldsymbol{G}$ 矩阵的每一行看作一个 n 个元素的矢量 $\boldsymbol{g}_i$,那么码矢量可以表示为

$$\boldsymbol{c}=\boldsymbol{m}\boldsymbol{G}_{k\times n}=\boldsymbol{m}\begin{bmatrix}\boldsymbol{g}_0\\ \boldsymbol{g}_1\\ \vdots\\ \boldsymbol{g}_{k-1}\end{bmatrix}=m_0\boldsymbol{g}_0+m_1\boldsymbol{g}_1+\cdots m_{k-1}\boldsymbol{g}_{k-1} \tag{4-8}$$

其中的行矢量 $\boldsymbol{g}_i$ 是线性独立的,它们被称为矢量空间 C 的基矢量。一个矢量空间的维度就是用来描述这个矢量空间的基矢量的个数。在这里,这个矢量空间是由生成矩阵 $\boldsymbol{G}$ 定义的,它的每一行就是一个基矢量,所以这个矢量空间的维度就是 k。$\boldsymbol{c}=\boldsymbol{m}\boldsymbol{G}$ 意味着,**任意许用码字都可以由基矢量的线性组合得到**。根据给定的生成矩阵 $\boldsymbol{G}$,就可以找出这个线性分组码的许用码字集合。

例 **4.2** 一个(5,2)线性分组码的生成矩阵为

$$\boldsymbol{G}=\begin{bmatrix}1 & 0 & 1 & 1 & 1\\ 0 & 1 & 1 & 0 & 1\end{bmatrix}$$

求出这个码字集合中的所有码字。

解:(5,2)码的 $k=2$,信息字 $\boldsymbol{m}=[m_0 m_1]$,在二元域上有 4 种信息字。根据 $\boldsymbol{c}=\boldsymbol{m}\boldsymbol{G}$,可以求出所有对应的码字如表 4-2 所示。

表 4-2 (5,2)线性分组码对应的码字

m_0m_1	$c_0c_1c_2c_3c_4$
00	00000
01	01101
10	10111
11	11010

当给定一个线性分组码的码字集合以后,也可以求出其生成矩阵。

例如对于前面的(6,3)码,其信息字和码字集合如表 4-3 所示。

表 4-3 (6,3)线性分组码对应的码字

信息字$[m_0m_1m_2]$	码字$[c_0c_1c_2c_3c_4c_5]$
000	000000
001	001011
010	010110
011	011101
100	100111
101	101100
110	110001
111	111010

根据关系 $\boldsymbol{c}=\boldsymbol{m}\boldsymbol{G}$ 可以知道,生成矩阵 $\boldsymbol{G}$ 的每一行分别为某个重量为 1 的信息字所对应的码字。所以要确定这个码的生成矩阵 $\boldsymbol{G}$,我们找出单位重量的信息字所对应的码字就

可以了。由表 4-3 可知，

$$m=[100]\rightarrow c=[100111]$$
$$m=[010]\rightarrow c=[010110]$$
$$m=[001]\rightarrow c=[001011]$$

所以这个(6,3)码的生成矩阵 $\boldsymbol{G}$ 为

$$\boldsymbol{G}=\begin{bmatrix}1&0&0&1&1&1\\0&1&0&1&1&0\\0&0&1&0&1&1\end{bmatrix}$$

3. 线性等价码

两个 q 元的线性分组码，如果其中一个码通过以下的一种或多种变换能够变成另外一个码，那么这两个码称为等价码：

(1) 用非零标量乘以码字；

(2) 码字中的元素位置互换。

定理 4.2 GF(q)上的两个(n,k)线性分组码的生成矩阵，如果一个生成矩阵可以通过如下运算变成另一个生成矩阵，那么这两个生成矩阵生成等价的线性分组码：

(1) 行的互换；

(2) 用非零标量乘以某行；

(3) 某行的标量倍与另一行相加；

(4) 列的互换；

(5) 用非零标量乘以某列。

例如，给定一个(7,4)线性分组码的生成矩阵

$$\boldsymbol{G}=\begin{bmatrix}1&0&0&0&1&0&1\\0&1&0&0&1&1&1\\0&0&1&0&1&1&0\\0&0&0&1&0&1&1\end{bmatrix}\tag{4-9}$$

可以得到它的所有码字如表 4-4 所示。

表 4-4 (7,4)线性分组码对应的码字

m	c
0000	0000000
0001	0001011
0010	0010110
0011	0011101
0100	0100111
0101	0101100
0110	0110001
0111	0111010
1000	1000101
1001	1001110
1010	1010011
1011	1011000

续表

m	c
1100	1100010
1101	1101001
1110	1110100
1111	1111111

下面求它的一个等价码。

把它的生成矩阵 $\boldsymbol{G}$ 的第二行与第四行相加代替原来的第二行；用第一、三、四行的和来取代第一行；得到一个新的生成矩阵 $\boldsymbol{G}_1$

$$\boldsymbol{G}_1=\begin{bmatrix}1&0&1&1&0&0&0\\0&1&0&1&1&0&0\\0&0&1&0&1&1&0\\0&0&0&1&0&1&1\end{bmatrix}$$

由定理 4.2 可知，$\boldsymbol{G}_1$ 所生成的码字和 $\boldsymbol{G}$ 矩阵所生成的码字是等价码。可以得到 $\boldsymbol{G}_1$ 所生成的码表如表 4-5 所示。

表 4-5 新的生成矩阵 G_1 对应的码字

m	c
0000	0000000
0001	0001011
0010	0010110
0011	0011101
0100	0101100
0101	0100111
0110	0111010
0111	0110001
1000	1011000
1001	1010011
1010	1001110
1011	1000101
1100	1110100
1101	1111111
1110	1100010
1111	1101001

对比这两个等价码的码字发现，这两个码字集合是相同的，但集合中每个信息字和码字的对应关系是不同的。

4. 系统型线性分组码

当采用线性分组码进行编码和译码时，我们期望它是一个系统码。所谓系统码，就是码矢量中包含有完整信息矢量的码字，码矢量形式为

$$\boldsymbol{c}=[m_0m_1\cdots m_{k-1}c_0c_1\cdots c_{r-1}] \tag{4-10}$$

系统码形式的码字在译码时很方便，只要进行检错和纠错，就可以直接得到码字中的信息矢量。

根据信息矢量和码矢量的关系可知，系统码的生成矩阵形式如下

$$\boldsymbol{G}=[\boldsymbol{I}_{k\times k} \mid \boldsymbol{P}_{k\times r}] \tag{4-11}$$

其中，$\boldsymbol{I}$ 是一个 $\boldsymbol{k}\times\boldsymbol{k}$ 的单位矩阵，$\boldsymbol{P}$ 被称为校验位生成矩阵，因为它与信息矢量的乘积构成了码字的校验位。式(4-9)中的生成矩阵 $\boldsymbol{G}$ 就是一个系统码生成矩阵。

4.2.3 线性分组码的校验矩阵

1. 系统码的校验矩阵

线性分组码的监督码元是由信息码元按照预定的规则组合得到的，规则就是监督方程组，也称为校验方程组。如例 4.1 中(6,3)码的校验方程组为

$$\begin{cases} c_0=m_0 \\ c_1=m_1 \\ c_2=m_2 \\ c_3=m_0\oplus m_1 \\ c_4=m_0\oplus m_1\oplus m_2 \\ c_5=m_0\oplus m_2 \end{cases}$$

这个(6,3)码的信息元为$[m_0m_1m_2]$，其码字为$[c_0c_1c_2c_3c_4c_5]$，如果把校验方程组中的信息元替换为相应的码元表示，则校验方程组可以写成

$$\begin{cases} c_3=c_0\oplus c_1 \\ c_4=c_0\oplus c_1\oplus c_2 \\ c_5=c_0\oplus c_2 \end{cases}$$

由于在 GF(2)上减法运算和加法运算的结果一致，经过整理得到

$$\begin{cases} c_0\oplus c_1\oplus c_3=0 \\ c_0\oplus c_1\oplus c_2\oplus c_4=0 \\ c_0\oplus c_2\oplus c_5=0 \end{cases}$$

写成矩阵形式就是

$$\begin{bmatrix} 1 & 1 & 0 & 1 & 0 & 0 \\ 1 & 1 & 1 & 0 & 1 & 0 \\ 1 & 0 & 1 & 0 & 0 & 1 \end{bmatrix}\begin{bmatrix} c_0 \\ c_1 \\ c_2 \\ c_3 \\ c_4 \\ c_5 \end{bmatrix}=\begin{bmatrix} 0 \\ 0 \\ 0 \end{bmatrix}=\boldsymbol{0}^{\mathrm{T}} \tag{4-12}$$

其中，$\boldsymbol{H}=\begin{bmatrix} 1 & 1 & 0 & 1 & 0 & 0 \\ 1 & 1 & 1 & 0 & 1 & 0 \\ 1 & 0 & 1 & 0 & 0 & 1 \end{bmatrix}$ 称为这个(6,3)码的**校验矩阵**。

可以看出，$\boldsymbol{H}$ 矩阵的每一行就是一个校验方程的系数，它对应于求一个校验码元的线性方程。$\boldsymbol{H}$ 矩阵每一列代表此码元与哪几个校验方程有关。由于(n,k)码有 $r=n-k$ 个校验码元，所以需要有 r 个独立的线性方程。因此，$\boldsymbol{H}$ 矩阵有 r 行，且各行之间线性无关。

式(4-12)可以写成

$$\boldsymbol{H}\cdot\boldsymbol{c}^{\mathrm{T}}=\boldsymbol{0}^{\mathrm{T}} \tag{4-13}$$

或者

$$\boldsymbol{c}\boldsymbol{H}^{\mathrm{T}}=\boldsymbol{0}$$

前面已经得出了这个(6,3)码的生成矩阵为

$$\boldsymbol{G}=\begin{bmatrix}1&0&0&1&1&1\\0&1&0&1&1&0\\0&0&1&0&1&1\end{bmatrix}$$

可以看到,生成矩阵 $\boldsymbol{G}$ 和校验矩阵 $\boldsymbol{H}$ 的形式上的相关性(毕竟它们都是从同一组监督方程组得出的),当系统码的生成矩阵的形式为 $\boldsymbol{G}=[\boldsymbol{I}_{k\times k}|\boldsymbol{P}_{k\times r}]$时,其校验矩阵可以写为

$$\boldsymbol{H}=[-\boldsymbol{P}^{\mathrm{T}}\mid\boldsymbol{I}_{r\times r}] \tag{4-14}$$

其中,$\boldsymbol{P}^{\mathrm{T}}$ 就是生成矩阵 $\boldsymbol{G}$ 中的校验位生成矩阵 $\boldsymbol{P}$ 的转置。

定理 4.3 奇偶校验定理

对于一个线性分组码,它的合法码字 $\boldsymbol{c}$ 和校验矩阵 $\boldsymbol{H}$ 之间有这样的关系

$$\boldsymbol{c}\boldsymbol{H}^{\mathrm{T}}=\boldsymbol{m}\boldsymbol{G}\boldsymbol{H}^{\mathrm{T}}\equiv\boldsymbol{0} \tag{4-15}$$

即 $\boldsymbol{G}\boldsymbol{H}^{\mathrm{T}}=\boldsymbol{0}$。

奇偶校验定理指出了一种区分合法码字(是码字集合中的码字,也就是说,可以由 $\boldsymbol{G}$ 矩阵和某个信息字 $\boldsymbol{m}$ 相乘得到)和非法码字的直观方法:合法码字满足 $\boldsymbol{c}\boldsymbol{H}^{\mathrm{T}}=\boldsymbol{0}$,而非法码字不满足这个条件。

例如,式(4-9)中的生成矩阵 $\boldsymbol{G}$ 为

$$\boldsymbol{G}=\begin{bmatrix}1&0&0&0&1&0&1\\0&1&0&0&1&1&1\\0&0&1&0&1&1&0\\0&0&0&1&0&1&1\end{bmatrix}$$

根据 $\boldsymbol{H}$ 矩阵的生成方法,可以定义这个码的校验矩阵 $\boldsymbol{H}$ 为

$$\boldsymbol{H}=\begin{bmatrix}1&1&1&0&1&0&0\\0&1&1&1&0&1&0\\1&1&0&1&0&0&1\end{bmatrix}$$

对于合法码字如 $\boldsymbol{c}_1=[0011101]$,可以得到 $\boldsymbol{c}_1\boldsymbol{H}^{\mathrm{T}}=[000]=\boldsymbol{0}$,奇偶校验定理成立。而对于非法码字,如 $\boldsymbol{c}_2=[0011111]$,可以得到 $\boldsymbol{c}_2\boldsymbol{H}^{\mathrm{T}}=[010]\neq\boldsymbol{0}$。

从奇偶校验定理可以知道,如果一个二元码字 $\boldsymbol{c}$ 是合法码字,那么有 $\boldsymbol{c}\boldsymbol{H}^{\mathrm{T}}=\boldsymbol{0}$,从矩阵乘法的规则来说,也就意味着,合法码字 $\boldsymbol{c}$ 中比特 1 的位置所对应的 $\boldsymbol{H}^{\mathrm{T}}$ 矩阵的行的和为零矢量,或者说,合法码字 $\boldsymbol{c}$ 中比特 1 的位置所对应的 $\boldsymbol{H}$ 矩阵的列的和为零矢量。我们知道,线性分组码存在一个最小重量的码字 $\boldsymbol{c}_1$,由 $\boldsymbol{c}_1\boldsymbol{H}^{\mathrm{T}}=\boldsymbol{0}$ 意味着最小数目的 $\boldsymbol{H}$ 矩阵的列的和为零矢量。另外,前面已经证明了线性分组码的最小距离等于其最小重量,这样就把最小距离和 $\boldsymbol{H}$ 矩阵中和为零的列数联系起来了。我们可以得到这样的结论:**一个线性分组码的最小距离等于其 $\boldsymbol{H}$ 矩阵中和为零的列的最小数目。**

例如,在式(4-9)的码表中,可以得到码字之间的最小距离为 3。再看其 $\boldsymbol{H}$ 矩阵

$$H=\begin{bmatrix}1&1&1&0&1&0&0\\0&1&1&1&0&1&0\\1&1&0&1&0&0&1\end{bmatrix}$$

其中，第 4、6、7 列的和为零，可以看到和为零的列的最小数目为 3。可见，这个码的最小距离等于其 $\boldsymbol{H}$ 矩阵中和为零的列的最小数目。

2. 非系统码的校验矩阵

上面给出了系统码的校验矩阵。对于非系统码，怎么求 $\boldsymbol{H}$ 矩阵呢？从前面可以看出，设计校验矩阵的目标是区分合法码字和非法码字，合法码字满足 $\boldsymbol{cH}^{\mathrm{T}}=\boldsymbol{0}$，其实质是因为 $\boldsymbol{GH}^{\mathrm{T}}=\boldsymbol{0}$。

前面我们学习了等价码的概念，一个非系统码生成矩阵可以通过行列变换的方式变成系统码生成矩阵，那么我们可以根据系统码的 $\boldsymbol{H}$ 矩阵逆向行列变换来保证 $\boldsymbol{GH}^{\mathrm{T}}=\boldsymbol{0}$ 始终成立，这样就可以求出非系统码的 $\boldsymbol{H}$ 矩阵。

对于给定的非系统码的生成矩阵 $\boldsymbol{G}$，求它的校验矩阵 $\boldsymbol{H}$ 的方法如下：

(1) 如果可以对 $\boldsymbol{G}$ 进行行变换(行交换，行加减)得到系统码的生成矩阵 $\boldsymbol{G}_1$，并得到相应的校验矩阵 $\boldsymbol{H}_1$，那么 $\boldsymbol{H}_1$ 也是原来 $\boldsymbol{G}$ 矩阵所对应的校验矩阵；

(2) 如果可以对 $\boldsymbol{G}$ 进行列交换得到系统码的生成矩阵 $\boldsymbol{G}_2$，并得到相应的校验矩阵 $\boldsymbol{H}_2$，那么对 $\boldsymbol{H}_2$ 的对应列按照 $\boldsymbol{G}$ 的列交换逆序进行交换，得到的新矩阵就是原来 $\boldsymbol{G}$ 矩阵所对应的校验矩阵。

例如，要求非系统码生成矩阵 $\boldsymbol{G}$ 对应的校验矩阵 $\boldsymbol{H}$，

$$G=\begin{bmatrix}1&0&1&0&0\\1&0&0&1&1\\0&1&0&1&0\end{bmatrix}$$

对 $\boldsymbol{G}$ 进行行变换(用 r_2 表示第二行)：

$$r_2-r_1\Rightarrow r_2$$
$$r_1-r_2\Rightarrow r_1$$
$$r_2 \text{ 和 } r_3 \text{ 互换}$$

得到一个系统码生成矩阵 $\boldsymbol{G}_1$：

$$G_1=\begin{bmatrix}1&0&0&1&1\\0&1&0&1&0\\0&0&1&1&1\end{bmatrix}$$

对于这个系统码的生成矩阵 $\boldsymbol{G}_1$，可以方便地求出其校验矩阵 $\boldsymbol{H}_1$ 为

$$H_1=\begin{bmatrix}1&1&1&1&0\\1&0&1&0&1\end{bmatrix}$$

根据上面的方法，$\boldsymbol{H}_1$ 也是非系统码 $\boldsymbol{G}$ 的校验矩阵 $\boldsymbol{H}$，即有 $\boldsymbol{H}=\boldsymbol{H}_1$。

可以验证，$\boldsymbol{GH}^{\mathrm{T}}=\boldsymbol{0}$ 成立。

3. 对偶码

以一个(n,k)线性分组码 C 的生成矩阵 $\boldsymbol{G}$ 作为校验矩阵，而以 C 的校验矩阵 $\boldsymbol{H}$ 作生成矩阵，就可以构造一个$(n,n-k)$线性分组码 C'，称码 C' 为码 C 的对偶码。

例如，一个(7,3)线性分组码的监督矩阵 $\boldsymbol{H}_{(7,3)}$ 可以作为其对偶(7,4)线性分组码的生成矩阵 $\boldsymbol{G}_{(7,4)}$：

$$\boldsymbol{H}_{(7,3)}=\begin{bmatrix}1&0&1&1&0&0&0\\1&1&1&0&1&0&0\\1&1&0&0&0&1&0\\0&1&1&0&0&0&1\end{bmatrix}=\boldsymbol{G}_{(7,4)}$$

例 **4.3** 一个定义在GF(2)上的(7,3)线性分组码，$k=3$，$r=4$，$n=7$。假设待编码的信息元表示为$[m_0 m_1 m_2]$，冗余元$[r_0 r_1 r_2 r_3]$与信息元的关系如下：

$$\begin{cases}r_0=m_0+m_2\\r_1=m_0+m_1+m_2\\r_2=m_0+m_1\\r_3=m_1+m_2\end{cases}$$

若最终生成的码字按照下列顺序排列$[m_0 m_1 m_2 r_0 r_1 r_2 r_3]$，写出此(7,3)码的一致校验矩阵和生成矩阵，并写出此(7,3)码的全部码字。

解：

对于此(7,3)线性分组码，其信息元表示为$[m_0 m_1 m_2]$，其码字可以表示为$[c_0 c_1 c_2 c_3 c_4 c_5 c_6]$，对应题目中的信息元、冗余元排列顺序$[m_0 m_1 m_2 r_0 r_1 r_2 r_3]$及相互关系，可以得到校验方程组：

$$\begin{cases}c_3=c_0+c_2\\c_4=c_0+c_1+c_2\\c_5=c_0+c_1\\c_6=c_1+c_2\end{cases}$$

可以整理为

$$\begin{cases}c_0+c_2+c_3=0\\c_0+c_1+c_2+c_4=0\\c_0+c_1+c_5=0\\c_1+c_2+c_6=0\end{cases}\tag{4-16}$$

得到

$$\begin{bmatrix}1&0&1&1&0&0&0\\1&1&1&0&1&0&0\\1&1&0&0&0&1&0\\0&1&1&0&0&0&1\end{bmatrix}\begin{bmatrix}c_0\\c_1\\c_2\\c_3\\c_4\\c_5\\c_6\end{bmatrix}=\begin{bmatrix}0\\0\\0\\0\end{bmatrix}=\boldsymbol{0}^{\mathrm{T}}$$

得到这个(7,3)码的校验矩阵为

$$\boldsymbol{H}=\begin{bmatrix}1&0&1&1&0&0&0\\1&1&1&0&1&0&0\\1&1&0&0&0&1&0\\0&1&1&0&0&0&1\end{bmatrix}=[-\boldsymbol{P}^{\mathrm{T}} \mid \boldsymbol{I}_{r\times r}]$$

根据生成矩阵 $\boldsymbol{G}$ 和校验矩阵 $\boldsymbol{H}$ 的形式上的相关性，可以写出其生成矩阵为

$$\boldsymbol{G}=[\boldsymbol{I}_{k\times k} \mid \boldsymbol{P}_{k\times r}]=\begin{bmatrix}1&0&0&1&1&1&0\\0&1&0&0&1&1&1\\0&0&1&1&1&0&1\end{bmatrix}$$

根据 $\boldsymbol{c}=\boldsymbol{m}\cdot\boldsymbol{G}$ 可以得到所有的许用码字，消息字及对应的码字如表 4-6 所示。

表 4-6　消息字及对应的码字

信息序列	000	001	010	011	100	101	110	111
码序列	0000000	0011101	0100111	0111010	1001110	1010011	1101001	1110100

可以看到，校验矩阵 $\boldsymbol{H}$ 和生成矩阵 $\boldsymbol{G}$ 满足奇偶校验定理：

$$\begin{aligned}\boldsymbol{H}\cdot\boldsymbol{G}^{\mathrm{T}}&=\boldsymbol{0}^{\mathrm{T}}\\ \boldsymbol{G}^{\mathrm{T}}\cdot\boldsymbol{H}&=\boldsymbol{0}\end{aligned}\tag{4-17}$$

当然，我们也可以直接由校验方程组得到生成矩阵 $\boldsymbol{G}$，把校验方程组整理为

$$\begin{cases}c_0=m_0\\c_1=m_1\\c_2=m_2\\c_3=m_0+m_2\\c_4=m_0+m_1+m_2\\c_5=m_0+m_1\\c_6=m_1+m_2\end{cases}$$

写成矩阵形式

$$\begin{bmatrix}c_0\\c_1\\c_2\\c_3\\c_4\\c_5\\c_6\end{bmatrix}=\begin{bmatrix}1&0&0\\0&1&0\\0&0&1\\1&0&1\\1&1&1\\1&1&0\\0&1&1\end{bmatrix}\begin{bmatrix}m_0\\m_1\\m_2\end{bmatrix}$$

或者写成

$$[c_0c_1c_2c_3c_4c_5c_6]=[m_0m_1m_2]\begin{bmatrix}1&0&0&1&1&1&0\\0&1&0&0&1&1&1\\0&0&1&1&1&0&1\end{bmatrix}$$

就可以直接得到生成矩阵为

$$G=\begin{bmatrix}1&0&0&1&1&1&0\\0&1&0&0&1&1&1\\0&0&1&1&1&0&1\end{bmatrix}$$

题中(7,3)码的编码器电路可以分别用并行编码电路和串行编码电路实现如图 4-4 所示。

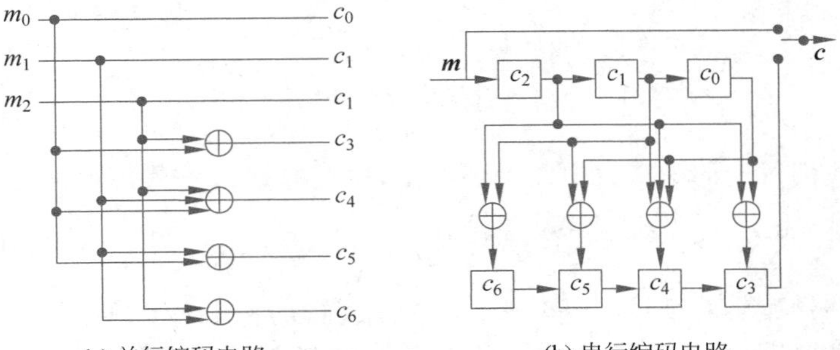

(a) 并行编码电路　　(b) 串行编码电路

图 4-4 (7,3)线性码编码电路

关于线性分组码的编码电路的工作过程可以扫码观看视频 8。

视频 8

4.3 线性分组码的译码

4.3.1 检错和纠错

对于一个给定的线性分组码，检错就是检测接收到的码字是合法码字还是非法码字；而纠错就是当检测到非法的接收码字时，能够确定非法码字中错误发生的比特位置和错误值，从而可以纠正这个错误，得到正确的码字。对接收码字的检错和纠错统称译码。一个线性分组码的检错纠错能力和这个码的最小汉明距离有关。

1. 最大似然译码原理

在第 2 章讨论译码规则对传输错误概率的影响时讨论过，当输入符号为等概率分布时，最大似然译码准则等价于最大后验概率译码准则，因此能得到最小的平均错误概率。

假设接收端接收到的码字矢量是$\boldsymbol{v}$，我们要判断不同的合法码字 $\boldsymbol{c}_1$ 和 $\boldsymbol{c}_2$ 哪一个更有可能是发送方所发送的合法码字 $\boldsymbol{c}$。

$d_{\mathrm{H}}(\boldsymbol{v},\boldsymbol{c}_1)$表示$\boldsymbol{v}$ 和 $\boldsymbol{c}_1$ 之间的汉明距离。如果发送端真实发送的码字是 $\boldsymbol{c}_1$，那么传输过程中发生的错误个数就是 $t_1=d_{\mathrm{H}}(\boldsymbol{v},\boldsymbol{c}_1)$；同样，如果发送端真实发送的码字是 $\boldsymbol{c}_2$，那么传输过程中发生的错误个数就是 $t_2=d_{\mathrm{H}}(\boldsymbol{v},\boldsymbol{c}_2)$。

从直观上说，和$\boldsymbol{v}$ 的联合概率最大的那个合法码字，最有可能是真实的发送码字。用 $p(\boldsymbol{v},\boldsymbol{c}_1)$和 $p(\boldsymbol{v},\boldsymbol{c}_2)$表示联合概率，那么当 $p(\boldsymbol{v},\boldsymbol{c}_1)>p(\boldsymbol{v},\boldsymbol{c}_2)$时应该将$\boldsymbol{v}$ 译码为 $\boldsymbol{c}_1$。

设 $\boldsymbol{c}_1$ 是正确的译码结果，则

$$\frac{p(\boldsymbol{v},\boldsymbol{c}_1)}{p(\boldsymbol{v},\boldsymbol{c}_2)}>1 \tag{4-18}$$

或者表示为对数似然形式

$$\ln(p(\boldsymbol{v},\boldsymbol{c}_1))-\ln(p(\boldsymbol{v},\boldsymbol{c}_2))>0 \tag{4-19}$$

对于传输错误相互独立的 BSC 信道，其联合概率为

$$p_{\boldsymbol{v},\boldsymbol{c}_j}=p_{\boldsymbol{v}|\boldsymbol{c}_j}\cdot p_{\boldsymbol{c}_j},\quad j\in\{1,2\} \tag{4-20}$$

其中的条件概率 $p_{\boldsymbol{v}|\boldsymbol{c}_j}$ 是在发送 $\boldsymbol{c}_j$ 的条件下接收到 $\boldsymbol{v}$ 的概率，也就是发生错误个数为 $t_j(j\in\{1,2\})$ 的概率：

$$p_{\boldsymbol{v}|\boldsymbol{c}_j}=\Pr(t_j)=\Pr(d_{\mathrm{H}}(\boldsymbol{v},\boldsymbol{c}_j))=p^{t_j}(1-p)^{n-t_j} \tag{4-21}$$

代入式(4-17)并整理，得到

$$(t_1-t_2)\ln\left(\frac{p}{1-p}\right)>\ln\left(\frac{p_{\boldsymbol{c}_2}}{p_{\boldsymbol{c}_1}}\right) \tag{4-22}$$

如前所述，我们讨论的是最大似然译码准则，也就是输入符号等概率分布的情况，所以上式的右边为零。假设 BSC 的错误传递概率 $p<0.5$，那么 $\ln\left(\frac{p}{1-p}\right)<0$，则有 $t_1<t_2$。

这个结论说明，在输入符号等概率分布，并且 BSC 的错误传递概率 $p<0.5$ 的情况下，如果 $\boldsymbol{c}_1$ 是正确的译码结果，那么它和 $\boldsymbol{v}$ 的汉明距离最小。所以，根据最大似然原理来译码，就是在接收端对接收到的矢量 $\boldsymbol{v}$ 进行译码时，应译为与它的汉明距离最小的合法码字。

汉明距离译码是一种硬判决译码。由于 BSC 是对称的，只要发送的码字独立、等概，汉明距离译码就是最佳译码。

2. 线性分组码的检错纠错能力与最小距离的关系

最大似然译码原理把一个线性分组码的检错纠错能力和这个码的最小汉明距离联系起来了。根据这个原理，可以得到一个线性分组码的最小距离和这个码的检错纠错能力之间的关系。可以用 3 种关系来表示。

(1) 一个线性分组码可以检测最多 t 个错误，当且仅当 $d_{\min}\geqslant t+1$，如图 4-5 所示。

(2) 一个线性分组码可以纠正最多 t 个错误，当且仅当 $d_{\min}\geqslant 2t+1$，如图 4-6 所示。

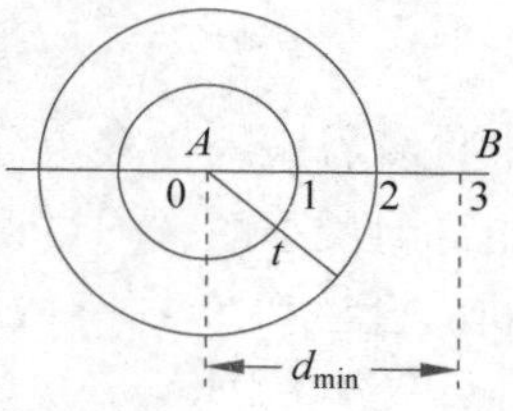

图 4-5　线性分组码的检测能力与最小距离的关系

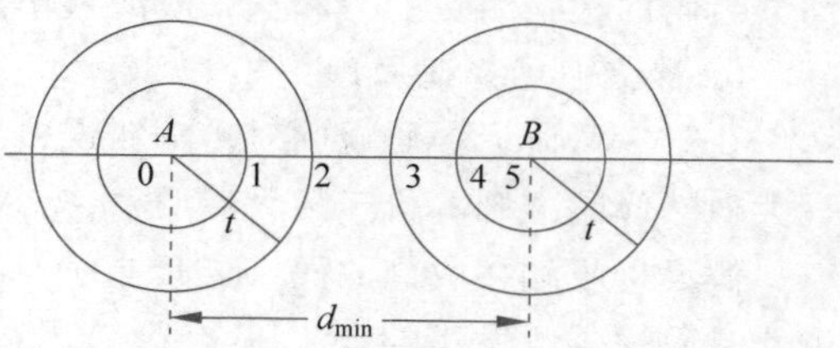

图 4-6　线性分组码的纠错能力与最小距离的关系

(3) 一个线性分组码可以纠正最多 t_c 个错误，同时检测最多 t_d 个错误($t_d>t_c$)，当且仅当 $d_{\min}>2t_c+1$ 而且 $d_{\min}\geqslant t_c+t_d+1$，如图 4-7 所示。

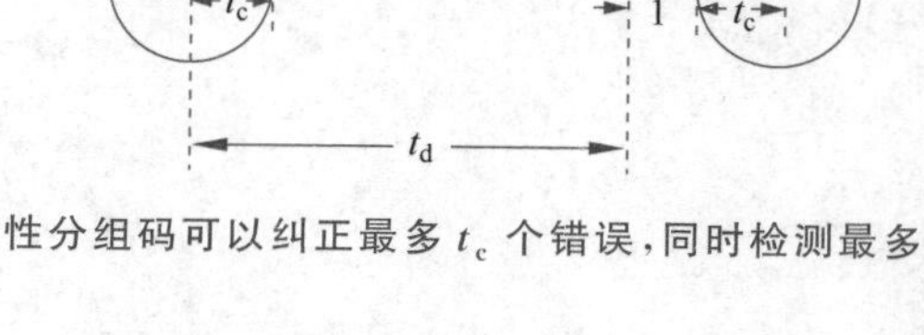

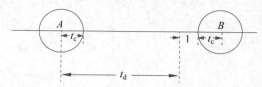

图 4-7　线性分组码可以纠正最多 t_c 个错误，同时检测最多 t_d 个错误

4.3.2 译码策略

1. 错误图样

设输入信道的码字为 $\boldsymbol{c}=[c_0c_1\cdots c_{n-1}]$，接收端收到的码字为 $\boldsymbol{v}=[v_0v_1\cdots v_{n-1}]$，由于接收码字 $\boldsymbol{v}$ 可以看成信道输入的合法码字 $\boldsymbol{c}$ 与传输过程中发生的错误的叠加，因此定义**错误图样** $\boldsymbol{e}$ 为

$$\boldsymbol{e}=[e_0e_1\cdots e_{n-1}]=\boldsymbol{v}-\boldsymbol{c}$$

错误图样表示了码字经过信道传输所发生的错误，其中，$e_i=0$，表示第 i 位无错；$e_i=1$，表示第 i 位有错，$i=0,1,\cdots,n-1$。由于在二进制中模 2 加与模 2 减等同，因此有

$$\boldsymbol{v}=\boldsymbol{c}+\boldsymbol{e},\quad \boldsymbol{e}=\boldsymbol{v}+\boldsymbol{c},\quad \boldsymbol{c}=\boldsymbol{v}+\boldsymbol{e}$$

2. 伴随式

由奇偶校验定理知，对于一个线性分组码，它的合法码字 $\boldsymbol{c}$ 和校验矩阵 $\boldsymbol{H}$ 之间存在关系

$$\boldsymbol{cH}^{\mathrm{T}}=\boldsymbol{0}$$

奇偶校验定理指出了一种区分合法码字和非法码字的直观方法：合法码字满足 $\boldsymbol{cH}^{\mathrm{T}}=\boldsymbol{0}$，而非法码字不满足这个条件。对于接收码字 $\boldsymbol{v}$，可以定义一个**伴随式算子** $\boldsymbol{s}=[s_0s_1\cdots s_{n-k-1}]$ 为

$$\boldsymbol{s}=\boldsymbol{vH}^{\mathrm{T}}=(\boldsymbol{c}+\boldsymbol{e})\boldsymbol{H}^{\mathrm{T}}=\boldsymbol{cH}^{\mathrm{T}}+\boldsymbol{eH}^{\mathrm{T}}=\boldsymbol{eH}^{\mathrm{T}}$$

可以看出，在 $\boldsymbol{H}$ 一定时，伴随式 $\boldsymbol{s}$ 仅仅与错误图样 $\boldsymbol{e}$ 有关，而与发送码 $\boldsymbol{c}$ 无关，它并不反映发送的码字是什么，只是反映信道对码字造成怎样的干扰。错误图样 $\boldsymbol{e}$ 是 n 重矢量，共有 2^n 个可能的组合，而伴随式 $\boldsymbol{s}$ 是$(n-k)$重矢量，只有 2^{n-k} 个可能的组合，因此不同的错误图样可能有相同的伴随式。

另外，当且仅当错误图样 $\boldsymbol{e}$ 为零或者为合法码字时，伴随式 $\boldsymbol{s}$ 才会为零。考虑到在错误图样 $\boldsymbol{e}$ 为合法码字的情况下我们是无法检测到错误的存在的，所以当伴随式 $\boldsymbol{s}$ 为零时，可以认为接收码字合法，没有错误发生；而当伴随式 $\boldsymbol{s}$ 不为零时，认为接收码字中存在错误，错误图样为 $\boldsymbol{e}$。因此，接收码字 $\boldsymbol{v}$ 的伴随式 $\boldsymbol{s}$ 与 $\boldsymbol{v}$ 中的错误图样 $\boldsymbol{e}$ 之间存在对应关系，如果能把这个错误图样 $\boldsymbol{e}$ 找出来，就可以由 $\boldsymbol{c}=\boldsymbol{v}+\boldsymbol{e}$ 得到发送的码字，从而实现纠错译码了。

3. 完备译码策略

完备译码策略是指，对于给定的接收码字 $\boldsymbol{v}$，在包含所有合法码字的码字集合中找一个码字 $\boldsymbol{c}$，它和 $\boldsymbol{v}$ 的汉明距离最小，就认为译码结果是 $\boldsymbol{c}$。

4. 有限距离译码策略

有限距离译码策略不仅仅考虑到接收码字和合法码字之间的汉明距离，而且还考虑到这个码的纠错能力 t。如果接收码字 $\boldsymbol{v}$ 和合法码字 $\boldsymbol{c}$ 之间的汉明距离小于或等于这个码的纠错能力，即

$$d_H(\boldsymbol{v},\boldsymbol{c})\leqslant t \tag{4-23}$$

则采用和完备译码策略同样的方式来译码；否则，就认为发生的错误超出了这个码的译码能力范围，宣告译码失败。

4.3.3 译码技术

对于线性分组码，由于接收码字 $\boldsymbol{v}$ 的伴随式 $\boldsymbol{s}$ 与 $\boldsymbol{v}$ 中的错误图样 $\boldsymbol{e}$ 之间存在对应关系，

如果能把这个错误图样 $\boldsymbol{e}$ 找出来，就可以由 $\boldsymbol{c}=\boldsymbol{v}+\boldsymbol{e}$ 得到发送的码字，从而实现纠错译码。通常采用的译码技术有两种：标准阵列译码技术和伴随式译码技术。

1. 标准阵列译码

标准阵列译码方法也就是查表法。把接收码字(即所有长度为 n 的码字，包含合法码字和非法码字，共 2^n 个)按一定的规则放在一个表中，这个表被称为标准阵列。标准阵列的第一行排列所有的合法码字，其中全零码字放在第一个；标准阵列的第一列以汉明重量从小到大的顺序列出所有可能的错误图样；标准阵列的其他位置的码字就是它所在的列的第一行的合法码字与所在行第一列的错误图样的和。由于合法码字一共 2^k 个，故标准阵列表一共有 2^k 列，表的行数为 2^{n-k} 行，正好等于伴随式的数目。

标准阵列的每一行被称为一个陪集，陪集的第一个码字被称为陪集首，可以看出，陪集首(标准阵列的第一列)就是这个陪集的错误图样。一个陪集中的码字有共同的错误图样，因此有共同的伴随式。

当接收到一个码字 $\boldsymbol{v}$ 时，搜索标准阵列表，查得接收码字 $\boldsymbol{v}$ 所在列的第一行就是这个接收码字 $\boldsymbol{v}$ 对应的合法码字 $\boldsymbol{c}$，作为译码结果进行输出。$\boldsymbol{v}$ 所在行的第一列就是所发生的错误图样。

需要注意的是，译码时，如果采用完备译码策略，那么标准阵列应该列出全部长度为 n 的码字；如果采用有限距离译码策略，则标准阵列的陪集首应该只列出汉明重量小于或等于这个码的纠错能力 t 的错误图样。

例 4.4 构造(6,2)重复码的标准阵列。这个(6,2)重复码的码矢量形式为

$$\boldsymbol{c}=[m_0 m_1 m_0 m_1 m_0 m_1]$$

解：按照标准阵列的定义，这个(6,2)重复码的标准阵列构造如表 4-7 所示。

表 4-7 (6,2)重复码的标准阵列

000000	010101	101010	111111
000001	010100	101011	111110
000010	010111	101000	111101
000100	010001	101110	111011
001000	011101	100010	110111
010000	000101	111010	101111
100000	110101	001010	011111
000011	010110	101001	111100
000110	010011	101100	111001
001100	011001	100110	110011
011000	001101	110010	100111
110000	100101	011010	001111
001001	011100	100011	110110
010010	000111	111000	101101
100100	110001	001110	011011
100001	110100	001011	011110

如果采用这种(6,2)重复码进行通信，如果接收到的码字是 011001，那么显然这是一个非法码字。要进行译码，在标准阵列中查找这个码字，得到的陪集为{001100，011001，100110，110011}，接收码字在第二列，所以译码结果为标准阵列第一行的第二个码字

010101，发生的错误为这个陪集的陪集首 001100，也就是说，传输码字的第三位和第四位发生了错误。

例 4.5　设(7,3)系统线性分组码的生成矩阵为

$$\boldsymbol{G}=\begin{bmatrix}1&0&0&1&1&1&0\\0&1&0&0&1&1&1\\0&0&1&1&1&0&1\end{bmatrix}$$

构造该码的标准阵列译码表。

解：首先写出码的校验矩阵

$$\boldsymbol{H}=\begin{bmatrix}1&0&1&1&0&0&0\\1&1&1&0&1&0&0\\1&1&0&0&0&1&0\\0&1&1&0&0&0&1\end{bmatrix}$$

伴随式有 $2^{n-k}=2^4=16$ 个，标准阵列应该有 16 行。阵列的第一列按照重量为 0，1，2，…的顺序安排错误图样，可以写出该码的标准阵列译码表如表 4-8 所示。

表 4-8　(7,3)系统线性分组码的标准阵列译码表

伴随式	**0000000**	**0011101**	**0100111**	**0111010**	**1001110**	**1010011**	**1101001**	**1110100**
0000	0000000	0011101	0100111	0111010	1001110	1010011	1101001	1110100
1110	1000000	1011101	1100111	1111010	0001110	0010011	0101001	0110100
0111	0100000	0111101	0000111	0011010	1101110	1110011	1001001	1010100
1101	0010000	0001101	0110111	0101010	1011110	1000011	1111001	1100100
1000	0001000	0010101	0101111	0110010	1000110	1011011	1100001	1111100
0100	0000100	0011001	0100011	0111110	1001010	1010111	1101101	1110000
0010	0000010	0011111	0100101	0111000	1001100	1010001	1101011	1110110
0001	0000001	0011100	0100110	0111011	1001111	1010010	1101000	1110101
1001	1100000	1111101	1011111	1011010	0101110	0110011	0001001	0010100
0011	1010000	1001101	1110111	1101010	0111110	0000011	0111001	0100100
0110	1001000	1010101	1101111	1110010	0000110	0011011	0100001	0111100
1010	1000100	1011001	1100011	1111110	0001010	0010111	0101101	0110000
1100	1000010	1011111	1100101	1111000	0001100	0010001	0101011	0110110
1111	1000001	1011100	1100110	1111011	0001111	0010010	0101000	0110101
0101	0100010	0111111	0000101	0011000	1101100	1110001	1001011	1010110
1011	1100010	1111111	1000101	1011000	0101100	0110001	0001011	0010110

若只取表中前两列，则可以得到伴随式和错误图样的关系，称为简化译码表。

2. 伴随式译码

由前可知，接收码字$\boldsymbol{v}$ 的伴随式 $\boldsymbol{s}$ 与其中的错误图样 $\boldsymbol{e}$ 之间存在对应关系。如果事先把所有可能的错误图样 $\boldsymbol{e}$ 所对应的伴随式 $\boldsymbol{s}=\boldsymbol{eH}^{\mathrm{T}}$ 都求出并列成一个伴随式表格，那么对于某个接收码字$\boldsymbol{v}$，就可以求出其伴随式 $\boldsymbol{s}=\boldsymbol{vH}^{\mathrm{T}}$，并在伴随式表格中查找相应的伴随式 $\boldsymbol{s}$，这个伴随式所对应的错误图样 $\boldsymbol{e}$ 应该就是$\boldsymbol{v}$ 中存在的错误，对其进行纠错，就可以得到原始发送码字 $\boldsymbol{c}=\boldsymbol{v}+\boldsymbol{e}$。这样的译码方法就是伴随式译码。

关于译码策略，如果采用完备译码策略，那么伴随式表格中应该列出所有长度为 n 的

错误图样及其对应的伴随式；如果采用有限距离译码策略，则伴随式表格中只列出汉明重量小于或等于这个码的纠错能力 t 的错误图样及其对应的伴随式。

例 4.6 已知(7,3)线性分组码的生成矩阵和校验矩阵为

$$\boldsymbol{G}=\begin{bmatrix}1&0&0&1&1&1&0\\0&1&0&0&1&1&1\\0&0&1&1&1&0&1\end{bmatrix},\quad \boldsymbol{H}=\begin{bmatrix}1&0&1&1&0&0&0\\1&1&1&0&1&0&0\\1&1&0&0&0&1&0\\0&1&1&0&0&0&1\end{bmatrix}$$

若接收到码字[1110011]，请译码。

解：

通过生成矩阵生成所有码字，可以得到码字的最小重量为 4，即其最小距离为 4，可见这个码能纠正 1 比特错误。写出其伴随式表格如表 4-9 所示，其中包含所有 1 比特的错误图样及其对应的伴随式。

表 4-9 (7,3)线性分组码的伴随式表

e	s
0000001	0001
0000010	0010
0000100	0100
0001000	1000
0010000	1101
0100000	0111
1000000	1110

计算接收码字的伴随式

$$\boldsymbol{s}=\boldsymbol{v}\boldsymbol{H}^{\mathrm{T}}=[1110011]\begin{bmatrix}1&1&1&0\\0&1&1&1\\1&1&0&1\\1&0&0&0\\0&1&0&0\\0&0&1&0\\0&0&0&1\end{bmatrix}=[0111]$$

可以发现伴随式 $\boldsymbol{s}$ 非零，这说明传输有错误。查找伴随式表格，得到 $\boldsymbol{e}=[0100000]$，所以实际发送的码字为 $\boldsymbol{c}=\boldsymbol{v}-\boldsymbol{e}=[1010011]$，根据生成矩阵，得到消息字为 $\boldsymbol{m}=[101]$。

4.3.4 线性分组码一般译码器结构

线性分组码采用伴随式译码的一般译码器结构如图 4-8 所示。

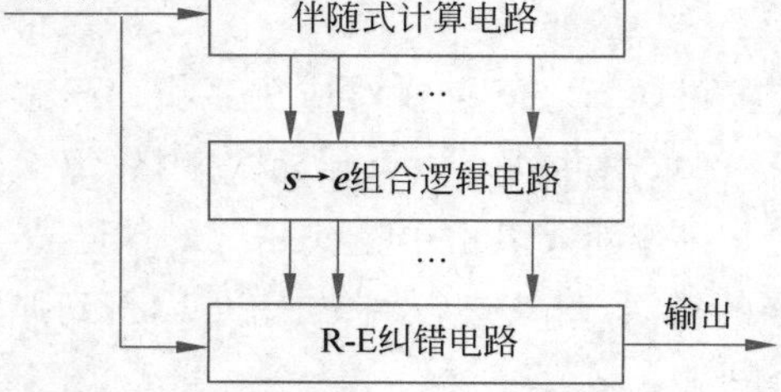

图 4-8 线性分组码一般译码器结构图

以一个(7,4)线性分组码为例，它的校验矩

阵为

$$H=\begin{bmatrix}1&1&1&0&1&0&0\\0&1&1&1&0&1&0\\1&1&0&1&0&0&1\end{bmatrix}$$

1. 计算伴随式

设接收码字 $\boldsymbol{v}=[v_0v_1\cdots v_6]$，则伴随式 $\boldsymbol{s}=[s_0s_1s_2]=\boldsymbol{v}\boldsymbol{H}^{\mathrm{T}}$，可以得到

$$\begin{cases}s_0=v_0+v_1+v_2+v_4\\s_1=v_1+v_2+v_3+v_5\\s_2=v_0+v_1+v_3+v_6\end{cases}$$

由此得到计算伴随式 $\boldsymbol{s}=[s_0s_1s_2]$的逻辑电路。

2. 计算错误图样

得到伴随式 $\boldsymbol{s}=[s_0s_1s_2]$之后，要计算错误图样 $\boldsymbol{e}=[e_0e_1\cdots e_6]$。当伴随式与 $\boldsymbol{H}$ 的第一列相同，即$[s_0s_1s_2]=[101]$时，$\boldsymbol{e}=[1000000]$，故有 $e_0=s_0\bar{s}_1s_2$。同理可知，

$$e_1=s_0s_1s_2,\quad e_2=s_0s_1\bar{s}_2,\quad e_3=\bar{s}_0s_1s_2$$

$$e_4=s_0\bar{s}_1\bar{s}_2,\quad e_5=\bar{s}_0s_1\bar{s}_2,\quad e_6=\bar{s}_0\bar{s}_1s_2$$

由此得到计算错误图样 $\boldsymbol{e}=[e_0e_1\cdots e_6]$的逻辑电路。

3. 纠错译码

求出错误图样 $\boldsymbol{e}=[e_0e_1\cdots e_6]$后，再由 7 个模 2 加(异或)构成纠错电路，接收码字与错误图样逐位模 2 加，哪位错了便将哪位改回来。

4. 整体译码电路原理图

这个(7,4)线性分组码的译码电路如图 4-9 所示。

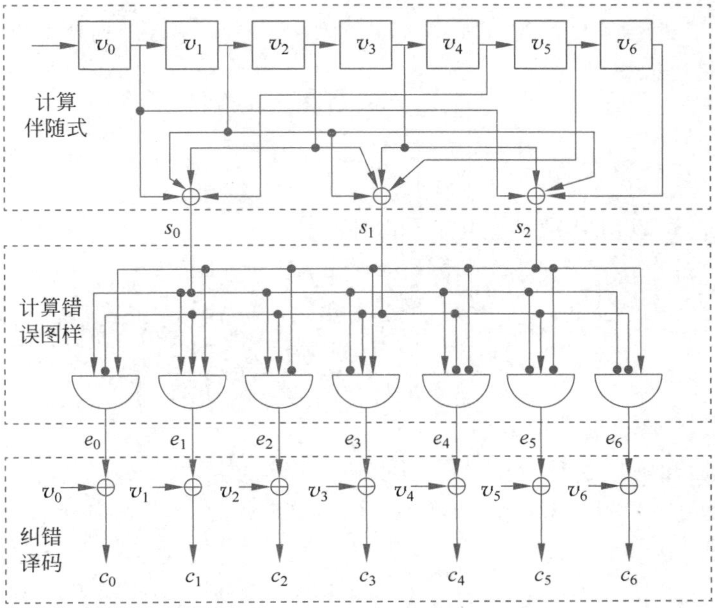

图 4-9 (7,4)码译码电路原理图

4.4 汉明码

4.4.1 标准汉明码

Richard Hamming 在 1950 年提出的汉明码是一种在通信系统和数据存储系统中得到广泛应用的经典线性分组码。它是一族能够纠正单个错误的线性分组码，其校验位得到了充分利用，而且容易通过简单的电路实现。如果码字的冗余长度为 r，当 $r\geqslant 3$ 时都存在相应的汉明码。所有汉明码的最小距离都是 3。

汉明码的码字长度 n 和它的冗余长度 r 之间满足关系

$$n=2^r-1,\quad r\geqslant 3 \tag{4-24}$$

例如，当 $r=3$ 时，$n=2^r-1=7$，有 $k=n-r=4$，这就是码长最小的汉明码，(7,4)汉明码。可以得到汉明码的码率为

$$R=\frac{k}{n}=\frac{2^r-r-1}{2^r-1} \tag{4-25}$$

根据汉明码的码长与冗余比特之间的关系，可以很方便地构造系统汉明码。

首先构造校验矩阵 $\boldsymbol{H}$。汉明码的校验矩阵任意两列线性无关，而且没有全 0 的列。由于 $\boldsymbol{H}$ 矩阵的形式为

$$\boldsymbol{H}=[\boldsymbol{I}\mid -\boldsymbol{P}^{\mathrm{T}}] \tag{4-26}$$

$\boldsymbol{H}$ 矩阵为 $r\times n$ 的矩阵，它的每一列可以看作一个 r 比特长的矢量，而除了全零矢量以外的所有 r 比特长的矢量的个数为 2^r-1，正好是汉明码的码字长度 n，所以把所有非零的 r 比特长的矢量排列起来，通过列交换将矩阵 $\boldsymbol{H}$ 转换成系统形式，就可以构成汉明码的校验矩阵 $\boldsymbol{H}$。根据 $\boldsymbol{H}$ 矩阵就可以构造其生成矩阵 $\boldsymbol{G}$ 了。

例 4.7 构造一个系统的(7,4)汉明码的生成矩阵。

解：先构造校验矩阵 $\boldsymbol{H}$。如前所述，(7,4)汉明码的 $r=3$，排列所有 3 比特的矢量，把单位阵放在前面，可以得到

$$\boldsymbol{H}=\begin{bmatrix}1&0&0&1&1&0&1\\0&1&0&1&0&1&1\\0&0&1&0&1&1&1\end{bmatrix}$$

根据 $\boldsymbol{H}$ 矩阵，可以构造其生成矩阵 $\boldsymbol{G}$ 如下

$$\boldsymbol{G}=\begin{bmatrix}1&1&0&1&0&0&0\\1&0&1&0&1&0&0\\0&1&1&0&0&1&0\\1&1&1&0&0&0&1\end{bmatrix}$$

可以验证，这个码的最小距离是 3。

例 4.8 构造冗余长度 $r=4$ 的系统汉明码的校验矩阵。

解：根据式(4-27)给出的汉明码的构造方法，可以构造 $\boldsymbol{H}$ 矩阵如下

$$\boldsymbol{H}=\begin{bmatrix}1&0&0&0&1&1&0&1&1&0&1&0&1&0&1\\0&1&0&0&1&0&1&1&0&1&1&0&0&1&1\\0&0&1&0&0&1&1&1&0&0&0&1&1&1&1\\0&0&0&1&0&0&0&0&1&1&1&1&1&1&1\end{bmatrix}$$

例 4.9 给定(7,4)汉明码的生成矩阵 $\boldsymbol{G}$ 和校验矩阵 $\boldsymbol{H}$ 如例 4.7 所示。用伴随式译码方法对接收到的码字 $\boldsymbol{v}=(1101111)$ 进行译码。

解：汉明码是纠单个错误码，纠错能力 $t=1$。采用有限距离译码策略，我们构造伴随式表格时只列出所有的单比特错误，如表 4-10 所示。

表 4-10 (7,4)汉明码的构造伴随式表

e	$s=eH^{\mathrm{T}}$
1000000	100
0100000	010
0010000	001
0001000	110
0000100	101
0000010	011
0000001	111

计算接收码字的伴随式

$\boldsymbol{s}=\boldsymbol{v}\boldsymbol{H}^T=(1101111)\boldsymbol{H}^{\mathrm{T}}=(001)$，查表得到 $\boldsymbol{e}=(0010000)$，也就是接收码字的第三位发生了错误。纠正这个错误得到译码结果，$\boldsymbol{c}=\boldsymbol{v}-\boldsymbol{e}=(1111111)$。

4.4.2 扩展汉明码

汉明码只能纠正单比特错误的局限可以通过扩展汉明码和截短汉明码得到改善。对 (n,k) 汉明码的每个码字再增加一位对所有码元进行校验的校验位，则得到校验元为 $r+1$，码长 $n'=2^r$，而信息元仍为 k 的 $(n+1,k)$ 线性码，称为扩展汉明码，也称为增余汉明码。

设汉明码的码字为 $\boldsymbol{c}=[c_0c_1\cdots c_{n-1}]$，增加一位校验位得到扩展码字

$$\boldsymbol{c}'=[\boldsymbol{c}'_0 \mid \boldsymbol{c}] \tag{4-27}$$

其中，$c'_0=\sum_{i=0}^{n-1}c_i$，这样就会有

$$c'_0=\begin{cases}0, & w_{\mathrm{H}}(\boldsymbol{c})\ \text{为偶数}\\ 1, & w_{\mathrm{H}}(\boldsymbol{c})\ \text{为奇数}\end{cases} \tag{4-28}$$

其中，$w_{\mathrm{H}}(\boldsymbol{c})$ 为码字 $\boldsymbol{c}$ 的汉明重量。

扩展汉明码的最小码距为 4，能够同时纠正 1 位错误并检测出 2 位错误，抗干扰能力增强。

扩展汉明码的生成矩阵就是在原生成矩阵的左边增加一列：

$$\boldsymbol{G}'=\begin{bmatrix}\sum_{j=0}^{n-1}g_{0,j} & g_{0,0} & g_{0,1} & \cdots & g_{0,n-1}\\ \sum_{j=0}^{n-1}g_{1,j} & g_{1,0} & g_{1,1} & \cdots & g_{1,n-1}\\ \vdots & \vdots & \vdots & & \vdots\\ \sum_{j=0}^{n-1}g_{k-1,j} & g_{k-1,0} & g_{k-1,1} & \cdots & g_{k-1,n-1}\end{bmatrix} \tag{4-29}$$

相应地，其校验矩阵为

$$H' = \begin{bmatrix} 1 & 1 & 1 & \cdots & 1 \\ 0 & & & & \\ \vdots & & & H & \\ 0 & & & & \end{bmatrix} \tag{4-30}$$

例 **4.10** 构造例 4.7 中的(7,4)系统汉明码的扩展码，写出其生成矩阵和校验矩阵。

解：例 4.7 中的(7,4)系统汉明码的生成矩阵 $\boldsymbol{G}$ 为

$$\boldsymbol{G} = \begin{bmatrix} 1 & 1 & 0 & 1 & 0 & 0 & 0 \\ 1 & 0 & 1 & 0 & 1 & 0 & 0 \\ 0 & 1 & 1 & 0 & 0 & 1 & 0 \\ 1 & 1 & 1 & 0 & 0 & 0 & 1 \end{bmatrix}$$

由式(4-30)和式(4-31)，得到其扩展码的生成矩阵和校验矩阵为

$$\boldsymbol{G}' = \begin{bmatrix} 1 & 1 & 1 & 0 & 1 & 0 & 0 & 0 \\ 1 & 1 & 0 & 1 & 0 & 1 & 0 & 0 \\ 1 & 0 & 1 & 1 & 0 & 0 & 1 & 0 \\ 0 & 1 & 1 & 1 & 0 & 0 & 0 & 1 \end{bmatrix}, \quad \boldsymbol{H}' = \begin{bmatrix} 1 & 1 & 1 & 1 & 1 & 1 & 1 & 1 \\ 0 & 1 & 0 & 0 & 1 & 1 & 0 & 1 \\ 0 & 0 & 1 & 0 & 1 & 0 & 1 & 1 \\ 0 & 0 & 0 & 1 & 0 & 1 & 1 & 1 \end{bmatrix}$$

扩展汉明码的错误图样为

$$\boldsymbol{e}' = [e'_0 \quad e_0 \quad e_1 \quad \cdots \quad e_{n-1}] = [e'_0 \mid \boldsymbol{e}] \tag{4-31}$$

相应的伴随式可以计算得到：

$$\boldsymbol{s}' = \boldsymbol{e}'\boldsymbol{H}'^{\mathrm{T}} = [e'_0 \mid \boldsymbol{e}] \begin{bmatrix} 1 & 0 & \cdots & 0 \\ 1 & & & \\ \vdots & & \boldsymbol{H}^{\mathrm{T}} & \\ 1 & & & \end{bmatrix} = \left[\sum_{i=0}^{n} \boldsymbol{e}_i \mid \boldsymbol{e}\boldsymbol{H}^{\mathrm{T}}\right] = [\boldsymbol{s}'_0 \mid \boldsymbol{s}] \tag{4-32}$$

对于伴随式，可以得出如下结论。

(1) $s'_0=0$：没有错误发生；

(2) $s'_0=1, \boldsymbol{s}\neq\boldsymbol{0}$：(意味着 $w_{\mathrm{H}}(\boldsymbol{e}')=1$，但 $e'_0=0$)说明在 $\boldsymbol{c}$ 中发生了 1 位错误，可以通过译码来纠正；

(3) $s'_0=1, \boldsymbol{s}=\boldsymbol{0}$：(意味着 $w_{\mathrm{H}}(\boldsymbol{e}')=1$，而且 $e'_0=1$)说明只有校验位出错，不需要纠正；

(4) $s'_0=0, \boldsymbol{s}\neq\boldsymbol{0}$：(意味着 $w_{\mathrm{H}}(\boldsymbol{e}')=2$)说明在 $\boldsymbol{c}$ 中发生了不可纠正的错误。

事实上，由已知信道码构造新的信道编码是一种常用操作，可以通过以下方式实现：

(1) **扩展(Extending)和打孔(Puncturing)**。

扩展：保持码字数 k 不变，增加冗余位数以增加码长，如上面的扩展汉明码。

打孔：保持 k 不变，减小冗余位。可以认为是扩展的逆过程。

(2) **增广(Augmenting)和删信(Expunging/Expurgating)**。

增广：保持 n 不变，增加码字数目 k。

删信：保持 n 不变，减小 k。

(3) **延长(Lengthening)和缩短(Shortening)**。

延长：同时增加 k 和 n。

缩短：同时减小 k 和 n。

(4) **乘积(Product)**。

以消息作为阵列，分别进行行列编码。

(5) **级联(Concatenating)**。

对消息编码后的码字再进行一次编码。级联编码的第一次所用码称外码；第二次所用码称内码。级联编码常用于既有随机差错又有突发差错的信道编码。

(6) **交织(Interleaving)**。

交织编码分为分组交织和卷积交织两种。如果交织编码所用的(n,k)码可以纠正t个随机差错，那么交织深度为D的交织编码可以纠正$D \cdot t$长的突发错误。

如前所述，如果一个(n,k)码的最小汉明距离是d^*，那么这个码可以表示为一个(n,k,d^*)码。因此，可以纠正1位错误的(7,4)汉明码可以表示为(7,4,3)汉明码。以(7,4,3)汉明码为基础构造的一系列新纠错码，如图4-10所示。

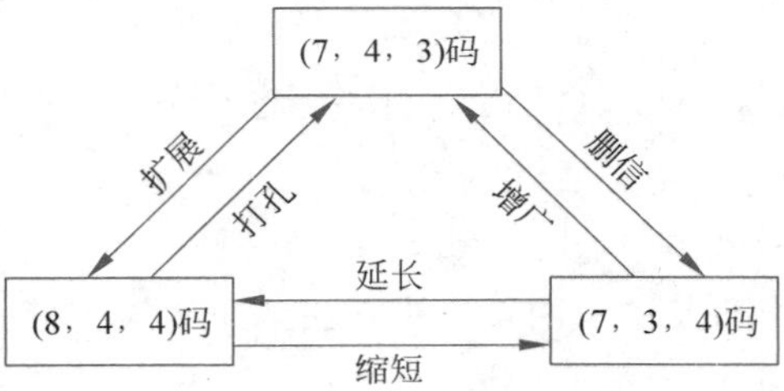

图4-10 对(7,4,3)汉明码的各种修正

4.5 线性分组码的纠错性能

4.5.1 线性分组码的最小距离与监督码元数目的关系——极大最小距离码(MDC)

由最大似然译码原理可知，对于线性分组码来说，其最小距离决定了它的检错和纠错的能力，最小距离越大，其检错纠错的能力越强。为了获得更强的纠错能力，我们需要更大的最小距离的码。一个线性分组码的最小距离与它的冗余位数r有关。

一个(n,k)线性分组码的最小距离(也就是其非零码字的最小重量)一定满足以下条件：

$$d^* \leqslant n-k+1 \tag{4-33}$$

这就是**Singliton界**(Singliton bound)。其中，使得上面等式成立的线性分组码就被称为**极大最小距离码**(Maximized Distance Code，MDC)。

当给定n和k时，根据Singliton界，这个码的最小距离是有限的，显然我们希望构造的码是MDC码，这样能够在保持n和k的情况下，得到一个最小距离的值极大的码，也就是检错纠错能力最强的码。

4.5.2 线性分组码的纠错能力与监督码元数目的关系——完备码(Perfect Code)

1. 汉明空间

为了研究错误率，引入半径为t的汉明空间的概念。与一个码字的汉明距离小于或等

于 t 的所有矢量的集合，就被称为这个码字的半径为 t 的**汉明空间**。可以计算出这个空间中所有矢量的个数，也就是这个汉明空间的容量：

$$\xi(n,t)=\sum_{j=0}^{t}\binom{n}{j} \tag{4-34}$$

其中，

$$\binom{n}{j}=\frac{n!}{(n-j)!j!} \tag{4-35}$$

例如，对于码长 $n=4$ 的二元码的某一个码字，其半径为 2 的汉明空间的容量为

$$\xi(4,2)=\sum_{j=0}^{2}\binom{4}{j}=\binom{4}{0}+\binom{4}{1}+\binom{4}{2}=11$$

不失一般性，我们看看全零码字 $\boldsymbol{u}=(0000)$ 的汉明空间。与这个码字的汉明距离小于或等于 2 的矢量有：

（1）与 $\boldsymbol{u}$ 的汉明距离为 2 的矢量：0011，1001，1010，1100，0110，0101；

（2）与 $\boldsymbol{u}$ 的汉明距离为 1 的矢量：0001，0010，0100，1000；

（3）与 $\boldsymbol{u}$ 的汉明距离为 0 的矢量：0000；

可见，这个汉明空间中与 $\boldsymbol{u}$ 的汉明距离小于或等于 2 的矢量的个数为 $6+4+1=11$ 个，和上面计算出来的汉明空间的容量值一致。

2. 汉明限

对于一个二元(n,k)线性分组码，如果它的纠错能力为 t，则说明在每个合法码字的半径为 t 的汉明空间内的所有矢量都能被唯一地译码出来，或者说，每个矢量都至少有一个唯一的伴随式与之对应，而二元(n,k)线性分组码的伴随式的个数为 2^{n-k}，因此有

$$2^{n-k}\geqslant\sum_{i=0}^{t}\binom{n}{i} \tag{4-36}$$

这个结论被称为**汉明限**。任何一个能纠正 t 个错误的码都应该满足上述不等式。使得式(4-36)中的等号成立的二元(n,k)线性分组码被称为**完备码**。也就是说，对于完备码，由码的纠错能力所确定的伴随式数目恰好等于可纠正的错误图样数，所以完备码的 $n-k$ 个监督码元得到了充分利用。

我们可以用矢量空间中的码字分布来直观理解完备码的概念。一个(n,k)线性分组码的所有 2^n 个可能接收到的矢量分布在围绕 2^k 个合法码字的汉明空间中，这些汉明空间的半径为纠错能力 t，这些汉明空间都是不相交的，每一个接收矢量都落在这些空间之一，而这些空间之外没有一个矢量。在相同的纠错能力下，完备码的冗余最少，效率最高。需要注意的是，完备码不一定是纠错能力最强的码。

迄今为止发现的完备码并不多，主要有汉明码、奇连重复码等。

1）汉明码是能纠正 1 位错误的完备码

由于汉明码是纠 1 位错误码，由汉明码的结构特性，其错误图样数目为

$$\binom{n}{1}=n=2^r-1$$

即满足式

$$2^{n-k}=\sum_{i=0}^{t}\binom{n}{i}$$

故所有汉明码都是完备码。

2）奇连重复码是能纠正$(n-1)/2$位错误的完备码

奇连重复码是$(n,1)$码，其中n为奇数，所以它的码长n及纠错位数t可以表示为

$$k=1,\quad n=d_0=2t+1,\quad 即\quad t=\frac{n-1}{2}$$

由于$\binom{n}{m}=C_n^m=\dfrac{n!}{m!(n-m)!}$，由二项式定理

$$(x+y)^n=C_n^0x^n+C_n^1x^{n-1}y+\cdots+C_n^ny^n$$

当$x=y=1$时，可得

$$2^n=C_n^0+C_n^1+\cdots+C_n^n$$

考虑到$C_n^m=C_n^{n-m}$，有

$$2^n=(C_n^0+C_n^1+\cdots+C_n^{\frac{n-1}{2}})\times 2$$

则$2^{n-1}=C_n^0+C_n^1+\cdots+C_n^{\frac{n-1}{2}}$，即$2^{n-k}=\sum\limits_{i=0}^{t}C_n^i$。

可见，奇连重复码满足式

$$2^{n-k}=\sum_{i=0}^{t}\binom{n}{i}$$

故奇连重复码$(n,1)$是能纠正$(n-1)/2$位错误的完备码。

4.5.3 线性分组码对减小错误率的作用

一个线性分组码的纠错性能体现在通过信道传输的数据经过这个码的编码和译码以后，其错误率有多大的改善。所以，这里先定义信道传输中的错误率的概念。

1. 信道的原始错误率

信道的原始错误率指的是通过信道传输的数据在没有进行纠错编码和译码的情况下，原始的错误发生率。原始错误率和信道的噪声影响有关。定义为

错误率＝一个分组中的平均错误个数/分组长度

如果在信息的发送端和接收端分别进行纠错编码和译码，那么根据这个纠错码的纠错能力，将能够纠正一部分在信道传输中发生的错误，从而降低信道的错误率。

2. 不可恢复的错误率(差错率)

不可恢复的错误率(差错率)指的是经过译码纠错以后，仍然存在的错误率。

当传输的数据经过纠错编码和译码之后，能够纠正在这种码的纠错能力范围内的所有错误，但并不能纠正其纠错能力范围之外的错误，也就是说，不是传输中发生的所有错误都能被纠正。这样，当经过纠错编码译码之后，数据仍然存在一定的错误率，这被称为不可恢复的错误率。

3. 不可检测的错误率(漏检率)

由于$\boldsymbol{v}=\boldsymbol{c}+\boldsymbol{e}$，如果$\boldsymbol{e}\in C$，那么$\boldsymbol{v}\in C$。

在这种情况下，发生的码字错误$\boldsymbol{e}$是一个合法码字，这个错误将使得接收码字$\boldsymbol{v}$不会变

成非法码字，而是会变成另外一个合法码字。那么在接收方就不会认为接收到了错误码字，因而不会对其进行纠错。因此这样的错误就被称为不可检测的错误。显然不可检测的错误是无法纠正的。而不可恢复的错误则超出了这个码的纠错能力范围。

在二元对称信道模型(BSC 信道)下，假定任意比特的错误概率独立于其他比特的错误概率。一个码长为 n 的线性分组码在错误传递概率为 p 的 BSC 信道中传输，正好发生 t 个错误的概率为

$$\Pr(t;\ p,n)=\binom{n}{t}p^{t}(1-p)^{n-t} \tag{4-37}$$

这样，纠错码的性能就可以用错误概率来衡量。由式(4-37)可知，码长为 n 的线性分组码在传输中发生小于或等于 t 个错误的概率为

$$\Pr(\leqslant t)=\sum_{j=0}^{t}\Pr(j;\ p,n)=\sum_{j=0}^{t}\binom{n}{j}p^{j}(1-p)^{n-j} \tag{4-38}$$

如果这个线性分组码的纠错能力为 t，也就是它最多可以纠正 t 个错误，那么由式(4-38)可知，这个码在传输中发生大于 t 个错误的概率，即**不可恢复的错误率(差错率)**为

$$\Pr(>t)=1-\Pr(\leqslant t) \tag{4-39}$$

这个线性分组码的长度为 n 的码字发生的平均错误个数为

$$\bar{t}=\sum_{j=0}^{n}j\binom{n}{j}p^{j}(1-p)^{n-j}=np \tag{4-40}$$

错误个数的方差为

$$\sigma_t^2=E[(t-\bar{t})^2]=\sum_{j=0}^{n}(j-\bar{t})^2\binom{n}{j}p^{j}(1-p)^{n-j}=np(1-p) \tag{4-41}$$

例 **4.11** 在错误传递概率为 p 的 BSC 信道中，采用双连重复码作为信道编码，试讨论其编码效率和漏检率。

解：

双连重复码是(2,1)码，其编码效率为

$$\eta=\frac{k}{n}=50\%$$

对于双连重复码来说，发生 2 位错误时，一个许用码字将变成另一个许用码字，因此漏检率为 2 位同时发生错误的概率为

$$\Pr(=2)=\binom{2}{2}p^{2}(1-p)^{0}=p^{2}$$

例 **4.12** 已知 BSC 信道的错误传递概率 $p=0.01$，试讨论(7,4)汉明码对减小差错率的作用。

解：

如果不进行信道编码，每位信息差错率为 $p=0.01$；

采用(7,4)汉明码编码能纠正 1 位错，差错率变为

$$\begin{aligned}\Pr(>1)&=1-\Pr(\leqslant 1)\\&=1-\binom{7}{0}p^{0}(1-p)^{7}-\binom{7}{1}p^{1}(1-p)^{6}\end{aligned}$$

$$=1-0.99^7-7\times0.01\times0.99^6$$
$$=0.002$$

可见，采用(7,4)汉明码作为信道编码后，差错率降低了一个数量级。

例 4.13 已知 BSC 信道的错误传递概率 $p=10^{-7}$。设未编码的 10b 长的码字在信道中传输，发送端的比特率为 10^7 b/s。

(1) 未编码时，接收一个码字发生错误的概率是多少？

(2) 如果给未编码的码字增加一个奇偶校验位，则码字的长度变成了 11b。这里采用偶校验，它可以检测单比特的错误。这时接收一个码字发生错误的概率是多少？

解：

发射的比特率为 10^7 b/s，码字长为 10b，可见码字的传输速率为 10^6 word/s。

(1) 未编码时，可以认为这个码的纠错能力 $t=0$，那么接收一个码字发生错误的概率为

$$\Pr(>0)=1-\Pr(\leqslant 0)=1-\binom{10}{0}p^0(1-p)^{10}=10^{-6}$$

考虑到码字的传输速率为 10^6 word/s，则

$$10^{-6}\times10^6\,\text{word/s}=1\text{word/s}$$

也就是说，每秒将有一个码字发生错误，这个错误是不可恢复的错误。

(2) 编码后，每个码字增加一个奇偶校验比特，一个码字的长度变成了 11b。奇偶校验编码可以检测单比特的错误，如果检测到错误后就请求发送端重新传输这个码字，并且忽略这样造成的速率延迟，那么我们可以认为这种编码的纠错能力 $t=1$。这时，纠错译码之后的不可恢复的错误率(差错率)为

$$\begin{aligned}\Pr(>1)&=1-\Pr(\leqslant 1)\\&=1-\binom{11}{0}p^0(1-p)^{11}-\binom{11}{1}p^1(1-p)^{10}\\&=110p^2\\&=11\times10^{-13}\end{aligned}$$

这时，因为新的码字的传输速率为 $10^7/11$word/s，则

$$(11\times10^{-13})\times(10^7/11)\text{word/s}=10^{-6}\text{word/s}$$

也就是说，平均 10^6s，也就是约 11.5 天才会发生一个不可恢复的码字错误。从这个例子可以看到，使用简单的奇偶校验编码就能大大降低传输错误率。

例 4.14 对于给定的线性分组码的码长 n 和 BSC 信道的错误传递概率 p，计算它们的 3σ 错误范围 $t_{3\sigma}=\bar{t}+3\sigma_t$。

$$p\in\{0.1,0.01,10^{-3},10^{-4},10^{-5}\}$$
$$n\in\{7,15,31,63,127,255\}$$

解：根据式(4-40)和式(4-41)，可以得到 3σ 错误范围如表 4-11 所示。

表 4-11 根据码长 n 和错误传递概率 p 计算 3σ 错误范围

p	n					
	7	15	31	63	127	255
0.1	3.081	4.986	8.111	13.444	22.842	39.872
0.01	0.86	1.306	1.972	2.999	4.634	7.317

续表

p	n					
	7	15	31	63	127	255
10^{-3}	0.258	0.382	0.559	0.816	1.196	1.769
10^{-4}	0.080	0.118	0.17	0.244	0.351	0.505
10^{-5}	0.025	0.037	0.053	0.076	0.108	0.154

从表 4-11 中可以发现，对于给定的 n，当 p 改变了 4 个数量级的时候，3σ 范围只变化了 2 个数量级；另外，对于给定的 p，当 n 改变 1 个数量级的时候，3σ 范围也变化 1 个数量级。

第5章 循 环 码

CHAPTER 5

本章概要

循环码具有纠正随机错误和突发错误的能力，因此在通信、存储和数据传输等领域具有广泛的应用前景。本章首先利用代数学的知识，详细描述了循环码的多项式表达，并引出了码字的循环移位的多项式形式，从而建立了循环码的移位寄存器实现的理论基础。接着，本章详细介绍了循环码的编码方法和译码方法，以及其纠错原理、硬件实现和扩展循环码的方法。然后介绍了纠突发错误码的概念，以及一类实用的纠突发错误码——法尔码。最后，作为系统循环码的一个典型应用，详细介绍了 CRC 码及其校验方案。

第 4 章介绍了线性分组码的概念。在线性分组码中，有一类特殊的码字被称为循环码。作为代数编码的重要代表，循环码是线性分组码的一个子类。它是 1957 年普兰奇(Prange)提出的。循环码的检错和纠错能力强，不但可以纠正随机错误，而且可以用于纠正突发错误。而且，循环码可以用代数方法来设计、构造和分析，它的码字的循环特性使得其编码和译码易于用具有反馈连接的移位寄存器来实现，相关电路结构简单，速度快。目前在实际差错控制系统中所使用的线性分组码几乎都是循环码。

注意，循环码仍然是线性分组码，所以它首先要满足线性分组码的两个条件：第一，它包含一个全零码字；第二，任意两个码字的线性组合仍然是一个合法码字。在此基础上，它还具有循环特性，即码字集合中的每一个合法码字，当对它进行循环移位以后所得到的码字仍然在这个码字集合中，仍然是一个合法码字。这一类的线性分组码就被称为循环码。

例 5.1 对于一个(7,3)线性分组码，其校验矩阵和生成矩阵分别为

$$\boldsymbol{H}=\begin{bmatrix}1&0&1&1&0&0&0\\1&1&1&0&1&0&0\\1&1&0&0&0&1&0\\0&1&1&0&0&0&1\end{bmatrix},\quad \boldsymbol{G}=\begin{bmatrix}1&0&0&1&1&1&0\\0&1&0&0&1&1&1\\0&0&1&1&1&0&1\end{bmatrix}$$

求这个码的所有码字。

解：

由 $\boldsymbol{c}=\boldsymbol{m}\cdot\boldsymbol{G}$ 得到这个(7,3)码的所有合法码字如表 5-1 所示。

表 5-1 例 5.1 的(7,3)码的信息字和对应码字

信息字	对应码字
000	0000000
001	0011101
010	0100111
011	0111010
100	1001110
101	1010011
110	1101001
111	1110100

可以看到,(7,3)线性分组码的合法码字共构成了两组循环,如图 5-1 所示。

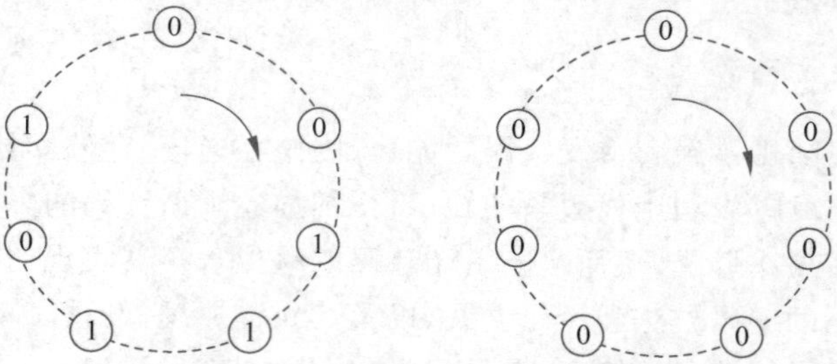

图 5-1 (7,3)循环码中的两组码字循环

5.1 循环码的概念

5.1.1 循环码的定义

循环的概念可以用整数的例子来说明。例如,把任意一个整数对 5 取模,得到的余数一定是在集合{0,1,2,3,4}中,而且随着整数的增加,得到的余数是循环出现的。这就是取模运算的循环特性。

线性分组码 C 中的任一码字 $\boldsymbol{c}=[c_{n-1}\cdots c_1 c_0]$,循环左移一位得到 $\boldsymbol{c}'$:

$$\boldsymbol{c}=[c_{n-1}\cdots c_1 c_0]\rightarrow \boldsymbol{c}'=[c_{n-2}\cdots c_0 c_{n-1}]$$

如果 $\boldsymbol{c}'$ 也是这个码的一个合法码字,则码 C 就被称为循环码。所以循环码就是这样一类特殊的线性分组码,其中每一个码字的循环移位仍然是一个合法码字。也就是对于 $\boldsymbol{c}\in C$,其循环移位 $\boldsymbol{c}'\in C$。

例如,(6,2)重复码 $C=\{[000000],[010101],[101010],[111111]\}$是一个循环码,因为它不但满足线性分组码的条件,而且其中任一个码字的循环移位仍然是码集中的一个合法码字。

由于循环码是线性分组码,所以第 4 章介绍的所有编码和译码技术都仍然适用于循环码,例如,用矢量表示码字,用生成矩阵来编码,用伴随式译码等等。不过由于实际中用到的循环码的码长较长,如果用矩阵运算来进行编码、译码会非常耗时。不过循环码的循环特性使得我们可以用多项式的方法来描述它,从而得到相对简洁的表达,而且相应的编码和译码算法也比较简洁。

5.1.2 循环码的多项式表示

1. 比特位置算子

定义比特位置算子 x 表示其对应的码元在码字中的位置,如在第 j 位上的码元就可以乘以 x^j 来表示它的位置。比特位置算子满足两种运算:加法运算(结合律)和乘法运算。

$$ax^j + bx^j = (a+b)x^j$$

$$(ax^j)\cdot(bx^k) = (a\cdot b)x^{j+k} \tag{5-1}$$

用比特位置算子来表示一个码字,就是循环码的多项式表达。例如,码字 $\boldsymbol{c}=[c_{n-1}\cdots c_1 c_0]$的多项式表达为

$$c(x) = c_{n-1}x^{n-1} + c_{n-2}x^{n-2} + \cdots + c_1 x + c_0 = \sum_{j=0}^{n-1} c_j x^j \tag{5-2}$$

例如,对于 $\boldsymbol{c}=[0\ 0\ 0\ 1\ 1\ 0\ 1]$,其码多项式为 $c(x)=x^3+x^2+1$。一个码字可以由一个多项式来唯一表达。这里讨论的是二元域中的码字,码元符号为 0 或者 1。如果是多元域,那么多项式同时表示了码字中每个元素的值和位置。例如,一个八元域中的码字 $\boldsymbol{c}=[5\ 3\ 7\ 7\ 0\ 2]$,可以用多项式表示为 $c(x)=5x^5+3x^4+7x^3+7x^2+2$。

2. 多项式的秩

对于多项式 $c(x)$,可以定义它的秩 $\deg(c(x))$。多项式的秩就是多项式中系数不为零的最高幂次。例如,对于 $\boldsymbol{c}=[0001101]$,其秩为

$$\deg(c(x)) = \deg(x^3+x^2+1) = 3$$

显然,对于码长为 n 的循环码,其非零系数的最高幂次为 $n-1$,即

$$\deg(c(x)) \leqslant n-1 \tag{5-3}$$

3. 多项式的长除法

任何一个多项式 $f(x)$都可以表示成这样的形式

$$f(x) = q(x)g(x) + \rho(x) \tag{5-4}$$

其中,

$$\deg(\rho(x)) < \deg(g(x))$$

得到的 $q(x)$就是商式,$\rho(x)$就是余式,可以写成

$$\rho(x) = f(x)/g(x) \tag{5-5}$$

其中的"/"表示取模运算(如无特殊说明,本章中"/"都表示取模运算)。由除法运算可知,余式的秩一定小于除式的秩。即 $\deg(\rho(x))<\deg(g(x))$。多项式的取模运算可以通过做多项式长除法得到。下面的例题展示了长除法的过程。

例 5.2 计算定义在 GF(2)上的多项式除法$(x^4+x^3+1)/(x^3+x+1)$。

解:

$$\begin{array}{r}
x+1 \\
x^3+x+1\overline{)\,x^4+x^3+1} \\
\underline{x^4+x^2+x} \\
x^3+x^2+x+1 \\
\underline{x^3+x+1} \\
x^3 \rightarrow r(x)
\end{array}$$

从多项式的长除法表达，可以得到以下结论：

如果有两个多项式 $f_1(x)$ 和 $f_2(x)$，分别可以表示为

$$f_1(x)=q_1(x)g(x)+\rho_1(x)$$
$$f_2(x)=q_2(x)g(x)+\rho_2(x)$$

那么以下结论是成立的：

$$\begin{cases}[f_1(x)+f_2(x)]/g(x)=\rho_1(x)+\rho_2(x)\\ [f_1(x)\cdot f_2(x)]/g(x)=[\rho_1(x)\cdot\rho_2(x)]/g(x)\end{cases}\tag{5-6}$$

需要注意的是，乘法运算的结果还要对 $g(x)$ 再次取模，才能保证结果的秩小于 $g(x)$ 的秩。

5.1.3 多项式数学结构

循环码的多项式构成了一种称为环的数学结构。环是一种周期性的数学结构，例如，前面提到的把任意一个整数对 5 取模，得到的余数一定是在集合{0,1,2,3,4}中，而且随着整数的增加，得到余数的结果是周期性出现的。多项式也同样存在这样的特性。把一系列的多项式对某一个多项式 $p(x)$ 取模，得到的余式多项式也会周期性地出现，这样的周期性的余式多项式集合就可以称为一个环。为了更好地理解循环码的多项式表示方法，下面介绍一些必要的数学概念，包括群、环和域的定义和基本定理。

1. 群(Group)

假设非空集合 G，在 G 上定义的一种运算 $*$。如果该运算满足下列性质，则称集合 G 为群(group)：

(1) 封闭性。任取集合 G 中的元素 a 和 b，若 $a*b=c$ 也是集合中的元素，则称运算满足封闭性。

(2) 结合律。任取集合 G 中的元素 a、b、c，若满足 $(a*b)*c=a*(b*c)$，则称运算满足结合律。

(3) G 中存在一个恒等元 e，对于任取集合 G 中的元素 a，存在 a 的逆元素 $a^{-1}\in G$ 满足，

$$a*a^{-1}=e\tag{5-7}$$

符号 $*$ 定义了 G 上的一种代数运算，可以是普通的加法运算，也可以是其他运算。

不难验证，整数全体在普通加法运算下构成了群，元素 0 是群中的恒等元。

如果群中的元素还满足交换律，即任取集合 G 中的元素 a、b，满足 $a*b=b*a$，则称群为可交换群或阿贝尔群。

需要注意的是：

(1) 群中的恒等元是唯一的，每个元素的逆元素也是唯一的。

(2) 群中元素的个数称为群的阶。

2. 环(Ring)

假设 R 为非空集合，并在 R 上定义了加法 $+$ 和乘法 $*$ 两种代数运算，如果满足以下条件，则称 R 为环(ring)。

(1) 在加法运算下构成了群，且是阿贝尔群。

(2) 对乘法满足封闭性。即任取集合 R 中的元素 a 和 b，则 $a*b=c$ 也是集合中的元素。

(3) 满足乘法结合律。即任取集合 R 中的元素 a、b、c，则 $(a*b)*c=a*(b*c)$。

(4) 分配律成立。即任取集合 R 中的元素 a、b、c，则 $a*(b+c)=a*b+a*c$，$(b+c)*a=b*a+c*a$。

由上述条件可知，环 R 上定义了两种运算，但在乘法运算下，不要求 R 中有恒等元(单位元)，所以也就不要求 R 中的元素有乘法逆元。如果环中有恒等元(单位元)存在，则称该环为有单位元的环。如果 R 在乘法运算下满足交换律，则称 R 为可交换环。

例如，全体整数在普通加法和乘法下构成环。

3. 域(Field)

域是有单位元素，且非零元素有逆元素的环。在普通代数中，称全体有理数的集合为有理数域，全体复数的集合称为复数域。如果域 F 中元素的数目是无限的，则称其为无限域；如果域 F 只包含有限个元素，则称其为**有限域**。有限域中元素的个数称为**有限域的阶**。有限域在密码编码学中得到了广泛的应用。每个有限域的阶必为素数的幂，即有限域的阶可表示为 p^n(p 是素数、n 是正整数)，这样的有限域通常称为**伽罗华域**(Galois Field)，记为 GF(p^n)。

我们仅讨论二进制编码理论中所涉及的二元伽罗华域 GF(2)上的多项式。即这些多项式的系数取自 GF(2)，这时多项式模 $p(x)$后余式多项式构成的环可以被称为"环 GF(2) $F[x]/p(x)$"。其中，

(1) GF(2)表示多项式的系数是从二元伽罗华域中取出的。

(2) $[x]$表示这是一个多项式的集合。

(3) 开始的$/p(x)$表示这些多项式是对多项式 $p(x)$取模运算得到的。

在取模运算中，如果把被除式换成任意多项式，结果就成为一个多项式环。那么一个特定的多项式环中会包含哪些多项式？

1) 考虑定义在 GF(2)上的环 $F[x]/(x^2+x+1)$

在环 GF(2)$F[x]/p(x)$中，包含的多项式都是$/p(x)$的余式，所以其秩一定会低于 $p(x)$的秩。这个多项式环包含的元素(多项式)的秩应该低于被除式 x^2+x+1 的秩，所以这些元素最高为一次多项式，这样的多项式可以写成 $ax+b$ 的形式，其中，$a,b\in$GF(2)，所以这个多项式环中一共有 $q^n=2^2=4$ 种元素，为$\{0,1,x,x+1\}$。其加法运算表和乘法运算表分别如表 5-2 和表 5-3 所示。

表 5-2 加法运算表

加法运算表$/p(x)=(x^2+x+1)$				
+	**0**	**1**	**x**	**$x+1$**
0	0	1	x	$x+1$
1	1	0	$x+1$	x
x	x	$x+1$	0	1
$x+1$	$x+1$	x	1	0

表 5-3　乘法运算表

乘法运算表/$p(x)=(x^2+x+1)$				
×	**0**	**1**	$\boldsymbol{x}$	$\boldsymbol{x+1}$
0	0	0	0	0
1	0	1	x	$x+1$
$\boldsymbol{x}$	0	x	x+1	1
$\boldsymbol{x+1}$	0	$x+1$	1	x

加法表和乘法表都是通过二元域的加法和乘法运算得到的。其中乘法表的结果是将多项式相乘以后再对 $p(x)$ 取模，或者也可以由式(5-6)得出。

2) 考虑定义在 GF(2)上的环 $F[x]/(x^2+1)$

同理，这个多项式环包含的元素为$\{0,1,x,x+1\}$。其加法运算表和乘法运算表分别如表 5-4 和表 5-5 所示。

表 5-4　加法运算表

加法运算表/$p(x)=(x^2+1)$				
+	**0**	**1**	$\boldsymbol{x}$	$\boldsymbol{x+1}$
0	0	1	x	$x+1$
1	1	0	$x+1$	x
x	x	$x+1$	0	1
$\boldsymbol{x+1}$	$x+1$	x	1	0

表 5-5　乘法运算表

乘法运算表/$p(x)=(x^2+1)$				
×	**0**	**1**	$\boldsymbol{x}$	$\boldsymbol{x+1}$
0	0	0	0	0
1	0	1	x	$x+1$
$\boldsymbol{x}$	0	x	1	1
$\boldsymbol{x+1}$	0	$x+1$	$x+1$	0

可见，这两个环包含的多项式集合是相同的，加法表也相同，但乘法表有差别。

5.1.4　多项式的分解

如果域 $F[x]$中的多项式可以表示为 $f(x)=a(x)b(x)$，其中 $a(x)$和 $b(x)$都是域 $F[x]$中的多项式，而且 $a(x)$和 $b(x)$的秩都小于 $f(x)$的秩，那么称 $f(x)$在 $F[x]$中是可约的，也就是可分解的；反之 $f(x)$不可约。

如果一个多项式在域 $F[x]$上是首一的，而且不可约，就可以把它称为域 $F[x]$上的素多项式。

定理 5.1　多项式的分解

(1) 在 GF(q)域上，多项式 $f(x)$有线性因子$(x-a)$的充要条件是 $f(a)=0$，其中，a 是 GF(q)的一个域元素。

(2) 二阶或三阶多项式 $f(x)$在 GF(q)域上是不可约的充要条件是，对于所有 $a\in$ GF(q)，都有 $f(a)\neq 0$。

(3) 在任意域上，都成立 $x^n-1=(x-1)(x^{n-1}+x^{n-2}+\cdots+x+1)$。其中第二个因式有可能还可以进一步分解。

下面的例题根据以上的分解定理对多项式进行了分解。

例 5.3 在 GF(2)上对 x^7-1 进行因式分解。

解：

(1) 根据定理 5.1 的(3)，可以得到

$$x^7-1=(x-1)(x^6+x^5+x^4+x^3+x^2+x^1+1)$$

下面继续对第二个因式进行分解。

(2) 设

$$f_1(x)=x^6+x^5+x^4+x^3+x^2+x^1+1$$

GF(2)的域元素只有 0 和 1，$f_1(0)=1$，$f_1(1)=1$，可见，$f_1(x)$不存在线性因式。

(3) 对于二阶因式 ax^2+bx+c，(a,b,c)的可能取值为(1,0,0)、(1,0,1)、(1,1,0)、(1,1,1)，分别对应多项式 x^2、x^2+1、x^2+x、x^2+x+1。用 $f_1(x)$分别对这些因式做长除法，发现它们都不能整除，所以它们都不是 $f_1(x)$的因式。

(4) 尝试三阶因式 ax^3+bx^2+cx+d，根据(a,b,c,d)可能的取值对应的多项式去除 $f_1(x)$，发现 x^3+x+1 可以整除 $f_1(x)$，所以它是 $f_1(x)$的一个因式，经过长除法，得到的商是另一个因式 x^3+x^2+1。

(5) 对得到的因式 x^3+x+1 和 x^3+x^2+1，将域元素 0 和 1 分别代入，发现结果非零，根据定理 5.1 的(2)，它们都是不可约的。

(6) 最终得到了 x^7-1 在 GF(2)上的分解结果：

$$x^7-1=(x-1)(x^3+x^2+1)(x^3+x+1)$$

需要注意的是，由于在 GF(2)中加法和减法等价，所以分解 x^7+1 的结果和分解 x^7-1 的结果相同。

5.1.5 码字的循环移位

从前面的讨论，可以进一步得到以下推论：

(1) $x^n=1(\bmod (x^n-1))$。因此，任何多项式对 x^n-1 取模，都可以用这样的方式来化简：用 1 取代 x^n，用 x 取代 x^{n+1}，以此类推。

(2) 对于$(\bmod (x^n-1))$来说，任何多项式乘以 x 就对应于这个码字的一次循环左移。

设 $c(x)=c_{n-1}x^{n-1}+c_{n-2}x^{n-2}+\cdots+c_1x+c_0$，它是码字 $\boldsymbol{c}=[c_{n-1}\cdots c_1c_0]$的码多项式。这个码字的一次循环左移得到的码字为 $\boldsymbol{c}'=[c_{n-2}\cdots c_0c_{n-1}]$，对应的码多项式为 $c'(x)=c_{n-2}x^{n-1}+c_{n-3}x^{n-2}+\cdots+c_0x+c_{n-1}$。用长除法计算 $xc(x)\bmod(x^n-1)$如下

$$\begin{array}{r l} & \underline{\qquad\qquad\qquad\qquad\qquad\qquad\qquad c_{n-1}} \\ x^n-1 \big) & c_{n-1}x^n+c_{n-2}x^{n-1}+\cdots+c_0x \\ & \underline{c_{n-1}x^n \qquad\qquad\qquad\qquad\quad -c_{n-1}} \\ & c_{n-2}x^{n-1}+c_{n-3}x^{n-2}+\cdots+c_0x+c_{n-1} \end{array}$$

可以看出，

$$xc(x)\bmod(x^n-1)\equiv c'(x) \tag{5-8}$$

即，对于取模运算(mod (x^n-1))来说，$c(x)$乘以 x 就对应于这个码字的一次循环左移。进一步地，如果用 $c^{(k)}(x)$表示 $c(x)$的 k 次循环左移，则有

$$c^{(k)}(x)=x^k c(x)\bmod(x^n-1)$$

可见，通过对 x^n-1 取模，就可以用乘法运算来表达码字的循环移位，这给使用移位寄存器实现循环码的编码和译码带来了很大的方便。下面将对 x^n-1 取模得到的域称为 R_n 域。在 R_n 域中的多项式的秩都低于 n。也就是说，R_n 域中的多项式可以表示的码字长度最长为 n。

以例 5.1 中的(7,3)循环码为例，任取一码字 [1110100]，其码多项式为 $x^6+x^5+x^4+x^2$。该码字循环左移一位得到码字[1101001]，其码多项式为 $x^6+x^5+x^3+1$。可以发现这两个码多项式之间存在关系：

$$x^6+x^5+x^3+1=x(x^6+x^5+x^4+x^2)/(x^7-1)$$

对码字继续循环左移，可以得到这个(7,3)循环码的所有非零码字，如表 5-6 所示。

表 5-6 例 5.1 中(7,3)循环码的非零码字表

码 字	码多项式	由上一码字左移表示
1110100	$x^6+x^5+x^4+x^2$	$x(x^5+x^4+x^3+x)/(x^7-1)$
1101001	$x^6+x^5+x^3+1$	$x(x^6+x^5+x^4+x^2)/(x^7-1)$
1010011	x^6+x^4+x+1	$x(x^6+x^5+x^3+1)/(x^7-1)$
0100111	x^5+x^2+x+1	$x(x^6+x^4+x+1)/(x^7-1)$
1001110	$x^6+x^3+x^2+x$	$x(x^5+x^2+x+1)/(x^7-1)$
0011101	$x^4+x^3+x^2+1$	$x(x^6+x^3+x^2+x)/(x^7-1)$
0111010	$x^5+x^4+x^3+x$	$x(x^4+x^3+x^2+1)/(x^7-1)$

5.2 循环码的编码

循环码是线性分组码的一种，所以可以用生成矩阵来构造循环码。然而由于循环码码字具有特殊的循环结构，因此用生成多项式来构造循环码是更一般的途径。

(n,k)循环码完全可以由它的生成多项式确定。若 $g(x)$是一个$(n-k)$次多项式，且由 $g(x)$可以生成一个(n,k)循环码，则 $g(x)$称为该循环码的生成多项式。

5.2.1 循环码的生成多项式编码方法

1. 构造(n,k)循环码的生成多项式

定理 5.2 循环码的生成多项式

设 C 是 R_n 域中一个非零的(n,k)循环码。

(1) 存在一个秩最低的唯一的首一多项式 $g(x)$，称为循环码的生成多项式，其形式为

$$g(x)=x^{n-k}+g_{n-k-1}x^{n-k-1}+\cdots+g_2x^2+g_1x+1 \tag{5-9}$$

(2) 循环码 C 中的码字就是 $g(x)$和所有秩小于或等于 $k-1$ 的多项式的乘积。

(3) $g(x)$是 x^n-1 的一个因式。

这个定理指出了一种简单的构造循环码的方法，即通过生成多项式 $g(x)$来构造循环码。

定理 5.2 指出,循环码的所有码多项式都是 $g(x)$ 的倍式,即:

$$c(x)=m(x)g(x) \tag{5-10}$$

且所有小于 n 次的 $g(x)$ 的倍式都是码多项式。也就是说,由 $g(x)$ 完全可以确定一个 (n,k) 循环码。

需要注意的是,定理 5.2 指出,$g(x)$ 是 x^n-1 的一个因式,所以可以通过分解 x^n-1 的方法来寻找码长为 n 的循环码的生成多项式 $g(x)$。下面的例题给出了具体的方法。

例 5.4 码长 $n=7$ 的二元循环码的构造方法。

解:

根据定理,要构造码长为 7 的循环码,首先应该对 x^7-1 进行因式分解,然后选取其中的因式作为生成多项式,就可以构造码长为 7 的循环码。例 5.3 中已经分解过 x^7-1 了。

$$x^7-1=(x-1)(x^3+x^2+1)(x^3+x+1)$$

由于在 GF(2) 中加法和减法等价,所以分解 x^7+1 的结果和分解 x^7-1 的结果相同。

$$x^7+1=(x+1)(x^3+x^2+1)(x^3+x+1)$$

经过组合,可以看出 x^7-1 有如下因式:

(1) 一次因式(1 个)

$$x+1$$

(2) 三次因式(2 个)

$$x^3+x^2+1,\quad x^3+x+1$$

(3) 四次因式(2 个)

$$(x+1)(x^3+x^2+1)=x^4+x^2+x+1,\quad (x+1)(x^3+x+1)=x^4+x^3+x^2+1$$

(4) 六次因式(1 个)

$$(x^3+x^2+1)(x^3+x+1)=x^6+x^5+x^4+x^3+x^2+x+1$$

若以 $(n-k)$ 次因式作为生成多项式,构造出所有码长为 7 的循环码,那么分别选择上面的因式作为生成多项式,可以构造的循环码种类有:

(1) $n-k=1$,$k=6$,选择一次因式作为生成多项式,可以构造一种 (7,6) 循环码;

(2) $n-k=3$,$k=4$,选择三次因式作为生成多项式,可以构造两种 (7,4) 循环码;

(3) $n-k=4$,$k=3$,选择四次因式作为生成多项式,可以构造两种 (7,3) 循环码;

(4) $n-k=6$,$k=1$,选择六次因式作为生成多项式,可以构造一种 (7,1) 循环码。

例如,要构造一个 (7,4) 循环码,即 $k=4$,则 $r=n-k=3$,所以应该选择秩为 3 的多项式作为生成多项式 $g(x)$,如上所述有两种,分别为

$$g_1(x)=x^3+x^2+1 \quad 和 \quad g_2(x)=x^3+x+1$$

找到生成多项式 $g(x)$ 以后,就可以根据生成多项式进行循环码的编码了。

2. 利用生成多项式进行编码

如前所述,一个循环码的码多项式 $c(x)$ 可以由其生成多项式的倍式得到:

$$c(x)=m(x)g(x) \tag{5-11}$$

每一个循环码多项式 $c(x)$ 都是一个消息多项式 $m(x)$ 和生成多项式 $g(x)$ 的乘积。由于码字的长度为 n,可以得到它们的秩之间存在如下关系:

$$\deg(c(x))\leqslant n-1$$

$$\deg(g(x))=r,\quad r=n-k$$

$$\deg(m(x)) \leqslant k-1 \tag{5-12}$$

例 5.5 给定一个二元循环码的生成多项式 $g(x)=x^3+x^2+1$,要生成码长 $n=7$ 的循环码。用生成多项式的方法来生成循环码的码字集合。

解:

用生成多项式方法 $c(x)=m(x)g(x)$,列出所有可能的消息字及其对应的多项式,然后生成码多项式。

由于 $g(x)=x^3+x^2+1$,可见 $r=\deg(g(x))=3$,又已知 $n=7$,可以得到消息码字长度 $k=n-r=4$。可见这是一个(7,4)循环码。

设消息多项式为

$$m(x)=m_3x^3+m_2x^2+m_1x+m_0$$

则编码后的码多项式为

$$c(x)=m(x)g(x)=(m_3x^3+m_2x^2+m_1x+m_0)(x^3+x^2+1)$$

如消息字 $\boldsymbol{m}=[0110]$,则 $m(x)=x^2+x$,

$$c(x)=m(x)g(x)=(x^2+x)(x^3+x^2+1)=x^5+x^3+x^2+x$$

故消息字 $\boldsymbol{m}=[0110]$对应的码字为 $\boldsymbol{c}=[0101110]$。

同理,可以生成全部 16 个消息多项式 $m(x)$所对应的 16 个码多项式 $c(x)$,写成矢量的形式如表 5-7 所示。

表 5-7 例 5.5 中(7,4)循环码消息字与码字对应表

消息字	码字	消息字	码字	消息字	码字	消息字	码字
0001	1101000	0011	1011100	0000	0000000	1101	1111111
0010	0110100	0110	0101110				
0100	0011010	1100	0010111				
1000	0001101	1111	1001011				
0111	1000110	1001	1100101				
1110	0100011	0101	1110010				
1011	1010001	1010	0111001				
循环组 1		循环组 2		循环组 3		循环组 4	

3. 循环码的构造

实际中可以根据所需要纠错码的纠错能力构造循环码。若已知信息位为 k 位,要设计纠错能力为 t 的循环码,可以按照下面的步骤构造:

(1) 根据汉明限,能纠正 t 位错误的线性分组码应该满足

$$2^{n-k} \geqslant \sum_{i=0}^{t}\binom{n}{i}$$

由上式可以求出所需要的码长 n,从而得到冗余位数 $r(=n-k)$;

(2) 由求得的 n,对 x^n+1 进行因式分解,在因式中找一个秩为 r 的因式作为生成多项式 $g(x)$,由 $c(x)=m(x)g(x)$生成的码 C 就是满足要求的循环码。

5.2.2 循环码的生成矩阵编码方法

(n,k)循环码作为一种线性分组码,也可以由其生成矩阵构成。因为(n,k)循环码是 n

维线性空间一个具有循环特性的 k 维的子空间，故 (n,k) 循环码的生成矩阵可用码空间中任一组 k 个线性无关的码字构成，即 k 个线性无关的码字构成 (n,k) 循环码的基底，基底不唯一。

设循环码的生成多项式 $g(x)$ 为

$$g(x)=g_{n-k}x^{n-k}+g_{n-k-1}x^{n-k-1}+\cdots+g_2x^2+g_1x+g_0$$

其中，$g_0=g_{n-k}=1$。

可以取 $g(x)$ 本身加上移位 $k-1$ 次所得到的 $k-1$ 个码字作为 k 个基底，即 $x^{k-1}g(x),\cdots,xg(x),g(x)$ 构成基底。

$$\begin{cases}x^{k-1}g(x)=g_{n-k}x^{n-1}+\cdots+g_2x^{k+1}+g_1x^k+g_0x^{k-1}\\ \vdots\\ x^2g(x)=g_{n-k}x^{n-k+2}+\cdots+g_2x^4+g_1x^3+g_0x^2\\ xg(x)=g_{n-k}x^{n-k+1}+\cdots+g_2x^3+g_1x^2+g_0x\\ g(x)=g_{n-k}x^{n-k}+\cdots+g_2x^2+g_1x+g_0\end{cases}\tag{5-13}$$

这 k 个码字线性无关，且由 $g(x)$ 循环移位得到，故都是码字，其多项式系数构成一个 $k\times n$ 的矩阵，就是循环码的生成矩阵。

$$\boldsymbol{G}_{k\times n}=\begin{bmatrix}g_{n-k} & g_{n-k-1} & \cdots & g_1 & g_0 & 0 & 0 & \cdots & 0\\ 0 & g_{n-k} & g_{n-k-1} & \cdots & g_1 & g_0 & 0 & \cdots & 0\\ 0 & 0 & g_{n-k} & g_{n-k-1} & \cdots & g_1 & g_0 & \cdots & 0\\ \vdots & \vdots & \vdots & \vdots & \vdots & \vdots & \vdots & \vdots & \vdots\\ 0 & 0 & 0 & 0 & \cdots & 0 & g_{n-k} & \cdots & g_0\end{bmatrix}\tag{5-14}$$

其中第一行矢量为

$$\boldsymbol{g}=[\underbrace{g_{n-k}\quad g_{n-k-1}\quad\cdots\quad g_1\quad g_0}_{n-k+1=r}\quad\underbrace{0\quad 0\quad\cdots\quad 0}_{k-1}]$$

显然，$\boldsymbol{G}$ 的每一行都是 $g(x)$ 的系数的一个循环移位。

例 5.6 (7,4)循环码：$g(x)=x^3+x+1$，$k=4$，求其生成矩阵，并生成这个码的所有码字。

解：生成矩阵由 k 个基底码字的多项式系数构成。$g(x)=x^3+x+1$，$n=7$，$g(x)$ 对应的码字为[0001011]，则

$$\boldsymbol{G}(x)=\begin{bmatrix}x^3g(x)\\ x^2g(x)\\ xg(x)\\ g(x)\end{bmatrix}=\begin{bmatrix}x^6+x^4+x^3\\ x^5+x^3+x^2\\ x^4+x^2+x\\ x^3+x+1\end{bmatrix}\Rightarrow\boldsymbol{G}=\begin{bmatrix}1&0&1&1&0&0&0\\0&1&0&1&1&0&0\\0&0&1&0&1&1&0\\0&0&0&1&0&1&1\end{bmatrix}$$

当一个循环码的生成矩阵确定后，其编码规则为 $\boldsymbol{c}=\boldsymbol{mG}$，其中，$\boldsymbol{c}$ 代表码矢量，$\boldsymbol{m}$ 代表信息矢量。例如，

$$\boldsymbol{m}=[1010]\Rightarrow\boldsymbol{c}=[1010]\begin{bmatrix}1&0&1&1&0&0&0\\0&1&0&1&1&0&0\\0&0&1&0&1&1&0\\0&0&0&1&0&1&1\end{bmatrix}=[1001110]$$

生成这个循环码的所有码字如表 5-8 所示。

表 5-8 例 5.6 中(7,4)循环码全部码字分组列出

1011000	1110100	0000000	1111111
0110001	1101001		
1100010	1010011		
1000101	0100111		
0001011	1001110		
0010110	0011101		
0101100	0111010		

可以看到,这个(7,4)循环码的全部码字分成了 4 个循环组:全 0 码字、全 1 码字、由 1011000 循环移位 6 次得到的所有 7 个码字和由 1110100 循环移位得到的所有 7 个码字。每个码字的循环移位得到的新码字都在这些循环组中。4 组码字循环示意图如图 5-2 所示。

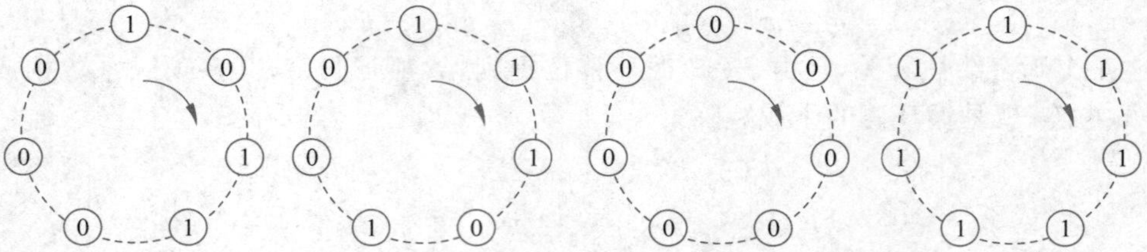

图 5-2 例 5.6 中(7,4)循环码码字循环示意图

例 5.7 已知系统的(7,4)汉明码的生成矩阵 $\boldsymbol{G}$ 如下,试求所有的码字,并判断它是不是一个循环码。

$$\boldsymbol{G}=\begin{bmatrix}1&0&0&0&1&0&1\\0&1&0&0&1&1&1\\0&0&1&0&1&1&0\\0&0&0&1&0&1&1\end{bmatrix}$$

解:根据给出的 $\boldsymbol{G}$ 矩阵,由

$$\boldsymbol{c}=\boldsymbol{mG},\quad \boldsymbol{m}=[0\ 0\ 0\ 0],[0\ 0\ 0\ 1],\cdots,[1\ 1\ 1\ 1] \tag{5-15}$$

可以生成所有码字。事实上,我们发现这样生成的所有码字就是表 5-7 中列出的全部码字,它们组成了 4 个循环码组。这说明,这个系统(7,4)汉明码的码字集合满足循环码的两个条件:

(1) 包含全 0 码字;

(2) 对其中的任何一个码字进行循环移位得到的码字都在这个码字集合中。

所以,用经典方法生成的这个系统(7,4)汉明码是循环码。

实际上,例 5.7 中的生成矩阵(系统码)可以从例 5.6 中的生成矩阵(非系统码)通过线性行列变换得到,它是(7,4)汉明码的循环码生成矩阵形式。可见(7,4)汉明码确实就是一种循环码,它也可以用生成多项式的方法很方便地构造。

5.2.3 系统循环码的编码

由第 4 章可知,在所有的等价码中,系统型的码字是最便于译码的。系统码是这样一类

编码，其消息字作为一个整体被直接嵌入码字中，这样在接收端只要经过纠错，去除冗余部分，就可以直接得到消息字了。现在来讨论系统循环码的编码方法。

1. 系统循环码的生成多项式

如果希望让消息字出现在系统码的高次幂部分，那么可得到系统循环码：

$$c(x)=x^r m(x)+x^r m(x)/g(x) \tag{5-16}$$

其中的 $x^r m(x)$ 保证了消息字经过 r 次移位出现在系统码的高次幂部分，而后面的 $x^r m(x)/g(x)$ 是 $x^r m(x)$ 对 $g(x)$ 取模的余式，由于在 GF(2) 中加法和减法一致，这里相当于将余式部分减去，这样得到的 $c(x)$ 就可以除尽 $g(x)$ 了，也就是满足下式：

$$c(x)/g(x)=0 \tag{5-17}$$

余式为 0，意味着生成的码字 $c(x)$ 可以写成 $g(x)$ 的倍式：

$$c(x)=i(x)g(x) \tag{5-18}$$

注意，这里的 $i(x)$ 与上面的 $m(x)$ 有可能是不同的多项式。由定理 5.2，在 R_n 域中 $g(x)$ 的所有倍式都是循环码的码字，可见式(5-18)中的 $c(x)$ 是一个由生成多项式 $g(x)$ 生成的循环码的合法码字。

在式(5-16)生成的码字 $\boldsymbol{c}$ 中，消息字 $\boldsymbol{m}$ 就出现在码的高次幂部分，可见这是一个系统型的码字。这样用式(5-16)就生成了系统循环码。式(5-16)也可以写成下面的形式：

$$c(x)=x^r m(x)+d(x) \tag{5-19}$$

其中，$d(x)=x^r m(x)/g(x)$ 是生成的码字中除了消息字以外的部分，被称为校验比特。

例 5.8 给定(7,4)循环码的生成多项式 $g(x)=x^3+x+1$，求消息字 $\boldsymbol{m}=[1010]$ 对应的系统码的码字，并求出该生成多项式所产生的全部系统循环码。

解：由 $\boldsymbol{m}=[1010]$，则消息多项式为 $m(x)=x^3+x$。

由 $n=7,k=4,r=3$，则

$$x^r m(x)=x^3(x^3+x)=x^6+x^4$$

应用长除法，得到

$$d(x)=x^r m(x)/g(x)=(x^6+x^4)/(x^3+x+1)=x+1$$

所以系统码多项式为

$$c(x)=d(x)+x^r m(x)=x^6+x^4+x+1$$

对应的系统码字为 $\boldsymbol{c}=[1010011]$，可以看到生成码字中包含了完整的消息字。对于全部 2^4 个消息字，由式(5-16)生成所有循环码字如表 5-9 所示。

表 5-9 由生成多项式 $g(x)=x^3+x+1$ 构成的(7,4)系统循环码表

消息字	码字	码多项式
0000	0000000	$0=0\cdot g(x)$
0001	0001011	$x^3+x+1=1\cdot g(x)$
0010	0010110	$x^4+x^2+x=x\cdot g(x)$
0011	0011101	$x^4+x^3+x^2+1=(x+1)\cdot g(x)$
0100	0100111	$x^5+x^2+x+1=(x^2+1)\cdot g(x)$
0101	0101100	$x^5+x^3+x^2=x^2\cdot g(x)$
0110	0110001	$x^5+x^4+1=(x^2+x+1)\cdot g(x)$
0111	0111010	$x^5+x^4+x^3+x=(x^2+x)\cdot g(x)$

续表

消 息 字	码 字	码多项式
1000	1000101	$x^6+x^2+1=(x^3+x+1)\cdot g(x)$
1001	1001110	$x^6+x^3+x^2+1=(x^3+x)\cdot g(x)$
1010	1010011	$x^6+x^4+x+1=(x^3+1)\cdot g(x)$
1011	1011000	$x^6+x^4+x^3=x^3\cdot g(x)$
1100	1100010	$x^6+x^5+x=(x^3+x^2+x)\cdot g(x)$
1101	1101001	$x^6+x^5+x^3+1=(x^3+x^2+x+1)\cdot g(x)$
1110	1110100	$x^6+x^5+x^4+x^2=(x^3+x^2)\cdot g(x)$
1111	1111111	$x^6+x^5+x^4+x^3+x^2+x+1=(x^5+x^2+1)\cdot g(x)$

由表 5-9 的第三列看到,我们生成的**系统**循环码的码多项式也可以写成 $c(x)=i(x)g(x)$的形式,即,如定理 5.2 指出的,循环码的所有码多项式都是 $g(x)$的倍式,只不过这里的 $i(x)$并不是消息字多项式 $m(x)$,也就是码字和消息字的映射关系发生了改变。

2. 系统循环码的生成矩阵

由第 4 章可知,系统型线性分组码的生成矩阵中存在一个单位阵,因此系统循环码也一样。系统循环码的生成矩阵可以有两种求法。

1) 对非系统码的生成矩阵进行初等变换

前面已经通过生成多项式系数矢量的循环移位的排列得到了循环码的生成矩阵 $\boldsymbol{G}$,对这个矩阵做初等行列变换,将其变为$[\boldsymbol{I}_k,\boldsymbol{P}_{k\times(n-k)}]$的形式,就是系统形式的生成矩阵。

$$\boldsymbol{G}=\begin{bmatrix}1 & 0 & \cdots & 0 & p_{k-1,n-k-1} & \cdots & p_{k-1,1} & p_{k-1,0}\\ 0 & 1 & \cdots & 0 & p_{k-2,n-k-1} & \cdots & p_{k-2,1} & p_{k-2,0}\\ \vdots & \vdots & & \vdots & \vdots & & \vdots & \vdots\\ 0 & 0 & \cdots & 1 & p_{0,n-k-1} & \cdots & p_{0,1} & p_{0,0}\end{bmatrix}=[I_k\ P_{k\times(n-k)}] \tag{5-20}$$

例 5.9 (7,4)循环码的 $g(x)=x^3+x^2+1$,求此码的系统形式的生成矩阵。

解:

$$\boldsymbol{G}=\begin{bmatrix}1101000\\0110100\\0011010\\0001101\end{bmatrix}\xrightarrow[r2+r3\to r2]{r3+r4\to r3}\begin{bmatrix}1101000\\0100011\\0010111\\0001101\end{bmatrix}\xrightarrow{r1+r2+r4\to r1}\begin{bmatrix}1000\ 110\\0100\ 011\\0010\ 111\\0001\ 101\end{bmatrix}$$

其中进行了初等行变换操作,如 $r3+r4\to r3$ 表示第三行和第四行的对应位做模 2 和的结果取代第三行。

2) 用单位矢量消息字对应的码字构造

用单位矢量消息字的系统循环码字作为生成矩阵的基底,排列起来就得到系统循环码的生成矩阵。

由系统循环码的构造方法 $c(x)=x^r m(x)+x^r m(x)/g(x)$可知,分别将 $x^{n-1},x^{n-2},\cdots,x^{n-k}$ 对 $g(x)$取模得到的余式记为 $p_{k-1}(x),p_{k-2}(x),\cdots,p_0(x)$,由余式对应的矢量作行矢量构成的 $k\times(n-k)$的分块矩阵 $\boldsymbol{P}$ 联合 $k\times k$ 的单位阵就构成系统形式的生成矩阵。

例 5.10 给定(7,4)循环码的生成多项式 $g(x)=x^3+x+1$,求系统形式的生成矩阵。

解：

$$\left.\begin{aligned} p_3(x)=x^6/g(x)=x^2+1 \\ p_2(x)=x^5/g(x)=x^2+x+1 \\ p_1(x)=x^4/g(x)=x^2+x \\ p_0(x)=x^3/g(x)=x+1 \end{aligned}\right. \Rightarrow \boldsymbol{P}=\begin{bmatrix} 1 & 0 & 1 \\ 1 & 1 & 1 \\ 1 & 1 & 0 \\ 0 & 1 & 1 \end{bmatrix}$$

将 $\boldsymbol{P}$ 矩阵拼上 $k\times k$ 的单位阵，得到系统码的生成矩阵为

$$\boldsymbol{G}=\begin{bmatrix} 1000 & 101 \\ 0100 & 111 \\ 0010 & 110 \\ 0001 & 011 \end{bmatrix}$$

5.3 循环码的译码

5.3.1 循环码的校验多项式和校验矩阵

由前所述，在获得 (n,k) 生成多项式的过程中，需要分解 x^n+1，可以把这个分解的过程用 $x^n+1=g(x)h(x)$ 表示。分解得到的因式中，秩为 $(n-k)$ 的因式就是所求的生成多项式 $g(x)$，而另一因式 $h(x)$ 称为**校验多项式**，它的秩为 k。

对于任何一个循环码的合法码字对应的多项式而言都有

$$c(x)=m(x)g(x) \tag{5-21}$$

$$c(x)h(x)/(x^n+1)=m(x)g(x)h(x)/(x^n+1)=0 \tag{5-22}$$

所以，将 $h(x)$ 称为**校验多项式**。

在因式分解中，$g(x)$ 和 $h(x)$ 处于同等地位，既可以用 $g(x)$ 作为生成多项式生成一个循环码，也可以用 $h(x)$ 作为生成多项式生成一个循环码。设校验多项式为

$$h(x)=h_k x^k+h_{k-1}x^{k-1}+\cdots+h_1 x+h_0 \tag{5-23}$$

则 (n,k) 循环码的一致校验矩阵为

$$\boldsymbol{H}=\begin{bmatrix} 0 & \cdots & 0 & h_0 & h_1 & \cdots & h_{k-1} & h_k \\ 0 & \cdots & h_0 & h_1 & \cdots & h_{k-1} & h_k & 0 \\ \vdots & \vdots & \vdots & \vdots & \vdots & \vdots & \vdots & \vdots \\ h_0 & h_1 & \cdots & h_{k-1} & h_k & 0 & \cdots & 0 \end{bmatrix} \tag{5-24}$$

循环码可以由其校验多项式完全确定。

设由 $g(x)$ 作为生成多项式生成的循环码为 C，则由 $h(x)$ 作为生成多项式生成的循环码就是 C 的对偶码 $C^{\perp}$。循环码 C 的对偶码 $C^{\perp}$ 的基底由 $h(x),xh(x),\cdots,x^{n-k-1}h(x)$ 构成。

例 5.11 给定(7,4)循环码的生成多项式 $g(x)=x^3+x+1$，求校验多项式和校验矩阵。

解：

由于 $x^7+1=g(x)h(x)$，而 $g(x)=x^3+x+1$，故校验多项式为

$$h(x)=x^4+x^2+x+1$$

由式(5-24)可得校验矩阵为

$$\boldsymbol{H}=\begin{bmatrix}0&0&1&1&1&0&1\\0&1&1&1&0&1&0\\1&1&1&0&1&0&0\end{bmatrix}$$

5.3.2 循环码的伴随式译码

译码的主要思想就是如何从接收序列中区分合法码字和非法码字，进而对非法码字进行纠正。在线性分组码中，对于接收码字$\boldsymbol{v}$，译码是通过构造奇偶校验矩阵$\boldsymbol{H}$，并检验$\boldsymbol{v}\boldsymbol{H}^{\mathrm{T}}=0$是否成立来分辨接收码字是不是合法码字的。

循环码的编码是采用多项式乘法实现的，由式(5-10)可知，无论是系统循环码还是非系统循环码，都满足取模运算$c(x)/g(x)=0$的条件，所以可以用多项式取模运算来校验合法码多项式，也就是检验$c(x)/g(x)=0$是否成立。对于合法码多项式此式成立，对于非法码多项式则此式不成立。

因此可以定义伴随式$s(x)=c(x)/g(x)$，然后用伴随式来检验码多项式的合法性。

假设在接收端接收到的码多项式为$v(x)$，则在一般意义上，有

$$v(x)=c(x)+e(x) \tag{5-25}$$

其中，$c(x)$是发送端所发送的合法码多项式，$e(x)$是在传输过程中的噪声对码多项式的改变。

对于给定的接收码多项式$v(x)$，其伴随式为

$$\begin{aligned}s(x)&=v(x)/g(x)\\&=c(x)/g(x)+e(x)/g(x)\\&=e(x)/g(x)\end{aligned} \tag{5-26}$$

可见，伴随式$s(x)$表示了接收码多项式$v(x)$与错误多项式$e(x)$之间的关系。类似于第4章的伴随式译码方法，这里可以建立伴随式表格，列出所有可能的$e(x)/g(x)$的结果。这样，根据$v(x)$的伴随式$s(x)$，就可以查表找出相应的错误多项式$e(x)$，并用$c(x)=v(x)-e(x)$进行纠错了。当然，伴随式表格的规模仍然取决于所用到的译码策略是完全译码策略还是有限距离译码策略。

总结一下，对于给定的接收码多项式$v(x)$，循环码伴随式译码的步骤为：

(1) **建表**。根据译码策略，建立伴随式表格，列出所有可能的$e(x)$及其对应的伴随式$e(x)/g(x)$；

(2) **求伴随式**。对$v(x)$求伴随式$s(x)=v(x)/g(x)$；

(3) **查表**。从伴随式表格中找出对应于$s(x)$的错误多项式$e(x)$；

(4) **纠错**。得到$c(x)=v(x)-e(x)$，就是对接收码多项式进行纠错后的译码结果。

例 **5.12** 已知(7,4)系统循环码的生成多项式是$g(x)=x^3+x+1$，假设接收码字为$\boldsymbol{v}=[0110010]$，请译码。

解：

由$s(x)=e(x)/g(x)$，可列出伴随式表格如表5-10所示。

表 5-10 (7,4)循环码伴随式

$e(x)$	1	x	x^2	x^3	x^4	x^5	x^6
$s(x)$	1	x	x^2	$x+1$	x^2+x	x^2+x+1	x^2+1

接收码为 $\boldsymbol{v}=[v_6v_5v_4v_3v_2v_1v_0]=[0110010]$，则

$$v(x)=x^5+x^4+x$$

伴随式为

$$s(x)=(x^5+x^4+x)/(x^3+x+1)=x+1$$

查表可知：

$$e(x)=x^3$$

纠错：

$$c(x)=v(x)-e(x)=x^5+x^4+x^3+x$$

即 $\boldsymbol{c}=[0111010]$，消息字为 $\boldsymbol{m}=[0111]$。

5.4 循环码的硬件实现

循环码是线性分组码的一个子类，因此循环码可以按一般线性分组码的规则，用组合逻辑电路产生校验位。对于信息位比较长的分组，编码位数多，编码电路也会随之变得复杂。考虑到循环码具有循环特性，编码器可以用简单的具有反馈连接的移位寄存器实现，大大简化了编码器的复杂度。利用具有反馈连接的移位寄存器实现的循环码编码电路，实际上是多项式运算电路。

5.4.1 GF(2)上的多项式运算电路

1. 多项式加法电路

在GF(2)上的多项式加法运算是多项式系数的逐位相加，可以用加法器实现，如图5-3所示是多项式 $a(x)$ 与 $b(x)$ 相加的电路。

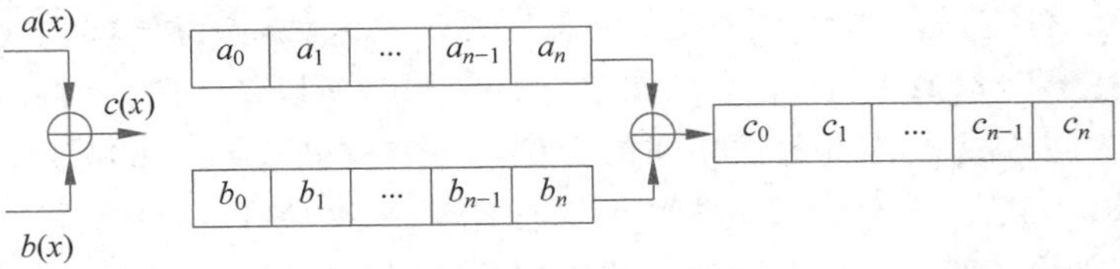

图 5-3 多项式 $a(x)+b(x)$ 电路

2. 多项式乘法电路

由前可知，多项式乘以 x 等价于移位一次，因此可以用移位寄存器实现多项式乘以 x 的电路，如图5-4所示。

图5-4中D为移位寄存器，电路中所有寄存器初态为0。由于在GF(2)上多项式系数 a_i 和 b_i 为0或1，因此两个多项式 $a(x)$ 与 $b(x)$ 相乘，可以分解为 $a(x)$ 的不同次移位后的相加。

$$\begin{aligned}a(x)b(x)&=a(x)[b_{n-1}x^{n-1}+b_{n-2}x^{n-2}+\cdots+b_1x+b_0]\\&=b_{n-1}a(x)x^{n-1}+b_{n-2}a(x)x^{n-2}+\cdots+b_1a(x)x+b_0a(x)\end{aligned}$$

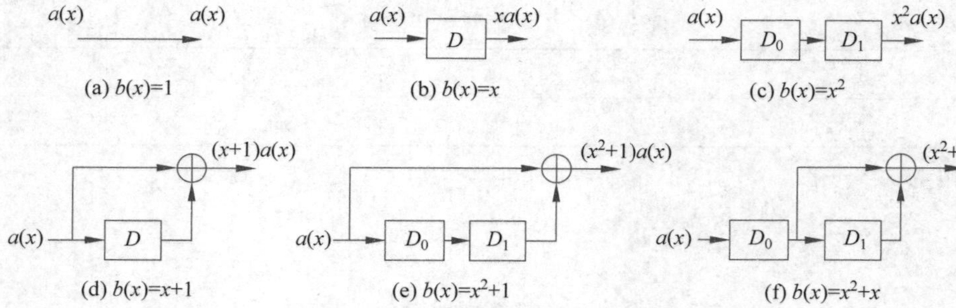

图 5-4 移位寄存器实现多项式乘法

由此得到多项式乘法的通用电路，如图 5-5 所示。

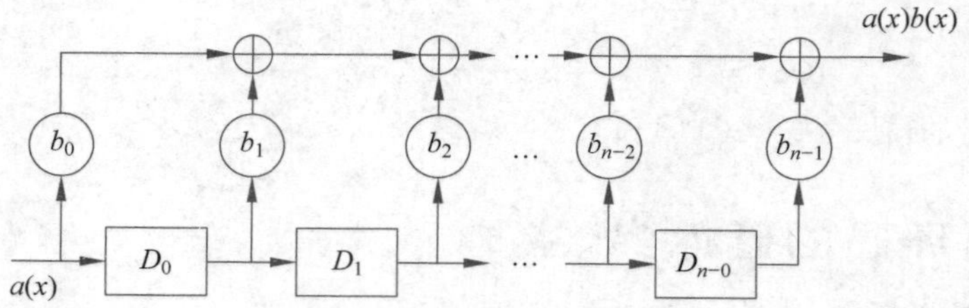

图 5-5 多项式相乘 $a(x)b(x)$ 通用电路

注意，在 GF(2)上的多项式的系数只能为 0 或者 1，因此用常乘器 b_i 构造支路。当 $b_i=1$ 时，对应支路连通；当 $b_i=0$ 时，对应支路断开，支路对应的模 2 加法器也可去掉。

3. 多项式除法电路

假定在顺序传输的过程中，首先传输的是码字的高幂次比特。

设被除式为 $a(x)=a_kx^k+a_{k-1}x^{k-1}+\cdots+a_1x+a_0$，除式为 $b(x)=b_rx^r+b_{r-1}x^{r-1}+\cdots+b_1x+b_0$，则它们的关系可以表示为

$$a(x)=q(x)b(x)+r(x)$$

其中，$q(x)$为商多项式，$r(x)$为余式多项式。

采用长除法笔算多项式除法，是从被除式的高位开始，依次对除式求商、求积、求余，然后右移一位，继续这个过程，直至被除式末尾。从原理上来说，做除法实质上是一个累计做减法的过程，而在 GF(2)域上，由于系数只能是 1 或者 0，所以做长除法时商与除式相乘（求积步骤）的结果为除式或 0，因此每次余式的高位部分与除式（或 0）做减法，然后右移一位，再继续这个循环；而且在 GF(2)域上加法和减法结果一致，所以减法运算可以用加法器来实现。因此可以如图 5-6 所示构造除法电路实现除法运算 $a(x)/b(x)$，得出商式和余式。

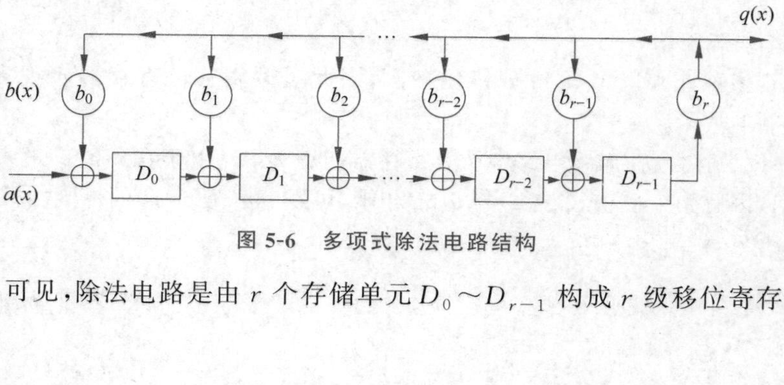

图 5-6 多项式除法电路结构

由图 5-6 可见，除法电路是由 r 个存储单元 $D_0\sim D_{r-1}$ 构成 r 级移位寄存器（r 为除式

$b(x)$的最高幂次)，再加上 $r+1$ 个乘法器和至多 r 个模 2 加法器构成的。其中，节点的系数 b_i 是除式 $b(x)$的系数，当 $b_i=1$ 时，电路中对应支路连通(直通)；当 $b_i=0$ 时，电路中对应支路断开，对应的模 2 加法器可去掉。

从除法电路的结构可以看出，除式用反馈的形式被固定在电路上(b_i 就是除式 $b(x)$的系数)，让被除式 $a(x)$的系数逐位右移通过寄存器(高次幂系数在前)，通过反馈电路实现求商、求积、求余运算，最后留在寄存器中的就是余数，上轮余数的首位被输出，它就是商。

除法电路的工作流程如下：

(1) 首先对系统中所有寄存器进行清零，然后将 $a(x)$的系数按照从高次幂到低次幂的顺序按照时序依次送入电路；

(2) 经过 r 次移位后，电路开始从高位逐位输出商多项式 $q(x)$的系数；

(3) 经过 $k+1$ 次移位后，完成整个除法运算，此时余式 $r(x)$的各项系数就保存在存储单元 $D_0 \sim D_{r-1}$ 中。

下面通过例题来说明除法电路的工作流程。

例 5.13 给定 $a(x)=x^4+x^3+1$，$b(x)=x^3+x+1$，用除法电路实现 $a(x)/b(x)$。

解：

由于 $r=\deg(b(x))=3$，所以电路中有 3 个寄存器。又 $b_2=0$，此支路断开。得到除法电路的结构如图 5-7 所示。

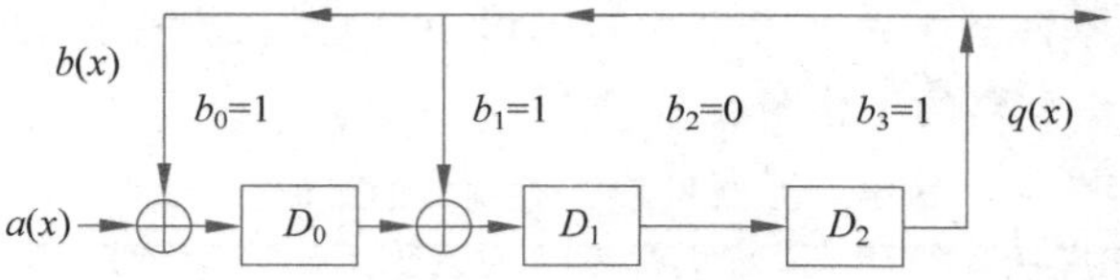

图 5-7 例 5.13 电路结构图

这个除法电路的工作节拍如表 5-11 所示。

表 5-11 例 5.13 除法电路的工作节拍

移 位	节 拍	输入 $a(x)$	D_0	D_1	D_2	输出 $q(x)$
清零	0	0	0	0	0	
$r-2$ 次	1	1	1	0	0	0
$r-1$ 次	2	1	1	1	0	0
r 次	3	0	0	1	1	0
$r+1$ 次	4	0	1	1	1	1
$k+1$ 次	5	1	0	0	1	1

可见，在 $k+1$ 次移位后，得到商多项式 $q(x)=x+1$，余式 $r(x)=x^2$。

下面利用长除法进行验算：

$$
\begin{array}{r l}
 & x \quad +1 \\
x^3+x+1 \,\big) & x^4+x^3+1 \\
 & \underline{x^4+x^2+x} \\
 & \quad x^3+x^2+x+1 \\
 & \quad \underline{x^3+x+1} \\
 & \qquad\qquad x^2 \rightarrow r(x)
\end{array}
$$

得到的余式 $r(x)=x^2$，由此可见，长除法的结果验证了除法电路的正确性。

例 5.14 设 $m(x)=x^2$，$g(x)=x^3+x+1$，用除法电路实现 $x^r m(x)/g(x)$。

解：

$g(x)$的最高幂次为 3，故 $r=3$，则除法电路中有 3 个移位寄存器。被除式为 $x^r m(x)=x^5$，即 0100000；除式为 $g(x)=x^3+x+1$，即 1011。由除法电路构造方法可以得到本例的除法电路，如图 5-8 所示。

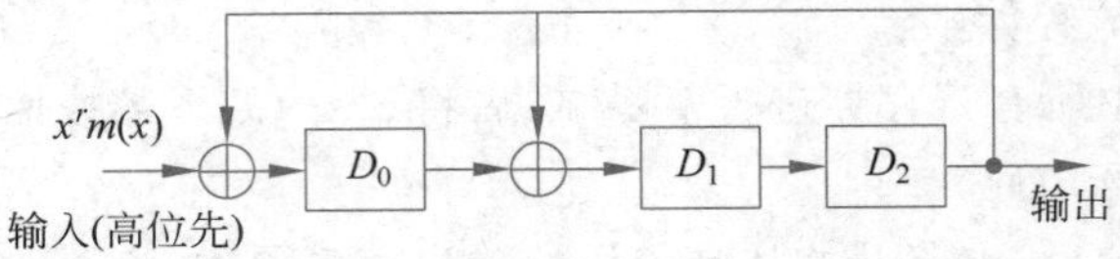

图 5-8 例 5.14 电路

余式初值为零，覆盖值是被除式减去商与除式之积。因此将被除式各位推入寄存器中，寄存器兼有减法计算功能，每次移位后都只计算 3 位长的一段。寄存器最高位(x^2 位)为 0 时，移位后除以 $g(x)$的商必然为 0；寄存器最高位为 1 时商必然为 1；因此该位的输出就是商。

该商被反馈回去，反馈位置是 $g(x)$的非 0 位，就相当于用商去乘除式，其乘积不是 0 就是 $g(x)$。模 2 加等价于模 2 减，就实现了与寄存器中原先余式的相减运算。如果商为 1，那么 $1\cdot g(x)$的最高位在与原先余式相减的运算中总是相抵消的，所以只需考虑其余 3 位的反馈即可。这个除法电路的工作节拍如表 5-12 所示。

表 5-12 例 5.14 除法电路的工作过程

节拍	输入 $x^r m(x)$	D_0	D_1	D_2	输出
0	0	0	0	0	
1	1	1	0	0	0
2	0	0	1	0	0
3	0	0	0	1	0
4	0	1	1	0	1
5	0	0	1	1	0
6	0	1	1	1	1

由表 5-12 可见，在 $x^r m(x)$ 全部输入后，移位寄存器中得到的即余式的系数，即取模运算的结果 $x^r m(x)/g(x)=x^2+x+1$。

视频 9

例 5.13 和例 5.14 的多项式除法电路工作过程可以扫码观看视频 9。

在多项式运算电路的基础上，下面继续构造循环码的编码和译码电路。

5.4.2 循环码的编码电路

由于编码方式的差异，非系统循环码和系统循环码的编码电路有不同的构造方式，下面分别介绍。

1. 非系统循环码的编码电路

由式(5-10)可知，当已知循环码的生成多项式 $g(x)$时，非系统循环码的编码可以通过 $c(x)=m(x)g(x)$得到，其中，$m(x)$为消息多项式。因此，非系统循环码的编码可以用多项式乘法电路实现。对于生成多项式为 $g(x)=g_rx^r+g_{r-1}x^{r-1}+\cdots+g_2x^2+g_1x+g_0$ 的非系统循环码,其编码电路如图 5-9 所示。

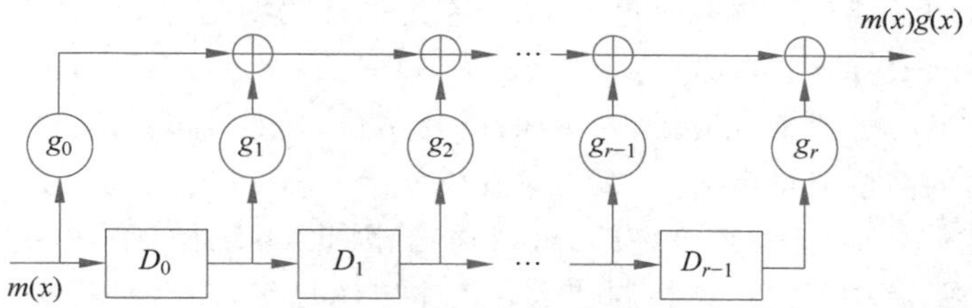

图 5-9 非系统循环码编码电路

例 5.15 (7,4)汉明码的生成多项式为 $g(x)=x^3+x^2+1$,试实现其非系统码编码电路。当 $m(x)=x^3+x$ 时,求电路编码结果。

解:

非系统循环码的编码电路采用乘法电路实现,本例电路如图 5-10 所示。

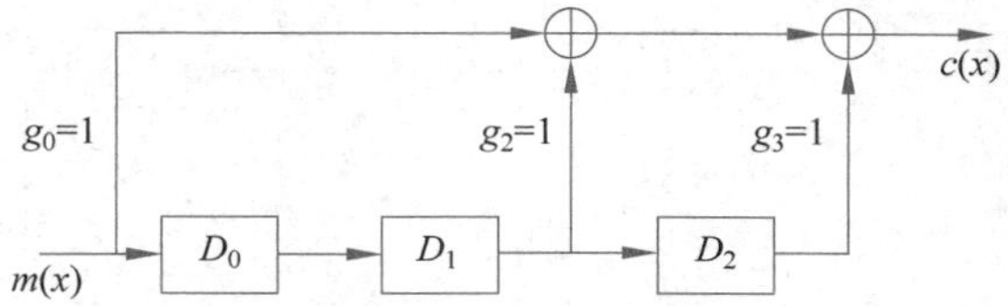

图 5-10 (7,4)非系统汉明码编码电路

由题目可知,输入的消息字 $\boldsymbol{m}=[1\ 0\ 1\ 0]$。注意,在乘法电路中,输入 $m(x)$ 时低位在前,输出 $c(x)$ 的系数时也是先输出低位。电路共工作 7 个时钟节拍,工作过程如表 5-13 所示。

表 5-13 例 5.15 电路的工作过程

节　拍	输入 $m(x)$	D_0	D_1	D_2	输出 $c(x)$	状态方程与输出方程
1	0	0	0	0	0	$D_0=m$ $D_1=D_0$ $D_2=D_1$ $C=m+D_1+D_2$
2	1	0	0	0	1	
3	0	1	0	0	0	
4	1	0	1	0	0	
5	0	1	0	1	1	
6	0	0	1	0	1	
7	0	0	0	1	1	

可以验证,当 $m(x)=x^3+x$ 时,编码器输出的非系统码多项式 $c(x)$ 为

$$c(x)=(x^3+x)(x^3+x^2+1)=x^6+x^5+x^4+x$$

即 $\boldsymbol{c}=[1110010]$,与表 5-13 的结果一致。

非系统循环码的编码电路工作过程可以扫码观看视频 10。

视频 10

2. 系统循环码的编码电路

按照编码电路中用到的移位寄存器数目不同,系统循环码的编码电路可以分为两类:$(n-k)$级移位寄存器实现的系统循环码编码电路,和 k 级移位寄存器实现的系统循环码编码电路。下面分别介绍。

1）基于生成多项式 $g(x)$ 的编码器（$(n-k)$ 级移位寄存器实现的系统循环码编码电路）

由式(5-16)可知，基于生成多项式 $g(x)$ 的系统循环码编码为

$$c(x)=x^r m(x)+r(x)=x^r m(x)+x^r m(x)/g(x)$$

其中，第一项 $x^r m(x)$ 是消息多项式 $m(x)$ 的循环移位，硬件上可以用移位寄存器实现，得到码多项式 $c(x)$ 的高位消息字部分；第二项 $r(x)=x^r m(x)/g(x)$ 是通过多项式的除法运算，得到码多项式 $c(x)$ 的低位校验字部分（余式）。因此，系统循环码的编码电路由一个除法电路和开关构成，其中开关用来控制什么时候输出消息字，什么时候输出余式（也就是校验字），两者结合编码出系统循环码的码字。图 5-11 是基于生成多项式 $g(x)$ 的系统循环码的编码电路框图。

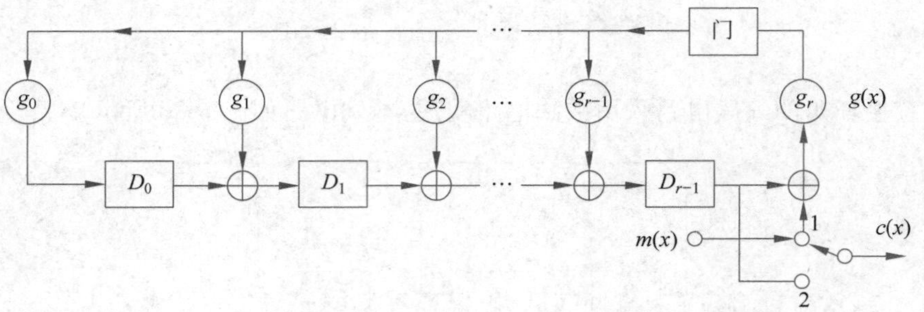

图 5-11 基于生成多项式 $g(x)$ 的系统循环码的编码电路框图

与如图 5-8 所示的电路相比，如图 5-11 所示的电路在 D_{r-1} 端加入 $m(x)$，就等于在 D_0 端加 $x^r \cdot m(x)$，这样就省去了前置的乘以 x^r 的乘法(移位)器，减少了移位次数（从 n 次减少到 k 次）。

编码的过程是：首先开关接 1，将信息元（先高位后低位）依次移入寄存器中并做除法运算，同时信息元也输出为编码码字的高位部分；从 $k+1$ 次开始，开关接 2，开始输出寄存器中经过除法运算得到的余式结果，作为编码码字的低位部分。

例 5.16 系统(7,4)循环码的生成多项式为 $g(x)=x^3+x+1$，构造系统循环码编码电路。当消息字为 $\boldsymbol{m}=[1101]$ 时，写出其工作流程。

解：采用基于生成多项式的系统循环码编码电路实现，如图 5-12 所示。

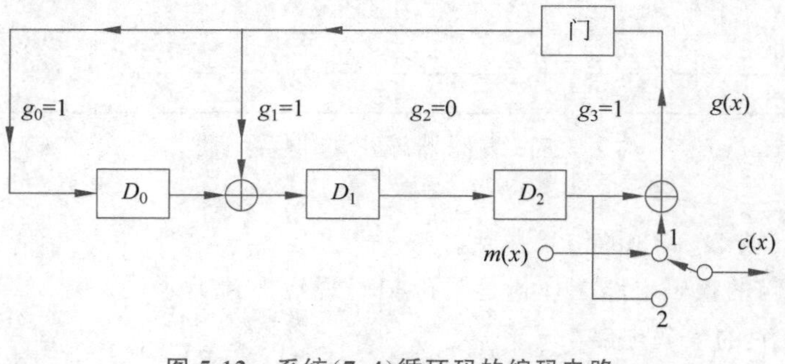

图 5-12 系统(7,4)循环码的编码电路

当消息字为 $\boldsymbol{m}=[1101]$ 时，编码过程如表 5-14 所示。

表 5-14　系统(7,4)循环码的编码过程

	节　拍	输入 $m(x)$	D_0	D_1	D_2	输出 $c(x)$
开关→1	0	0	0	0	0	
	1	1	1	1	0	1
	2	1	1	0	1	1
	3	0	1	0	0	0
	4	1	1	0	0	1
开关→2	5	—	0	1	0	0
	6	—	0	0	1	0
	7	—	0	0	0	1

输出得到的就是编码码字：$\boldsymbol{c}=[1101001]$。

可以验证，当消息字为 $\boldsymbol{m}=[1101]$时，

$$\boldsymbol{m}=[1101]\leftrightarrow m(x)=x^3+x^2+1$$

$$x^3m(x)=x^3(x^3+x^2+1),x^3m(x)/g(x)=1$$

$$c(x)=x^3m(x)+1=x^6+x^5+x^3+1\leftrightarrow \boldsymbol{c}=[1101001]$$

即 $\boldsymbol{c}=[1101001]$，与表 5-13 中的结果一致。

关于系统循环码的编码电路工作过程可以扫码观看视频 11。

一个 r 级编码器电路硬件实现的实例可以扫码观看视频 12。

视频 11

视频 12

2) 基于校验多项式 $h(x)$的编码器(k 级移位寄存器实现的系统循环码编码电路)

在 5.3.1 节定义了循环码的校验多项式 $h(x)$，它与生成多项式 $g(x)$的关系为

$$x^n+1=g(x)h(x) \tag{5-27}$$

设

$$h(x)=h_kx^k+h_{k-1}x^{k-1}+\cdots+h_1x+h_0$$

由式(5-27)可得 $h_k=h_0=1$。由式(5-24)，此循环码的一致校验矩阵 $\boldsymbol{H}$ 为

$$\boldsymbol{H}=\begin{bmatrix} 0 & \cdots & 0 & 1 & h_1 & \cdots & h_{k-1} & 1 \\ 0 & \cdots & 1 & h_1 & \cdots & h_{k-1} & 1 & 0 \\ \vdots & \vdots & \vdots & \vdots & & \vdots & \vdots & \vdots \\ 1 & h_1 & \cdots & h_{k-1} & 1 & 0 & \cdots & 0 \end{bmatrix}$$

根据线性码的监督方程式(4-13)，$\boldsymbol{Hc}^{\mathrm{T}}=\boldsymbol{0}^{\mathrm{T}}$，代入 $\boldsymbol{H}$ 可以得到$(n-k)$个监督位的表达式

$$\begin{cases} c_{n-k-1}=c_{n-1}+h_1c_{n-2}+\cdots+h_{k-1}c_{n-k} \\ c_{n-k-2}=c_{n-2}+h_1c_{n-3}+\cdots+h_{k-1}c_{n-k-1} \\ \qquad\vdots \\ c_0=c_k+h_1c_{k-1}+\cdots+h_{k-1}c_1 \end{cases}$$

可见，每个监督码元都是由它前面的 k 个码元与 $h(x)$的系数乘积的组合决定的，由此可以构造出监督码元的计算电路，并进而得到完整的编码器电路，如图 5.14 所示。编码器电路的结构由校验多项式决定，校验多项式 $h(x)$的最高次数为 k，因此编码器有 k 级移存器，故称 k 级编码器。k 级编码器结构如图 5-13 所示。

编码过程如下：

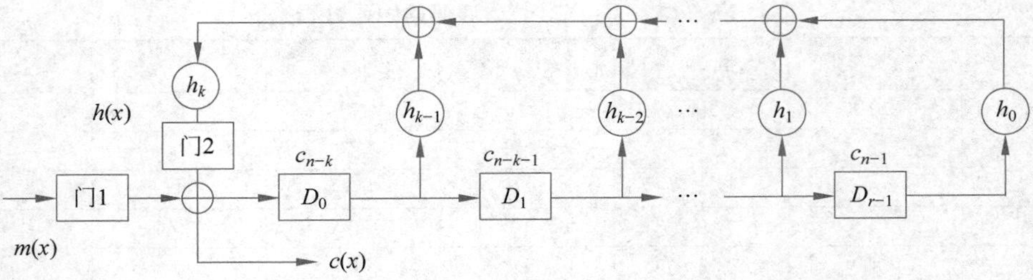

图 5-13 k 级编码器框图

(1) 门 1 打开,门 2 关闭,k 位消息码元从高位到低位依次移入电路,并同时输出为 $c(x)$送入信道;

(2) k 位消息全部移入,门 1 关,门 2 开;

(3) 以后的每次移位产生一个校验元并输出送入信道,直到 $n-k$ 个校验元全部产生并输出送入信道为止。然后门 2 关,门 1 开,准备下一组消息码元编码。

例 5.17 系统(7,4)循环码的校验多项式为 $h(x)=x^4+x^2+x+1$,构造该系统循环码的编码电路,当消息字为 $\boldsymbol{m}=[1011]$时,写出其工作流程。

解:由校验多项式构成的编码器中包括 k 级移位寄存器,如图 5-14 所示。

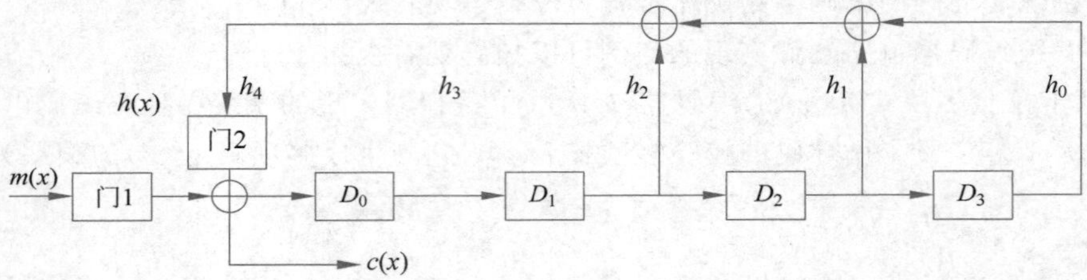

图 5-14 (7,4)循环码的系统码编码电路

电路的工作时序如表 5-15 所示。

表 5-15 电路的工作时序

	节拍	输入	D_0	D_1	D_2	D_3	输出
门 1 开,门 2 关	0	0	0	0	0	0	
	1	1	1	0	0	0	1
	2	0	0	1	0	0	0
	3	1	1	0	1	0	1
	4	1	1	1	0	1	1
门 1 关,门 2 开	5	—	0	1	1	0	0
	6	—	0	0	1	1	0
	7	—	0	0	0	1	0

输出得到的就是编码码字:$\boldsymbol{c}=[1011000]$。

可以验证,当消息字为 $\boldsymbol{m}=[1011]$时,

$$\boldsymbol{m}=[1011]\leftrightarrow m(x)=x^3+x+1$$

由 $h(x)=x^4+x^2+x+1$,且 $g(x)h(x)=x^7+1$,可得

$$g(x)=x^3+x+1$$

则 $x^r m(x)=x^3(x^3+x+1)$，有

$$x^r m(x)/g(x)=0$$

$$c(x)=x^r m(x)+x^r m(x)/g(x)=x^6+x^4+x^3 \leftrightarrow \boldsymbol{c}=[\underline{1011}000]$$

即 $\boldsymbol{c}=[1011000]$，与表 5-15 中的结果一致。

例 5.18 构造基于校验多项式 $h(x)$ 的(7,3)系统循环码的编码电路。

解：

由 GF(2)上的因式分解

$$x^7+1=(x+1)(x^3+x^2+1)(x^3+x+1)$$

任取一个三次因式为校验多项式：

$$h(x)=x^3+x+1$$

得到系数 $h_3=1,h_2=0,h_1=1,h_0=1$，构造编码器如图 5-15 所示。

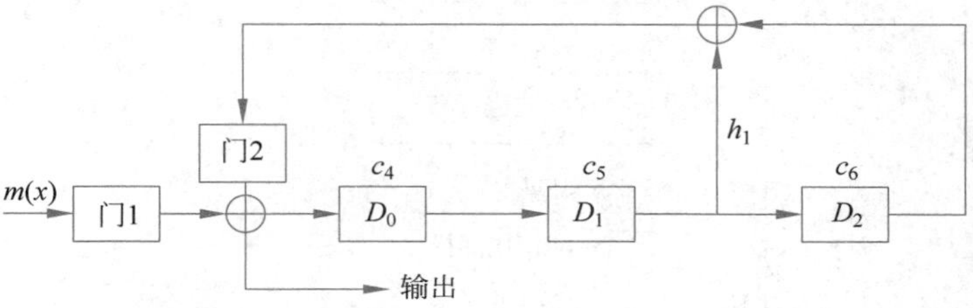

图 5-15 例 5.18 编码器电路

3）两种编码器的比较

两种系统循环码的编码电路结构不同，基于生成多项式 $g(x)$ 的编码器实现需要 $n-k$ 级移位寄存器，而基于校验多项式 $h(x)$ 的编码器实现需要 k 级移位寄存器。一般来说，当 $k>n/2$ 时，采用 $n-k$ 级编码器需要的资源较少；反之，常常采用 k 级编码器。

5.4.3 循环码的译码电路

构造循环码的伴随式译码电路时，首先要考虑伴随式的计算电路，由于伴随式 $s(x)=v(x)/g(x)$ 是实现一个除法运算，所以循环码的伴随式译码电路可以由多项式除法电路实现。

1. 伴随式计算电路

当接收多项式为 $v(x)$ 时，计算其伴随式为 $s(x)=v(x)/g(x)$，用如图 5-16 所示的除法电路可以实现这个伴随式计算电路。

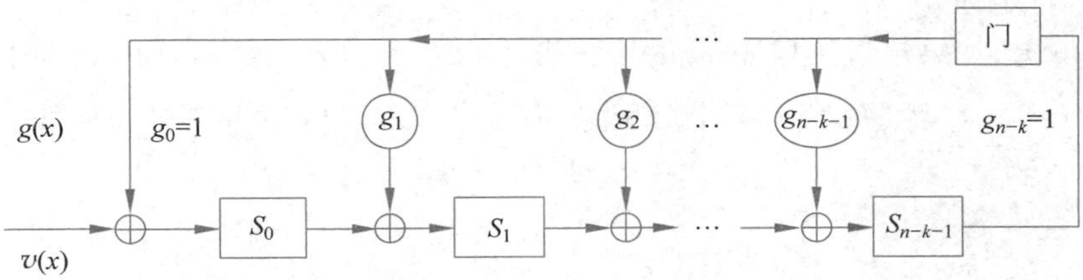

图 5-16 伴随式计算电路

由图 5-16 可见，这个电路与编码电路中的除法电路完全相同，以 $n-k$ 级移位寄存器

$S_0, S_1, \cdots S_{n-k-1}$ 为核心，再加上一系列乘法器 $g_0 \sim g_r$ 和 $n-k$ 个模 2 加法器构成。其中节点的系数 g_i 为生成多项式 $g(x)$的系数。电路初始状态为全零，当 $v(x)$全部移入后，移位寄存器中的内容即为伴随式 $s(x)$的系数。

2. 循环码伴随式译码电路的通用框架

根据 5.3.2 节的介绍，循环码伴随式译码步骤包括建立伴随式表格、求接收码字的伴随式、查表、纠错等环节，最后得到纠错译码结果。按照这个译码步骤，可以建立循环码伴随式译码电路的通用框架，如图 5-17 所示。其中的伴随式计算电路如图 5-16 所示。

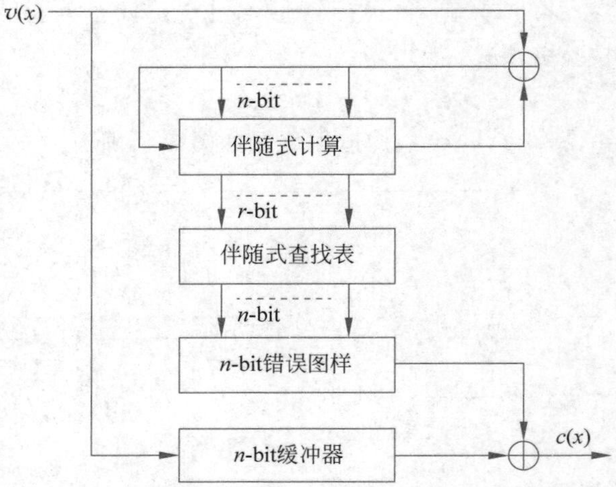

图 5-17 循环码伴随式译码电路的通用框架

在如图 5-17 所示的译码电路中，需要对存储的伴随式表格进行查表。伴随式表格中列出了所有纠错能力范围内的错误模式 $e(x)$，以及它们所对应的伴随式 $e(x)/g(x)$。伴随式表格的规模取决于所用到的译码策略是完全译码策略还是有限距离译码策略。可见，伴随式表格的规模和查表运算的速度将影响译码电路的性能。

实际上，由于码的循环结构，伴随式也存在循环特性，利用这种特性可以优化译码电路，在实际应用中，循环码的译码电路常常采用梅吉特译码器的形式。

3. 循环码的梅吉特译码器(Meggitt Decoder)

梅吉特译码器巧妙地利用循环码伴随式的循环特性，将伴随式表格中的一部分错误模式及其伴随式通过移位的方式从其他错误模式得到，从而大大减少了电路需要的存储空间和运算时间，提升了译码器性能。

1）梅吉特定理

在 R_n 域上，如果错误图样 $e(x)$的伴随式为 $s(x)=e(x)/g(x)$，而 $e(x)$的 l 次移位为 $e'(x)=e^{(l)}(x)=x^l e(x)$，$e'(x)$的伴随式为 $s'(x)=e'(x)/g(x)$，那么

$$s'(x)=x^l s(x)/g(x) \tag{5-28}$$

证明：

$$\begin{aligned} s'(x) &= [x^l e(x) \bmod (x^n-1)]/g(x) \\ &= [x^l s(x)]/g(x) \end{aligned}$$

梅吉特定理证明了，$e(x)$的循环移位的伴随式可以用 $e(x)$的伴随式 $s(x)$的循环移位再经过取模运算得到。

根据梅吉特定理，设 $s(x)$ 是 $v(x)$ 的伴随式，则 $v(x)$ 的循环移位 $xv(x)$ 的伴随式 $s^{(1)}(x)$ 是 $s(x)$ 在伴随式计算电路中无输入时右移 1 位的结果，即

$$s^{(1)}(x) \equiv xs(x)\text{mod}[g(x)] \tag{5-29}$$

同样，$v(x)$ 的 i 次循环移位 $x^i v(x)$ 的伴随式 $s^{(i)}(x)$ 是 $s(x)$ 在伴随式计算电路中无输入时右移 i 位的结果，即

$$s^{(i)}(x) \equiv x^i s(x)\text{mod}[g(x)] \tag{5-30}$$

例 5.19 (7,4)循环码的生成多项式为 $g(x)=x^3+x+1$，分别计算接收码字 $\boldsymbol{v}=[0110100]$ 及其循环左移一位的码字 $\boldsymbol{v}^{(1)}=[1101000]$ 对应的伴随式。

解：

码字 $\boldsymbol{v}=[0110100]$，即 $v(x)=x^5+x^4+x^2$；码字 $\boldsymbol{v}^{(1)}=[1101000]$，即 $v^{(1)}(x)=x^6+x^5+x^3$，根据伴随式定义 $s(x)=v(x)/g(x)$，分别用长除法计算它们的伴随式，得到

$$s(x)=v(x)/g(x)=(x^5+x^4+x^2)/(x^3+x+1)=x^2+1$$

$$s'(x)=v^{(1)}(x)/g(x)=(x^6+x^5+x^3)/(x^3+x+1)=1$$

而

$$s^{(1)}(x)=xs(x)/g(x)=x(x^2+1)/(x^3+x+1)=(x^3+x)/(x^3+x+1)=1=s'(x)$$

可见，结果验证了梅吉特定理的正确性。

根据梅吉特定理的结论，我们可以在伴随式计算电路中，把已经得到 $s(x)$ 的移位寄存器的输入门断开，再移位一次就会在移位寄存器中得到 $v^{(1)}(x)$ 的伴随式 $s^{(1)}(x)$，移位 i 次，就得到 $v^{(i)}(x)$ 的伴随式 $s^{(i)}(x)$。

对于例 5.19 中的循环码，根据其生成多项式 $g(x)=x^3+x+1$，对应的除法电路如图 5-18 所示。这个电路的工作节拍如表 5-16 所示。

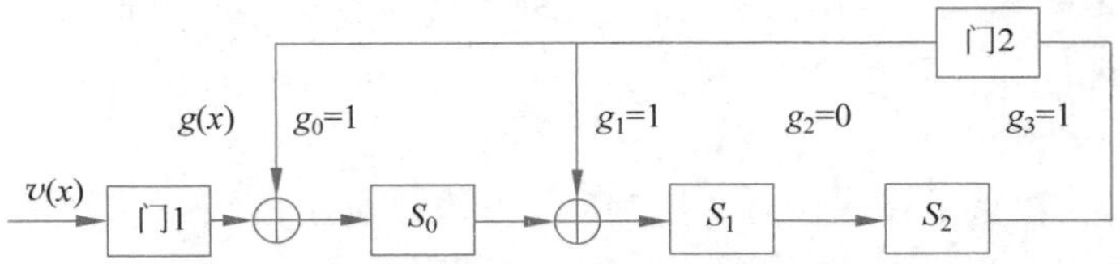

图 5-18 例 5.19 的循环码的伴随式计算电路

表 5-16 图 5-18 电路的计算过程

节 拍	输 入	S_0	S_1	S_2	伴 随 式
0	0	0	0	0	
1	0	0	0	0	
2	1	1	0	0	
3	1	1	1	0	
4	0	0	1	1	
5	1	0	1	1	
6	0	1	1	1	
7	0	1	0	1	s
8		1	0	0	$s^{(1)}$

$$\boldsymbol{v}=[0110100] \to \boldsymbol{s}=[101]$$

$$\boldsymbol{v}^{(1)}=[1101000] \to \boldsymbol{s}^{(1)}=[001]$$

可见，在伴随式计算电路的第 7 个节拍，得到了接收码字 $\boldsymbol{v}$ =[0110100]的伴随式 $\boldsymbol{s}$=[101]，这时在无输入情况下，电路继续运行，在第 8 个节拍，得到的就是码字 $\boldsymbol{v}^{(1)}$=[1101000]对应的伴随式 $\boldsymbol{s}^{(1)}$=[001]。

对于例 5.19 中的生成多项式为 $g(x)=x^3+x+1$ 的(7,4)循环码，表 5-17 列出了其发生单个错误时的伴随式列表，并展示了它们的循环对应关系。

表 5-17 (7,4)循环码发生单个错误时的伴随式列表

错误图样			伴随式		
0000001	$e_0(x)=1$	$e_0(x)$	001	$s_0(x)=1$	$s_0(x)$
0000010	$e_1(x)=x$	$e_0^{(1)}(x)$	010	$s_1(x)=x$	$s_0^{(1)}(x)$
0000100	$e_2(x)=x^2$	$e_0^{(2)}(x)$	100	$s_2(x)=x^2$	$s_0^{(2)}(x)$
0001000	$e_3(x)=x^3$	$e_0^{(3)}(x)$	011	$s_3(x)=x+1$	$s_0^{(3)}(x)$
0010000	$e_4(x)=x^4$	$e_0^{(4)}(x)$	110	$s_4(x)=x^2+x$	$s_0^{(4)}(x)$
0100000	$e_5(x)=x^5$	$e_0^{(5)}(x)$	111	$s_5(x)=x^2+x+1$	$s_0^{(5)}(x)$
1000000	$e_6(x)=x^6$	$e_0^{(6)}(x)$	101	$s_6(x)=x^2+1$	$s_0^{(6)}(x)$

分析其中各个伴随式之间的关系，可以验证梅吉特定理。如设 $e(x)=x^5$，由表 5-17 可知 $s(x)=e(x)/g(x)=x^2+x+1e(x)$的一次循环移位为 $e'(x)=xe(x)=x^6$，由梅吉特定理，其伴随式应该为

$$s'(x)=xs(x)/g(x)=(x^3+x^2+x)/g(x)=x^2+1$$

得到的结果与表 5-17 中的计算结果一致。

由此可以看出，一个可以纠正单个错误的(7,4)循环码的伴随式表格并不需要完全存储，而是可以通过对单个错误的伴随式不断进行除法电路运算就可以得到其他各位错误的伴随式了。这样不但减少了硬件成本，而且可以实现接收码字错误的逐位检验。这就是梅吉特译码器的原理。

2）梅吉特译码器

梅吉特定理表明，某个错误图样 $e(x)$的循环移位得到的错误图样的伴随式总可以由 $e(x)$的伴随式的循环移位再经过取模运算得到。这样，一旦有了 $e(x)$的伴随式 $s(x)$，所有经 $e(x)$循环移位的错误图样所对应的伴随式就可以直接用 $s(x)$经过移位和除法电路得到。所有的单个位置的错误 $e(x)=x^i$ 都可以从同一个错误 $e(x)=x^0=1$ 进行循环移位得到，所以可以实现错误的逐位纠正。

因此，一个通用的梅吉特译码器包括 3 部分，如图 5-19 所示。

(1) 一个 r 位的伴随式计算电路；

(2) 错误图样检测器：是一个组合逻辑电路，其作用是将伴随式译为错误图样；

(3) 一个 n 位的缓冲寄存器。

梅吉特译码器的工作原理是：它总是纠正最高阶位置的错误。当且仅当错误图样是一个可纠正的错误图样，并且此错误图样包含最高阶位上的一个错误时，伴随式计算电路计算得到的伴随式才使检测电路输出为 1。即如果错误图样检测器输出为 1，则认为最高阶位上接收符号是错误的，应该进行纠正；如果检测器输出为 0，则认为最高阶位上接收符号是正确的，不必纠正。

对于码字中任何位置上的错误，通过码字和伴随式同时循环移位，当错误符号移到最高

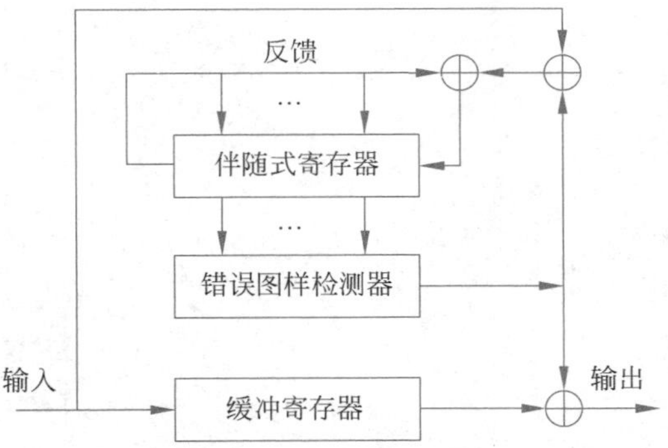

图 5-19 梅吉特通用译码器电路

阶位上时,伴随式则使检测器输出为 1,将其错误纠正。通过循环移位,能使可纠正错误图样中的全部错误都得到纠正。

梅吉特译码器的工作流程如下:

(1) 将接收码字移入伴随式计算电路,计算出伴随式;同时将接收码字移入缓存器。

(2) 伴随式写入错误图样检测器,并在检测器中循环移位,同时将接收码字同步移出缓存器。

(3) 当检测器输出 1 时,表示缓存器此时输出符号是错误的,并将错误纠正;同时检测器输出反馈到伴随式计算电路的输入端,去修改伴随式,从而消除错误对伴随式所产生的影响。

直到接收码字全部移出缓存器,该接收码字纠错完毕。

若最后伴随式寄存器中为全 0,则表示错误全部被纠正,否则检出了不可纠正的错误图样。

值得注意的是,随着码长 n 和纠错能力 t 的增加,错误图样检测器的组合逻辑电路会越来越复杂,甚至难以实现。

视频 13

关于梅吉特译码器的实现可以扫码观看视频 13。

下面通过一个实例说明梅吉特译码器的设计方法和译码过程。

例 5.20 (7,4)循环码的生成多项式为 $g(x)=x^3+x+1$,利用梅吉特译码器对接收码字 $\boldsymbol{v}=[1110011]$进行译码。

解:梅吉特译码器电路如图 5-20 所示。

电路中有 3 个核心单元:

(1) 一个 7 位的缓冲寄存器,用于缓冲输入的接收码元。

(2) 组合逻辑电路,由表 5-16 所得到的单个错误图样可知,最高位 x^6 出错的伴随式为 x^2+1,因此,识别最高位 x^6 是否出错,只要识别所对应的伴随式组合电路是否为 1。因此组合逻辑电路为 $S_0S_1S_2$ 对应的最小项 101。

(3) 一个 r 位的伴随式计算电路,即除式为 $g(x)=x^3+x+1$ 的除法电路。

电路的工作流程如下:

(1) 开始译码时,门开,移存器和伴随式计算电路清零,接收字 $r(x)$一方面送入 n 级缓存,另一方面送入伴随式计算电路,形成伴随式。当 n 位数据接收完后,门关,禁止输入。

(2) 将伴随式输入错误图样检测电路,找出对应的错误图样。具体方法是:当且仅当

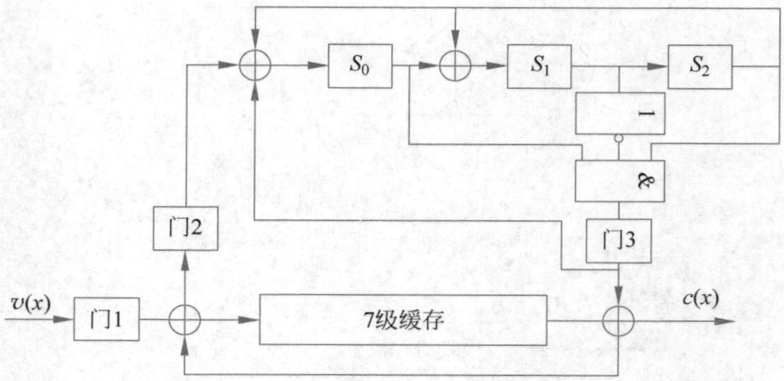

图 5-20　梅吉特译码器电路图

缓存器中最高位出错时,组合逻辑电路输出才为 1,即,若检测电路输出为 1,说明缓存中最高位的数据是错误的,需要纠正。这时输出的 1 同时反馈到伴随式计算电路,对伴随式进行修正,消除该错误对伴随式的影响(修正后为高位无错对应的伴随式)。

(3) 如高位无错误,组合电路输出 0,高位无须纠正,然后,伴随式计算电路和缓存各移位一次,这是高位输出。同时,接收字第二位移到缓存最高位,而伴随式计算电路得到高位伴随式,用来检测接收字的次高位,即缓存最右一位是否有错。如有错,组合电路输出 1 与缓存输出相加,完成第二个码元的纠错,如无错,则重复上述过程,直到译完一个码字为止。

这个译码电路的工作流程如表 5-18 所示。

表 5-18　译码电路的工作流程

	节拍	输入	S_0	S_1	S_2	与门输出	缓存最高位(右)	译码输出
(门 1、门 2 开,门 3 关)	0	0	0	0	0			
	1	1	1	0	0			
	2	1	1	1	0			
	3	1	1	1	1			
	4	0	1	0	1			
	5	0	1	0	0			
	6	1	1	1	0			
	7	1	1	1	1			
(门 1、门 2 关,门 3 开)			1	1	1	0	1	1
	8		1	0	1	1	1	0
	9		0	0	0	0	1	1
	10		0	0	0	0	0	0
	11					0	0	0
	12					0	1	1
	13					0	1	1

所以经过纠错译码后得到输出 $\boldsymbol{c}=[1010011]$。

5.5　循环码的扩展——截短循环码

在系统设计中,如果不能找到一种合适自然长度或合适信息位数目的码,则需要将码组缩短，以满足系统的要求。

通常生成多项式是由分解 x^n-1 得到的，然而并不是任何 x^n-1 中都能找到 r 次的因子。比如 x^5-1 中就不含 $r=2$ 和 $r=3$ 的因子，难以构造(5,2)码。这时可以从效率较高的(7,4)汉明码出发，在(7,4)码的生成矩阵中去掉前两行和前两列，剩下的部分构成一个 5×2 的矩阵，可以用它来生成(5,2)码，如图 5-21 所示。

$$G(7,4)=\begin{pmatrix}1&0&0&0&1&0&1\\0&1&0&0&1&1&1\\0&0&1&0&1&1&0\\0&0&0&1&0&1&1\end{pmatrix}\longrightarrow G(5,2)=\begin{pmatrix}1&0&1&1&0\\0&1&0&1&1\end{pmatrix}$$

图 5-21 截短循环码示意图

1. 截短循环码的构造

将码组截短的基本方法：设法使前面若干个码元符号为 0，且不发送这些符号。对(n,k)系统循环码，只要令前 l 个信息位为 $0(l<k)$，就可将(n,k)循环码缩短为 $(n-l,k-l)$ 线性码。这种码组长度缩短了的循环码被称为截短循环码。相对于原来的循环码，信息位与码长被同步减少了。截短循环码的引入，扩大了循环码的覆盖范围，使人们能根据所需要的 n、k 值灵活地设计各种$(n-i,k-i)$码。

截短循环码的普遍表达是$(n-i,k-i)$，i 是截短位数，监督位长度 $r=(n-i)-(k-i)=n-k$ 不变。截短循环码具有循环码的许多结构特点，监督位没有变，纠错能力不变，纠错方法不变等。但由于"截短"，只取用了循环组中的部分许用码，会使码组失去循环移位性。

2. 截短循环码的性能

一般情况下，删去前 l 个 0 之后的截短码，就失去了循环特性。在纠错能力上截短码至少与原码相同。由于删去前面 l 个 0 信息元并不影响监督位和伴随式的计算，因此可用原循环码的编译码电路来完成截短码的编译码。

若用原循环码译码电路来译码截短循环码，则应修改错误图样检测电路，使原来对包含最高阶位 x^{n-1} 上的一个错误图样进行检测，修改为对包含 x^{n-l-1} 位上的一个错误图样进行检测。错误图样检测电路的输出是和包含 x^{n-l-1} 位上的错误相对应的，即若 x^{n-l-1} 位上的接收符号是错误的，则检测电路输出为 1，否则为 0。当 x^{n-l-1} 位上错误被纠正时，还应消除 e^{n-l-1} 对伴随式的影响。在检测到 x^{n-l-1} 位上有错时，将 $g(x)$除 x^{n-l-1} 的余式加入此时的伴随式即可消除。

5.6 纠突发错误码

5.6.1 突发错误

前面讨论的错误模式都是随机错误。然而，大部分实际信道如短波、散射、有线、数据存储等信道中产生的错误是突发性的。突发错误是一类常见的传输错误，在数据存储系统，如在光盘或硬盘存储中，当某个分区被划伤时，其数据就很有可能出现一段突发错误，也就是这段数据出现密集的错误。但这种错误并不是随机存在的，它不是随机错误。如果信道中所产生的错误是突发错误，或突发错误与随机错误并存，通常称这类信道为突发信道。

定义 长度为 b 的循环突发错误，是指接收码字中的错误集中在某一段连续出现，这种

$\cdots 000000\ \underbrace{1\cdots\cdots1}_{b(x),\ 长度为b}\ 00000\cdots$

图 5-22　突发错误示意图

错误模式的长度为 b，其中第一个和最后一个错误比特是非零的，而中间的错误比特可以为零，也就是如图 5-22 所示的形式。

这样的错误模式就称为长度为 b 的突发错误。注意，这种突发错误模式的位置可以是这个错误模式的循环移位，也就是

$$e(x)=x^{l}b(x) \tag{5-31}$$

的形式，所以也可以在码字的首尾，所以被称为循环突发。

前面讨论的一般循环码纠正随机错误的能力很强，然而对于纠正突发错误来说效果不大。人们希望能设计出专门的纠正突发错误码，它纠正突发错误的能力要比纠正随机错误强。如果一个码被设计为可以纠正长度为 b 的突发错误，那么对于每一种长度 $\leqslant b$ 的突发错误，它都应该有独特的伴随式。换句话说，对于不同的突发错误，其伴随式是不同的。这样才能保证能够纠正这些突发错误。

如果一个线性码能够纠正长度为 b 或更短的突发错误，但不能纠正长度为 $b+1$ 的所有突发错误，则称此码是一个纠 b 长突发错误码，即该码的纠错能力为 b。

5.6.2　法尔码

法尔码(Fire Codes)是最早也是最大的一类用分析方法构造出来的纠正单个突发错误的二进制循环码。这里的纠正单个突发错误并不是指 $b=1$，而是指单个长度为 b 的突发错误。法尔码具有实用性，可以根据不同要求设计码字，译码也很简单。法尔码是一类实用的也是最基本的纠正单个突发错误的循环码。

设 $\rho(x)$ 是 GF(2)上的 m 次既约多项式，令 e 是使 $\rho(x)$ 整除 $x^{e}+1$ 的最小整数，称 e 为 $\rho(x)$ 的周期。令 b 是使 $b\leqslant m$ 且 $2b-1$ 不能被 e 整除的正整数，则以 $g(x)=(x^{2b-1}+1)\rho(x)$ 为生成多项式而生成的 $(n,n-2b-m+1)$ 循环码称为法尔码。其码长 $n=LCM(2b-1,e)$。

法尔码能纠正长度为 b 的突发错误。

可以证明，对于由以上生成多项式所生成的法尔码，任何长度小于或等于 b 的突发错误，都位于码的不同陪集中，也就是具有不同的伴随式，因此它们是可纠正的错误模式。由于码是循环的，所以它也能纠正长度小于或等于 b 的首尾相接的突发错误。

例 5.21　考虑由既约多项式 $p(x)=x^{5}+x^{2}+1$ 构造法尔码。

解：$p(x)$ 是本原多项式，阶数 $m=\deg(p(x))=5$，周期 $e=2^{5}-1=31$。令 $b=5$，可算得 $2b-1=9$ 不能整除 $e=31$，故可以构造法尔码，其生成多项式为

$$\begin{aligned} g(x)&=(x^{9}+1)(x^{5}+x^{2}+1)\\ &=x^{14}+x^{11}+x^{9}+x^{5}+x^{2}+1 \end{aligned}$$

其码长为

$$n=\text{LCM}(9,31)=279,\quad k=n-r=279-14=265$$

所以该法尔码是(279,265)循环码，能纠正长度小于或等于 5 的单个突发错误。

下面的例题讨论了一个纠错码纠正随机错误和突发错误能力的差别。

例 5.22　由既约多项式 $p(x)=x^{4}+x+1$ 构造法尔码。

解：阶数 $m=\deg(p(x))=4$。由 $b\leqslant m$，取 $b=3$，则 $2b-1=5$。而取模运算 $(x^{5}-1)/p(x)=x^{2}+x+1$，不能除尽。

故可以构造法尔码，其生成多项式为

$$g(x)=(x^5+1)(x^4+x+1)$$
$$=x^9+x^6+x^5+x^4+x+1$$

由$(x^n-1)/g(x)=0$,可以得到这个码的码长 $n=15,k=n-r=15-9=6$。

所以得到了一个(15,6)法尔码,也是循环码。其突发长度 $b=3$,能纠正所有长度小于或等于 3 的单个突发错误。实际上,它的纠正突发错误能力可以达到 4。然而计算这个码的最小距离,得到 $d^*=6$,那么根据 $d\geqslant 2t+1$,这个码只能纠正 2 个随机错误。

这样我们可以看到一个纠错码纠正突发错误和纠正随机错误的能力的区别。思考一下,对这个码来说,哪些 3 个错误的错误模式是不可纠正的?

5.7 应用案例 3:CRC 码

1. 各标准中的 CRC 码

CRC 码(Cyclic Redundancy Check Codes,循环冗余校验码)是一种系统循环码,它被广泛应用于测控、数据存储、数据通信等领域,其编码、译码过程通常用采用硬件来实现。由于除法运算易于用移位寄存器和模 2 加法器来实现,因此 CRC 码的产生和校验均有集成电路产品,发送端能够自动生成 CRC 码,接收端可自动校验,速度大大提高。CRC 码的主要特点是,它的检错能力很强,很容易被硬件实现,而且它的开销很小,应用范围非常广。

CRC 码有多种标准,如常用来传送 6-bit 字符串的 CRC-12,常用来传送 8-bit 字符串的美国 CRC-16 标准和欧洲的 CRC-CCITT 码,以及用在 WinRAR、ZIP、ARJ 等压缩工具软件和 IEEE 802 无线网络标准中的 CRC-32 标准等。不同标准的 CRC 码指定了不同的生成多项式,如表 5-19 所示。

表 5-19 不同标准的 CRC 码指定不同的生成多项式

标 准	生成多项式
CRC-8	x^8+x^2+x+1
CRC-10	$x^{10}+x^9+x^5+x^4+x^2+1$
CRC-12	$x^{12}+x^{11}+x^3+x^2+1$
CRC-16	$x^{16}+x^{15}+x^2+1$
CRC-CCITT	$x^{16}+x^{12}+x^5+1$
CRC-32	$x^{32}+x^{26}+x^{23}+x^{22}+x^{16}+x^{12}+x^{11}+x^{10}+x^8+x^7+x^5+x^4+x^2+x+1$

利用这些生成多项式,就可以用上面介绍的系统码的构造方法构造相应的 CRC 码了。对于一个码长为 n,信息码元为 k 位的 CRC 循环码(n,k),其构成形式如图 5-23 所示。

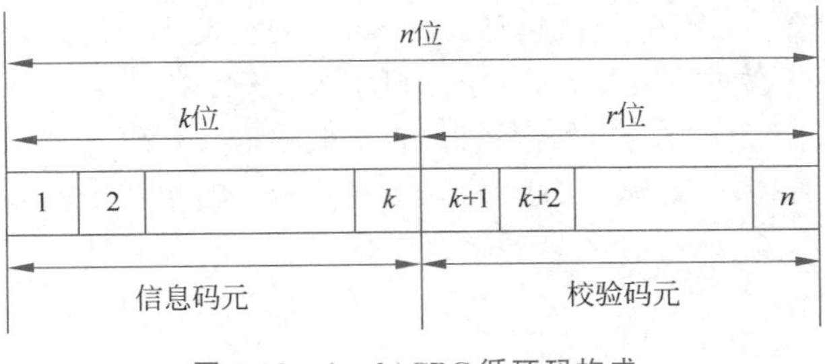

图 5-23 (n,k)CRC 循环码构成

2. CRC 码的编码

CRC 码的编码步骤依照前述的系统码构造方法表述如下：

(1) 若生成多项式 $g(x)$ 的秩为 r，消息帧为 m 位，其多项式为 $m(x)$，则在原帧后面添加 r 个 0，即循环左移 r 位，帧成为 $m+r$ 位，相应多项式成为 $x^r m(x)$。

(2) 将 $x^r m(x)$ 对 $g(x)$ 取模，得余式 $r(x)$。即 $r(x)=x^r m(x)/g(x)$。

(3) 用模 2 减法(即模 2 加)从对应于 $x^r m(x)$ 的位串中减去(加上)余式 $r(x)$，结果即要传送的带校验和的帧多项式 $c(x)$，即

$$c(x)=x^r m(x)+r(x)=x^r m(x)+x^r m(x)/g(x) \tag{5-32}$$

例 5.23 设待编码的消息字为[1101011011]，当生成多项式为 $g(x)=x^4+x+1$ 时，求 CRC 编码的码字。

解：由题知 $m(x)=x^9+x^8+x^6+x^4+x^3+x+1, k=10$。

(1) 已知 $g(x)=x^4+x+1$，则系数形成的位串为 10011，其秩为 $r=4$；

(2) 将 $m(x)$ 左移 r 位，得到 $x^r m(x)=x^4 m(x)$，即在原帧后面添加 4 个 0，得到 11010110110000；

(3) 求余式 $r(x)=x^r m(x)/g(x)$，即用 11010110110000 模二除以 10011，得到商数为 1100001010，余数为 1110，即余式为 $r(x)=x^3+x^2+x$；

(4) 由 $c(x)=x^r m(x)+r(x)$ 得到 CRC 编码结果码字为[11010110111110]。

3. CRC 码的接收方校验方案

在接收端，根据需求的不同，CRC 码有不同的校验方案，例如，

(1) 方案一：直接用接收到的序列多项式对生成多项式 $g(x)$ 取模，如果余式 $r(x)=0$，则证明传输正确，没有错误发生；否则有错误。

(2) 方案二：提取接收到序列的信息码元(即码字中的高位消息字部分)，重复发送方的操作(左移得到 $x^r m(x)$，再对 $g(x)$ 取模)，如果余式 $r(x)$ 和接收到的余式(即码字中的低位校验码部分)相同，则证明传输正确，没有错误发生；否则有错误。

在 CRC 码的接收端，当出现接收错误的时候，可以选择请求重传(ARQ)，也可以直接丢弃错误码字，具体做法取决于所选择的译码策略。

4. CRC 码的检纠错能力

CRC 码本身具有纠错能力，但实用中一般不用其纠错功能，仅用其强大的检错功能，检出错误后要求重发。理论上已经证明，CRC 码的检错能力如下：

(1) 可检测出所有奇数个错；

(2) 可检测出所有单比特和双比特的错；

(3) 可检测出所有小于或等于校验码长度 $n-k$ 的突发错误；

(4) 对于 $n-k+1$ 位的突发性错误，查出概率为 $1-2^{-(r-1)}$；

(5) 对于多于 $n-k+1$ 位的突发性错误，查出概率为 $1-2^{-r}$。

因此，采用 CRC 码只要选择足够(合适)的冗余校验位，就可以使得漏检率降到任意小的程度。

第 6 章

CHAPTER 6

BCH 码

本章概要

BCH 码是循环码的一个子类，可以用多项式来表示。我们可以根据所需的纠错能力来构建相应的 BCH 码。BCH 码在通信、存储和数据传输等领域具有广泛的应用前景，尤其在卫星通信和数据存储方面得到了广泛应用。本章详细介绍了 BCH 码的相关知识和技术，包括其背景、原理、编码过程、译码方法和应用场景等。在 BCH 码的编码方面，本章介绍了扩域的概念，通过扩域元素的最小多项式可以构造 BCH 码的生成多项式，从而根据所需的纠错能力构建码字集合。在译码方面，本章介绍了查表法和经典的迭代译码算法。最后，作为 BCH 码的一个典型应用，本章介绍了在密码学和数据存储领域得到广泛应用的 Reed-Solomon 码。

前面讨论的信道编码（线性分组码及其子类循环码）都是先构造编码，然后才能分析码的纠错能力。那么有没有可能根据实际信道的纠错能力要求，直接设计符合要求的信道编码呢？BCH 码就是这样一类纠错码。

1959 年由霍昆格姆（Hocquenghem）、1960 年由博斯（Bose）和查德胡里（Chaudhari）各自分别提出了 BCH 码，这是一种可纠正多个随机错误的码，是迄今为止所发现的最好的线性分组码之一。BCH 码是循环码的一个子类，所以它也是线性分组码的一个子类。既然是循环码，那么当然可以沿用循环码的数学表达方法，也就是说，可以用多项式的表达方式来表示 BCH 码。BCH 码是一类可以根据我们需要的纠错能力来构造码字集合的纠错码，它在数学上有严格的定义和详细的分析。在本章中，我们将不加证明地给出一些关于 BCH 码构造的数学定理。

6.1 BCH 码的概念

对于给定的任意整数 $m \geqslant 3$，以及纠错能力 $t < 2^{m-1}$，从数学上证明，一定存在这样一种二元 (n, k) BCH 码，具有码长：

$$n = 2^m - 1 \tag{6-1}$$

奇偶校验位个数

$$r = n - k \leqslant mt \tag{6-2}$$

最小距离

$$d^* \geqslant 2t+1 \tag{6-3}$$

所以这个码可以纠正 t 个错误。

也就是说，如果给定在每个码矢量中需要纠错的个数 t，就可以根据上面的性质构造出一个满足条件的 BCH 码。

6.1.1 扩域

从数学上来说，要能够找出码字中的 t 个错误，这 t 个错误可以被定义为有限域 GF(p) 或者是它的扩域 GF(p^m)中的根，其中，p 是一个素数。我们可以通过求解这些根来找出这 t 个错误。同样，在扩域中的每个元素都是多项式的根，而多项式的系数是有限域 GF(p)上的元素。这里先介绍扩域的概念。

1. 本原元

如果在 q 元域 GF(q)上的一个元素 a 满足下面的条件：除了 0 以外的其他所有元素都能表示成 a 的幂次，那么 a 就是这个 q 元域 GF(q)的一个本原元。

例如，考虑 5 元域 GF(5)的情况，其元素集合为{0,1,2,3,4}。因为 $q=5$ 是一个素数，可以用取模运算。

(1) 首先考虑元素 2。

$$2^0=1(\text{mod } 5)=1$$

$$2^1=2(\text{mod } 5)=2$$

$$2^2=4(\text{mod } 5)=4$$

$$2^3=8(\text{mod } 5)=3$$

可见，GF(5)的所有非零元素都可以表示为 2 的幂次。因此，2 是 GF(5)的一个本原元。

(2) 下面考虑元素 3。

$$3^0=1(\text{mod } 5)=1$$

$$3^1=3(\text{mod } 5)=3$$

$$3^2=9(\text{mod } 5)=4$$

$$3^3=27(\text{mod } 5)=2$$

可见，GF(5)的所有非零元素都可以表示为 3 的幂次。因此，3 也是 GF(5)的一个本原元。

可以继续验证，会发现其他非零元素{1,4}都不是 GF(5)的本原元。

2. 本原多项式

由于域中除了 0 以外的其他所有元素都能表示成本原元的幂次，所以一旦有了本原元，就可以用它的幂次来构造这个域中的所有元素。

域是由一系列元素构成的一个集合，其中的元素进行加、减、乘、除运算后的结果仍然是域中的元素。如果对于 p 元(p 为素数)有限域 GF(p)进行 m 次扩展，就可以得到它的 m 次有限扩域 GF(p^m)，其中 m 为正整数，这里 GF(p)和扩域 GF(p^m)都是伽罗华域(Galois field)。不失一般性，这里讨论的都是二元域的扩域 GF(2^m)。已经证明，所有的有限域都存在至少一个本原元。

定义 6.1 因式

如果 $f(a)=0$，那么域元素 a 是多项式 $f(x)$ 的一个根（或者说，一个零点），$(x-a)$ 就是 $f(x)$ 的一个因式。

例如，$a=1$ 是多项式 $f(x)=1+x^2+x^3+x^4$ 的一个根，因为在 GF(2) 上有 $f(1)=1+1+1+1=4(\bmod 2)=0$。所以 $(x-1)$ 是这个多项式 $f(x)$ 的一个因式。而且在 GF(2) 上，由于 $-1=1$，所以 $(x+1)$ 也是这个多项式 $f(x)$ 的一个因式。

定义 6.2 不可约多项式

在 GF(2) 上的多项式 $p(x)$ 的阶数为 m，如果 $p(x)$ 没有阶数大于 0 小于 m 的因式，那么称 $p(x)$ 是不可约的。

例如，多项式 $p(x)=1+x+x^2$ 是不可约的，因为阶数为 1 的多项式 x 和 $x+1$ 都不是它的因式。在 GF(2) 上，阶数为 1 的多项式只有两个，就是 x 和 $x+1$。

值得注意的是，在二元域 GF(2) 上，阶数为 m 的不可约多项式一定是多项式 $x^{2^m-1}+1$ 的因式。例如，多项式 $(1+x+x^3)$ 是 $x^{2^3-1}+1=x^7+1$ 的一个因式。

定义 6.3 本原多项式

一个阶数为 m 的不可约多项式 $p(x)$，它是 (x^n+1) 的因式。如果 m 和 n 之间满足以下关系：

使 $p(x)$ 是 (x^n+1) 的因式的最小整数 n，满足条件 $n=2^m-1$，那么 $p(x)$ 是一个本原多项式。

本原元就是本原多项式的一个零点。

例 6.1 下面哪个是本原多项式？

$$p_1(x)=1+x+x^4$$

$$p_2(x)=1+x+x^2+x^3+x^4$$

解：

(1) $m=\deg(p_1(x))=4$，用长除法可以得到，$p_1(x)$ 可以被 $x^n+1=x^{2^m-1}+1=x^{15}+1$ 除尽，而对于所有的 $1\leqslant n<15$，$p_1(x)$ 都不能被 (x^n+1) 除尽。所以多项式 $p_1(x)=1+x+x^4$ 是一个本原多项式。

(2) $m=\deg(p_2(x))=4$，所以也有 $x^n+1=x^{2^m-1}+1=x^{15}+1$。然而可以发现，$p_2(x)$ 可以被 x^5+1 除尽。所以多项式 $p_2(x)=1+x+x^2+x^3+x^4$ 不是本原多项式。

本原多项式可以通过计算机搜索的方式得到。表 6-1 是不同阶数的本原多项式的列表。

表 6-1 不同阶数的本原多项式列表

阶数 m	本原多项式	阶数 m	本原多项式
3	$1+x+x^3$	8	$1+x^2+x^3+x^4+x^8$
4	$1+x+x^4$	9	$1+x^4+x^9$
5	$1+x^2+x^5$	10	$1+x^3+x^{10}$
6	$1+x+x^6$	11	$1+x^2+x^{11}$
7	$1+x^3+x^7$	12	$1+x+x^4+x^6+x^{12}$

续表

阶数 m	本原多项式	阶数 m	本原多项式
13	$1+x+x^3+x^4+x^{13}$	16	$1+x+x^3+x^{12}+x^{16}$
14	$1+x+x^6+x^{10}+x^{14}$	17	$1+x^3+x^{17}$
15	$1+x+x^{15}$	18	$1+x^7+x^{18}$

3. 构造扩域的方法

不失一般性,这里讨论如何构造二元域的扩域 GF(2^m)。一个扩展的伽罗华域不仅包含元素 0 和 1,而且包含本原元 a 和它的幂次。因为 $1=a^0$,所以也可以说,扩展的伽罗华域包含元素 0 以及本原元的所有幂次。

$$F=\{0,1,a,a^2,\cdots,a^k,\cdots\}$$

因为 $a^{2^m-1}=1=a^0$,所以这个扩域 GF(2^m)中一共有 2^m 个元素,即

$$F=\{0,a^0,a^1,a^2,\cdots,a^{2^m-2}\}$$

注意,一个多项式定义在 GF(2)上,是指它的系数是 GF(2)域中的元素。

例 6.2 给定 $m=3,p(x)=1+x+x^3$ 是 GF(2)上的本原多项式。试构造扩域 GF(2^3)。

解:多项式 $p(x)=1+x+x^3$ 的阶数 $m=3$,它对应的扩域 GF(2^3)有 8 个域元素。扩域元素包含本原元 a 和它的幂次。设本原元是 a,本原元是本原多项式的零点。那么

$$1+a+a^3=0(\text{即 } a^3=1+a)$$

类似得到,

$$a^4=a*a^3=a*(1+a)=a+a^2$$
$$a^5=a*a^4=a*(a+a^2)=a^2+a^3=1+a+a^2$$
$$a^6=a*a^5=a*(1+a+a^2)=a+a^2+a^3=1+a^2$$
$$a^7=a*a^6=a*(1+a^2)=a+a^3=1=a^0$$

这样,扩域 GF(2^3)的 8 个域元素集合为$\{0,a^0,a^1,a^2,a^3,a^4,a^5,a^6\}$。

根据这个本原多项式,可以写出这个八元扩域 GF(8)的加法运算表和乘法运算表,如表 6-2 和表 6-3 所示。

表 6-2 加法运算表

+	a^0	a^1	a^2	a^3	a^4	a^5	a^6
a^0	0	a^3	a^6	a^1	a^5	a^4	a^2
a^1	a^3	0	a^4	a^0	a^2	a^6	a^5
a^2	a^6	a^4	0	a^5	a^1	a^3	a^0
a^3	a^1	a^0	a^5	0	a^6	a^2	a^4
a^4	a^5	a^2	a^1	a^6	0	a^0	a^3
a^5	a^4	a^6	a^3	a^2	a^0	0	a^1
a^6	a^2	a^5	a^0	a^4	a^3	a^1	0

表 6-3 乘法运算表

×	a^0	a^1	a^2	a^3	a^4	a^5	a^6
a^0	a^0	a^1	a^2	a^3	a^4	a^5	a^6
a^1	a^1	a^2	a^3	a^4	a^5	a^6	a^0

续表

×	a^0	a^1	a^2	a^3	a^4	a^5	a^6
a^2	a^2	a^3	a^4	a^5	a^6	a^0	a^1
a^3	a^3	a^4	a^5	a^6	a^0	a^1	a^2
a^4	a^4	a^5	a^6	a^0	a^1	a^2	a^3
a^5	a^5	a^6	a^0	a^1	a^2	a^3	a^4
a^6	a^6	a^0	a^1	a^2	a^3	a^4	a^5

例 6.3 试求本原多项式 $p(x)=1+x+x^3$ 的零点。

解：由例 6.2 可知，多项式 $p(x)=1+x+x^3$ 所对应的扩域 $GF(2^3)$ 有 8 个域元素，域元素集合为 $\{0,a^0,a^1,a^2,a^3,a^4,a^5,a^6\}$。

多项式的零点，也就是多项式的根，就是使得 $p(x)=0$ 的域元素 x。由于阶数为 3，所以这个多项式有 3 个零点。

我们可以用枚举法从这 8 个域元素中找出 3 个零点。

将非零域元素分别代入多项式，得到

$$p(a^0)=1\neq 0$$

$$p(a^1)=1+a+a^3=0$$

$$p(a^2)=1+a^2+a^6=1+a^2+1+a^2=0$$

$$p(a^3)=1+a^3+a^9=1+a^3+a^2=1+1+a+a^2=a^4\neq 0$$

$$p(a^4)=1+a^4+a^{12}=1+a+a^2+a^5=0$$

$$p(a^5)=1+a^5+a^{15}=1+a^5+a=1+1+a+a^2+a=a^2\neq 0$$

$$p(a^6)=1+a^6+a^{18}=1+a^6+a^4=1+1+a^2+a+a^2=a\neq 0$$

可见，多项式 $p(x)=1+x+x^3$ 的 3 个零点分别是 a、a^2、a^4。

例 6.4 确定由本原多项式 $p(x)=1+x+x^4$ 构造的伽罗华域 $GF(2^4)$ 的元素集合。

解：设本原元为 a，由本原多项式可得，$p(a)=1+a+a^4=0$，即 $a^4=1+a$。继续求 a 的各个幂次，可以得到 $GF(2^4)$ 的所有元素，如表 6-4 所示。

表 6-4 $p(x)=1+x+x^4$ 在 $GF(2^4)$ 上的所有元素

指数形式	多项式形式				矢量形式
0	0				0000
a^0	1				1000
a^1		a			0100
a^2			a^2		0010
a^3				a^3	0001
a^4	1	$+a$			1100
a^5		a	$+a^2$		0110
a^6			a^2	$+a^3$	0011
a^7	1	$+a$		$+a^3$	1101
a^8	1		$+a^2$		1010
a^9		a		$+a^3$	0101
a^{10}	1	$+a$	$+a^2$		1110
a^{11}		a	$+a^2$	$+a^3$	0111

续表

指数形式	多项式形式				矢量形式
a^{12}	1	a	$+a^2$	$+a^3$	1111
a^{13}	1		$+a^2$	$+a^3$	1011
a^{14}	1			$+a^3$	1001

6.1.2 扩域元素与多项式的根

定义在 GF(2)上的多项式，其根(也就是零点)在扩域 GF(2^m)上。

例如，多项式 $p(x)=1+x^3+x^4$ 是 GF(2)上的不可约多项式，也就是说，它在 GF(2)上没有根。它的 4 个根都在扩域 GF(2^4)上。例 6.4 已经求出了 GF(2^4)的所有元素，可以验证，其中的 a^7、a^{11}、a^{13}、a^{14} 是多项式 $p(x)=1+x^3+x^4$ 的根。

$$\begin{aligned}p(x)&=(x+a^7)(x+a^{11})(x+a^{13})(x+a^{14})\\&=[x^2+(a^7+a^{11})x+a^{18}][x^2+(a^{13}+a^{14})x+a^{27}]\\&=[x^2+(a^8)x+a^3][x^2+(a^2)x+a^{12}]\\&=x^4+(a^8+a^2)x^3+(a^{12}+a^{10}+a^3)x^2+(a^{20}+a^5)x+a^{15}\\&=x^4+x^3+1\end{aligned} \tag{6-4}$$

定理 6.1 设 $f(x)$是定义在 GF(2)上的多项式。如果扩展伽罗华域 GF(2^m)上的元素 β 是多项式 $f(x)$的一个根，那么对于任意正整数 $l\geqslant 0$，β^{2^l} 也是多项式 $f(x)$的一个根。即，在 GF(2)上的多项式 $f(x)$满足：

$$(f(\beta))^{2^l}=f(\beta^{2^l})=0 \tag{6-5}$$

元素 β^{2^l} 称为元素 β 的共轭。

例如，从前面的讨论可知，定义在 GF(2)上的多项式 $p(x)=1+x^3+x^4$ 的其中一个根是 a^7。应用以上定理：

当 $l=1$，有$(a^7)^2=a^{14}$；

当 $l=2$，有$(a^7)^4=a^{28}=a^{13}$；

当 $l=3$，有$(a^7)^8=a^{56}=a^{11}$；

它们都是多项式 $p(x)$的根。

下一个根应该是当 $l=4$ 时，有$(a^7)^{16}=a^{112}=a^7$，它重复了第一个根元素。可见，$\{a^7, a^{14}, a^{13}, a^{11}\}$就是多项式 $p(x)$的所有的根的集合。与前面的讨论式(6-4)的结果一致，我们看到这个集合中的所有元素确实就是多项式 $p(x)=1+x^3+x^4$ 的所有根。

汉明循环码 $C_{\mathrm{cyc}}(7,4)$的生成多项式可以为 $g_1(x)=x^3+x+1$ 或者是 $g_2(x)=x^3+x^2+1$。它们都是 GF(2)上的不可约多项式，它们的根都在 GF(2^3)扩域上。例 6.2 已经求出了 GF(2^3)扩域中的所有元素。可以验证，多项式 $g_1(x)$和 $g_2(x)$的根是扩域 GF(2^3)中的元素。

$$\begin{aligned}g_1(x)&=(x+a)(x+a^2)(x+a^4)\\&=x^3+(a+a^2+a^4)x^2+(a^3+a^5+a^6)x+1\\&=x^3+x+1\end{aligned}$$

$$\begin{aligned} g_2(x) &= (x+a^3)(x+a^5)(x+a^6) \\ &= x^3+(a^3+a^5+a^6)x^2+(a+a^2+a^4)x+1 \\ &= x^3+x^2+1 \end{aligned}$$

实际上，$g_1(x)$和$g_2(x)$都是x^7+1的因式。如果对x^7+1进行因式分解，则可以得到

$$\begin{aligned} x^7+1 &= (x^3+x+1)(x^3+x^2+1)(x+1) \\ &= g_1(x)g_2(x)g_3(x) \end{aligned}$$

而$g_3(x)$的根是1，也就是a^0。这样，我们看到，x^7+1的所有的根，即$g_1(x)$、$g_2(x)$和$g_3(x)$的所有的根，就是扩域GF(2^3)的所有非零元素。

定理 6.2 用$\beta_1,\beta_2,\cdots,\beta_{q-1}$表示有限域GF$(q)$上的所有非零域元素，则有

$$x^{q-1}-1=(x-\beta_1)(x-\beta_2)\cdots(x-\beta_{q-1}) \tag{6-6}$$

这个定理告诉我们，在有限域GF(q)中对$x^{q-1}-1$进行因式分解，得到的结果是所有以非零域元素为零点的线性因式的乘积。

例 6.5 在有限域GF(5)上对x^4-1进行因式分解。

解：GF(5)的非零域元素集合为{1,2,3,4}。由定理6.2可知

$$x^4-1=(x-1)(x-2)(x-3)(x-4)$$

事实上，在五元域GF(5)上，有

$$\begin{aligned} &(x-1)(x-2)(x-3)(x-4) \\ &=(x^2-3x+2)(x^2-7x+12) \\ &=(x^2-3x+2)(x^2-2x+2) \\ &=x^4-5x^3+10x^2-10x+4 \\ &=x^4-1 \end{aligned}$$

6.1.3 最小多项式

1. 最小多项式的概念

由定理6.2可知，有限域GF(q)的所有非零域元素都是$x^{q-1}-1$的零点。同样，对于扩域GF(q^m)，它的非零域元素都是$x^{q^m-1}-1$的零点。所以，可以在扩域GF(q^m)上对$x^{q^m-1}-1$进行因式分解：

$$x^{q^m-1}-1=\prod_j (x-\beta_j) \tag{6-7}$$

其中，β_j取GF(q^m)所有的非零域元素。

由第5章的介绍可知，(n,k)循环码的生成多项式$g(x)$是x^n-1的一个因式，所以我们可以通过对x^n-1进行因式分解的方法找到循环码的生成多项式，而上面求出的扩域上的非零域元素就是生成多项式的根。由例6.5可知，扩域GF(q^m)中几个域元素对应的线性因式的乘积可以得到一个GF(q)上的不可约多项式。那么根据我们想要的零点个数，就可以构造具有给定个数的根的生成多项式$g(x)$，它们可以是扩域GF(q^m)上各个不可约多项式的乘积。由于它们具有确定的根，所以生成的循环码的纠错能力是确定的。这样生成的循环码就是BCH码。

定义 6.4 码长 $n=q^m-1$ 称为 GF(q)域上的本原分组长度。GF(q)上码长为本原分组长度的循环码称为本原循环码。

定义 6.5 β 是扩域 GF(q^m)的一个非零域元素。所有系数在 GF(q)域上，有零点 β 在扩域 GF(q^m)上的多项式中，阶数最小的多项式称为 β 的最小多项式。

也就是说，如果 $\varphi(x)$是 β 的最小多项式，那么 $\varphi(\beta)=0$。

2. 最小多项式的构造

下面我们不加证明地给出一些关于构造最小多项式的定理。

定理 6.3 伽罗华域 GF(2^m)上非零域元素 β 的最小多项式是不可约多项式。

定理 6.4 给定一个定义在 GF(2)上的多项式 $f(x)$，已知 $\phi(x)$是 β 的最小多项式。如果 β 是 $f(x)$的一个根，那么 $\phi(x)$是 $f(x)$的一个因式。

定理 6.5 伽罗华域 GF(2^m)上域元素 β 的最小多项式 $\phi(x)$是 $x^{2^m}+x$ 的因式。

定理 6.6 设 $f(x)$是定义在 GF(2)上的不可约多项式，设 $\phi(x)$是伽罗华域 GF(2^m)上域元素 β_j 的最小多项式。$f(\beta)=0$，那么 $f(x)=\phi(x)$。

定理 6.7 设 $\phi(x)$是伽罗华域 GF(2^m)上域元素 β 的最小多项式，而且 e 是满足 $\beta^{2^e}=\beta$ 的最小整数。那么 β 的最小多项式为

$$\phi(x)=\prod_{i=0}^{e-1}(x+\beta^{2^i}) \tag{6-8}$$

例 6.6 确定伽罗华域 GF(2^4)上域元素 $\beta=a^7$ 的最小多项式 $\phi(x)$。

解：由定理 6.4，如果 $\phi(x)$是 β 的最小多项式，则 β 是 $\phi(x)$的一个根，那么 β 的共轭

$$\beta^2=(a^7)^2=a^{14}$$

$$\beta^{2^2}=(a^7)^4=a^{28}=a^{13}$$

$$\beta^{2^3}=(a^7)^8=a^{56}=a^{11}$$

也都是 $\phi(x)$的根。

由于 $\beta^{2^e}=\beta^{16}=(a^7)^{16}=a^{112}=a^7=\beta$，所以有 $e=4$，则根据上面的定理，β 的最小多项式 $\phi(x)$为

$$\begin{aligned}\phi(x)&=(x+a^7)(x+a^{11})(x+a^{13})(x+a^{14})\\&=[x^2+(a^7+a^{11})x+a^{18}][x^2+(a^{13}+a^{14})x+a^{27}]\\&=[x^2+(a^8)x+a^3][x^2+(a^2)x+a^{12}]\\&=x^4+(a^8+a^2)x^3+(a^{12}+a^{10}+a^3)x^2+(a^{20}+a^5)x+a^{15}\\&=x^4+x^3+1\end{aligned}$$

由 $p(x)=1+x+x^4$ 生成的伽罗华域 GF(2^4)上所有域元素的最小多项式如表 6-5 所示。

表 6-5 由 $p(x)=1+x+x^4$ 生成的 GF(2^4)上所有域元素的最小多项式

域元素(共轭根)	最小多项式
0	x
1	$1+x$
a,a^2,a^4,a^8	$1+x+x^4$

续表

域元素(共轭根)	最小多项式
a^3,a^6,a^9,a^{12}	$1+x+x^2+x^3+x^4$
a^5,a^{10}	$1+x+x^2$
a^7,a^{11},a^{13},a^{14}	$1+x^3+x^4$

可见,所有的共轭域元素具有相同的最小多项式。

例如,$p(x)=x^2+x+1$ 是定义在 GF(2)上的本原多项式,其阶数为 2,可以用 $p(x)$ 构造扩域 GF(2^2),也就是 GF(4)。设本原元为 a,则其域元素集合如表 6-6 所示。

表 6-6 $p(x)=x^2+x+1$ 在 GF(4)上的域元素集合

本原元幂次	域 元 素
0	0
1	1
a	a
a^2	$a+1$

可见,GF(4)中域元素集合为$\{0,1,a,a+1\}$,这些元素可以看作 GF(2)上的二维扩张,可以写成坐标形式(0,0)、(0,1)、(1,0)、(1,1)。如果把这些元素的两个坐标看成二进制的两位,那么 GF(4)的域元素集合就可以写成$\{0,1,2,3\}$。

对于 GF(4)中域元素集合$\{0,1,a,a+1\}$,我们可以写出它的加法运算表和乘法运算表如表 6-7 和表 6-8 所示。

表 6-7 域元素$\{0,1,a,a+1\}$的 GF(4)加法运算表

+	**0**	**1**	$\boldsymbol{a}$	$\boldsymbol{a+1}$
0	0	1	a	$a+1$
1	1	0	$a+1$	a
$\boldsymbol{a}$	a	$a+1$	0	1
$\boldsymbol{a+1}$	$a+1$	a	1	0

表 6-8 域元素$\{0,1,a,a+1\}$的 GF(4)乘法运算表

×	**0**	**1**	$\boldsymbol{a}$	$\boldsymbol{a+1}$
0	0	0	0	0
1	0	1	a	$a+1$
$\boldsymbol{a}$	0	a	$a+1$	1
$\boldsymbol{a+1}$	0	$a+1$	1	a

乘法运算表的运算是根据扩域的原理进行的,也就是根据本原多项式有 $a^2=a+1$。

如果上面的加法和乘法运算表中的域元素换成$\{0,1,2,3\}$,则变成了四元域 GF(4)的加法和乘法运算表,如表 6-9 和表 6-10 所示。

表 6-9 域元素$\{0,1,2,3\}$的 GF(4)加法运算表

+	**0**	**1**	**2**	**3**
0	0	1	2	3
1	1	0	3	2

续表

+	0	1	2	3
2	2	3	0	1
3	3	2	1	0

表 6-10 域元素{0,1,2,3}的 GF(4)乘法运算表

×	0	1	2	3
0	0	0	0	0
1	0	1	2	3
2	0	2	3	1
3	0	3	1	2

由表 6-9 和表 6-10 可见，这个 GF(4)上的乘法表并不是模 4 运算的结果。

一般来说，对于 GF(q)域，

(1) 如果 q 为质数，可以很容易得出它的加法表和乘法表，即普通乘法加上对 q 取模运算；

(2) 如果 q 为质数的幂，则利用扩域的原理进行相关计算，得出它的加法表和乘法表。

如果对上面得到的 GF(4)再进行扩域，那么扩域过程中涉及的加法和乘法运算要遵循其加法表和乘法表。下面的例题就是这个 GF(4)上的扩域运算。

例 6.7 $p(x)=x^2+x+2$ 是定义在 GF(4)上的本原多项式，也就是说，$p(x)$的系数来自集合{0,1,2,3}。由 $p(x)$生成扩域 GF(4^2)，也就是 GF(16)扩域，进而确定扩域元素及其最小多项式。

解：采用与例 6.6 同样的方法，利用上面得到的 GF(4)域上的加法和乘法运算表，可以得到这个扩域及其最小多项式如表 6-11 所示。

表 6-11 $p(x)=x^2+x+2$ 在 GF(4)上的扩域及其最小多项式

本原元幂次	域元素	最小多项式
0	0	x
1	1	$x+1$
a	a	x^2+x+2
a^2	$a+2$	x^2+x+3
a^3	$3a+2$	x^2+3x+1
a^4	$a+1$	x^2+x+2
a^5	2	$x+2$
a^6	$2a$	x^2+2x+1
a^7	$2a+3$	x^2+2x+2
a^8	$a+3$	x^2+x+3
a^9	$2a+2$	x^2+2x+1
a^{10}	3	$x+3$
a^{11}	$3a$	x^2+3x+3
a^{12}	$3a+1$	x^2+3x+1
a^{13}	$2a+1$	x^2+2x+2
a^{14}	$3a+3$	x^2+3x+3

6.2 BCH 码的构造

6.2.1 BCH 码的纠错能力

对于给定的任意整数 $m\geqslant 3$，以及纠错能力 $t<2^{m-1}$，一定存在这样一种二元(n,k) BCH 码，具有：

(1) 码长

$$n=2^m-1$$

(2) 奇偶校验位个数

$$r=n-k\leqslant mt$$

(3) 最小距离

$$d^*\geqslant 2t+1$$

这个码的一个码矢量可以纠正 t 个错误。

定理 6.8 如果 a 是伽罗华域 $GF(2^m)$的本原元，那么在一个码矢量中可以纠正 t 个错误而且码长为 $n=2^m-1$ 的 BCH 码的生成多项式为，以 $a,a^2,\cdots,a^{2t}$ 为根的定义在 GF(2)上的阶数最小的多项式 $g(x)$，即有

$$g(a^i)=0,\quad i=1,2,\cdots,2t \tag{6-9}$$

另外，如果 $\phi_i(x)$是 β_i 的最小多项式，其中，

$$\beta_i=a^i \tag{6-10}$$

那么这个能纠正 t 个错误码长为 $n=2^m-1$ 的 BCH 码的生成多项式 $g(x)$是这些共轭元素的最小多项式的最小公倍数，即

$$g(x)=\mathrm{LCM}\{\phi_1(x),\phi_2(x),\cdots,\phi_{2t}(x)\} \tag{6-11}$$

然而由于共轭根的重复性，所以可以只用奇数序号的最小多项式的最小公倍数来构造生成多项式 $g(x)$，即

$$g(x)=\mathrm{LCM}\{\phi_1(x),\phi_3(x),\cdots,\phi_{2t-1}(x)\} \tag{6-12}$$

由于最小多项式的阶数小于或等于 m，所以 $g(x)$的阶数最高为 mt。因为 BCH 码是循环码，其生成多项式的阶数为 r，也就得到上面提到的结论：

$$\text{BCH 码的奇偶校验位个数}\quad r=n-k\leqslant mt$$

考虑伽罗华域 GF(2)的三次扩域 GF(8)，也就是 $q=2,m=3$。在例 6.2 中已经求出了 GF(8)的所有域元素，如表 6-12 所示。

表 6-12 $m=3,p(x)=1+x+x^3$ 在 GF(8)上的所有域元素

本原元的指数形式	域元素的多项式形式
0	0
a^0	1
a^1	a
a^2	a^2
a^3	$1+a$
a^4	$a+a^2$

续表

本原元的指数形式	域元素的多项式形式
a^5	$1+a+a^2$
a^6	$1+a^2$

对 $x^{q^m-1}-1$ 进行因式分解得到

$$
\begin{aligned}
x^{q^m-1}-1 &= x^7-1 \\
&= (x-1)(x^3+x+1)(x^3+x^2+1)
\end{aligned}
$$

可以验证前面讨论过的，所有非零域元素就是 x^7-1 的所有根，即

$$(x^3+x+1)=(x-a)(x-a^2)(x-a^2-a)$$

$$(x^3+x^2+1)=(x-a-1)(x-a^2-1)(x-a^2-a-1)$$

也就是

$$x^7-1=(x-1)(x-a)(x-a^2)(x-a^2-a)(x-a-1)(x-a^2-1)(x-a^2-a-1)$$

由定理 6.3 和定理 6.6 可知，从 x^7-1 分解得到的 3 个不可约多项式 $(x-1)$、(x^3+x+1) 和 (x^3+x^2+1) 就分别是 GF(8)上各个域元素的最小多项式，如表 6-13 所示。

表 6-13　$m=3, p(x)=1+x+x^3$ 在 GF(8)上各个域元素的最小多项式

域元素(共轭根)	对应的最小多项式
0	x
a^0	$x-1$
a, a^2, a^4	$1+x+x^3$
a^3, a^6, a^5	$1+x^2+x^3$

我们再一次看到，所有的共轭域元素具有相同的最小多项式。

6.2.2　给定纠错能力的 BCH 码生成多项式的构造

要构造一个可以纠正 t 个错误，本原码长为 $n=q^m-1$ 的 BCH 码，可以按照以下步骤确定其生成多项式：

(1) 选择一个阶数为 m 的素多项式，构造扩展伽罗华域 GF(q^m)；

(2) 对扩域中任意元素 a^i，求出其最小多项式 $\phi_i(x)$，其中 $i=1,2,\cdots,q^m-2$。

(3) 纠错能力为 t 的 BCH 码的生成多项式为

$$g(x)=LCM\{\phi_1(x),\phi_3(x),\cdots,\phi_{2t-1}(x)\} \tag{6-13}$$

这样构造的 BCH 码可以保证纠正至少 t 个错误。在不少情况下，这个码可以纠正多于 t 个错误。因此，$d=2t+1$ 被称为这个码的**设计距离**，这个码的实际最小距离 $d^*\geqslant 2t+1$。生成多项式的阶数 $r=n-k$。从直观上说，纠错能力越强，t 越大的码，r 就越大，相应的 k 就越小，也就是这个码字中的冗余越高，码率越低。

例 6.8　在由 $p(x)=1+x+x^4$ 生成的伽罗华域 GF(2^4)上，求纠错能力为 t(可以纠正小于或等于 t 个错误)，码长为 $n=2^4-1=15$ 的 BCH 码的生成多项式。

解：

6.1.3 节已经得到 GF(2^4)上所有域元素的最小多项式(见表 6-5)。

(1) 如果要构造一个 $t=1$，也就是纠正单个错误的 BCH 码，那么其生成多项式为

$$\begin{aligned} g(x) &= \mathrm{LCM}\{\phi_1(x), \phi_3(x), \cdots, \phi_{2t-1}(x)\} \\ &= \mathrm{LCM}\{\phi_1(x)\} \\ &= \phi_1(x) \\ &= 1 + x + x^4 \end{aligned}$$

这里 $r=\deg(g(x))=4$，那么 $k=n-r=11$。我们得到的是一个可以纠正单个错误的 BCH(15,11)码。这个码的设计距离 $d=2t+1=3$，可以求出这个码的实际最小距离也是 3。在这里，设计距离等于最小距离。

(2) 如果要构造一个 $t=2$，也就是可以纠正两个错误的 BCH 码，那么其生成多项式为

$$\begin{aligned} g(x) &= LCM\{\phi_1(x), \phi_3(x)\} \\ &= \phi_1(x)\phi_3(x) \\ &= (1 + x + x^4)(1 + x + x^2 + x^3 + x^4) \\ &= 1 + x^4 + x^6 + x^7 + x^8 \end{aligned}$$

可见，$r=8$，所以 $k=n-r=7$，这是一个(15,7)BCH 码，这个码的设计距离 $d=2t+1=5$，可以求出这个码的实际最小距离也是 5。

(3) 对于可以纠正 3 个错误的 $t=3$ 的 BCH 码，有

$$\begin{aligned} g(x) &= LCM\{\phi_1(x), \phi_3(x), \phi_5(x)\} \\ &= \phi_1(x)\phi_3(x)\phi_5(x) \\ &= (1 + x + x^4)(1 + x + x^2 + x^3 + x^4)(1 + x + x^2) \\ &= 1 + x + x^2 + x^4 + x^5 + x^8 + x^{10} \end{aligned}$$

可见，这是一个(15,5)BCH 码，这个码的设计距离 $d=2t+1=7$，可以求出这个码的实际最小距离也是 7。

(4) 当 $t=4$ 时，有

$$\begin{aligned} g(x) &= LCM\{\phi_1(x), \phi_3(x), \phi_5(x), \phi_7(x)\} \\ &= \phi_1(x)\phi_3(x)\phi_5(x)\phi_7(x) \\ &= (1 + x + x^4)(1 + x + x^2 + x^3 + x^4)(1 + x + x^2)(1 + x^3 + x^4) \\ &= 1 + x + x^2 + x^3 + x^4 + x^5 + x^6 + x^7 + x^8 + x^9 + x^{10} + x^{11} + x^{12} + x^{13} + x^{14} \end{aligned}$$

可见，$r=14$，所以 $k=n-r=1$，这是一个(15,1)BCH 码，显然是一个简单重复码，这个码只有两个码字，全 0 码字和全 1 码字，所以它的最小距离 $d^*=15$，然而这个码的设计距离 $d=2t+1=9$，可见在这里，实际最小距离大于设计距离。这个码可以纠正 $(d^*-1)/2=7$ 个随机错误。

(5) 继续用上面的方法构造 $t=5,6,7$ 的 BCH 码，可以发现得到的都是和上面同样的生成多项式：

$$g(x) = 1 + x + x^2 + x^3 + x^4 + x^5 + x^6 + x^7 + x^8 + x^9 + x^{10} + x^{11} + x^{12} + x^{13} + x^{14}$$

因为这个多项式生成的码可以纠正 7 个随机错误。

(6) 如果要构造 $t=8$ 的 BCH 码，就需要域元素 a^{15} 的最小多项式 $\phi_{15}(x)$，这已经超出了扩域 $GF(2^4)$ 的范畴，需要更大的扩域才能做到。可见纠错能力更强的 BCH 码需要用域元素更多的扩域来构造。

6.3 BCH码的译码

BCH码是循环码的一个子类，所以循环码的通用译码方法都可适用于BCH码。常用的BCH码的译码方法有查表法和迭代法。

6.3.1 查表法

查表法是线性分组码的基本译码方法。对于接收端可能收到的所有可能的码字，按照最大似然译码规则，找到每一个码字所对应的消息字作为译码结果。这样，在接收端事先把所有可能的码字和对应的消息字用表格存储起来，译码时直接查表，根据接收到的码字找到对应的消息字，就是译码结果。

查表法的优点是译码速度快，而且硬件实现比较容易。而它的缺点就是，当错误位数比较多时，存储表格将会消耗大量的硬件资源。例如，BCH(67,53)码可纠正小于或等于2比特的错误，它的错误图样的个数为 $C_{67}^1+C_{67}^2=2211$ 个，每个错误图样的码长为67比特，这样，就至少需要 $67\times2211\approx148\text{k}$ 比特的ROM。

6.3.2 迭代法

针对查表法需要的存储空间随错误位数的增加而急剧增加的问题，在BCH码的译码中使用比较多的是迭代法。

迭代法的优点在于，一方面，它使用的硬件资源相对较少，而且它对错误位数不敏感，当错误位数较多时，迭代译码算法所使用的硬件资源与位数少的情况相差无几；另一方面，迭代译码算法的运算速度与纠错位数呈线性关系，当错误位数较多时，迭代次数也会相应增多。

在BCH码的迭代译码算法中，比较经典的是Gorenstein-Zierler译码算法，它是一种专为BCH码设计的扩展Peterson算法。下面介绍这种迭代译码算法。

对于线性分组码的纠错来说，我们需要两个信息就可以确定码中存在的错误：

(1) 错误的大小；

(2) 错误发生的位置。

Gorenstein-Zierler迭代算法的译码过程就是利用BCH码的生成多项式的特点确定上述两个信息的过程。

对于一个码长为 n 的BCH码，其纠错能力为 t，考虑其错误多项式

$$e(x)=e_{n-1}x^{n-1}+e_{n-2}x^{n-2}+\cdots+e_1x+e_0 \tag{6-14}$$

它的系数中最多有 t 个非零系数。假设实际发生了 v 个错误，有 $0\leqslant v\leqslant t$。设这些错误发生在位置 $i_1,i_2,\cdots,i_v$，则可以把错误多项式改写为

$$e(x)=e_{i_1}x^{i_1}+e_{i_2}x^{i_2}+\cdots+e_{i_v}x^{i_v} \tag{6-15}$$

其中，e_{i_k} 表示第 k 个错误的大小。

首先把伴随式定义为接收的码多项式在各个域元素处的值，如在域元素 a 处，伴随式为

$$S_1 = v(a) = c(a) + e(a) = e(a)$$
$$= e_{i_1} a^{i_1} + e_{i_2} a^{i_2} + \cdots + e_{i_v} a^{i_v} \tag{6-16}$$

定义其中的错误大小为

$$Y_k = e_{i_k}, \quad k = 1,2,\cdots,v \tag{6-17}$$

错误位置为

$$X_k = a^{i_k}, \quad k = 1,2,\cdots,v \tag{6-18}$$

其中，i_k 是第 k 个错误的位置，X_k 是这个位置对应的域元素。

这样，式(6-16)可以写成

$$S_1 = Y_1 X_1 + Y_2 X_2 + \cdots + Y_v X_v \tag{6-19}$$

同样，在域元素 $a^j(j=1,2,\cdots,2t)$处，都可以计算伴随式的值：

$$S_j = v(a^j) = c(a^j) + e(a^j) = e(a^j) \tag{6-20}$$

得到

$$\begin{cases} S_1 = Y_1 X_1 + Y_2 X_2 + \cdots + Y_v X_v \\ S_2 = Y_1 X_1^2 + Y_2 X_2^2 + \cdots + Y_v X_v^2 \\ \quad\vdots \\ S_{2t} = Y_1 X_1^{2t} + Y_2 X_2^{2t} + \cdots + Y_v X_v^{2t} \end{cases} \tag{6-21}$$

这个方程组有 $2v$ 个未知数，错误位置 $X_1, X_2, \cdots, X_v$ 以及错误大小 $Y_1, Y_2, \cdots, Y_v$。

定义错误位置多项式为

$$\Lambda(x) = (1 - xX_1)(1 - xX_2)\cdots(1 - xX_v)$$
$$= \Lambda_v x^v + \Lambda_{v-1} x^{v-1} + \cdots + \Lambda_1 x + 1 \tag{6-22}$$

也就是说，错误位置的倒数 X_k^{-1} 是这个多项式的零点值。

应用错误位置多项式，可以把上面的方程组改写成下面的形式：

$$\begin{bmatrix} S_1 & S_2 & \cdots & S_{v-1} & S_v \\ S_2 & S_3 & \cdots & S_v & S_{v+1} \\ \vdots & \vdots & & \vdots & \vdots \\ S_v & S_{v+1} & \cdots & S_{2v-2} & S_{2v-1} \end{bmatrix} \begin{bmatrix} \Lambda_v \\ \Lambda_{v-1} \\ \vdots \\ \Lambda_1 \end{bmatrix} = \begin{bmatrix} -S_{v+1} \\ -S_{v+2} \\ \vdots \\ -S_{2v} \end{bmatrix} \tag{6-23}$$

通过解这个方程组，就可以求出错误位置多项式的所有系数 Λ_i 的值。解方程需要求伴随式矩阵的逆，所以要求伴随式矩阵是非奇异矩阵。可以证明，**当存在 v 个错误时，伴随式矩阵是非奇异的**。由此我们可以从伴随式矩阵的奇异性确定发生错误的个数 v。下面总结 BCH 码译码的过程。

BCH 码迭代法译码的步骤如下：

(1) 先尝试设 $v=t$，计算伴随式矩阵的行列式 det($\boldsymbol{M}$)。

其中，

$$\boldsymbol{M} = \begin{bmatrix} S_1 & S_2 & \cdots & S_{v-1} & S_v \\ S_2 & S_3 & \cdots & S_v & S_{v+1} \\ \vdots & \vdots & & \vdots & \vdots \\ S_v & S_{v+1} & \cdots & S_{2v-2} & S_{2v-1} \end{bmatrix} \tag{6-24}$$

如果 $\det(\boldsymbol{M})=0$，则说明伴随式矩阵是奇异的，接收码字中没有发生 t 个错误。

(2) 再设 $v=t-1$，重新计算 $\det(\boldsymbol{M})$。重复这个过程直到 $\det(\boldsymbol{M})\neq 0$，这时的 v 值就是发生错误的个数。

(3) 根据找到的 v 值，解方程组

$$\begin{bmatrix} S_1 & S_2 & \cdots & S_{v-1} & S_v \\ S_2 & S_3 & \cdots & S_v & S_{v+1} \\ \vdots & \vdots & & \vdots & \vdots \\ S_v & S_{v+1} & \cdots & S_{2v-2} & S_{2v-1} \end{bmatrix} \begin{bmatrix} \Lambda_v \\ \Lambda_{v-1} \\ \vdots \\ \Lambda_1 \end{bmatrix} = \begin{bmatrix} -S_{v+1} \\ -S_{v+2} \\ \vdots \\ -S_{2v} \end{bmatrix} \tag{6-25}$$

得到错误位置多项式的所有系数 Λ_i 的值。

(4) 解方程 $\Lambda(x)=0$，得到它的所有零点，其倒数也就是 $\Lambda(x)=(1-xX_1)(1-xX_2)\cdots(1-xX_v)$ 中的 $X_1,X_2,\cdots,X_v$，就是错误位置。要找到方程 $\Lambda(x)=0$ 的所有零点，最简单的方法就是把所有域元素逐一带入进行检测看方程是否成立。这种穷举法搜索就是钱搜索(Chien Search)算法。对于二进制码来说，由于错误值只能是 1，所以译码过程到这里就结束了。

(5) 对于非二进制码，要求错误值 $Y_1,Y_2,\cdots,Y_v$，回到方程组

$$\begin{cases} S_1 = Y_1X_1 + Y_2X_2 + \cdots + Y_vX_v \\ S_2 = Y_1X_1^2 + Y_2X_2^2 + \cdots + Y_vX_v^2 \\ \qquad\vdots \\ S_{2t} = Y_1X_1^{2t} + Y_2X_2^{2t} + \cdots + Y_vX_v^{2t} \end{cases} \tag{6-26}$$

现在其中的错误位置 $X_1,X_2,\cdots,X_v$ 是已知的，解这个线性方程组，就可以得到错误值 $Y_1,Y_2,\cdots,Y_v$。

例 6.9 考虑 BCH(15,5)码，它可以纠正 3 个错误，其生成多项式为

$$g(x)=x^{10}+x^8+x^5+x^4+x^2+x+1$$

设接收码字的多项式为 $v(x)=x^5+x^3$。试用 Gorenstein-Zierler 译码算法译码，求出错误多项式。

解：由 $n=15=2^4-1$ 可知，这个码所在的扩域是 GF(16)。根据扩域的原理可以计算伴随式：

$$S_1=a^5+a^3=a^{11}$$

$$S_2=a^{10}+a^6=a^7$$

$$S_3=a^{15}+a^9=a^7$$

$$S_4=a^{20}+a^{12}=a^{14}$$

$$S_5=a^{25}+a^{15}=a^5$$

$$S_6=a^{30}+a^{18}=a^{14}$$

这个码可以纠正 3 个错误，首先设 $v=t=3$，得到

$$\boldsymbol{M}=\begin{bmatrix} S_1 & S_2 & S_3 \\ S_2 & S_3 & S_4 \\ S_3 & S_4 & S_5 \end{bmatrix} = \begin{bmatrix} a^{11} & a^7 & a^7 \\ a^7 & a^7 & a^{14} \\ a^7 & a^{14} & a^5 \end{bmatrix}$$

计算其行列式得到 $\det(\boldsymbol{M})=0$，说明发生的错误个数小于 3。再设 $v=t-1=2$，得到

$$\boldsymbol{M}=\begin{bmatrix}S_1 & S_2\\ S_2 & S_3\end{bmatrix}=\begin{bmatrix}a^{11} & a^7\\ a^7 & a^7\end{bmatrix}$$

计算其行列式得到 $\det(\boldsymbol{M})\neq 0$，说明确实发生了 2 个错误，$v=2$。

根据式(6-25)，得到

$$\begin{bmatrix}\Lambda_2\\ \Lambda_1\end{bmatrix}=\begin{bmatrix}a^7 & a^7\\ a^7 & a^{11}\end{bmatrix}\begin{bmatrix}a^7\\ a^{14}\end{bmatrix}=\begin{bmatrix}a^8\\ a^{11}\end{bmatrix}$$

也就是 $\Lambda_2=a^8$，$\Lambda_1=a^{11}$。这样，

$$\Lambda(x)=a^8x^2+a^{11}x+1=(a^5x+1)(a^3x+1)$$

其中的 a^5 和 a^3 就是错误位置 X_1 和 X_2。由于这是一个二进制码，错误值为 1。

这样，可得到 $e(x)=x^5+x^3$。

译码结果 $c(x)=v(x)-e(x)=(x^5+x^3)-(x^5+x^3)=0$，可见传输的是一个全零码字。

6.4 Reed-Solomon 码(RS 码)

RS 码是非二进制 BCH 码。对于任选正整数 S 可构造一个相应的码长为 $n=q^S-1$ 的 q 进制 BCH 码，其中 q 是某个素数的幂。当 $S=1$，$q>2$ 时所构造的码长 $n=q-1$ 的 q 进制 BCH 码被称为 RS 码。当 $q=2^m(m>1)$时，码元符号取自于 $GF(2^m)$的二进制 RS 码可用来纠正突发差错，它是最常用的 RS 码。

和前面讨论的二元 BCH 码不同，RS 码不是基于单个的 0 和 1，而是基于比特组(如字节)的编码。RS 码的性质如下：

码长为

$$n=2^m-1 \tag{6-27}$$

若信息长度为 k，则奇偶校验长度为

$$r=n-k=2t \tag{6-28}$$

最小距离为

$$d^*=2t+1 \tag{6-29}$$

RS 码的生成多项式的形式如下：

$$g(x)=(x-a^i)(x-a^{i+1})\cdots(x-a^{2t+i-1})(x-a^{2t+i}) \tag{6-30}$$

例 6.10 试构造一个能纠 3 个错误字节，码长 $n=15$，$m=4$ 的 RS 码。

解：已知 $t=3$，$n=15$，$m=4$，所以有最小距离为

$$d^*=2t+1=7\ \text{字节}\ (7\times 4=28\ \text{比特})$$

奇偶校验长度为

$$r=2t=6\ \text{字节}\ (24\ \text{比特})$$

信息长度为

$$k=n-r=15-6=9\ \text{字节}\ (36\ \text{比特})$$

码长为

$$n = 15 \text{ 字节}（60 \text{ 比特}）$$

因此这个码是(15,9)RS 码,同时也是(60,36)二进制 BCH 码。

其生成多项式为

$$\begin{aligned} g(x) &= (x+a)(x+a^2)\cdots(x+a^6) \\ &= x^6 + a^{10}x^5 + a^{14}x^4 + a^4x^3 + a^6x^2 + a^9x + a^6 \end{aligned}$$

视频 14

循环码和 BCH 码的 MATLAB 仿真可以扫码观看视频 14。

第 7 章 卷积码

CHAPTER 7

本章概要

卷积码是在 4G 通信系统中得到广泛使用的差错控制编码。卷积码具有良好的抗噪声性能和较低的时延，并且可以灵活地调整码率以适应不同的信道带宽和传输速率需求。本章首先介绍了卷积码的相关概念，包括其基本原理、编码方法和常见的表示方法，如生成多项式、状态图、树状图和网格图等。然后通过例题详细介绍了卷积码的编码方法和具体编码过程。其次，介绍卷积码经典的维特比译码算法。作为重要的扩展内容，本章还详细介绍了基于串行和并行卷积码结构的 Turbo 码。Turbo 码结合了卷积码和随机交织码的优点，具有更高的纠错性能和更低的误码率。最后，结合工程应用实例，介绍卷积码及 Turbo 码在实际通信系统中的应用情况。

卷积码是一种性能优越的信道编码，适用于纠正随机差错。它利用前后时刻信息码元之间的相关性提高系统的抗干扰能力。卷积码的有限记忆编码生成方法与离散线性信号系统中的信号通过滤波器所经历的卷积运算过程类似，因此被称为卷积码。

尽管卷积码早在 1955 年就被提出，但直到 1967 年 Viterbi 提出了最大似然译码算法，即维特比译码算法，才开始在无线通信系统中得到广泛应用。

卷积码在移动通信的发展中起到了重要作用。从早期的移动电话到如今的 4G、5G 网络，卷积码因其短时延和实时性好而得到广泛应用。GPS 和北斗卫星导航系统都采用了卷积码作为信道编码，以保证空地信息传输的可靠性。

1993 年，Turbo 码的提出改变了人们对好码的传统认知，也使得卷积码的应用达到了新的高度。Turbo 码作为卷积码的改进类型，充分体现了卷积码的优势，其迭代译码的思想也提供了新的思路，被认为是编码领域的重要突破。此后，在 ICC 等许多通信和电子类的国际会议上，Turbo 码都被作为一个独立的专题来讨论。有关 Turbo 码的研究受到了广泛关注。另外，Turbo 码在实际系统中的成功应用也是促使 Turbo 码编译码研究深入进行的一个重要因素。

自从 Turbo 码被提出以来，编码领域掀起了一股研究热潮，也取得了许多成果。1995 年，R. Podemskiski 等给出了计算汉明距离谱的算法，并利用最小汉明距离对 Turbo 码的性能进行了分析，分析结果与模拟结果相当接近。此后，Svirid 引用分组码的性能分析方法分析了交织器的设计与 Turbo 码的性能，指出了交织器的设计原则是使 Turbo 码的最小重量尽可能大。Perez 等从距离谱的观点分析了 Turbo 码在低信噪比时的优异性能，指出交织器起着“谱窄化”的作用，使得 Turbo 码的小重量的码字数目减少，从而提高了译码性能。Perez 等还通过距离谱解释了 Turbo 码译码性能中出现的误码底限现象。

自从 3G 技术标准确认采用 Turbo 码作为移动通信中所使用的信道编码后，Turbo 码的研究主要在于信道模型的仿真以及交织器的设计、高速译码器的设计等领域。4G LTE 标准中的 Turbo 码编码器结构沿用了 3G 卷积码编码器并行级联结构和尾比特的归零方式，并进行改进，使得可以更灵活地选取码长和码率。卷积码不仅在移动通信系统中有着重要的应用，在其他领域也应用广泛，例如，北斗卫星导航系统和 GPS 卫星系统均采用了卷积码作为信道编码来提供可靠的数据传输。另外，卷积码与均衡技术相结合产生的均衡卷积码，使均衡模块与译码模块之间可以进行信息传递，从而极大地消除了码间干扰的影响，在无线通信领域应用广泛。

虽然 2016 年的 3GPP 会议已经敲定采用 Polar 码与 LDPC 作为 5G 通用的编解码，但 Turbo 码的强纠错能力，使其非常适合于深空通信。因此 Turbo 码在包括数字图像、视频加密、信息隐藏、深空通信等领域依然十分活跃。当前对 6G 的关键技术研究如火如荼，将卷积码及各种新的组合类型作为信道编码，因为可以获得接近香农极限的优越性能，使通信系统具有数据传输速度快、频率效率高、兼容性好等优点，所以具有广泛的应用前景。但当前无线应用中依然存在资源浪费、通信容量受限等缺点，且根据近几年的商业通信用户数量剧增趋势，未来通信系统中的传输功率和频谱浪费问题将更加严重，因而对卷积码的研究仍具有深刻意义。

7.1 卷积码的概念

7.1.1 引言

前几章介绍的是线性分组码。它们的输出编码码元只与当前输入的信息码元有关，而与以往输入的信息码元无关。这种编码方式被称为无记忆编码。如果能构造一种信道编码，使当前时刻待传输的编码码元不仅与当前时刻要发送的信息码元有关，还与之前时刻传输的信息码元有关，就能够充分利用前后时刻信息码元之间的相关性，从而提高系统的抗干扰能力。这种有限记忆的编码生成方法与离散信号经过一个线性滤波器所经历的卷积运算过程类似，因此称为卷积码。

卷积码也称为连环码，最早由美国麻省理工学院的 P. Elias 于 1955 年提出，是一种性能优越的信道编码，非常适合用于纠正随机错误。此后，C. Wozencraft 于 1957 年提出了一种有效的译码方法即序列译码。1963 年，Massey 提出了一种性能稍差但是比较实用的门限译码方法，使得卷积码开始走向实用化。1967 年，Viterbi 提出了最大似然译码算法，被称作维特比译码算法，对卷积码广泛应用于现代通信起到了巨大的推动作用。

7.1.2 卷积码的基本概念

卷积码与一般的线性分组码最大的不同就是卷积码是有记忆的。我们通常以 (n,k,m) 来描述卷积码，其中，

- k 代表每次输入到卷积编码器的待发送信息码元数，即信息位长度。

- n 为每 k 个信息码元经卷积码编码器输出的编码码元数，即子码长度。每一个(n,k)码段称为一个子码。
- m 代表编码存储度，或认为是卷积码的记忆长度。

任意时刻输出的 n 位子码，不但与当前输入的 k 位信息元有关，还与之前 m 个时刻输入的 $m\times k$ 位信息元有关；

我们把 $N=m+1$ 称为卷积码的约束度，表示编码过程中相互约束的子码数；

把 $N_a=n*(m+1)$称为卷积码的编码约束长度，表示编码过程中相互约束的码元数。

如果卷积码的各个子码是系统码，则称该卷积码为系统卷积码，否则为非系统卷积码。由于卷积码充分利用了各组之间的相关性，因此 n 和 k 可以用比较小的数，在同样的编码效率 R 和设备复杂性条件下，卷积码的性能一般比分组码好。

接下来通过一个简单的卷积码编码例子来说明这些概念。

例 7.1 卷积码编码器结构如图 7-1 所示。D 为寄存器。假设寄存器初始状态为 000，输入的信息元序列为 $\boldsymbol{u}=(101110\cdots)$，输出为$(c^{(1)},c^{(2)},c^{(3)})$的组合。

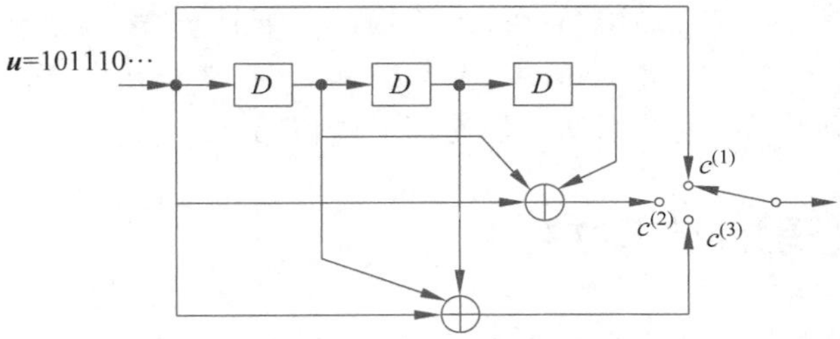

图 7-1 卷积编码器架构图

解：

初始状态为 000，设输入 $\boldsymbol{u}=(101110\cdots)$，则输出$(c^{(1)},c^{(2)},c^{(3)})$与输入的关系如表 7-1 所示。

表 7-1 卷积码编码器输入、状态和输出

输入	1	0	1	1	1	0	0	0	0	…
状态	000	100	010	101	110	111	011	001	000	…
输出	111	011	110	110	101	000	011	010	000	…

输入第一位信息元 1 时，寄存器的状态为 000，输出子码为 111；

输入第二位信息元 0 时，寄存器的状态为 100，输出子码为 011；

输入第三位信息元 1 时，寄存器的状态为 010，输出子码为 110；

输入第四位信息元 1 时，寄存器的状态为 101，输出子码为 110；

输入第五位信息元 1 时，寄存器的状态为 110，输出子码为 101；

输入第六位信息元 0 时，寄存器的状态为 111，输出子码为 000。

之后，如果没有新的输入，那么编码器将在时钟控制下，默认输入为 0，寄存器状态依次右移，直到重新回到 000 状态。

最终输出的全部码字称为码序列，每 3 位码分组称为一个子码，信息分组为每次用于编码的输入信息元个数为 1，编码存储深度是指寄存器延时时间单元数，此处为 3；所以这个卷积码就是(3,1,3)卷积码。卷积码的约束度为 $m+1=4$，编码约束长度为 $n\times(m+1)=12$。

卷积码与分组码的不同之处总结如下：

(1) 卷积码是有记忆的，而线性分组码是无记忆的。线性分组码每一分组的输出只和当前时刻的输入有关。而卷积码在约束长度内，前后各组都是密切相关的，一个子码的监督元不仅取决于本组的信息元，还取决于前 m 组的信息元。

(2) 卷积码与分组码表示方法不同，线性分组码用 (n,k) 表示，而卷积码常用 (n,k,m) 表示。n 为子码长度，k 为信息位长度，m 为编码存储深度。

(3) 分组码的每个 (n,k) 码段称为一个分组，n 个码元仅与该码段内的信息位有关；卷积码的每个 (n,k) 码段称为子码。子码通常较短，子码内的 n 个码元不仅与该码段内的信息位有关，而且与前面 m 段内的信息位有关。

(4) 卷积码 k 和 n 通常很小，编码时延小，特别适合以串行形式进行传输。卷积码的纠错性能随 m 的增加而增大，换言之就是信息码元之间的相关性越强编码纠错能力越强。而线性分组码是通过增加码长，即增加冗余位获得好的纠错效果，码长的增加将带来编码延时增大，复杂度增加的问题。

由于卷积码能够有效提高通信系统信息传输的可靠性，所以这种信道编码方式在现代通信系统中得到了广泛应用，如 GSM、GPRS、IS-95、TD-SCDMA、WCDMA、IEEE 802.11 及全球卫星导航系统等无线通信系统中均使用了卷积码。

7.2 卷积码的编码方法

卷积码编码器采用寄存器作为存储单元来实现“记忆功能”。一般来说，一个 (n,k,m) 卷积码编码器由输入单元、编码单元和输出单元组成，如图 7-2 所示。

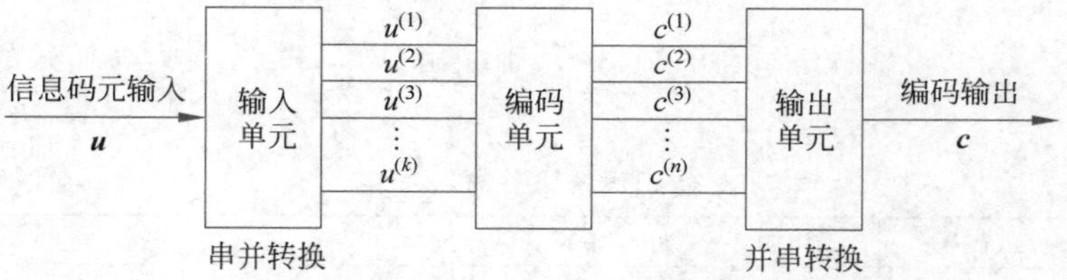

图 7-2 (n,k,m) 卷积码编码器由输入单元、编码单元和输出单元组成

(n,k,m) 卷积码编码器为了完成 k 个信息码元的分组，输入单元将串行输入的信元转换成 k 路并行输出，并作为编码单元的 k 路信元输入；输出单元则是把编码单元产生的 n 路并行输出转换为 1 路串行输出，并作为卷积码的码字。编码单元是最核心的部分，它的功能是把 k 路并行输入的信息码元按照一定的监督规则产生 n 路并行输出的编码码元。编码单元是一个线性时序电路，因此它是一个线性时不变系统，系统特性完全由其冲激响应确定。

为了准确地描述卷积码的产生过程，我们将各种输入输出符号表示如下：

串行输入的信息码可表示为

$$\boldsymbol{u}=(u_0^{(1)},u_0^{(2)},u_0^{(3)},\cdots,u_0^{(k)},u_1^{(1)},u_1^{(2)},u_1^{(3)},\cdots,u_1^{(k)},\cdots,u_l^{(1)},u_l^{(2)},u_l^{(3)},\cdots,u_l^{(k)}) \tag{7-1}$$

其中，$u_s^{(t)}$ 代表第 s 个分组中的第 t $(t\in[1,k],s\in[0,+\infty))$ 时刻输入的信息码元，这些串

行输入的信息码元序列在输入单元完成串并转换后，得到的 k 路并行序列表示为

$$\begin{cases} \boldsymbol{u}^{(1)}=(u_0^{(1)},u_1^{(1)},\cdots,u_l^{(1)},\cdots) \\ \boldsymbol{u}^{(2)}=(u_0^{(2)},u_1^{(2)},\cdots,u_l^{(2)},\cdots) \\ \boldsymbol{u}^{(3)}=(u_0^{(3)},u_1^{(3)},\cdots,u_l^{(3)},\cdots) \\ \vdots \\ \boldsymbol{u}^{(k)}=(u_0^{(k)},u_1^{(k)},\cdots,u_l^{(k)},\cdots) \end{cases} \tag{7-2}$$

之后，并行 k 路序列进入一个 k 路输入 n 路输出的编码单元，码率为 $R=k/n$，这个单元也可视为一个线性时不变系统，这个系统的特性完全由其连接方式确定。当前 n 位输出是当前 k 位和前 $k\times m$ 位输入的线性组合，这里的 m 就是卷积码的记忆长度。第 i 路输入激励下产生的第 j 路输出的冲激响应记为

$$\boldsymbol{g}_i^{(j)}=(g_{i,0}^{(j)},g_{i,1}^{(j)},g_{i,2}^{(j)},\cdots,g_{i,m}^{(j)}) \tag{7-3}$$

其中，$i\in[1,k]$，$j\in[1,n]$，$g_{i,l}^{(j)}$ 表示在第 i 路输入激励下用于产生第 j 路输出的第 $l+1$ 个冲激响应系数，比如 $g_{1,1}^{(2)}$ 表示第 1 路输入下，为了产生第 2 路输出的第 2 个响应系数，这个系数更通俗一点的说法是编码器抽头联结线系数。

下面用卷积编码的实例来说明卷积码的结构和编码方法。

例 7.2 一个(3,1,3)卷积码的编码器，编码器 3 路输出 $c^{(1)}$、$c^{(2)}$、$c^{(3)}$ 对应的冲激响应分别为 $\boldsymbol{g}_1^{(1)}=(1000)$，$\boldsymbol{g}_1^{(2)}=(1101)$，$\boldsymbol{g}_1^{(3)}=(1110)$，输入输出符号均取自 GF(2)中的元素。

(1) 请画出此编码器结构；

(2) 求输入为(10000)时编码器的编码输出；

(3) 求输入为(101110)时编码器的编码输出。

解：

(1) (3,1,3)卷积码中 $k=1$ 代表编码每时刻输入 1 比特信息码元，即每时刻编码器的输入端是 1 位，而输出端是 3 位，编码码率 $R=1/3$。因为只有 1 位输入，所以不需要进行串-并转换。这种 1 位输入的卷积码理解起来最简单，而在实践中也是最有用的。

$m=3$ 代表卷积码的记忆长度为 3，即从左到右每右移一位依次对应一个单位时间延时，共需要 3 个延时时间单元，编码器需要 $m=3$ 个寄存器来存储信息码元。而编码约束度为 4，即每 4 个子码相互关联。

分析冲激响应序列 $\boldsymbol{g}_1^{(1)}=(1000)$ 代表在输入输出均为二元域的情况下，第 1 位信息位产生第 1 路输出 $\boldsymbol{c}^{(1)}$ 的响应系数依次为 1,0,0,0。这里 1 代表有联结，0 代表无联结，由此可获得编码器 $\boldsymbol{c}^{(1)}$ 输出端冲激响应对应的抽头联结情况。同样，由 $\boldsymbol{g}_1^{(2)}=(1101)$ 代表第 2 路输出 $\boldsymbol{c}^{(2)}$ 的响应 1,1,0,1。$\boldsymbol{g}_1^{(3)}=(1110)$ 代表抽头联结情况为 1,1,1,0。这样就得到了卷积码编码器结构，如图 7-3 所示。

(2) 这个编码器的编码过程如下：

假设初始状态下，寄存器状态均为 0。当输入信息码元从左到右依次输入(10000)后，根据 3 路编码的冲激响应：$\boldsymbol{g}_1^{(1)}=(1000)$，$\boldsymbol{g}_1^{(2)}=(1101)$，$\boldsymbol{g}_1^{(3)}=(1110)$，计算编码器状态及输出子码情况。

首先，可以根据时序，获得移位寄存器随时间变化的情况。可得到编码输出状态转换表如表 7-2 所示。

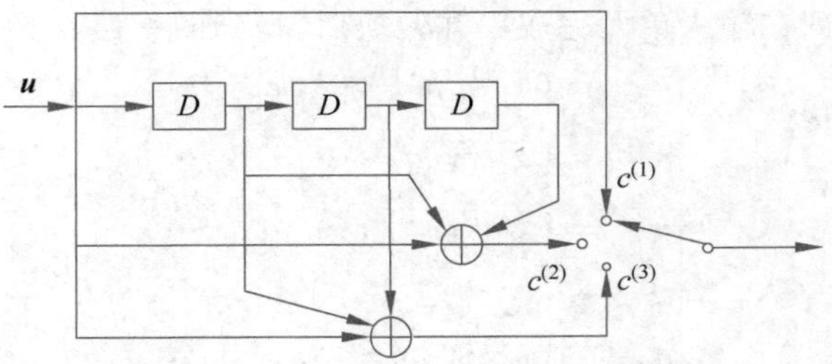

图 7-3 (3,1,3)卷积码编码器的结构图

表 7-2 编码输出状态转换表

时 序	$u(k)$	$u(k-1)$	$u(k-2)$	$u(k-3)$	$c^{(1)}$	$c^{(2)}$	$c^{(3)}$
初始状态	0	0	0	0	0	0	0
1	1	0	0	0	1	1	1
2	0	1	0	0	0	1	1
3	0	0	1	0	0	0	1
4	0	0	0	1	0	1	0
5	0	0	0	0	0	0	0

在表 7-2 中，$u(k-1)$表示 $u(k)$延时 1 位的状态，$u(k-2)$表示 $u(k)$延时 2 位的状态，$u(k-3)$表示 $u(k)$延时 3 位的状态，第 k 个时刻的输出子码的计算过程如下：

由冲激响应 $\boldsymbol{g}_1^{(1)}=(1000)$，可得到第 1 路输出 $c^{(1)}$ 的表达式

$$c^{(1)}(k)=u(k)g_{1,0}^{(1)}+u(k-1)g_{1,1}^{(1)}+u(k-2)g_{1,2}^{(1)}+u(k-3)g_{1,3}^{(1)}=u(k)$$

由冲激响应 $\boldsymbol{g}_1^{(2)}=(1101)$，可得到第 2 路输出 $c^{(2)}$ 的表达式

$$\begin{aligned}c^{(2)}(k)&=u(k)g_{1,0}^{(2)}+u(k-1)g_{1,1}^{(2)}+u(k-2)g_{1,2}^{(2)}+u(k-3)g_{1,3}^{(2)}\\&=u(k)+u(k-1)+u(k-3)\end{aligned}$$

由冲激响应 $g_1^{(3)}=(1110)$，可得到第 3 路输出 $c^{(3)}$ 的表达式

$$\begin{aligned}c^{(3)}(k)&=u(k)g_{1,0}^{(3)}+u(k-1)g_{1,1}^{(3)}+u(k-2)g_{1,2}^{(3)}+u(k-3)g_{1,3}^{(3)}\\&=u(k)+u(k-1)+u(k-2)\end{aligned}$$

按照最终的输出表达式，依次根据每时刻的寄存器状态得到相应时刻的子码输出。如，第一个时序：

$$c^{(1)}(k)=u(k)=1$$
$$c^{(2)}(k)=u(k)+u(k-1)+u(k-3)=1$$
$$c^{(3)}(k)=u(k)+u(k-1)+u(k-2)=1$$

这里再次明确一下，$g_{i,l}^{(j)}$ 表示在第 i 路输入激励下用于产生第 j 路输出的第 $l+1$ 个冲激响应系数，在实际系统中即编码器抽头的状态。如 $g_{1,0}^{(1)}$ 代表第 1 路输入下，产生第 1 路输出时第 1 个抽头联结线对应的值，即 1。

求卷积码编码输出的运算过程正是输入信号与冲激响应的卷积过程。对应于输入(10000)，输出的码序列为(111 011 001 010 000)，4 个移位脉冲过后，寄存器恢复全零状态，说明连续 4 个子码相关，即编码约束度为 4。

(3) 对于任意输入序列,比如 $\boldsymbol{u}=(101110\ \cdots)$可以分解为

$$(101110\cdots)=(100000)+(001000)+(000100)+(000010)+\cdots$$

若输入 $\boldsymbol{u}=(10000)$,则输出的码序列为 $\boldsymbol{c}=(111\ 011\ 001\ 010\ 000)$;若输入序列为 $\boldsymbol{u}=(01000)$,则输出的码序列相应为 $\boldsymbol{c}=(000\ 111\ 011\ 001\ 010)$,以此类推,不难发现,当输入为 $\boldsymbol{u}=(101110\ \cdots)$时,相应的输出编码序列可表示为

$$\begin{aligned}\boldsymbol{c}=\ &(111\ 011\ 001\ 010\ 000\ \cdots)+(000\ 000\ 111\ 011\ 001\ 010\ 000\ \cdots)+\\&(000\ 000\ 000\ 111\ 011\ 001\ 010\ 000\cdots)+(000\ 000\ 000\ 000\ 111\ 011\ 001\ 010\ 000\ \cdots)+\cdots\end{aligned}$$

这一过程可以由矩阵运算进行简化,若定义

$$\begin{cases}\boldsymbol{G}_0=(g_{1,0}^{(1)},g_{1,0}^{(2)},g_{1,0}^{(3)})=(111)\\\boldsymbol{G}_1=(g_{1,1}^{(1)},g_{1,1}^{(2)},g_{1,1}^{(3)})=(011)\\\boldsymbol{G}_2=(g_{1,2}^{(1)},g_{1,2}^{(2)},g_{1,2}^{(3)})=(001)\\\boldsymbol{G}_3=(g_{1,3}^{(1)},g_{1,3}^{(2)},g_{1,3}^{(3)})=(010)\end{cases}\tag{7-4}$$

则 $\boldsymbol{G}_0$、$\boldsymbol{G}_1$、$\boldsymbol{G}_2$、$\boldsymbol{G}_3$ 表示不同延时情况下的抽头联结情况,因输入信息码元和输出编码码元均为半无限的,利用 $\boldsymbol{G}_0$、$\boldsymbol{G}_1$、$\boldsymbol{G}_2$、$\boldsymbol{G}_3$ 可构造生成矩阵 $\boldsymbol{G}_\infty$ 为

$$\boldsymbol{G}_\infty=\begin{bmatrix}\boldsymbol{G}_0&\boldsymbol{G}_1&\boldsymbol{G}_2&\boldsymbol{G}_3&\boldsymbol{0}&\boldsymbol{0}&\cdots\\\boldsymbol{0}&\boldsymbol{G}_0&\boldsymbol{G}_1&\boldsymbol{G}_2&\boldsymbol{G}_3&\boldsymbol{0}&\cdots\\\boldsymbol{0}&\boldsymbol{0}&\boldsymbol{G}_0&\boldsymbol{G}_1&\boldsymbol{G}_2&\boldsymbol{G}_3&\cdots\\\boldsymbol{0}&\boldsymbol{0}&\boldsymbol{0}&\boldsymbol{G}_0&\boldsymbol{G}_1&\boldsymbol{G}_2&\cdots\\\boldsymbol{0}&\boldsymbol{0}&\boldsymbol{0}&\boldsymbol{0}&\ddots&\ddots&\ddots\end{bmatrix}\tag{7-5}$$

生成矩阵 $\boldsymbol{G}_\infty$ 是一个半无限阵,可以用矩阵相乘来简化任意序列的编码过程,例如,对于 $\boldsymbol{u}=(101110\cdots)$,

$$\begin{aligned}\boldsymbol{c}=\boldsymbol{uG}=(101110\cdots)&\begin{bmatrix}\boldsymbol{G}_0&\boldsymbol{G}_1&\boldsymbol{G}_2&\boldsymbol{G}_3&\boldsymbol{0}&\boldsymbol{0}&\cdots\\\boldsymbol{0}&\boldsymbol{G}_0&\boldsymbol{G}_1&\boldsymbol{G}_2&\boldsymbol{G}_3&\boldsymbol{0}&\cdots\\\boldsymbol{0}&\boldsymbol{0}&\boldsymbol{G}_0&\boldsymbol{G}_1&\boldsymbol{G}_2&\boldsymbol{G}_3&\cdots\\\boldsymbol{0}&\boldsymbol{0}&\boldsymbol{0}&\boldsymbol{G}_0&\boldsymbol{G}_1&\boldsymbol{G}_2&\cdots\\\boldsymbol{0}&\boldsymbol{0}&\boldsymbol{0}&\boldsymbol{0}&\ddots&\ddots&\ddots\end{bmatrix}\\&=(111\ 011\ 110\ 110\ 101\ 000\ 011\ 010\ \cdots)\end{aligned}$$

例 7.3 一个(3,2,1)卷积码的编码器,各路的冲激响应分别为

$$\boldsymbol{g}_1^{(1)}=(11),\quad \boldsymbol{g}_1^{(2)}=(01),\quad \boldsymbol{g}_1^{(3)}=(11),$$
$$\boldsymbol{g}_2^{(1)}=(01),\quad \boldsymbol{g}_2^{(2)}=(10),\quad \boldsymbol{g}_2^{(3)}=(10)$$

假设输入 $\boldsymbol{u}=(110110)$,求编码器编码输出。

解:(3,2,1)卷积码表示输入信息位为 2,输出编码位为 3,对于串行输入的信息序列,需要首先进行串并转换,可采用分路开关实现,串并转换电路如图 7-4 所示。

$m=1$ 即记忆长度为 1,需要寄存器个数为 $m\times k=2$ 个。采用如图 7-4 所示的串并转换电路并根据题目中给出的冲激响应确定抽头联结状态,可知编码器电路如图 7-5 所示。

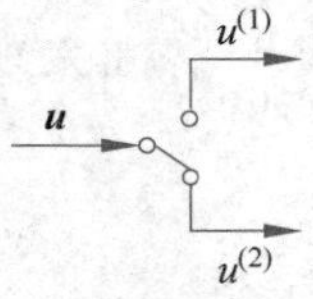

图 7-4　串并转换电路

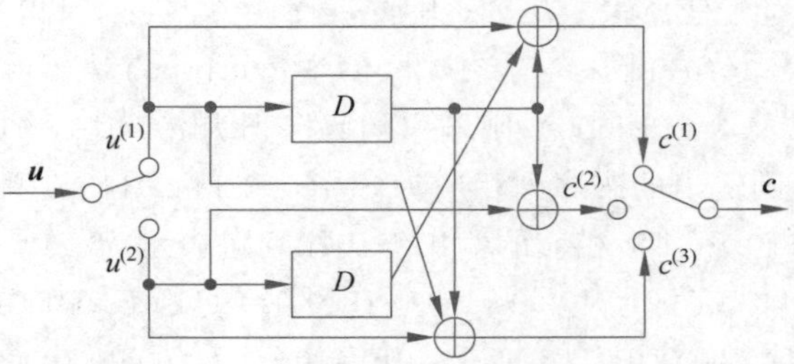

图 7-5　一个(3,2,1)卷积码的编码器

此编码电路的输出与输入间关系如下：

$$\begin{aligned}c^{(1)}(k)&=u^{(1)}(k)g_{1,0}^{(1)}+u^{(1)}(k-1)g_{1,1}^{(1)}+u^{(2)}(k)g_{2,0}^{(1)}+u^{(2)}(k-1)g_{2,1}^{(1)}\\&=u^{(1)}(k)+u^{(1)}(k-1)+u^{(2)}(k-1)\\c^{(2)}(k)&=u^{(1)}(k)g_{1,0}^{(2)}+u^{(1)}(k-1)g_{1,1}^{(2)}+u^{(2)}(k)g_{2,0}^{(2)}+u^{(2)}(k-1)g_{2,1}^{(2)}\\&=u^{(1)}(k-1)+u^{(2)}(k)\\c^{(3)}(k)&=u^{(1)}(k)g_{1,0}^{(3)}+u^{(1)}(k-1)g_{1,1}^{(3)}+u^{(2)}(k)g_{2,0}^{(3)}+u^{(2)}(k-1)g_{2,1}^{(3)}\\&=u^{(1)}(k)+u^{(1)}(k-1)+u^{(2)}(k)\end{aligned}$$

根据表达式得到(3,2,1)卷积码编码输出状态转换表如表 7-3 所示。

表 7-3　(3,2,1)卷积码编码输出状态转换表

时　序	$u^{(1)}(k)$	$u^{(2)}(k)$	$u^{(1)}(k-1)$	$u^{(2)}(k-1)$	$c^{(1)}$	$c^{(2)}$	$c^{(3)}$
0	0	0	0	0	0	0	0
1	1	1	0	0	1	1	0
2	0	1	1	1	0	0	0
3	1	0	0	1	0	0	1
4	0	0	1	0	1	1	1
5	0	0	0	0	0	0	0

视频 15

在表 7-3 中，$u^{(1)}(k-1)$表示 $u^{(1)}(k)$延时 1 位的状态。最终的输出还需要在输出端进行并一串转换，输出编码序列为(110 000 001 111 000 …)。

关于例 7.3 中(3,2,1)卷积码的编码过程可以扫码观看视频 15。

7.3　卷积码常见的表示方法

7.3.1　冲激响应和子多项式

当把编码器看作一个线性时序系统时，可以用多项式来描述输入序列和冲激响应，每一路输出的冲激响应对应卷积码的一路子生成多项式，子码长度 n 决定了子多项式的数目。根据码生成多项式也可以方便地获得卷积码的编码输出序列。

下面通过一个实际的例子来介绍有关概念。

例 7.4　一个(3,1,3)卷积码的编码器，编码器 3 路输出 $c^{(1)}$、$c^{(2)}$、$c^{(3)}$对应的冲激响应分别为 $\boldsymbol{g}_1^{(1)}=(1000)$，$\boldsymbol{g}_1^{(2)}=(1101)$，$\boldsymbol{g}_1^{(3)}=(1110)$。

(1) 写出对应的子多项式；

(2) 如果输入信息流是101110,求输出码字序列。

解:(1) 首先计算各路输出对应的子生成多项式。因为冲激响应 $\boldsymbol{g}_1^{(1)}=(1000)$,$\boldsymbol{g}_1^{(2)}=(1101)$,$\boldsymbol{g}_1^{(3)}=(1110)$表示了卷积码编码器抽头联结线的结构,因此,也称为联结矢量。通过引入移位算子 x,将联结矢量表示的冲激响应转换为多项式,就是所求的子多项式。子多项式的数目由子码长度 n 决定,本例中子多项式数目为3,分别为

$$g_1^{(1)}(x)=1$$

$$g_1^{(2)}(x)=1+x+x^3$$

$$g_1^{(3)}(x)=1+x+x^2$$

联结矢量除了可以表示成子多项式的形式,也可以用八进制数的形式来表达。如本例中可表示为 $g_1^{(1)}=(10)_8$,$g_1^{(2)}=(15)_8$,$g_1^{(3)}=(16)_8$。

(2) 当输入信息流是 $\boldsymbol{u}=(101110\cdots)$时,输入信息序列

$$u(x)=1+x^2+x^3+x^4$$

最终的输出序列可表示为

$$c(x)=[c^{(1)}(x)\quad c^{(2)}(x)\quad c^{(3)}(x)]=u(x)[g_1^{(1)}(x)\quad g_1^{(2)}(x)\quad g_1^{(3)}(x)]$$

其中,

$$c^{(1)}(x)=u(x)g_1^{(1)}(x)=1+x^2+x^3+x^4$$

$$c^{(2)}(x)=u(x)g_1^{(2)}(x)=1+x+x^2+x^3+x^6+x^7$$

$$c^{(3)}(x)=u(x)g_1^{(3)}(x)=1+x+x^4+x^6$$

顺序读出各时序输出结果,最终输出的编码序列为(111 011 110 110 101 000 011 010)。

7.3.2 转移函数矩阵

卷积码还可以用转移函数矩阵来表示输出对输入的响应。用 x 表示移位寄存器的时延,则例7.4输出与输入的依赖关系可表达为转移函数矩阵的形式

$$\boldsymbol{G}(x)=[1\quad 1+x+x^3\quad 1+x+x^2]$$

其中,$\boldsymbol{G}(x)$是 k 行 n 列的矩阵,对于例7.4的(3,1,3)循环码,$k=1$,$n=3$。每个矩阵元是 x 的 m 次多项式,本例中 $m=3$。多项式的系数分别是 $\boldsymbol{g}_1^{(1)}=(1000)$,$\boldsymbol{g}_1^{(2)}=(1101)$,$\boldsymbol{g}_1^{(3)}=(1110)$。转移函数矩阵 $\boldsymbol{G}(x)$表达了编码器的电路结构。

7.3.3 生成矩阵

前面已经介绍过生成矩阵的概念,这里仍以例7.4的卷积码编码结构说明生成矩阵的表示方法。

例7.5 一个(3,1,3)卷积码的编码器,编码器3路输出 $c^{(1)}$、$c^{(2)}$、$c^{(3)}$对应的冲激响应分别为 $\boldsymbol{g}_1^{(1)}=(1000)$,$\boldsymbol{g}_1^{(2)}=(1101)$,$\boldsymbol{g}_1^{(3)}=(1110)$。

(1) 写出生成矩阵;

(2) 如果输入信息流是101110,求输出码字序列。

解:

(1) 首先从子生成多项式结构中计算单位冲激信号(10000)产生的输出:

$$g_1^{(1)}(x)=1$$

$$g_1^{(2)}(x)=1+x+x^3$$

$$g_1^{(3)}(x)=1+x+x^2$$

可得到

$$\begin{cases} \boldsymbol{G}_0=(g_{1,0}^{(1)},g_{1,0}^{(2)},g_{1,0}^{(3)})=(111) \\ \boldsymbol{G}_1=(g_{1,1}^{(1)},g_{1,1}^{(2)},g_{1,1}^{(3)})=(011) \\ \boldsymbol{G}_2=(g_{1,2}^{(1)},g_{1,2}^{(2)},g_{1,2}^{(3)})=(001) \\ \boldsymbol{G}_3=(g_{1,3}^{(1)},g_{1,3}^{(2)},g_{1,3}^{(3)})=(010) \end{cases} \tag{7-6}$$

由抽头系数直接获得的 $\boldsymbol{G}_0$、$\boldsymbol{G}_1$、$\boldsymbol{G}_2$、$\boldsymbol{G}_3$ 称为子生成矩阵，得到的生成矩阵 $\boldsymbol{G}_\infty$ 是一个半无限阵

$$\boldsymbol{G}_\infty=\begin{bmatrix} \boldsymbol{G}_0 & \boldsymbol{G}_1 & \boldsymbol{G}_2 & \boldsymbol{G}_3 & \boldsymbol{0} & \boldsymbol{0} & \cdots \\ \boldsymbol{0} & \boldsymbol{G}_0 & \boldsymbol{G}_1 & \boldsymbol{G}_2 & \boldsymbol{G}_3 & \boldsymbol{0} & \cdots \\ \boldsymbol{0} & \boldsymbol{0} & \boldsymbol{G}_0 & \boldsymbol{G}_1 & \boldsymbol{G}_2 & \boldsymbol{G}_3 & \cdots \\ \boldsymbol{0} & \boldsymbol{0} & \boldsymbol{0} & \boldsymbol{G}_0 & \boldsymbol{G}_1 & \boldsymbol{G}_2 & \cdots \\ \boldsymbol{0} & \boldsymbol{0} & \boldsymbol{0} & \boldsymbol{0} & \ddots & \ddots & \ddots \end{bmatrix} \tag{7-7}$$

通常，我们把 $\boldsymbol{G}_\infty$ 简写为 $\boldsymbol{G}$，可得到与线性分组码统一的生成方程 $c=\boldsymbol{uG}$ 的形式。$\boldsymbol{G}$ 是一个半无穷矩阵，但其中的有效数字只有$[\boldsymbol{g}]=[111\ 011\ 001\ 010]$。它在 $\boldsymbol{G}$ 矩阵中每行都出现，只是依次错后 3 位。而 $\boldsymbol{G}$ 矩阵其余元素都是 0。

$[\boldsymbol{g}]$由 $\boldsymbol{g}_1^{(1)}=(1000)$，$\boldsymbol{g}_1^{(2)}=(1101)$，$\boldsymbol{g}_1^{(3)}=(1110)$各出一位轮流输出构成。$[\boldsymbol{g}]$称为基本生成矩阵，反映了监督元与信息元之间的约束关系，也即冲激信号激励下输出的冲激响应。

$[\boldsymbol{g}]$的行数是 1，由 $k=1$ 决定；共 12 个码元，分为 4 段(由 $m+1=4$ 决定)，每段 3 个码元(由 $n=3$ 决定)。

(2) 如果输入信息流是 101110，输出码字序列为

$$\boldsymbol{c}=\boldsymbol{uG}=(101110)\begin{bmatrix} 111 & 011 & 001 & 010 & 000 & 000 & \cdots \\ 000 & 111 & 011 & 001 & 010 & 000 & \cdots \\ 000 & 000 & 111 & 011 & 001 & 010 & \cdots \\ 000 & 000 & 000 & 111 & 011 & 001 & \cdots \\ 000 & 000 & 000 & 000 & \ddots & \ddots & \ddots \end{bmatrix}$$

$$=(111\ 011\ 110\ 110\ 101\ 000\ 011\ 010\ \cdots)$$

对于多元输入的卷积码，生成矩阵该如何构造呢？仍以(3,2,1)卷积码为例进行说明。

例 7.6 仍以例 7.3 中的(3,2,1)卷积码编码器为例，各路的冲激响应分别为

$$\boldsymbol{g}_1^{(1)}=(11),\quad \boldsymbol{g}_1^{(2)}=(01),\quad \boldsymbol{g}_1^{(3)}=(11),$$

$$\boldsymbol{g}_2^{(1)}=(01),\quad \boldsymbol{g}_2^{(2)}=(10),\quad \boldsymbol{g}_2^{(3)}=(10)$$

求卷积码的转移函数矩阵、生成矩阵，并给出输入序列为 $\boldsymbol{u}=(110110)$ 时的输出码流。

解：(1) 卷积码的转移函数矩阵为

$$\boldsymbol{G}(x)=\begin{bmatrix} 1+x & x & 1+x \\ x & 1 & 1 \end{bmatrix}$$

(2) 由冲激响应抽头系数获得生成矩阵子矩阵:

$$\begin{cases} \boldsymbol{G}_0 = \begin{bmatrix} g_{1,0}^{(1)}, g_{1,0}^{(2)}, g_{1,0}^{(3)} \\ g_{2,0}^{(1)}, g_{2,0}^{(2)}, g_{2,0}^{(3)} \end{bmatrix} = \begin{bmatrix} 1 & 0 & 1 \\ 0 & 1 & 1 \end{bmatrix} \\ \boldsymbol{G}_1 = \begin{bmatrix} g_{1,1}^{(1)}, g_{1,1}^{(2)}, g_{1,1}^{(3)} \\ g_{2,1}^{(1)}, g_{2,1}^{(2)}, g_{2,1}^{(3)} \end{bmatrix} = \begin{bmatrix} 1 & 1 & 1 \\ 1 & 0 & 0 \end{bmatrix} \end{cases}$$

生成矩阵可表示为

$$\boldsymbol{G} = \begin{bmatrix} \boldsymbol{G}_0 & \boldsymbol{G}_1 & \boldsymbol{0} & \boldsymbol{0} & \boldsymbol{0} & \boldsymbol{0} & \cdots \\ \boldsymbol{0} & \boldsymbol{G}_0 & \boldsymbol{G}_1 & \boldsymbol{0} & \boldsymbol{0} & \boldsymbol{0} & \cdots \\ \boldsymbol{0} & \boldsymbol{0} & \boldsymbol{G}_0 & \boldsymbol{G}_1 & \boldsymbol{0} & \boldsymbol{0} & \cdots \\ \boldsymbol{0} & \boldsymbol{0} & \boldsymbol{0} & \boldsymbol{G}_0 & \boldsymbol{G}_1 & \boldsymbol{0} & \cdots \\ \boldsymbol{0} & \boldsymbol{0} & \boldsymbol{0} & \boldsymbol{0} & \vdots & \vdots & \end{bmatrix}$$

基本生成矩阵为 $\boldsymbol{g} = \begin{bmatrix} 101 & 111 \\ 011 & 100 \end{bmatrix}$。

(3) 输入序列为 $\boldsymbol{u}=(110110)$ 时的输出码流为

$$\boldsymbol{c} = \boldsymbol{uG} = (11 \quad 01 \quad 10) \begin{bmatrix} 101 & 111 & 000 & 000 \\ 011 & 100 & 000 & 000 \\ 000 & 101 & 111 & 000 \\ 000 & 011 & 100 & 000 \\ 000 & 000 & 101 & 111 \\ 000 & 000 & 011 & 100 \end{bmatrix}$$

$$= (110 \quad 000 \quad 001 \quad 111)$$

7.3.4 状态转换图和树状图

通过前面的分析,对数字电路比较熟悉的读者应该已经意识到卷积码编码器实质上是一个有限状态机。因此,用状态转换图和树状图将能够很好地描述卷积码的内在特性。

状态转换图主要用来反映卷积码编码器的可能状态,以及由一个状态可能向哪些状态转移。将编码器中寄存器的内容看成是编码器状态,编码器状态的集合称为编码器的状态空间。以前面讲过的(3,1,3)卷积码来说明状态转换图的构造。

例 7.7 一个(3,1,3)卷积码的编码器,编码器 3 路输出 $c^{(1)}$、$c^{(2)}$、$c^{(3)}$ 对应的冲激响应分别为 $\boldsymbol{g}_1^{(1)}=(1000)$,$\boldsymbol{g}_1^{(2)}=(1101)$,$\boldsymbol{g}_1^{(3)}=(1110)$。编码器结构图如图 7-6 所示。

试分别用状态转换图和树状图来描述该码。

解:状态转换图描述的实际是编码器中寄存器状态直接的转换。图 7-6 中编码器共有 3 个移位寄存器,从左到右依次标记为 D_1、D_2、D_3,共有 $2^3=8$ 个不同的状态:000 (S_0)、001 (S_1)、010(S_2)、011 (S_3)、100 (S_4)、101(S_5)、110 (S_6)、111(S_7)。当 $D_1D_2D_3=(000)$时,输入信息码元 0,产生编码输出 $c=(c^{(1)}c^{(2)}c^{(3)})=(000)$,移位寄存器新状态转换为(000),即 $S_0 \rightarrow S_0$;如果输入的信息码元 1,产生编码输出 $\boldsymbol{c}=(111)$,移位寄存器 D_1 新状态转换为 1,D_2、D_3 仍为 0,移位寄存器新状态转换为(100),即 $S_0 \rightarrow S_4$。以此类推,可以得到(3,1,3)卷积码的状态变化表如表 7-4 所示。

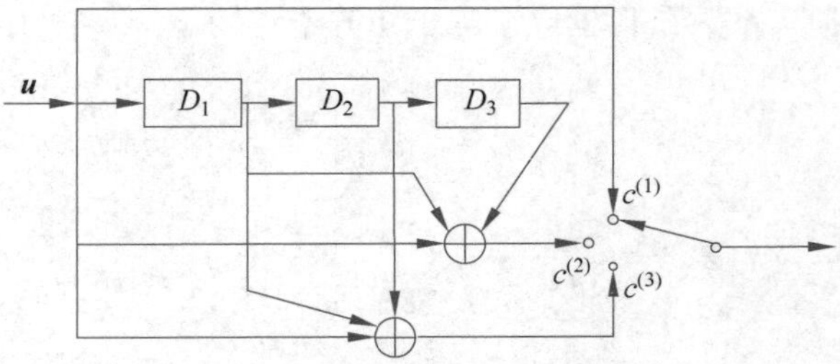

图 7-6 (3,1,3)卷积码编码器的结构图

表 7-4 (3,1,3)卷积码的寄存器状态变化表

原状态 $D_1D_2D_3$	输　入	编码输出	新状态 $D_1D_2D_3$
000	0	000	000
	1	111	100
001	0	010	000
	1	101	100
010	0	001	001
	1	110	101
011	0	011	001
	1	100	101
100	0	011	010
	1	100	110
101	0	010	010
	1	110	110
110	0	010	011
	1	101	111
111	0	000	011
	1	111	111

按照表 7-4,可以画出状态转换图如图 7-7 所示。其中圆圈中的数字代表寄存器状态,虚线代表输入为 0 时的状态转换,实线代表输入为 1 时的状态转换,线上的数字代表编码输出。

状态图对于判断卷积码是否是恶性码非常关键。如果状态图中存在一个状态转换过程,能够在非 0 输入条件下产生全 0 的输出(这是恶性码的典型特征),则意味着少量的输出差错可能会导致待传输信息序列中的大量差错。值得注意的是,恶性不是由输入引起的,而是构造过程中出现的,这种恶性映射的构造,是卷积码编码器应该避免的。

树状图也是卷积码常用的表示方法,以父子层次结构来表示状态之间的转化关系。还以前面讲过的(3,1,3)卷积码来说明树状图的构造,如图 7-8 所示。

(1) 假设寄存器中初始状态为全 0,给出树的根节点。

(2) 根据输入的各种变化,画出树的第一层。向上的分支表示输入为 0,向下的分支表示输入为 1。树枝上的数字代表编码输出。树枝的节点表示下一个转移到的寄存器状态。

(3) 重复步骤(2),画出第三层,以此类推,直到节点出现所有可能的状态。

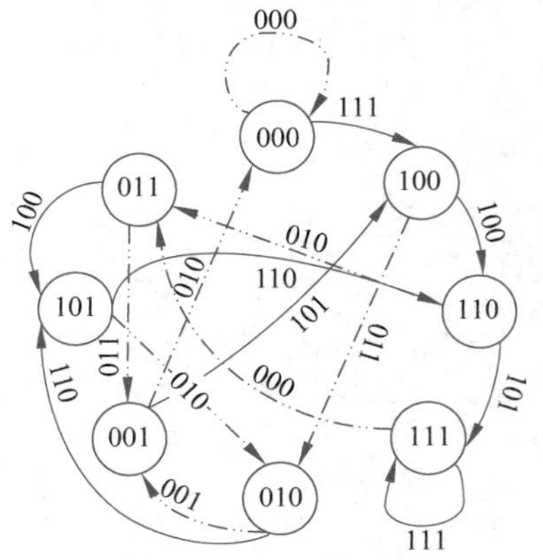

图 7-7 表 7-4 对应的状态转换图

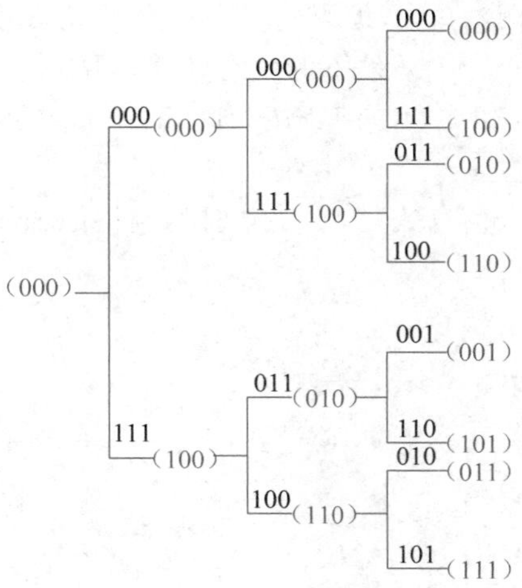

图 7-8 树状图结构

当输入是某一确定度输入序列，需要用树状图表示时，可以在当节点出现所有可能的状态后，继续根据输入状态画出后续分支直到所有的输入信息结束，最后回到寄存器全零状态。按照对应的输入序列，标出相应的树枝，根据分支上的数字即可得到最终的输出码序列。

7.3.5 卷积码的网格图

网格图最早是由 Forney 提出来的。网格图是一个有向图，图中的节点表示编码器的状态。网格图与状态图的不同在于网格图是有时间轴的，即网格图的第 i 步对应了 i 时刻编码器所有可能的状态。网格图与树状图的不同在于，树状图中的状态用分行的点表示，每一层树状图中相同状态的节点合并到网格图中的每列相同的点，树状图的每一层对应网格图中的每一级，树状图中的分支对应网格图中的连线，从而将树状图的父子关系转化为网格图的时间递进关系。网格图在卷积码的维特比译码中具有非常重要的作用。

仍以前面讲过的(3,1,3)卷积码为例来说明网格图的构造。针对同样的编码结构和输入序列，当采用网格图表示时，其结构如图 7-9 所示。

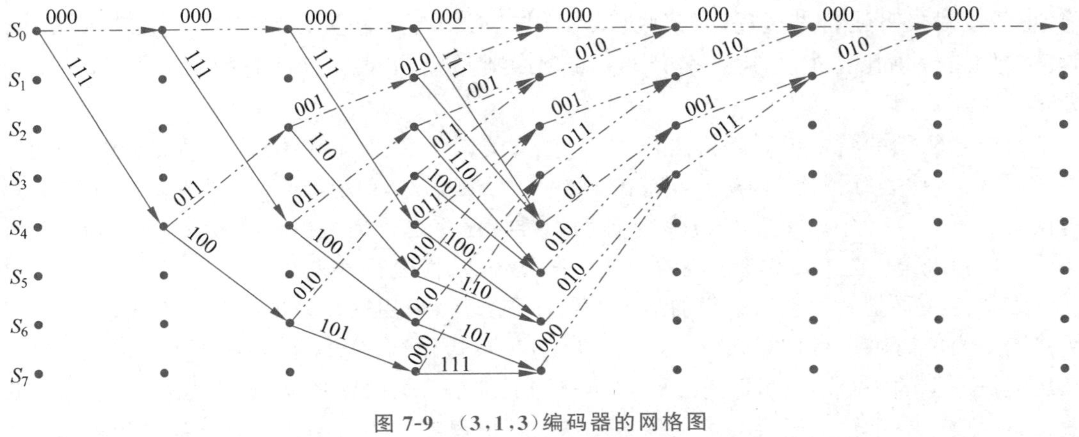

图 7-9 (3,1,3)编码器的网格图

在图 7-9 中，编码器状态从全 0 状态开始，虚线表示输入为 0 条件下的状态转移，实线表示输入为 1 条件下的状态转移，图中最后外加 3 个 0 比特使所有状态回到全 0 状态，线上的数字表示输出的编码序列。每一条从 0 状态出发，又回到 0 状态的路径都对应了一个码字序列。

输入信息流是 101110 时的网格图如图 7-10 所示。

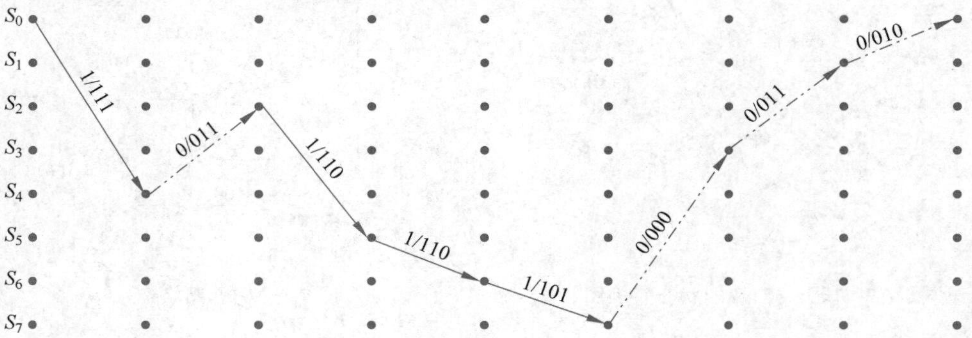

图 7-10　输入信息流是 101110 时的网格图

图 7-10 中带箭头线上的数字 1/111 表示输入为 1 时产生的输出编码序列为 111。由图可知，当输入信息流是 101110 时，输出码序列为 111 011 110 110 101 000 011 010。

7.4　卷积码的译码

卷积码有 4 种不同的译码策略，包括：

(1) 最大后验概率(MAP)序列估值；

(2) 最大似然(ML)序列估值；

(3) 逐符号 MAP 译码；

(4) 逐符号 ML 译码。

在编码理论中，MAP 通常被认为是前向纠错方式的最佳译码，这种译码方法是建立在已知接收序列和信息比特先验分布概率的基础上的，既可以用来对整个码序列进行后验估值，也可以对信息比特进行逐比特判决。ML 与 MAP 紧密相关，二者的区别在于 MAP 译码需要知道信息比特的先验概率分布，而 ML 则直接假设所有信息码元均服从等概率分布。

目前最实用的卷积码译码算法是 1967 年由美国学者 A. J. Viterbi 引入的最小汉明距离译码方法，称为维特比译码。后来，在 1969 年 Ommura 证明了维特比算法等价于最大后验概率译码；1973 年，G. D. Forny 又证明了维特比算法就是卷积码的最大似然译码算法。至此，维特比算法被公认为卷积码的最佳译码算法，从而流行开来。

维特比译码是一种全局最优的最大似然译码算法，采用逐步处理的工作方式，每步只对网格图上当前时刻进行计算，边输入边计算，边计算边输出，实时完成序列流译码。首先定义从网格图上的一个节点(即一个状态)转移到下一个节点的路径为一条支路，由前可知，每条支路对应了一个输出码字。定义每条支路的输出码字与该时刻接收码字的汉明距离为支路度量。在卷积码的网格图上，编码器从初始状态开始随着输入信息不断进行状态转移，在

时刻 t 到达某个节点(状态)，过程中的各条支路一起构成了一条连续的路径，定义这条路径的路径度量等于它所经历的各个支路的支路度量的累积，路径度量也就是每条路径与接收码序列的汉明距离。维特比译码算法的基本步骤如下：

(1) 画出卷积码的网格图；

(2) 按时间顺序依次计算每个时刻各条支路的支路度量；

(3) 计算进入该时刻各节点各条路径的路径度量，并保留路径度量最小的那一条路径；

(4) 各个时刻都进行相同的计算，最终由路径度量最小的那条保留路径来决定译码结果。

对于一个二元(n, k, m)卷积码，在第 m 个时刻以前，译码器计算所有支路度量和路径度量，保留进入 2^{km} 个状态的每一条路径。从第 m 个时刻开始，对进入每一个状态的路径进行计算，这样的路径有 2^k 条，译码器将接收码组与进入每个状态的两个分支进行比较和判决，选择路径度量最小的一条路径作为进入该状态的幸存路径，并删去进入该状态的其他路径。若输入接收序列长为 $(L+m)k$，其中后 m 段是人为加入的全 0 段，则译码一直进行到 $L+m$ 个时刻为止。若进入某个状态的部分路径中，有两条的部分路径值相等，则可任选其一作为幸存路径。

下面以前面讲过的(3,1,3)卷积码为例，来说明维特比译码的具体过程。

例 7.8 假设一个二元对称信道(即 BSC)，采用了具有如图 7-11 所示网格图的卷积码进行信道编码，译码器接收到的一段卷积码序列为 $\boldsymbol{r}=(110\ 011\ 110\ 110\ 111\ 000\ 011\ 010)$，试用维特比算法确定发送的信息序列。

解：该卷积码为(3,1,3)卷积码，当接收序列为 $\boldsymbol{r}=(110\ 011\ 110\ 110\ 111\ 000\ 011\ 010)$ 时，最前面的 $n=3$ 步转移网格图如图 7-11 所示。

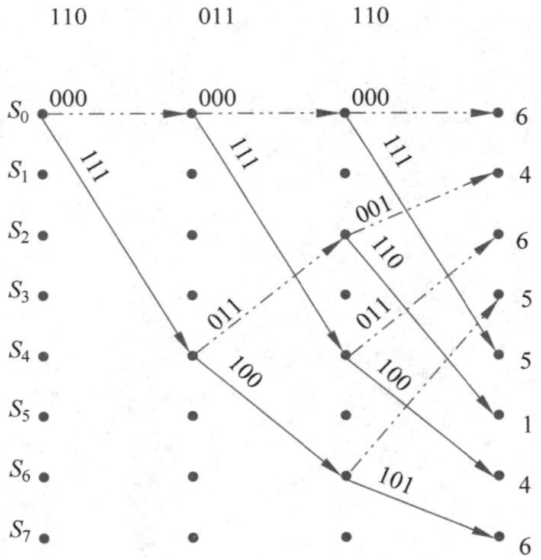

图 7-11 前 3 步状态转移网格图

在前 3 步转移中，共有 8 种可能的路径，这 8 条路径对应的码序列分别为(000 000 000)、(111 011 001)、(000 111 011)、(111 100 010)、(000 000 111)、(111 011 110)、(000 111 100)、(111 100 101)。这 8 条路径与接收序列的汉明距离分别为 6、4、6、5、5、1、4、6。这时，到达每个状态的路径都只有一条，我们保留所有的路径，并继续下一步的状态转移。从第 4 个时刻开始，进入每一个状态的支路都有 2 条，译码器将接收码组与进入每个状态的两个分支进行比较和判决，选择一条路径度量最小的路径作为进入该状态的幸存路径，并删除另一条路径。图 7-12 显示 $S_0(000)$状态的幸存路径选择过程。

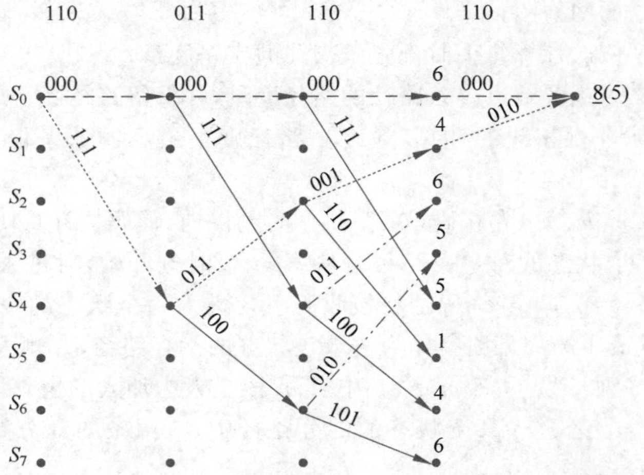

图 7-12　第 4 步状态转移网格图及 S_0 状态幸存路径选择

由图 7-12 可见，有两条路径到达 S_0 状态，一条路径的路径度量为 8，另一条路径的路径度量为 5，保留路径度量为 5 的路径作为幸存路径。

继续逐步完成所有的状态的幸存路径选择，如图 7-13 所示(图中短画线路径是删除路径，点画路径是幸存路径)。若进入某个状态的路径中，有两条路径的路径度量相等，则可任选其一作为幸存路径。

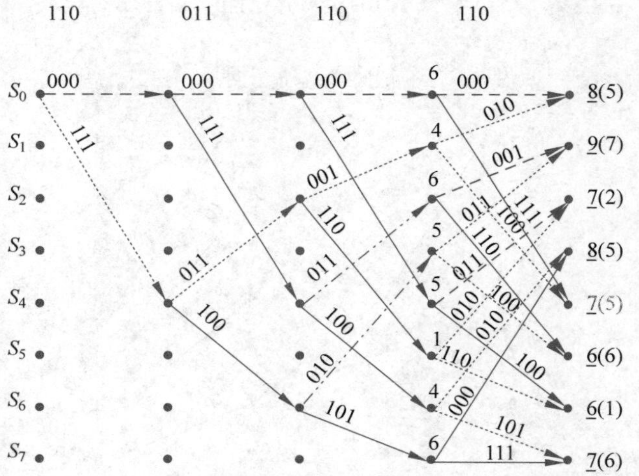

图 7-13　第 4 步状态转移网格图及幸存路径选择

若输入接收序列长为$(L+m)k$，其中后 m 段是人为加入的全 0 段，则译码一直进行到第 $L+m$ 时刻为止。当 $\boldsymbol{r}=(110\ 011\ 110\ 110\ 111\ 000\ 011\ 010)$时，最终的路径选择如图 7-14 所示。

最后，从保留的最小路径度量的路径终止节点出发回退到起始节点，利用标出的幸存路

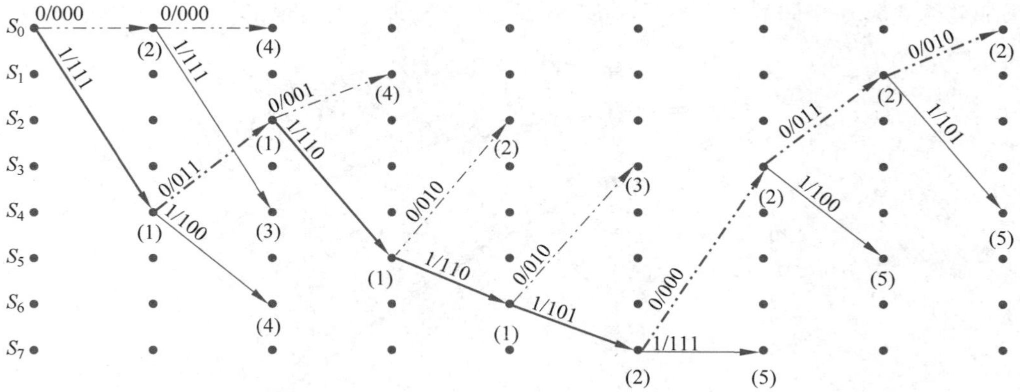

图 7-14　接收序列的最小汉明距离路径

径，就可以获得码字估值序列 $\hat{\boldsymbol{c}}$，完成译码。

$$\hat{\boldsymbol{c}}=(111\ 011\ 110\ 110\ 101\ 000\ 011\ 010)$$

卷积码的维特比译码过程可以扫码观看视频 16。

视频 16

7.5　卷积码的性能分析

7.5.1　维特比译码的软判决和硬判决

维特比译码算法分为软判决和硬判决。所谓硬判决，是指解调器根据其判决门限对接收到的信号波形直接进行判决后输出 0 或 1，换句话说，就是解调器供给译码器作为译码用的每个码元只取 0 或 1 两个值。软判决则是指解调器不进行判决，而是直接输出模拟量，或是将解调器输出波形进行多电平量化(不是简单的 0、1 两电平量化)，然后送往译码器。即编码信道的输出是没有经过判决的“软信息”。

定义码字序列 $\boldsymbol{c}$ 和接收序列 $\boldsymbol{r}$ 之间的欧氏距离为 $d_{\mathrm{E}}=\sum_{i=1}^{n}(r_i-c_i)^2$，将与接收序列 $\boldsymbol{r}$ 欧氏距离最小的码字序列作为译码器输出。其中，r_i 是不经解调器判决而直接输出的模拟量。

与硬判决算法相比，软判决译码算法的路径度量采用“软距离”而不是汉明距离。最常采用的是欧几里得距离，也就是接收波形与可能的发送波形之间的几何距离。在采用软距离的情况下，路径度量的值是模拟量，需要经过一些处理以便于相加和比较。因此，使计算复杂度有所提高。除路径度量不同之外，两种算法在结构和过程上完全一致。一般而言，由于硬判决的过程中损失了信道信息，因此软判决译码比硬判决译码性能上有 2～3dB 的提升。

7.5.2　仿真分析

所选择的编码器结构为 1 个输入，2 个输出，即码字码率为 1/2；译码端采用维特比译码算法，并且对软判决和硬判决两种方式进行比较。

图 7-15 为码长为 4224、码率为 1/2 的卷积码在不同调制格式下的误比特率对比(译码

端采取软判决)，在相同的 E_b/N_0 下，BPSK 和 QPSK 理论上表现出相同的误比特率曲线。

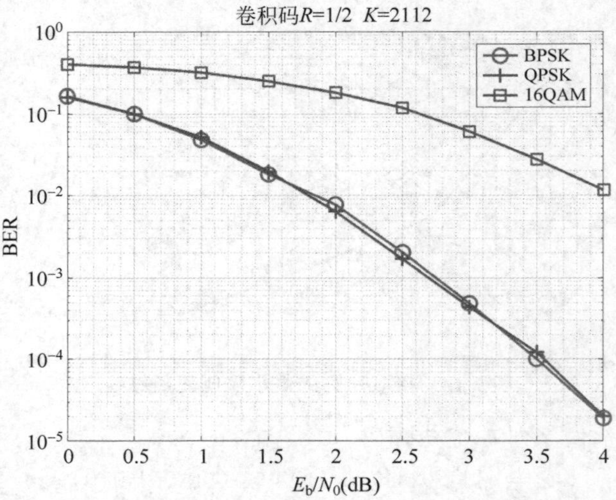

图 7-15 不同调制格式下卷积码的误比特率曲线

图 7-16 为该卷积码在 16QAM 调制格式下软判决和硬判决的误比特率对比，可以看出，当 BER$=10^{-2}$ 时，软判决维特比译码相较于硬判决维特比译码大约有 2.5dB 的性能提升。

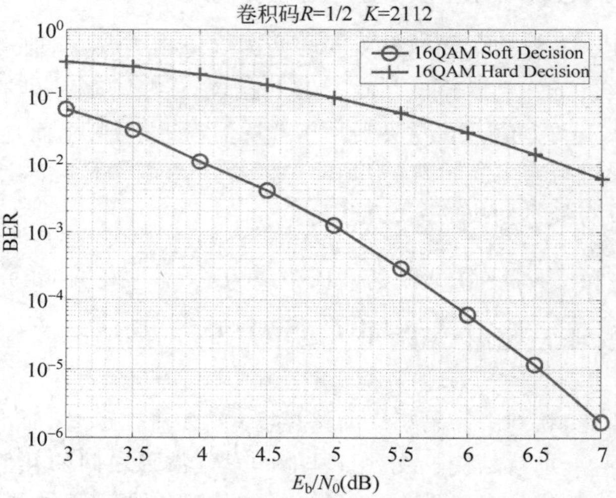

图 7-16 卷积码软判决和硬判决误比特率曲线对比

视频 17

关于卷积码的 MATLAB 仿真与性能分析可以扫码观看视频 17。

7.6 Turbo 码的编码和译码

Turbo 码又称为并行级联卷积码(Paralled Concatenated Convolutional Codes，PCCC)，由 C. Berrou 和 A. Glavieux 等于 1993 年在日内瓦召开的国际通信会议上首次提出，Turbo 码通过巧妙地将卷积码和随机交织器结合在一起实现了随机编码的思想，是纠错编码理论中最重要的成就之一。由于充分地应用了香农信道编码定理中的随机性编译码条件，Turbo码获得了接近香农理论极限的译码性能。仿真结果表明，在加性高斯白噪声(AWGN)信道上，交织长度为65 536、码率为1/2、调制方式为BPSK的Turbo码经过18次迭代译码后，达到了与香农理论极限仅相差0.7dB的优异性能(根据香农信道编码定理，1/2码率时的香农理论极限是0dB)。

随着对Turbo码的深入研究，Turbo码又多了两种类型：一种类型称为串行级联卷积码(Serially Concatenated Convolutional Codes，SCCC)；另一种类型称为混合级联卷积码(Hybrid Concatenated Convolutional Codes，HCCC)，本节主要讨论PCCC。

7.6.1 Turbo码编码

级联码的特殊构造决定了其分量码必须为系统码，而传统系统卷积码的纠错性能明显逊于非系统卷积码。递归系统卷积码(Recursive Systematic Convoluti-onal，RSC)既是一种系统码，又具有与非系统卷积码同样出色的纠错能力。因此在PCCC结构中选择了RSC码作为Turbo码的分量码。第一个RSC分量编码器的前面不使用交织器，后续的每个RSC分量编码器之前都有一个交织器与之对应。一个Turbo码编码器中原则上可采用多个RSC分量编码器，但通常只选用两个，因为过多的RSC分量编码器会使得译码非常复杂而难以实现。Turbo码编码结构图如图7-17所示。

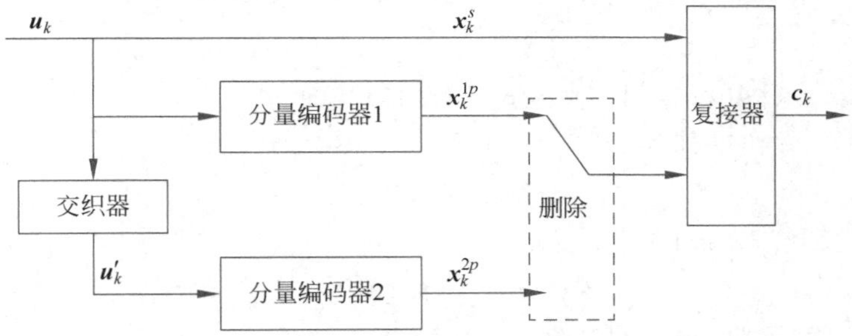

图7-17 Turbo码编码结构图

在Turbo码编码器中，长度为N的信息序列$\boldsymbol{u}_k$在送入第一个分量编码器同时作为系统输出$\boldsymbol{x}_k^s$直接送至复接器，同时$\boldsymbol{u}_k$经过一个N位交织器，形成一个新序列$\boldsymbol{u}'_k$(长度与内容没变，但比特位置经过重新排列)。$\boldsymbol{u}_k$与$\boldsymbol{u}'_k$分别传送到两个分量编码器(RSC1与RSC2)。一般情况下，两个分量码编码器的结构相同，生成分量码校验序列$\boldsymbol{x}_k^{1p}$和$\boldsymbol{x}_k^{2p}$。$\boldsymbol{x}_k^{1p}$和$\boldsymbol{x}_k^{2p}$经删除后(删除的作用是通过删除部分校验位，获得更高码率的码字以适应不同的信道环境)，与信息序列$\boldsymbol{x}_k^s$复接，生成Turbo码序列$\boldsymbol{c}_k$，将编码序列调制后，即可送入信道传输。

在Turbo码中，交织的过程就是将输入交织器的序列打乱重组其排列顺序，使得输出的序列与原序列的排列顺序最大限度地不同。交织器的作用主要是降低相邻校验比特之间的相关性，译码端再通过迭代译码降低误码率。解交织就是交织的逆过程，即将交织器输出的序列重新还原为输入交织器的序列。设计交织器应遵循以下准则：

(1) 最大限度地改变输入交织器的序列；

(2) 尽量避免分量编码器中与同一码元位置直接相关的校验位全部被删除；

(3) 最大限度地提高最小码重码字的重量并减少低码重码字的数量。

以一个码率为 1/3 的 Turbo 编码器为例。图 7-18 所示是(2,1,4)RSC 的 Turbo 码编码器框图。

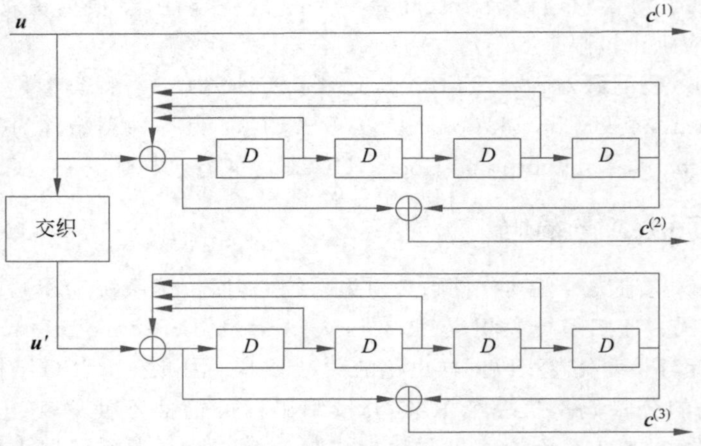

图 7-18 RSC 的 Turbo 码编码器

其中,分量码是码率为 1/2 的寄存器级数为 4 的(2,1,4)RSC 码。其转移矩阵为

$$\boldsymbol{G}(x)=[1+x+x^2+x^3+x^4 \quad 1+x^4]$$

假设输入序列为

$$\boldsymbol{u}=\boldsymbol{c}^{(1)}=(1011001)$$

则第一个分量码的输出序列为

$$\boldsymbol{c}^{(2)}=(1110001)$$

假设经过交织器后信息序列为

$$\boldsymbol{u}'=(1101010)$$

则第二个分量码编码器所输出的校验位序列为

$$\boldsymbol{c}^{(3)}=(1000000)$$

则 Turbo 码序列为

$$\boldsymbol{c}=(111\ 010\ 110\ 100\ 000\ 000\ 110)$$

7.6.2 Turbo 码译码算法

整个译码过程与编码过程形成对应关系,信息序列和相应的冗余序列分别输入两个解码器,后各自输出经过一个减法运算并通过交织和解交织后反馈给另一个解码器。Turbo 码译码器结构如图 7-19 所示。

Turbo 的核心正是这一减法和反馈过程,在图 7-19 中由虚线标注。通过这种方式,输出信息被分解为内信息和外信息,通过减法运算从输出信息中取出外信息并将其反馈给另一个解码器。在迭代解码过程中,接收信息错误不断被纠正,最后无限逼近香农极限。整个解码过程信息在两个极为简单的解码器间不断轮转,像一台无比强大的涡轮机,因而得名 Turbo。

在 Turbo 码的各种译码算法中,标准 MAP(Maximum A Posteriori)算法的性能非常好,但缺点是运算难度大,不易实现。目前最常用的简化算法有:基于符号的最大后验概率

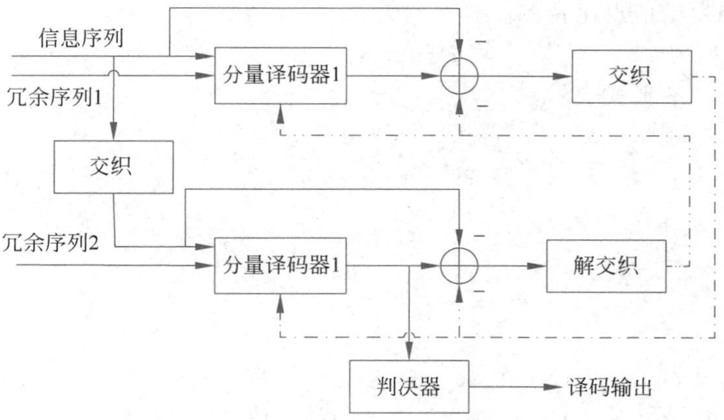

图 7-19 Turbo 码译码器结构

译码的 Max-Log-MAP 算法、减少搜索状态的 M-BCJR 和 T-BCJR 算法和滑动窗口 BCJR (SW-BCJR)算法。Max-Log-MAP 是把标准 MAP 算法中的参数用它们的对数形式表示，把烦琐的指数和乘除运算转化为加减运算，降低了计算复杂度。有文献说明了 Max-Log-MAP 算法实际上就是双向维特比算法。另外，Turbo 码的译码算法还有基于序列的最大后验概率软输出维特比算法(SOVA)及其改进。Max-Log-MAP 算法的性能比标准 MAP 算法要损失 0.3～0.5dB，而 SOVA 算法要比标准 MAP 算法损失大约 1.0dB。在 Turbo 码的各种译码算法中，Max-Log-MAP 算法通常用于硬件实现，SOVA 算法通常用于软件实现。目前研究较多的是 MAP 算法及其改进形式。

1. SOVA 算法

对于 Turbo 码不能直接采用维特比算法对分量码进行译码。一方面，因为一个分量译码器输出中存在的突发错误会影响另一个分量译码器的译码性能，从而使级联码的性能下降；另一方面，无论是软判决维特比算法还是硬判决维特比算法，其译码输出均为硬判决信息，因此，若一个分量译码器采用维特比算法译码，则另一个分量译码器只能以硬判决结果作为输入，无法实现软输入译码，导致译码性能下降。

软输出维特比算法(SOVA)的主要思想是使维特比译码器能够提供软信息输出，并且在分量译码器之间通过软信息的交换提高 Turbo 码的译码性能。为此，需要在传统的维特比算法上进行修正，使之提供软信息输出。

SOVA 算法的译码过程可以分以下 3 步来完成：

(1) 根据译码输入和所需外信息计算得到路径的度量和度量差；

(2) 对度量值进行比较，找出输入到每个状态的幸存路径，并更新可靠性度量；

(3) 计算得到的概率似然比，从中减去内信息，得到下一步所需的外信息。

以上 3 步是在两个 SOVA 译码器其中之一完成的，完成后将所得到的外信息经过交织器或解交织器处理，并将结果输入到下一个 SOVA 译码器中继续迭代，直到满足停止条件或达到指定迭代次数。

2. MAP 类译码算法

1) MAP 算法

设 Turbo 码信息位长度为 N，采用最大似然估计原理，对接收序列信息 y_1^N 进行计算，

得到发送端不同发送信息比特的后验概率为

$$P(u=u_k \mid y_1^N) \tag{7-8}$$

可采用对数似然比的形式表示，

$$L(u_k \mid y_1^N)=\ln\frac{P(u_k=1 \mid y_1^N)}{P(u_k=0 \mid y_1^N)} \tag{7-9}$$

可依据以下准则进行判决

$$\hat{u}_k=\begin{cases}1, & L(u_k \mid y_1^N)\geqslant 0\\ 0, & L(u_k \mid y_1^N)<0\end{cases} \tag{7-10}$$

因此只需要求解 $P(u_k=1|y_1^N)$和 $P(u_k=0|y_1^N)$。

根据卷积码网格图的特征，想要求解发送的信息比特，只需要知道 $k-1$ 时刻的状态 m' 和 k 时刻的状态 m 即可。此时，后验概率可进一步转化为

$$p(S_{k-1}=m';\ S_k=m \mid y_1^N)=\frac{p(S_{k-1}=m';\ S_k=m;\ y_1^N)}{p(y_1^N)} \tag{7-11}$$

其中，$1\leqslant k\leqslant N$。

接收信息 y_1^N 已知，易求出 $p(y_1^N)$。因此只需求解 $p(S_{k-1}=m';\ S_k=m;\ y_1^N)$。当 $k-1$ 时刻的状态已知时，k 时刻以后的事件与之前的输入无关，所以有

$$\begin{aligned}&p(S_{k-1}=m';\ S_k=m;\ y_1^N)\\&=p(S_{k-1}=m';\ y_1^{k-1})\times p(S_k=m;\ y_k \mid S_{k-1}=m')\times p(y_{k+1}^N \mid S_k=m)\\&=\alpha_{k-1}(m')\times\gamma_k(m',m)\times\beta_k(m)\end{aligned} \tag{7-12}$$

其中，

$$\alpha_k(m)=p(S_k=m;\ y_1^k)=p(y_1^k)\times p(S_k=m \mid y_1^k) \tag{7-13}$$

$$\beta_k(m)=p(y_{k+1}^N \mid S_k=m) \tag{7-14}$$

$$\gamma_k(m',m)=p(S_k=m;\ y_k \mid S_{k-1}=m') \tag{7-15}$$

分别称为前向状态度量、后向状态度量和分支状态度量。

前向状态度量表示，当接收信息为 y_1^k 时，第 k 时刻的状态是 m 的概率。对于状态 $m=0,1,\cdots,T$，在时刻 $k=1,2,\cdots,N$ 时，有

$$\alpha_k(m)=\sum_{m'=0}^{T}\alpha_{k-1}(m')\times\gamma_k(m',m) \tag{7-16}$$

后向状态度量表示在第 k 时刻的状态是 m 的条件下，该状态之后的数据是 y_{k+1}^N 的概率。对于状态 $m=0,1,\cdots,T$，时刻 $k=1,2,\cdots,N$ 时，设 $S_{k+1}=m''$，有

$$\beta_k(m)=\sum_{m''=0}^{T}\beta_{k+1}(m'')\times\gamma_{k+1}(m,m'') \tag{7-17}$$

分支状态度量表示当前状态 $S_{k-1}=m'$跳转到状态 $S_k=m$ 的概率，其计算公式如下

$$\begin{aligned}\gamma_k(m',m)&=p(S_k=m;\ y_k \mid S_{k-1}=m')\\&=p(y_k \mid S_k=m;\ S_{k-1}=m')\times p(S_k=m \mid S_{k-1}=m')\\&=p(y_k \mid x_k)\times p(u_k)\end{aligned} \tag{7-18}$$

其中，$p(u_k)$是使状态 $S_{k-1}=m'$跳转到状态 $S_k=m$ 得输入比特 u_k 的先验概率，$p(y_k|x_k)$

是当发送比特 x_k 是±1 时(若调制格式为 BPSK),接收比特是 y_k 的概率。

代入 3 个状态度量可以得出

$$L(u_k \mid y_1^N)=\ln\left(\frac{\sum\limits_{(m',m),u_k=1}\alpha_{k-1}(m')\gamma_k(m',m)\beta_k(m)}{\sum\limits_{(m',m),u_k=0}\alpha_{k-1}(m')\gamma_k(m',m)\beta_k(m)}\right)$$

$$=L_a(u_k)+L_c y_{ks}+L_e(u_k) \tag{7-19}$$

其中,等号右边 3 项分别表示为先验信息、系统信息和外信息,外信息值包含当前分量译码器校验位的软输出信息,对另一个分量译码器来说包含新的信息,因此该项可输出给另一个分量译码器作为其先验信息;先验概率 $L_{\mathrm{a}}(u_k)=\ln\dfrac{P(u_k=1)}{P(u_k=0)}$,$L_{\mathrm{c}}$ 表示信道置信度,$y_{k\mathrm{s}}$ 表示 k 时刻接收到的校验位信息。

总结 MAP 算法的步骤主要包括:

(1) 计算前向状态度量、后向状态度量和分支状态度量;

(2) 根据(1)计算 $L(u_k|y_1^N)$和外信息 $L_{\mathrm{e}}(u_k)$;

(3) 将外信息 $L_{\mathrm{e}}(u_k)$作为另一个分量译码器的先验信息,并重复上述步骤;

(4) 达到指定迭代次数后,对 $L(u_k|y_1^N)$进行判决,输出译码结果。

2) Log-MAP 算法

不难发现,在 MAP 算法中存在大量的乘除运算,这些运算计算难度大、硬件实现难度高。为了克服这一困难,将 MAP 算法引入到对数域,将乘除运算转化为加减运算,极大地降低了算法复杂度。

首先简单介绍在 Log-MAP 算法中用到的雅克比算式,

$$\begin{aligned}\max{}^*(x,y)&=\ln(\mathrm{e}^x+\mathrm{e}^y)\\&=\max(x,y)+\ln(1+\mathrm{e}^{-|x-y|})\\&=\max(x,y)+f_{\mathrm{c}}(|x-y|)\end{aligned} \tag{7-20}$$

其中,$f_{\mathrm{c}}()$为校正函数,求解该函数的方法众多,包括线性近似、查表等。对于 MAP 算法中的前向状态度量 $\alpha_k(m)$、后向状态度量 $\beta_k(m)$和分支状态度量 $\gamma_k(m',m)$,它们的对数域表达式分别为

$$\begin{aligned}A_k(m)&=\ln\alpha_k(m)\\B_k(m)&=\ln\beta_k(m)\\M_k(m',m)&=\ln\gamma_k(m',m)\end{aligned} \tag{7-21}$$

进而可详细表示为

$$\begin{aligned}A_k(m)&=\ln\Big[\sum_{m'=0}^{T}\alpha_{k-1}(m')\times\gamma_k(m',m)\Big]\\&=\ln\Big[\sum_{m'=0}^{T}\exp(A_{k-1}(m')+M_k(m',m))\Big]\\&=\max_{m'}{}^*[A_{k-1}(m')+M_k(m',m)]\end{aligned} \tag{7-22}$$

$$B_k(m)=\ln\Big[\sum_{m'=0}^{T}\beta_{k+1}(m'')\times\gamma_{k+1}(m,m'')\Big]$$

$$= \ln\left[\sum_{m'=0}^{T}\exp(B_{k+1}(m'')+M_k(m,m''))\right]$$

$$= \max_{m''}{}^{*}\left[B_{k+1}(m'')+M_k(m,m'')\right] \tag{7-23}$$

最后可以得到对数似然比的计算公式

$$L(u_k \mid y_1^N) = \max_{(m',m),u_k=1}{}^{*}(\bar{A}_{k-1}(m')+M_k(m',m)+\bar{B}_k(m)) - \max_{(m',m),u_k=0}{}^{*}(\bar{A}_{k-1}(m')+M_k(m',m)+\bar{B}_k(m)) \tag{7-24}$$

其中，$\bar{A}_{k-1}(m')$、$\bar{B}_k(m)$表示归一化后的值，以防止计算过程中数值溢出。

算法具体执行流程与 MAP 算法一致。

3）Max-Log-MAP 算法

为降低硬件设计难度和减少译码时间，对雅克比算式进行进一步优化，选择将校正函数删除（置 0），即

$$\ln(e^x + e^y) \approx \max(x,y) \tag{7-25}$$

对应地，最后的对数似然比表达式变换为

$$L(u_k \mid y_1^N) \approx \max_{(m',m),u_k=1}(\bar{A}_{k-1}(m')+M_k(m',m)+\bar{B}_k(m)) - \max_{(m',m),u_k=0}(\bar{A}_{k-1}(m')+M_k(m',m)+\bar{B}_k(m)) \tag{7-26}$$

其中，$\bar{A}_{k-1}(m')$、$\bar{B}_k(m)$和 $M_k(m',m)$的计算也应做出相应的变换。

7.6.3 Turbo 码性能分析

选择信息位长度为 2112，码率为 1/3 的 Turbo 码在不同的调制格式下进行仿真分析，译码算法采用 Max-Log-Map 算法，最大迭代次数设置为 3，误比特率－E_b/N_0(dB)曲线如图 7-20 所示。

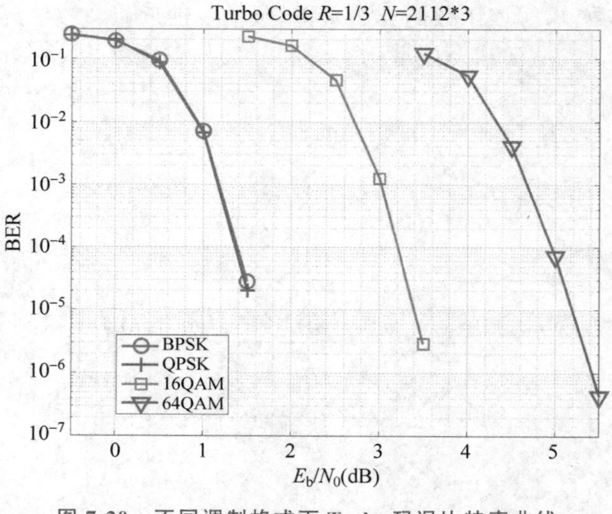

图 7-20 不同调制格式下 Turbo 码误比特率曲线

由前可知，码率、码长、译码算法、迭代译码算法的迭代次数等因素都会影响性能。

图 7-21 展示了几类信道编码在 BPSK 调制格式下的误比特率曲线，其中各仿真参数设置分别为：

(7,4)汉明码——解调时软判决和硬判决对比仿真；

Turbo 码——采用 Max-Log-Map 译码算法，最大迭代次数设置为 3；

卷积码——采用维特比(软判决)译码算法；

LDPC 码——采用分层 BP 译码算法，最大迭代次数设置为 10。

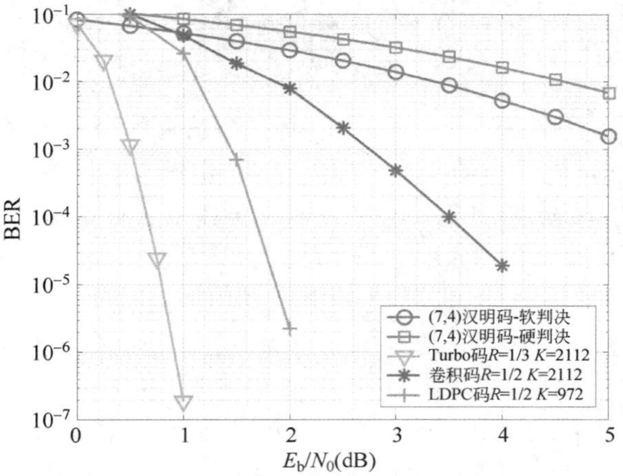

图 7-21 不同信道编码的误比特率曲线

7.7 应用案例 4：卫星导航中的卷积码

卫星导航系统已经广泛应用于各个领域。在 1991 年的海湾战争中，美国借助 GPS 实现了对伊拉克军事工事的精准打击，迅速结束了战争。而在 2018 年美国对叙利亚的轰炸中，从距离两三千公里外的航母舰队上发射导弹即可完成对敌方目标的精确打击，使对手毫无还手之力。所有这些成功的背后，都离不开卫星导航系统的贡献。可以说现代战争如果没有卫星导航系统将无法进行。一旦拥有了卫星导航系统，就可以在千里之外精确地猎杀敌人。

然而，从距离地面 2 万多公里的太空中将携带星历和其他控制信息的导航电文发送到地面接收机并实现精准定位并非易事。为保障信息传输的可靠性，信道编码成为必不可少的保障措施之一。作为一种优秀的信道编码，卷积码被广泛应用于全球导航卫星系统中，包括美国的 GPS、欧洲的 Galileo 导航系统和中国的北斗(COMPASS)导航系统均采用了卷积码作为信道编码。以 GPS BLOCK IIR-M 和 IIF 卫星所广播的 L2C 信号数据为例，其中使用的(2,1,6)卷积码编码器结构如图 7-22 所示。

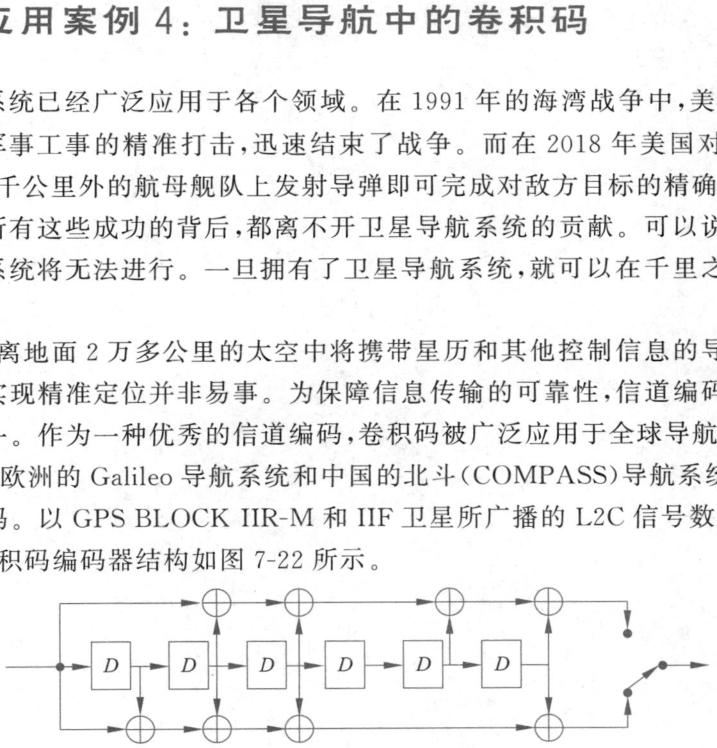

图 7-22 L2C 数据卷积编码器

这种卷积码属于(2,1,6)卷积码，$\boldsymbol{g}_1^{(1)}=(133)_8$，$\boldsymbol{g}_1^{(2)}=(171)_8$。此外，卷积码在移动通信也得到广泛应用。如在GSM系统中，全速率业务信道和控制信道就采用了(2,1,4)卷积码，联结矢量为$\boldsymbol{g}_1^{(1)}=(10011)\rightarrow(23)_8$，$\boldsymbol{g}_1^{(2)}=(11011)\rightarrow(33)_8$。编码器结构如图7-23所示。

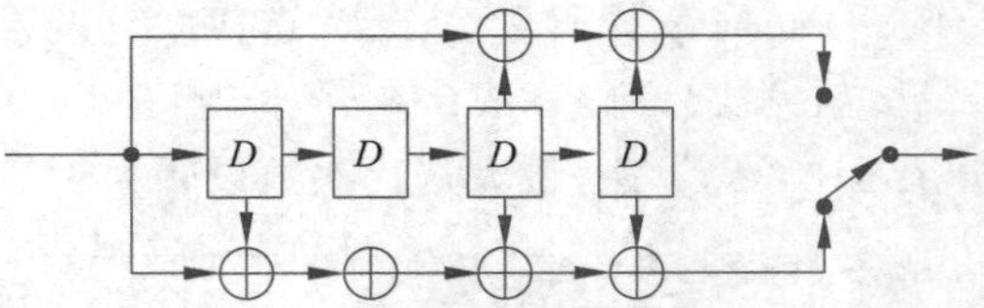

图7-23 GSM系统话音卷积编码器

在GSM系统中，为了保证语音信号的准确传输，信道编码首先对它进行CRC编码，并与其他校验信息一起形成卷积码编码器的输入序列，卷积编码是按帧进行的，并在尾比特的作用下使编码器回到零状态，准备下一帧的编码。半速率数据信道则采用了$r=1/3$，$M=5$的(3,1,4)卷积编码，其联结矢量为：$\boldsymbol{g}_1=(11011)\rightarrow(33)_8$；$\boldsymbol{g}_2=(10101)\rightarrow(25)_8$；$\boldsymbol{g}_3=(11111)\rightarrow(37)_8$。

卷积码在CDMA/IS-95系统也得到了广泛应用。在前向信道和反向信道，系统都使用了约束长度$M=9$的编码器。其中前向信道编码率$r=1/2$，联结矢量为：$\boldsymbol{g}_1=(111101011)\rightarrow(753)_8$；$\boldsymbol{g}_2=(101110001)\rightarrow(561)_8$。反向信道编码率为$r=1/3$，编码器的联结矢量为：$\boldsymbol{g}_1=(101101111)\rightarrow(557)_8$，$\boldsymbol{g}_2=(110110011)\rightarrow(663)_8$，$\boldsymbol{g}_3=(111001001)\rightarrow(711)_8$。对反向全速率业务信道，系统首先对数据帧(172bit/20ms)进行CRC编码，得到一个184bit/20ms的编码块，然后在这个编码块后面加上8位尾比特，最后再进行卷积编码。信道编码的结果输出速率为$3\times(184+8)/20\text{ms}=28.8\text{ kb/s}$的编码符号。这样做的目的是提高系统的抗干扰能力。

第 8 章 接近香农极限的信道编码

CHAPTER 8

本章概要

本章分别介绍了在 5G 通信系统中使用的两种信道编码：低密度奇偶校验（Low-Density Parity-Check，LDPC）码和极化（Polar）码。

对于 LDPC 码，首先从前面学过的线性分组码在码长增加情况下的译码困境引出了 LDPC 码的稀疏性带来的性能优势，介绍了 LDPC 码的 Tanner 图表示方法。在此基础上，介绍了 LDPC 码的基于计算机的 PEG 构造算法，以及在实际应用中使用的基于代数构造方法的准循环 LDPC（QC-LDPC）码。在译码算法方面，介绍了主流的迭代译码算法，包括概率域和对数域上的 SPA（BP）译码算法，以及最小和（MSA）译码算法。

对于 Polar 码，从信道极化过程入手，首先详细介绍了 Polar 码的构造思想和实现思路，对信道合并和信道分裂的理解是后面进行 Polar 码的编码、构造和译码的基础。其次，通过例题展示了 Polar 码的编码过程，介绍了常用的 Polar 码构造方法。在译码算法方面，介绍了 SC 译码算法及其优化算法，尤其是主流的 SCL 译码算法，并介绍了提高 Polar 码的误码性能的两种级联方案：CRC-Polar 码和 PAC 码。

最后，根据 3GPP TS38.212 技术规范，分别给出了 5G 标准下的 LDPC 码和 Polar 码的信道编码方案。

信道编码技术是数字通信和数据存储系统的核心技术。香农在信息论开山之作《通信的数学理论》中提出了信源和信道的编码定理，指出在传输速率小于信道容量的条件下，至少存在一种信道编码方法，可以使系统进行可靠通信。在香农提出这个理论之后的几十年时间里，无数研究人员都试图寻找到一种可以达到香农极限的编码方式，可惜都未能如愿。自 20 世纪 50 年代起，汉明码、戈帕码、BCH 码、循环码、卷积码等编码方式不断提出并用于实践，其中 Turbo 码和低密度奇偶校验（Low-Density Parity-Check，LDPC）码是两种最接近香农极限的编码方式，但它们在理论上不能达到香农极限，而且编译码的复杂度较高。直到 2008 年，土耳其毕尔肯大学的 Erdal Arikan 教授首次提出了信道极化的概念，并提出了迄今为止第一种能够被严格证明达到信道容量的信道编码方法，即 Polar（极化）码。有意思的是，Arikan 教授在麻省理工学院的博士导师 Robert G. Gallager 正是 LDPC 码的提出者，他们共同开创了 5G 通信时代信道编码的新篇章。

在 4G 通信时代，4G-LTE 中的信道编码方案，在控制信道采用咬尾卷积码（TBCC），数据信道采用 Turbo 码。5G 通信系统面向 eMBB(增强型移动宽带)、URLLC(超可靠低时延通信)以及 mMTC(大规模机器通信)三大应用场景,与 4G 相比,传输速率提高 10～100 倍,达到 10Gbps;网络容量增加 1000 倍,可以连接的设备数比 4G 增加 1000 倍;端到端的时延降为原来的 1/10,可以达到毫秒级;频谱效率增加 5～10 倍,比 4G 在同样带宽下传输的数据增加 5～10 倍。

为了实现 5G 在关键性能参数方面的显著提升,用于 5G 的信道编码技术需要具备编码增益大、编译码复杂度低、编译码时延低、支持高数据吞吐、码参数覆盖范围广且灵活可变等特征。作为取代 4G-LTE 的无线通信标准,第五代移动通信技术的新空中接口(5G NR)是基于 OFDM 的全球性 5G 标准。相比于 4G 移动通信系统,5G 移动通信系统在数据信道和控制信道分别采用了两种新的信道编码技术,用 LDPC 码作为 eMBB 数据信道的编码方案,取代了数据信道的 Turbo 码;用 Polar 码作为 eMBB 控制信道的编码方案,取代了控制信道的咬尾卷积码。3GPP 的 38 系列协议为 5G NR 定义了技术细节。

8.1 LDPC 码

低密度奇偶校验(Low-Density Parity-Check,LDPC)码由于其优异的性能,已经在多种通信标准中被采用。早在 1962 年 Gallager 就在他的博士论文中提出了 LDPC 码的构造方法和译码方法,并在当时进行了仿真分析,其结果表示 LDPC 码的性能几乎超越了当时的所有编码方式。但是由于译码算法过于复杂,受限于当时的硬件条件,LDPC 码并没有得到足够的重视,后来 Turbo 码出现,掀起了概率译码与迭代译码相结合的浪潮,LDPC 码的译码算法复杂度降低、译码速度和准确率越来越高,吸引了大量的研究人员的兴趣,LDPC 码的应用也越来越成熟。

与 4G LTE 网络中的 Turbo 码相比,5G NR LDPC 码具有如下优势:

(1) 更低的译码复杂度和高度并行化实现带来的短译码延时,在高码率时优势更为明显。

(2) 更为优异的译码性能,对于所有的码长和码率,其错误平层的误帧率(Frame Error Rate,FER)接近或者低于 10^{-5},特别适合于 5G 网络的超高吞吐量(下行峰值速率为 20Gb/s、上行峰值速率为 10Gb/s)和 URLLC 需求。

(3) 5G LDPC 码最低码率可低至 1/5。这是目前进入实际使用的、最低码率的编码,具有非常接近香农极限的性能,在深空通信、卫星通信中,具有重要意义。性能的提高意味着更远的传输距离,无需昂贵的低温射频前端。

LDPC 码已先后被卫星电视标准 DVB-S2 以及多个 IEEE 标准所采纳,如 IEEE 802.16e、IEEE802.11n、IEEE 802.11ac 等,并于 2016 年 10 月作为 eMBB 数据信道的编码方案进入 5G NR 标准中。

8.1.1 LDPC 码基础

1. 基本概念

LDPC 码是一种稀疏的线性分组码。LDPC 码的主要特点是:随着码长的增加,其最小距离增大,而译码错误概率呈指数下降。作为线性分组码,LDPC 码可以用(n,k)来表示,其中，n 表示码长，k 表示信息位长度，$(n-k)$表示校验位长度。码率的定义是：

$$R=\frac{k}{n} \tag{8-1}$$

由第 4 章的介绍，我们知道线性分组码既可以由生成矩阵 $\boldsymbol{G}$ 编码实现，也可以由校验矩阵 $\boldsymbol{H}$ 编码实现。$\boldsymbol{G}$ 矩阵和 $\boldsymbol{H}$ 矩阵都可以用来唯一确定 LDPC 码。Gallager 当初在论文中提出的 LDPC 编码方法就是采用生成矩阵来实现的。

LDPC 码具有稀疏性，这种稀疏性体现在其校验矩阵 $\boldsymbol{H}$ 中的 1 很少。稀疏校验矩阵 $\boldsymbol{H}$ 中的行或列中 1 的个数不固定的 LDPC 码被称为不规则 LDPC 码；而如果校验矩阵每一行的行重都相等，每一列的列重都相等，这样的 LDPC 码被称为规则 LDPC 码。规则 LDPC 码可用(n,p,q)来表示，其中，n 为码长，p 和 q 分别表示规则 LDPC 码校验矩阵的行重和列重，如下面这个 $\boldsymbol{H}$ 矩阵对应的 LDPC 码就是一个(12,4,2)规则 LDPC 码。

$$\boldsymbol{H}=\begin{bmatrix}1&1&1&1&0&0&0&0&0&0&0&0\\0&0&0&0&1&1&1&1&0&0&0&0\\0&0&0&0&0&0&0&0&1&1&1&1\\1&0&0&0&1&0&0&0&0&1&0&1\\0&0&1&0&0&1&0&0&1&0&1&0\\0&1&0&1&0&0&1&1&0&0&0&0\end{bmatrix}$$

注意，这里得到的规则 LDPC 码的 $\boldsymbol{H}$ 矩阵常常是非系统码的形式，可以采用 Gauss-Jordan 消元法将其转换为系统码形式的校验矩阵，从而得到这个 LDPC 码的生成矩阵 $\boldsymbol{G}$。

通常，一个定义在 GF(q)上的 LDPC 码的校验矩阵 $\boldsymbol{H}$ 具有如下结构特性：

(1) 行列约束(RC-constraint)。任意两行(或两列)不会有超过一个相同位置上同时为非零元。

(2) H 的稀疏性。H 的密度 r(定义为矩阵中非零元的个数与元素总个数的比值)很小。

这两条性质是适合进行迭代译码的好码的常备条件。

2. Tanner 图表示

Tanner 图是一种用来描述线性分组码的双向图，由校验节点(Check Node，CN)、变量节点(Variable Node，VN)以及连接两类节点之间的边构成，变量节点和校验节点分别对应于校验矩阵 $\boldsymbol{H}_{m\times n}$ 的 n 列和 $m=n-k$ 行。一个校验节点 c_i 代表一个校验方程，对应于校验矩阵的一行，通常用正方形表示；一个变量节点 v_i 代表码字中的一个比特，对应校验矩阵的一列，通常用圆圈表示。矩阵中为 1 的元素表示该元素所在列的变量节点和该元素所在行的校验节点相连接，校验节点和变量节点有连接意味着该变量节点参与了此校验方程。上面提到的(12,4,2)LDPC 码的 Tanner 图如图 8-1 所示，由图可见，其所对应的校验矩阵共有 12 个变量节点，6 个校验节点。

校验矩阵和 Tanner 图是一一对应的。在 Tanner 图中，将和某一个节点直接相连的节点的个数定义为此节点的度。在图 8-1 中，变量节点的度是 2，校验节点的度是 4。从某一个节点出发，沿着其他的边回到原点走过的路径形成一个“环”，距离最短的路径长度叫作“围长”。如图 8-2 所示，4 条虚线构成了一个环，长度为 4，这也是该图所有存在的环中的最小环长，因此该 Tanner 图的围长为 4。

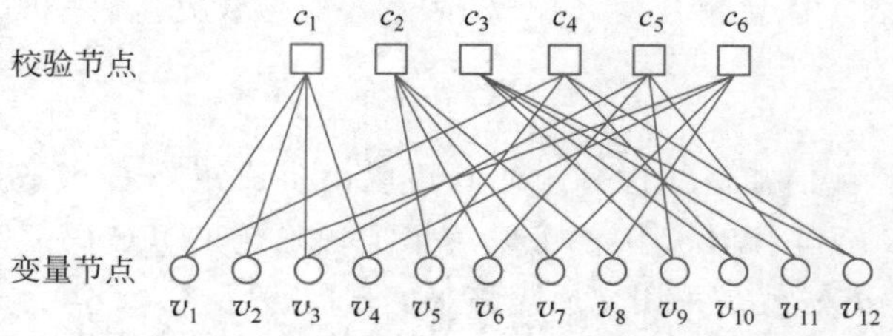

图 8-1 (12,4,2)LDPC 码的 Tanner 图

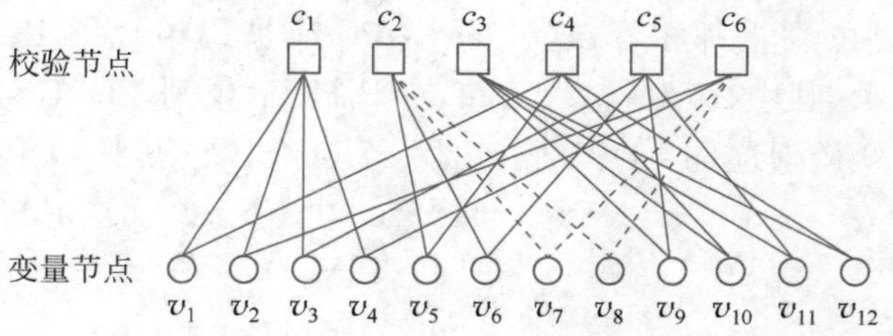

图 8-2 Tanner 图中的环

LDPC 码的 Tanner 图中的短环会显著降低迭代译码性能。由于 LDPC 码的译码采用置信概率传播,需要在不同的节点反复迭代判决,而短环会使得似然信息无法得到全局的更新,从而陷入局部最优解,导致无法充分利用比特之间的关联性得到准确的判决。因此在构造 LDPC 码时应避免短环的出现。RC 约束特性消除了 Tanner 图中长为 4 的环。

3. 度分布

在 Tanner 图中,某一节点的度定义为与该节点直接相连的节点数,在对应的校验矩阵 $\boldsymbol{H}$ 中,某变量节点(VN)的度就是它对应的列重,某校验节点(CN)的度就是它对应的行重。对于非规则 LDPC 码,$\boldsymbol{H}$ 矩阵的行重或列重是变化的。我们可以定义基于边的度分布。设 λ_d 为连接到度为 d 的变量节点的边数占总边数的比重,ρ_d 为连接到度为 d 的校验节点的边数占总边数的比重,则可以用多项式形式表示度分布。

(1) 变量节点度分布:

$$\lambda(X)=\sum_{d=1}^{d_{\mathrm{v}}}\lambda_d X^{d-1} \tag{8-2}$$

(2) 校验节点度分布:

$$\rho(X)=\sum_{d=1}^{d_{\mathrm{c}}}\rho_d X^{d-1} \tag{8-3}$$

其中,d_{v} 为所有变量节点的度的最大值,d_{c} 为所有校验节点的度的最大值。

对于规则码,若 $d_{\mathrm{v}}=2,d_{\mathrm{c}}=4$,则 $\lambda(x)=x,\rho(x)=x^3$。假设 E 表示 Tanner 图中的总边数,$\boldsymbol{H}$ 矩阵的大小为 $m\times n$,则有

$$E=\frac{n}{\int_0^1\lambda(X)\mathrm{d}X}=\frac{m}{\int_0^1\rho(X)\mathrm{d}X} \tag{8-4}$$

由此可知码率为

$$R = 1 - \frac{m}{n} = 1 - \frac{\int_0^1 \rho(X)\mathrm{d}X}{\int_0^1 \lambda(X)\mathrm{d}X} \tag{8-5}$$

给定度分布下一个码集的译码门限可以通过密度进化、高斯近似分析等技术确定，因此要设计一个高性能的 LDPC 码首先要找到好的度分布。一般情况下，度分布越不规则越好。研究发现，非规则 LDPC 码具有远好于规则 LDPC 码的译码性能，尤其是在大码长的情况下表现尤为突出，可逼近容量限的 LDPC 码一般是非规则的长码。如 2001 年 Chung 等构造的距 BPSK 容量限仅 0.04dB 的 LDPC 码就是码长为 10^7 比特的长码，该码的变量节点度数为 2～8000。

8.1.2 LDPC 码的构造

LDPC 码的构造方式有随机构造和结构化构造两种。随机构造包括 Gallager 构造、MacKay 构造以及比特填充(Bit-Filling,BF)构造等。随机构造通常会给定校验矩阵的行重和列重，利用计算机无规律搜索得到检验矩阵。该方法构造的码纠错能力强，但码的校验矩阵没有规律性，编码复杂度比较高，不利于硬件实现。结构化构造主要包括基于计算机(或图理论)的构造方法和基于代数(或矩阵理论)的构造方法。通过精心设计的结构化 LDPC 码可获得与随机构造相当的性能，同时其校验矩阵的结构具有一定规律，大大降低了复杂度，便于硬件实现。下面分别介绍基于计算机的 PEG 构造算法和基于代数构造方法的 QC-LDPC 码。

1. PEG 构造算法

基于计算机的 LDPC 码构造方法的典型代表是 Hu 提出的渐进边增长(Progressive Edge Growth,PEG)算法，它是一种非常有效并被广泛应用的 LDPC 码构造方法，其基本思想是每次添加一条边到 Tanner 图中，并尽可能最大化当前变量节点的局部环长。PEG 算法需要已知变量节点数、校验节点数和变量节点的度序列(n 个变量节点的度数列表)，然后根据给定的度分布以及添加边的规则，从度最小的变量节点开始逐步添加边，直至当前变量节点添加的边数等于其度数，该变量节点处理结束，开始处理下一个变量节点，如图 8-3 所示。这种对一个变量节点逐步添加边的过程称为边增长。在边增长的过程中，尽量使每一次加边操作所形成的环长最大化。

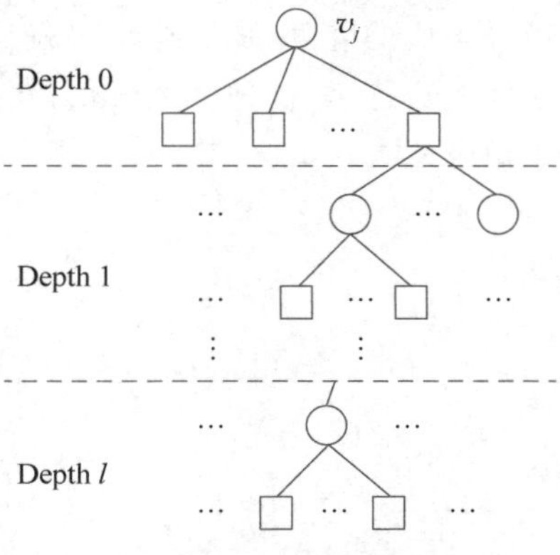

图 8-3 PEG 算法的边增长

PEG 算法流程：

设变量节点数目为 n，校验节点数目为 m。给定变量节点的度序列：对任一变量节点 v_j，v_j 的度数为 d_{v_j}。定义 $N_{v_j}^l$ 表示 Tanner 图中以变量节点 v_j 为根节点，深度为 l 的树图所遍历的所有校验节点的集合，其补集定义为 $V\backslash N_{v_j}^l$，记为 $\bar{N}_{v_j}^l$。

利用 PEG 算法构造对应 Tanner 图的步骤如下：

首先，根据给定的度分布，按照从低到高的顺序为各变量节点分配一个度。

然后,从度最小的变量节点开始,在变量节点与合适的校验节点之间添加边。

(1) 初始化:设置第一个变量节点 v_1 为当前变量节点且令 $k=0$。

(2) 按以下步骤连接当前变量节点 v_j 与 d_{v_j} 个校验节点。

① 连接第一个校验节点:选取当前校验矩阵中行重最小的行放置非零元,令 $k=k+1$。

② 连接其余校验节点:以变量节点 v_j 为根节点扩展树图,直到树图的深度 l 满足 $\overline{N}_{v_j}^{l}\neq\Phi$ 且 $\overline{N}_{v_j}^{l+1}=\Phi$,或者 $\overline{N}_{v_j}^{l}\neq\Phi$ 的元素个数不再增加且小于 m。在集合 $\overline{N}_{v_j}^{l}\neq\Phi$ 中优先选取度数最小的校验节点与变量节点 v_j 相连,令 $k=k+1$。

③ 若 $k=d_{v_j}$,则令 $j=j+1$ 且 $k=0$,并设置 v_j 为当前变量节点,转入步骤(3);否则转入步骤(2)。

(3) 若 $j=n+1$,则结束构造,否则转入步骤(2)。

假设 Tanner 图中前 $j-1$ 个变量节点的所有邻接校验节点都已经连接,由上述 PEG 算法可知,第 j 个变量节点 v_j 与集合 $\overline{N}_{v_j}^{l}\neq\Phi$ 中度数最小的校验节点相连将使得 v_j 相连边所在的短环长度至少为 $2(l+2)$。

2. 准循环 LDPC 码(QC-LDPC)

在基于代数构造的 LDPC 码中,由 Tanner 和 Shu Lin 等研究者提出的准循环(Quasi-Cyclic,QC)LDPC 码得到了广泛应用,被 IEEE 802.16e(WiMAX)、IEEE 802.11n(WLAN)和 5G 标准所采用,目前实际中所使用的 LDPC 码大部分都是 QC-LDPC 码。作为线性分组码,QC-LDPC 码可以由其校验矩阵定义。

如果一个方阵的每一行是它上面一行的循环移位(向左或向右移动一位),并且第一行是最后一行的循环移位,则该矩阵称为循环矩阵。如果一个 LDPC 码的校验矩阵由一个循环矩阵组成,则称该 LDPC 码是循环 LDPC 码;如果一个 LDPC 码的校验矩阵是由一些循环矩阵组成的阵列,那么这个码就是一个准循环 LDPC(Quasi-Cyclic LDPC,QC-LDPC)码。如下面的矩阵 $\boldsymbol{H}$ 就是一个 9×12 的准循环矩阵,它是由 3×4 个循环子矩阵组成的阵列,每个子矩阵的大小为 3×3。

$$\boldsymbol{H}=\left[\begin{array}{ccc:ccc:ccc:ccc}
1&0&0&0&0&0&0&0&1&1&0&0\\
0&1&0&0&0&0&1&0&0&0&1&0\\
0&0&1&0&0&0&0&1&0&0&0&1\\
\hdashline
0&1&0&0&0&1&0&0&0&1&0&0\\
0&0&1&1&0&0&0&0&0&0&1&0\\
1&0&0&0&1&0&0&0&0&0&0&1\\
\hdashline
0&0&0&1&0&0&0&0&1&0&1&0\\
0&0&0&0&1&0&1&0&0&0&0&1\\
0&0&0&0&0&1&0&1&0&1&0&0
\end{array}\right]$$

这个 $\boldsymbol{H}$ 矩阵可以用叠加构造的方法构造。首先建立一个 3×4 的基矩阵 $\boldsymbol{B}$

$$\boldsymbol{B}=\begin{bmatrix}B_{11}&B_{12}&B_{13}&B_{14}\\B_{21}&B_{22}&B_{23}&B_{24}\\B_{31}&B_{32}&B_{33}&B_{34}\end{bmatrix}$$

然后把每个 B_{ij} 扩展为一个 3×3 的重量为 1 的循环矩阵(称为循环置换矩阵,Circulant

Permutation Matrix,CPM)或者全零矩阵,就得到了 $\boldsymbol{H}$ 矩阵。叠加构造法是 QC-LDPC 码的校验矩阵的一种有效的构造方法。

QC-LDPC 码的校验矩阵是由一系列具有循环移位特性的稀疏子矩阵组成的,这些子矩阵是大小相等的方阵,每个方阵都是单位阵的循环移位或全零矩阵,非常便于存储器的存储和寻址,从而大大降低了 LDPC 码编译码器硬件实现的复杂度。

QC-LDPC 码校验矩阵的子矩阵的主要特点如下:

(1) 每个子矩阵是一个方阵;

(2) 循环子矩阵的任一行由上一行循环右移一位得到,其中第一行是由最后一行循环右移一位得到的;

(3) 循环子矩阵的任一列由前一列向下循环移位一位得到,其中第一列是由最后一列向下循环移位一位得到的;

(4) 循环子矩阵完全可以由其第一行或第一列决定。

例如,下面就是一个 QC-LDPC 码校验矩阵的循环子矩阵,它是由单位阵向右循环移位一次得到的:

$$\boldsymbol{I}(1)=\begin{bmatrix} 0 & 1 & 0 & 0 & \cdots & 0 \\ 0 & 0 & 1 & 0 & \cdots & 0 \\ 0 & 0 & 0 & 1 & \cdots & 0 \\ \vdots & \vdots & \vdots & \vdots & & \vdots \\ 0 & 0 & 0 & 0 & \cdots & 1 \\ 1 & 0 & 0 & 0 & \cdots & 0 \end{bmatrix}$$

要构造一个 QC-LDPC 码的校验矩阵 $\boldsymbol{H}_{\mathrm{qc}}$,首先定义一个 $m\times n$ 的基矩阵 $\boldsymbol{H}_{\mathrm{b}}$

$$\boldsymbol{H}_{\mathrm{b}}=\begin{bmatrix} a_{11} & a_{12} & \cdots & a_{1n} \\ a_{21} & a_{22} & \cdots & a_{2n} \\ \vdots & \vdots & & \vdots \\ a_{m1} & a_{m2} & \cdots & a_{mn} \end{bmatrix} \tag{8-6}$$

其中,a_{ij} 为 0 或 1。然后将 $\boldsymbol{H}_{\mathrm{b}}$ 矩阵中的每一个元素用大小为 $Z\times Z$ 的矩阵填充:当 $a_{ij}=0$ 时,用全零矩阵填充;当 $a_{ij}=1$ 时,用单位阵或其循环移位矩阵填充,具体循环移位次数可用移位矩阵 $\boldsymbol{P}$ 表示

$$\boldsymbol{P}=\begin{bmatrix} p_{11} & p_{12} & \cdots & p_{1n} \\ p_{21} & p_{22} & \cdots & p_{2n} \\ \vdots & \vdots & & \vdots \\ p_{m1} & p_{m2} & \cdots & p_{mn} \end{bmatrix} \tag{8-7}$$

其中,p_{ij} 可由下式确定

$$p_{ij}=\begin{cases} i\times(s-1)\bmod Z, & a_{ij}=1 \\ \infty, & a_{ij}=0 \end{cases} \tag{8-8}$$

其中,s 是一个从 1 开始的序号,表示 p_{ij} 对应的 $a_{ij}=1$ 元素在基矩阵 $\boldsymbol{H}_{\mathrm{b}}$ 所在行中出现的相对位置,即此行中的第几个 1 元素,若此 a_{ij} 在此行中是第二个 1,则 $s=2$。注意,p_{ij} 的值的确定方法不是唯一的。

移位矩阵 $\boldsymbol{P}$ 确定后，就可以将矩阵 $\boldsymbol{H}_{\mathrm{b}}$ 扩展为校验矩阵 $\boldsymbol{H}$，因此称 $\boldsymbol{H}_{\mathrm{b}}$ 是 $\boldsymbol{H}$ 的基础矩阵，$\boldsymbol{H}$ 是 $\boldsymbol{H}_{\mathrm{b}}$ 的扩展矩阵，Z 称为提升值(Lifting Size)(提升因子或扩展因子)。设每个准循环子块大小为 $Z\times Z$，矩阵 $\boldsymbol{H}_{\mathrm{b}}$ 的大小为 $m\times n$，那么大小为 $mZ\times nZ$ 的 QC-LDPC 码的校验矩阵 $\boldsymbol{H}$ 可以表示为

$$\boldsymbol{H}=\begin{bmatrix} \boldsymbol{I}(P_{11}) & \boldsymbol{I}(P_{12}) & \cdots & \boldsymbol{I}(P_{1n}) \\ \boldsymbol{I}(P_{21}) & \boldsymbol{I}(P_{22}) & \cdots & \boldsymbol{I}(P_{2n}) \\ \vdots & \vdots & & \vdots \\ \boldsymbol{I}(P_{m1}) & \boldsymbol{I}(P_{m2}) & \cdots & \boldsymbol{I}(P_{mn}) \end{bmatrix} \tag{8-9}$$

其中，$\boldsymbol{I}(P_{ij})(1\leqslant i\leqslant m, 1\leqslant j\leqslant n)$ 是一个循环移位大小为 P_{ij} 的大小为 $Z\times Z$ 的矩阵，$P_{ij}\in\{0,1,2\cdots,Z-1,\infty\}$。当 $P_{ij}=\infty$ 时，$\boldsymbol{I}(P_{ij}=\infty)$ 表示全零矩阵；当 $P_{ij}=0$ 时，$\boldsymbol{I}(P_{ij}=0)$ 表示单位阵 $\boldsymbol{I}$；当 P_{ij} 为其他值时，$\boldsymbol{I}(P_{ij})$ 表示单位阵 $\boldsymbol{I}$ 向右进行 P_{ij} 次循环移位。

总结一下 QC-LDPC 码的校验矩阵的构造过程，首先根据需求确定基矩阵 $\boldsymbol{H}_{\mathrm{b}}$ 的维数和循环移位子矩阵的大小；其次根据度分布采用 LDPC 码构造方法(如 PEG 算法)生成优化后的基矩阵，使其具有尽可能大的环长，排除小环的不利影响；然后进一步确定移位次数矩阵 $\boldsymbol{P}$ 的各元素，常见的方法包括环消除算法、避免环算法等，以保证扩展构造出的校验矩阵中没有短环。

这样构造的 QC-LDPC 码的码长为 nZ，码字可以分成 n 个分量 $\boldsymbol{c}=(\boldsymbol{c}_0,\boldsymbol{c}_1,\cdots,\boldsymbol{c}_{n-1})$，其中，矢量 $\boldsymbol{c}_i$ 由连续的 Z 个比特组成。可见，每个分量都进行 l 次循环移位的结果也仍然是这个 QC-LDPC 码的一个码字。QC-LDPC 码的编码可以用简单的移位寄存器实现，编译码复杂度低。由于其采用 $Z\times Z$ 的循环移位矩阵，所以编码时可以实现并行度为 Z 的编码过程，译码时可以实现 Z 个校验方程相关消息的同时更新和传递，这可以大大提升 LDPC 码译码器的吞吐量，因此在工程实践中得到了广泛应用。

例 8.1 试构造一个码长 $n=42$，信息位长度 $k=14$，且循环子方阵大小 $Z=7$ 的 QC-LDPC 码校验矩阵 $\boldsymbol{H}$。

解：由码长 $n=42$，信息位长度 $k=14$，可知校验位长度 $m=28$。可以确定校验矩阵 $\boldsymbol{H}$ 的大小为 $m\times n$，即 28×42，而扩展因子 $Z=7$，因此基矩阵 $\boldsymbol{H}_{\mathrm{b}}$ 的大小为 4×6。设变量节点的度数均为 2，根据 PEG 算法构造出一个 4×6 的基矩阵 $\boldsymbol{H}_{\mathrm{b}}$，则可以得到

$$\boldsymbol{H}_{\mathrm{b}}=\begin{bmatrix} 1 & 0 & 1 & 0 & 1 & 0 \\ 0 & 1 & 1 & 0 & 0 & 1 \\ 1 & 0 & 0 & 1 & 0 & 1 \\ 0 & 1 & 0 & 1 & 1 & 0 \end{bmatrix}$$

然后由式(8-8)计算移位矩阵 $\boldsymbol{P}$，得到

$$\boldsymbol{P}=\begin{bmatrix} 0 & \infty & 1 & \infty & 2 & \infty \\ \infty & 0 & 2 & \infty & \infty & 4 \\ 0 & \infty & \infty & 3 & \infty & 6 \\ \infty & 0 & \infty & 4 & 1 & \infty \end{bmatrix}$$

由以上得到的移位矩阵 $\boldsymbol{P}$，对基矩阵 $\boldsymbol{H}_{\mathrm{b}}$ 进行扩展，用 7×7 的全零子矩阵代替 $\boldsymbol{H}_{\mathrm{b}}$ 中为 0 的 a_{ij}，用 7×7 单位阵的循环移位矩阵代替 $\boldsymbol{H}_{\mathrm{b}}$ 中为 1 的 a_{ij}，循环右移的次数由对应的

p_{ij} 决定,这样就得到了所求的 QC-LDPC 码校验矩阵 $\boldsymbol{H}$ 如下。

校验矩阵 $\boldsymbol{H}$(28×42)																																									
1	0	0	0	0	0	0	0	0	0	0	0	0	0	0	1	0	0	0	0	0	0	0	0	0	0	0	0	0	0	1	0	0	0	0	0	0	0	0	0	0	0
0	1	0	0	0	0	0	0	0	0	0	0	0	0	0	0	1	0	0	0	0	0	0	0	0	0	0	0	0	0	0	1	0	0	0	0	0	0	0	0	0	0
0	0	1	0	0	0	0	0	0	0	0	0	0	0	0	0	0	1	0	0	0	0	0	0	0	0	0	0	0	0	0	0	1	0	0	0	0	0	0	0	0	0
0	0	0	1	0	0	0	0	0	0	0	0	0	0	0	0	0	0	1	0	0	0	0	0	0	0	0	0	0	0	0	0	0	1	0	0	0	0	0	0	0	0
0	0	0	0	1	0	0	0	0	0	0	0	0	0	0	0	0	0	0	1	0	0	0	0	0	0	0	0	0	0	0	0	0	0	1	0	0	0	0	0	0	0
0	0	0	0	0	1	0	0	0	0	0	0	0	0	0	0	0	0	0	0	1	0	0	0	0	0	0	0	1	0	0	0	0	0	0	0	0	0	0	0	0	0
0	0	0	0	0	0	1	0	0	0	0	0	0	0	1	0	0	0	0	0	0	0	0	0	0	0	0	0	0	1	0	0	0	0	0	0	0	0	0	0	0	0
0	0	0	0	0	0	0	1	0	0	0	0	0	0	0	0	1	0	0	0	0	0	0	0	0	0	0	0	0	0	0	0	0	0	0	0	0	0	0	1	0	0
0	0	0	0	0	0	0	0	1	0	0	0	0	0	0	0	0	1	0	0	0	0	0	0	0	0	0	0	0	0	0	0	0	0	0	0	0	0	0	0	1	0
0	0	0	0	0	0	0	0	0	1	0	0	0	0	0	0	0	0	1	0	0	0	0	0	0	0	0	0	0	0	0	0	0	0	0	0	0	0	0	0	0	1
0	0	0	0	0	0	0	0	0	0	1	0	0	0	0	0	0	0	0	1	0	0	0	0	0	0	0	0	0	0	0	0	0	0	0	1	0	0	0	0	0	0
0	0	0	0	0	0	0	0	0	0	0	1	0	0	0	0	0	0	0	0	1	0	0	0	0	0	0	0	0	0	0	0	0	0	0	0	1	0	0	0	0	0
0	0	0	0	0	0	0	0	0	0	0	0	1	0	1	0	0	0	0	0	0	0	0	0	0	0	0	0	0	0	0	0	0	0	0	0	0	1	0	0	0	0
0	0	0	0	0	0	0	0	0	0	0	0	0	1	0	1	0	0	0	0	0	0	0	0	0	0	0	0	0	0	0	0	0	0	0	0	0	0	1	0	0	0
1	0	0	0	0	0	0	0	0	0	0	0	0	0	0	0	0	0	0	0	0	0	0	0	1	0	0	0	0	0	0	0	0	0	0	0	0	0	0	0	0	1
0	1	0	0	0	0	0	0	0	0	0	0	0	0	0	0	0	0	0	0	0	0	0	0	0	1	0	0	0	0	0	0	0	0	0	1	0	0	0	0	0	0
0	0	1	0	0	0	0	0	0	0	0	0	0	0	0	0	0	0	0	0	0	0	0	0	0	0	1	0	0	0	0	0	0	0	0	0	1	0	0	0	0	0
0	0	0	1	0	0	0	0	0	0	0	0	0	0	0	0	0	0	0	0	0	0	0	0	0	0	0	1	0	0	0	0	0	0	0	0	0	1	0	0	0	0
0	0	0	0	1	0	0	0	0	0	0	0	0	0	0	0	0	0	0	0	0	1	0	0	0	0	0	0	0	0	0	0	0	0	0	0	0	0	1	0	0	0
0	0	0	0	0	1	0	0	0	0	0	0	0	0	0	0	0	0	0	0	0	0	1	0	0	0	0	0	0	0	0	0	0	0	0	0	0	0	0	1	0	0
0	0	0	0	0	0	1	0	0	0	0	0	0	0	0	0	0	0	0	0	0	0	0	1	0	0	0	0	0	0	0	0	0	0	0	0	0	0	0	0	1	0
0	0	0	0	0	0	0	1	0	0	0	0	0	0	0	0	0	0	0	0	0	0	0	0	0	1	0	0	0	1	0	0	0	0	0	0	0	0	0	0	0	0
0	0	0	0	0	0	0	0	1	0	0	0	0	0	0	0	0	0	0	0	0	0	0	0	0	0	1	0	0	0	1	0	0	0	0	0	0	0	0	0	0	0
0	0	0	0	0	0	0	0	0	1	0	0	0	0	0	0	0	0	0	0	0	0	0	0	0	0	0	1	0	0	0	1	0	0	0	0	0	0	0	0	0	0
0	0	0	0	0	0	0	0	0	0	1	0	0	0	0	0	0	0	0	0	0	1	0	0	0	0	0	0	0	0	0	0	1	0	0	0	0	0	0	0	0	0
0	0	0	0	0	0	0	0	0	0	0	1	0	0	0	0	0	0	0	0	0	0	1	0	0	0	0	0	0	0	0	0	0	1	0	0	0	0	0	0	0	0
0	0	0	0	0	0	0	0	0	0	0	0	1	0	0	0	0	0	0	0	0	0	0	1	0	0	0	0	0	0	0	0	0	0	1	0	0	0	0	0	0	0
0	0	0	0	0	0	0	0	0	0	0	0	0	1	0	0	0	0	0	0	0	0	0	0	1	0	0	0	1	0	0	0	0	0	0	0	0	0	0	0	0	0

QC-LDPC 码也被 IEEE 802.16e 标准所采纳。IEEE 802.16e 标准中的 QC-LDPC 码提供了 6 种基矩阵 $\boldsymbol{H}_b$(列数固定为 24),分别对应 4 种码率(1/2、2/3A、2/3B、3/4A、3/4B、5/6),每一种基矩阵都有 19 种码长的编码方案。下面介绍 IEEE 802.16e 标准中的 QC-LDPC 码校验矩阵 $\boldsymbol{H}$ 的具体构造过程。

(1) 根据所需 LDPC 码的码长 n 设置扩展因子 Z,$Z=\dfrac{n}{24}$;

(2) 更新基矩阵 $\boldsymbol{H}_b$,a_{ij} 表示基矩阵 $\boldsymbol{H}_b$ 中第 i 行第 j 列的元素;

① 若码率为任意一种(除 2/3A 类外),则

$$a_{ij}=\begin{cases} a_{ij}, & a_{ij}\leqslant 0 \\ \left\lfloor \dfrac{a_{ij}\cdot z}{96} \right\rfloor, & a_{ij}>0 \end{cases}$$

② 若码率为 2/3A 类,则

$$a_{ij}=\begin{cases} a_{ij}, & a_{ij}\leqslant 0 \\ \operatorname{mod}(a_{ij},96), & a_{ij}>0 \end{cases}$$

(3) 在基校验矩阵的每个位置填充大小为 $Z\times Z$ 的矩阵，最终将基校验矩阵 $\boldsymbol{H}_{\mathrm{b}}$ 扩展为 $mZ\times nZ$ 的校验矩阵 $\boldsymbol{H}$，扩展规则如下：

① 若 $a_{ij}=-1$，则在该位置填充大小为 $Z\times Z$ 的全零矩阵。

② 若 a_{ij} 为非负整数 k，则在该位置填充大小为 $Z\times Z$ 的循环右移 k 位的单位阵。

构造的校验矩阵 $\boldsymbol{H}$ 见"附录：IEEE 802.16e 基校验矩阵"。

8.1.3 LDPC 码的译码

当码长很大时，一般线性分组码的最佳译码算法[如最大后验概率(MAP)译码和最大似然(ML)译码]因译码复杂度过高而在实际中难以应用。而 LDPC 码的校验矩阵的稀疏性使得它非常适合于各种迭代译码算法，能够以线性编译码复杂度达到逼近信道容量的性能。因此实际中主流 LDPC 码译码算法是各种迭代译码算法。

LDPC 码的译码算法主要包括两类：一类是以比特翻转算法(Bit Flipping,BF)为代表的硬判决译码算法；另一类是以和积算法(Sum-Product Algorithm,SPA)为代表的软判决概率译码算法。SPA 即贝叶斯网络推理中的置信传播(Belief Propagation,BP)算法。在无线通信系统中主要采用的是软判决译码算法，所以下面主要介绍主流的概率域上的 SPA (BP)译码算法及其优化后的对数域上的 SPA 译码算法(log-SPA，也称为 LLR-SPA 或 LLR-BP)，以及最小和(Min Sum Algorithm,MSA)译码算法。

1. 概率域上的和积译码(SPA，也称为 BP 译码)算法

和积译码算法是 LDPC 码的基本译码算法。它是一种消息传递算法，采用消息传递机制(也称为 Turbo 原理)，基于最大后验概率准则进行迭代译码。

由第 4 章的介绍知道，对于线性分组码来说，合法码字 $\boldsymbol{c}$ 总是满足 $\boldsymbol{H}\times\boldsymbol{c}^{\mathrm{T}}=\boldsymbol{0}$，因此译码算法的目标就是要找到那个最优的满足这个条件的估计码矢量 $\hat{\boldsymbol{c}}$。BP 译码算法根据接收信号、校验方程和信道特性确定每个消息符号的后验概率。用 Tanner 图来表示，就是根据 Tanner 图中变量节点和校验节点之间的连接关系计算变量节点的边缘概率分布。在概率译码中，校验节点需要计算的是该校验通过的概率，变量节点需要计算的是该变量处于某个状态(符号)的概率(后验概率)。

通常变量节点被称为它所连接的校验节点的父节点，校验节点被称为它所连接的变量节点的子节点。在译码过程中，变量节点 d_j 向它的每个子校验节点 h_i 传递一个信息值 Q_{ij}^x，Q_{ij}^x 表示变量节点 d_j 处于状态 x 的概率估计(后验概率)，这个估计值根据 d_j 的其他子节点的信息计算得到；校验节点 h_i 则向它的每个父变量节点 d_j 传递一个值 R_{ij}^x，R_{ij}^x 表示当 d_j 处于状态 x 时，校验节点 h_i 所对应的校验方程 i 被满足的概率估计，这个估计值根据 h_i 的其他父节点的信息计算得出。变量节点和校验节点之间的信息交换如图 8-4 所示。

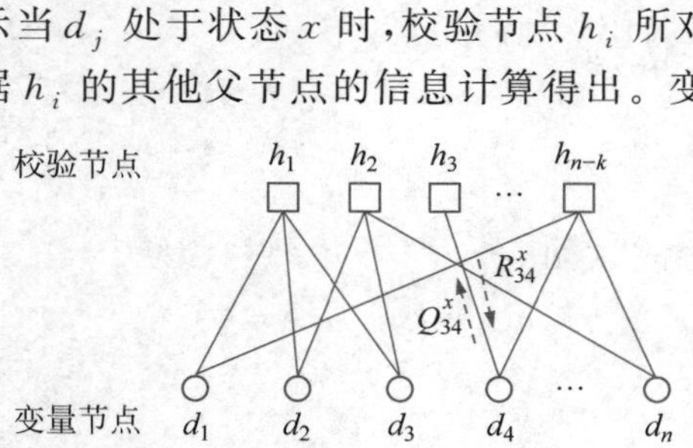

图 8-4 变量节点和校验节点的信息交换

变量节点和校验节点之间的信息交换过程不断迭代更新，每次迭代更新后计算伴随式，直到各个变量节点的状态估计满足 $\boldsymbol{H}\times\boldsymbol{d}^{\mathrm{T}}=\boldsymbol{0}$ 的条件，或者达到了预设的迭代次数，译码结束。

设通信系统的信道模型为 AWGN，噪声服从 $N(0,\sigma^2)$，码元为二进制，采用 BPSK 调制，码字 c_i 映射为符号 $x_i=(-1)^{c_i}$。接收符号 $y_i=x_i+$

n_i，各 n_i 为统计独立同分布的高斯随机变量。

概率域上的 SPA(BP)译码算法的步骤为：

(1) 初始化。

用接收符号的先验概率初始化变量节点。f_j^x 表示第 j 个接收符号为 x 的先验概率。

$$f_j^0=\frac{1}{\sqrt{2\pi}\sigma}\mathrm{e}^{-\frac{(y_j+1)^2}{2\sigma^2}}$$

$$f_j^1=\frac{1}{\sqrt{2\pi}\sigma}\mathrm{e}^{-\frac{(y_j-1)^2}{2\sigma^2}}$$

初始化变量节点 d_j 向它的每个子校验节点 h_i 传递的信息 Q_{ij}^x，即

$$Q_{ij}^0=f_j^0$$

$$Q_{ij}^1=f_j^1$$

(2) 校验节点更新。

$$R_{ij}^x=\sum_{\boldsymbol{d}:d_j=x}p(h_i\mid\boldsymbol{d})\prod_{k\in N(i)\backslash j}Q_{ik}^{d_k}$$

其中，$N(i)$表示与校验节点 h_i 相连的所有变量节点的集合，$N(i)\backslash j$ 表示集合中不包括变量节点 d_j。$\boldsymbol{d}:d_j=x$ 表示第 j 个码元为 $d_j=x$ 的码字，概率 $p(h_i|\boldsymbol{d})$表示码字 $\boldsymbol{d}$ 的第 i 个校验方程满足的概率(满足则概率为 1，否则为 0)。

(3) 判决校验。

更新校验节点的信息后，就可以估计译码的码元 $\hat{d}_j$：

$$\hat{d}_j=\underset{x}{\operatorname{argmax}}f_j^x\prod_{k\in M(j)}R_{kj}^x$$

其中，$M(j)$表示与变量节点 d_j 相连的所有校验节点的集合，$\operatorname{argmax}(f(x))$表示使 $f(x)$ 取最大值的 x 的集合。

检验得到的估计码字是否满足伴随式条件 $H\times\hat{\boldsymbol{d}}^{\mathrm{T}}=0$，如果满足则停止迭代，将 $\hat{d}$ 作为译码输出，否则判断是否达到了最大迭代次数，若迭代次数达到预设值，则终止迭代，宣告译码失败(或者以最后结果输出)。

(4) 变量节点更新。

$$Q_{ij}^x=\alpha_{ij}f_j^x\prod_{k\in M(j)\backslash i}R_{kj}^x$$

其中，$M(j)$ 表示与变量节点 d_j 相连的所有校验节点的集合，$M(j)\backslash i$ 表示集合中不包括校验节点 h_i。归一化系数α_{ij} 设为使方程 $\sum_x Q_{ij}^x=1$ 满足的常数。

(5) 返回步骤(2)继续进行校验节点更新。

2. 概率域上的 SPA(BP)译码算法的优化

以上是原始的概率域上的和积译码算法，它的迭代计算较为烦琐，Mackay 和 Neal 在 1996 年优化了传统和积译码算法，校验节点的更新不再需要用到所有满足校验方程的组合，而是对所有与校验矩阵 $\boldsymbol{H}$ 中非零元素相关的校验节点和变量节点进行迭代更新，即水平迭代和垂直迭代(对应于 $\boldsymbol{H}$ 矩阵的行和列)。在校验节点更新时，若某个变量节点为 0，则其子校验节点的校验方程满足的条件为其他父变量节点中有偶数个 1；若该变量节点为

1，则其子校验节点的校验方程满足的条件为其他父变量节点中有奇数个1。为了计算一个序列中1的个数为奇偶的概率，这里不加证明地给出引理。

引理 8.1 对于一个长为 m 的相互独立的二进制序列 $\boldsymbol{a}=(a_1,a_2,\cdots,a_m)$，第 i 个比特为1的概率 $P(a_i)=p_i$，那么二进制序列 a 中1的个数为偶数的概率为 $\frac{1}{2}+\frac{1}{2}\prod_{i=1}^{m}(1-2p_i)$，1的个数为奇数的概率为 $\frac{1}{2}-\frac{1}{2}\prod_{i=1}^{m}(1-2p_i)$。

优化后概率测度的和积译码算法流程如下：

(1) 初始化阶段。

用发送符号的后验概率初始化变量节点 d_j：

$$Q_{ij}^0=f_j^0=p(x_j=+1\mid y_j)=\frac{p(y_j\mid x_j=+1)}{p(y_j\mid x_j=+1)+p(y_j\mid x_j=-1)}=\frac{1}{1+\mathrm{e}^{-\frac{2y_j}{\sigma^2}}}$$

$$Q_{ij}^1=f_j^1=1-f_j^0=p(x_j=-1\mid y_j)=\frac{p(y_j\mid x_j=-1)}{p(y_j\mid x_j=+1)+p(y_j\mid x_j=-1)}=\frac{1}{1+\mathrm{e}^{\frac{2y_j}{\sigma^2}}}$$

(2) 校验节点进行水平迭代更新。

$$\begin{cases}R_{ij}^0=\dfrac{1}{2}+\dfrac{1}{2}\prod\limits_{j'\in N(i)\setminus j}(1-2Q_{ij'}^1)\\[2ex] R_{ij}^1=1-R_{ij}^0=\dfrac{1}{2}-\dfrac{1}{2}\prod\limits_{j'\in N(i)\setminus j}(1-2Q_{ij'}^1)\end{cases}$$

(3) 变量节点进行垂直迭代更新。

$$\begin{cases}Q_{ij}^0=k_{ij}f_j^0\prod\limits_{i'\in M(j)\setminus i}R_{i'j}^0\\[2ex] Q_{ij}^1=k_{ij}f_j^1\prod\limits_{i'\in M(j)\setminus i}R_{i'j}^1\end{cases}$$

归一化系数 k_{ij} 为满足方程 $\sum\limits_x Q_{ij}^x=1$ 的常数。

(4) 判决(码字估计更新)。

先用全部校验节点更新变量节点的后验概率：

$$\begin{cases}Q_j^0=k_{ij}f_j^0\prod\limits_{i'\in M(j)}R_{i'j}^0\\[2ex] Q_j^1=k_{ij}f_j^1\prod\limits_{i'\in M(j)}R_{i'j}^1\end{cases}$$

其中，系数 k_{ij} 的选择仍然是满足 $Q_j^0+Q_j^1=1$ 的常数。

由此得到此轮迭代后译码码字的估计：

$$\hat{d}_j=\underset{x}{\operatorname{argmax}}(Q_j^x)$$

即

$$\text{if}\quad Q_j^0>Q_j^1\quad\text{then }\hat{d}_j=0,\quad\text{else }\hat{d}_j=1$$

(5) 停止条件。

检验得到的估计码字是否满足伴随式条件 $\boldsymbol{H}\times\hat{\boldsymbol{d}}^{\mathrm{T}}=\boldsymbol{0}$，如果满足则停止迭代，将 $\hat{\boldsymbol{d}}$ 作为译

码输出，否则判断是否达到了最大迭代次数，若迭代次数达到预设值，则终止迭代，宣告译码失败（或者以最后结果输出）；若迭代次数未达到预设值，则返回步骤(2)继续下一轮迭代。

下面以一个具体例子讲述概率域上的 SPA 译码算法的运算过程。

设码率 $R=1/3$ 的(12,4)线性分组码的稀疏校验矩阵 $\boldsymbol{H}_{8\times 12}$ 为

$$\boldsymbol{H}=\begin{bmatrix}0&1&0&1&0&1&1&1&0&0&0&1\\1&0&1&1&0&0&0&0&1&0&0&0\\0&1&0&0&1&0&1&0&0&0&0&1\\1&0&0&1&0&0&0&0&0&1&1&0\\0&0&1&0&1&1&0&0&0&1&0&0\\1&0&1&0&0&0&1&1&0&0&1&0\\0&1&0&0&0&1&0&1&1&1&0&0\\0&0&0&0&1&0&0&0&1&0&1&1\end{bmatrix}$$

这是一个不规则 LDPC 码，它的系统型生成矩阵 $\boldsymbol{G}$ 为

$$\boldsymbol{G}=\begin{bmatrix}1&1&1&1&1&0&0&0&1&0&0&0\\0&0&1&1&0&0&0&1&0&1&0&0\\1&1&1&0&1&0&0&1&0&0&1&0\\1&0&0&1&1&1&0&1&0&0&0&1\end{bmatrix}$$

信息序列 $\boldsymbol{m}=[1101]$，根据生成矩阵得到码字 $\boldsymbol{c}=[0\ 1\ 0\ 1\ 0\ 1\ 0\ 0\ 1\ 1\ 0\ 1]$，码符号 c_i 经 BPSK 调制($x_i=(-1)^{c_i}$)后通过 AWGN 信道添加噪声($E_b/N_0=3$dB)，接收端 $\boldsymbol{y}=$ [1.2764　−2.1338　0.6241　−0.7029　4.1027　1.4012　−0.1704　3.6314　−0.3710　−1.0547　1.6197　−1.1777]。若接收端为硬判决译码器，则译码结果为[010100101101]，可见，在第 6 位和第 7 位出现了错误。下面用概率域上的 BP 算法译码。

(1) 根据公式初始化变量节点，并将概率信息传递给与之相邻的校验节点。

$$\begin{cases}Q_{ij}^{0}=p(x_j=+1\mid y_j)=\dfrac{1}{1+\mathrm{e}^{-\frac{2y_j}{\sigma^2}}}\\[2ex] Q_{ij}^{1}=p(x_j=-1\mid y_j)=\dfrac{1}{1+\mathrm{e}^{\frac{2y_j}{\sigma^2}}}\end{cases}$$

将 y_i 代入后得

初始化：qij0

0.0000	0.0034	0.0000	0.1335	0.0000	0.9765	0.3886	0.9999	0.0000	0.0000	0.0000	0.0418
0.9676	0.0000	0.8403	0.1335	0.0000	0.0000	0.0000	0.0000	0.2715	0.0000	0.0000	0.0000
0.0000	0.0034	0.0000	0.0000	1.0000	0.0000	0.3886	0.0000	0.0000	0.0000	0.0000	0.0418
0.9676	0.0000	0.0000	0.1335	0.0000	0.0000	0.0000	0.0000	0.0000	0.0570	0.9867	0.0000
0.0000	0.0000	0.8403	0.0000	1.0000	0.9765	0.0000	0.0000	0.0000	0.0570	0.0000	0.0000
0.9676	0.0000	0.8403	0.0000	0.0000	0.0000	0.3886	0.9999	0.0000	0.0000	0.9867	0.0000
0.0000	0.0034	0.0000	0.0000	0.0000	0.9765	0.0000	0.9999	0.2715	0.0570	0.0000	0.0000
0.0000	0.0000	0.0000	0.0000	1.0000	0.0000	0.0000	0.0000	0.2715	0.0000	0.9867	0.0418

初始化：qij1

0.0000	0.9966	0.0000	0.8665	0.0000	0.0235	0.6114	0.0001	0.0000	0.0000	0.0000	0.9582
0.0324	0.0000	0.1597	0.8665	0.0000	0.0000	0.0000	0.0000	0.7285	0.0000	0.0000	0.0000
0.0000	0.9966	0.0000	0.0000	0.0000	0.0000	0.6114	0.0000	0.0000	0.0000	0.0000	0.9582
0.0324	0.0000	0.0000	0.8665	0.0000	0.0000	0.0000	0.0000	0.0000	0.9430	0.0133	0.0000
0.0000	0.0000	0.1597	0.0000	0.0000	0.0235	0.0000	0.0000	0.0000	0.9430	0.0000	0.0000
0.0324	0.0000	0.1597	0.0000	0.0000	0.0000	0.6114	0.0001	0.0000	0.0000	0.0133	0.0000
0.0000	0.9966	0.0000	0.0000	0.0000	0.0235	0.0000	0.0001	0.7285	0.9430	0.0000	0.0000
0.0000	0.0000	0.0000	0.0000	0.0000	0.0000	0.0000	0.0000	0.7285	0.0000	0.0133	0.9582

由校验矩阵可知，在 Tanner 中第 1 个变量节点与第 2、4、6 个校验节点相连，因此第 1 个变量节点的先验概率信息会传递给第 2、4、6 个校验节点（0.9676 和 0.0324 的所示位置）。

（2）校验节点更新。

计算校验节点 i 传递给与之相邻的变量节点 j 的信息

$$\begin{cases} R_{ij}^0 = \dfrac{1}{2} + \dfrac{1}{2}\prod\limits_{j' \in N(i)\backslash j}(1 - 2Q_{ij'}^1) \\ R_{ij}^1 = 1 - R_{ij}^0 = \dfrac{1}{2} - \dfrac{1}{2}\prod\limits_{j' \in N(i)\backslash j}(1 - 2Q_{ij'}^1) \end{cases}$$

第一次迭代的更新结果如下：

第1次迭代:rji0

0.0000	0.4287	0.0000	0.4033	0.0000	0.5743	0.1821	0.5709	0.0000	0.0000	0.0000	0.4227
0.6140	0.0000	0.6566	0.3546	0.0000	0.0000	0.0000	0.0000	0.2668	0.0000	0.0000	0.0000
0.0000	0.6021	0.0000	0.0000	0.3986	0.0000	0.9551	0.0000	0.0000	0.0000	0.0000	0.6107
0.8161	0.0000	0.0000	0.0967	0.0000	0.0000	0.0000	0.0000	0.0000	0.1664	0.8036	0.0000
0.0000	0.0000	0.0778	0.0000	0.2127	0.1985	0.0000	0.0000	0.0000	0.8243	0.0000	0.0000
0.4262	0.0000	0.3986	0.0000	0.0000	0.0000	0.8097	0.4310	0.0000	0.0000	0.4291	0.0000
0.0000	0.6929	0.0000	0.0000	0.0000	0.2990	0.0000	0.3084	0.9192	0.7163	0.0000	0.0000
0.0000	0.0000	0.0000	0.0000	0.7039	0.0000	0.0000	0.0000	0.0539	0.0000	0.7094	0.2776

第1次迭代:rji1

0.0000	0.5713	0.0000	0.5967	0.0000	0.4257	0.8179	0.4291	0.0000	0.0000	0.0000	0.5773
0.3860	0.0000	0.3434	0.6454	0.0000	0.0000	0.0000	0.0000	0.7332	0.0000	0.0000	0.0000
0.0000	0.3979	0.0000	0.0000	0.6014	0.0000	0.0449	0.0000	0.0000	0.0000	0.0000	0.3893
0.1839	0.0000	0.0000	0.9033	0.0000	0.0000	0.0000	0.0000	0.0000	0.8336	0.1964	0.0000
0.0000	0.0000	0.9222	0.0000	0.7873	0.8015	0.0000	0.0000	0.0000	0.1757	0.0000	0.0000
0.5738	0.0000	0.6014	0.0000	0.0000	0.0000	0.1903	0.5690	0.0000	0.0000	0.5709	0.0000
0.0000	0.3071	0.0000	0.0000	0.0000	0.7010	0.0000	0.6916	0.0808	0.2837	0.0000	0.0000
0.0000	0.0000	0.0000	0.0000	0.2961	0.0000	0.0000	0.0000	0.9461	0.0000	0.2906	0.7224

由校验矩阵可知，在 Tanner 图中第 1 个校验节点与第 2、4、6、7、8、12 个变量节点相连。需要注意的是，$N(i)$表示与校验节点 i 相连的所有变量节点的集合，$N(i)\backslash j$ 表示集合中不包括变量节点 j。因此，当校验节点（$i=1$）传递给变量节点（$j=2$）概率消息时，$j' \in \{4\ 6\ 7\ 8\ 12\}$。

（3）变量节点更新。

变量节点 j 的概率消息传递给相邻的校验节点 i。

$$\begin{cases} Q_{ij}^0 = k_{ij} f_j^0 \prod\limits_{i' \in M(j)\backslash i} R_{i'j}^0 \\ Q_{ij}^1 = k_{ij} f_j^1 \prod\limits_{i' \in M(j)\backslash i} R_{i'j}^1 \end{cases}$$

第一次迭代的更新结果如下：

第1次迭代:qij0

0.0000	0.0116	0.0000	0.0090	0.0000	0.8146	0.9829	0.9998	0.0000	0.0000	0.0000	0.0256
0.9899	0.0000	0.2273	0.0110	0.0000	0.0000	0.0000	0.0000	0.1948	0.0000	0.0000	0.0000
0.0000	0.0058	0.0000	0.0000	1.0000	0.0000	0.3759	0.0000	0.0000	0.0000	0.0000	0.0121
0.9724	0.0000	0.0000	0.0541	0.0000	0.0000	0.0000	0.0000	0.0000	0.4172	0.9927	0.0000
0.0000	0.0000	0.8696	0.0000	1.0000	0.9599	0.0000	0.0000	0.0000	0.0296	0.0000	0.0000
0.9953	0.0000	0.4592	0.0000	0.0000	0.0000	0.7506	0.9999	0.0000	0.0000	0.9987	0.0000
0.0000	0.0039	0.0000	0.0000	0.0000	0.9329	0.0000	0.9999	0.0077	0.0536	0.0000	0.0000
0.0000	0.0000	0.0000	0.0000	0.9999	0.0000	0.0000	0.0000	0.6069	0.0000	0.9956	0.0477

第1次迭代:qij1

0.0000	0.9884	0.0000	0.9910	0.0000	0.1854	0.0171	0.0002	0.0000	0.0000	0.0000	0.9744
0.0101	0.0000	0.7727	0.9890	0.0000	0.0000	0.0000	0.0000	0.8052	0.0000	0.0000	0.0000
0.0000	0.9942	0.0000	0.0000	0.0000	0.0000	0.6241	0.0000	0.0000	0.0000	0.0000	0.9879
0.0276	0.0000	0.0000	0.9459	0.0000	0.0000	0.0000	0.0000	0.0000	0.5828	0.0073	0.0000
0.0000	0.0000	0.1304	0.0000	0.0000	0.0401	0.0000	0.0000	0.0000	0.9704	0.0000	0.0000
0.0047	0.0000	0.5408	0.0000	0.0000	0.0000	0.2494	0.0001	0.0000	0.0000	0.0013	0.0000
0.0000	0.9961	0.0000	0.0000	0.0000	0.0671	0.0000	0.0001	0.9923	0.9464	0.0000	0.0000
0.0000	0.0000	0.0000	0.0000	0.0001	0.0000	0.0000	0.0000	0.3931	0.0000	0.0044	0.9523

同样，在 Tanner 图中第 1 个变量节点与第 2、4、6 个校验节点相连。需要注意的是，其中 $M(j)$表示与变量节点 j 相连的所有校验节点的集合，$M(j)\backslash i$ 表示集合中不包括校验节点 i。因此，当变量节点$(j=1)$传递给校验节点$(i=2)$概率消息时，$i'\in\{46\}$。

归一化系数 k_{ij} 为使方程 $\sum\limits_{x} Q_{ij}^{x}=1$ 满足的常数，即使得 $Q_{ij}^{0}+Q_{ij}^{1}=1$ 成立的常数。

(4) 后验概率更新和译码判决

$$\begin{cases} Q_j^0 = k_{ij} f_j^0 \prod\limits_{i'\in M(j)} R_{i'j}^0 \\ Q_j^1 = k_{ij} f_j^1 \prod\limits_{i'\in M(j)} R_{i'j}^1 \end{cases}$$

根据第 1 次迭代的校验节点信息更新符号的后验概率。第一次迭代后验概率更新如下：

第1次迭代:Q0_Q1

Q0:

0.9936	0.0087	0.3600	0.0061	1.0000	0.8557	0.9276	0.9999	0.0809	0.1250	0.9982	0.0189

Q1:

0.0064	0.9913	0.6400	0.9939	0.0000	0.1443	0.0724	0.0001	0.9191	0.8750	0.0018	0.9811

与前一步骤的计算方式的不同之处在于，当更新第 1 个变量节点的后验概率时，$j\in\{246\}$。归一化系数 k_{ij} 采用与上面相同的计算方法。

译码判决：

若 $Q_j^0>Q_j^1$，则第 j 个码符号判为 0；反之，判为 1。当译出正确码字或达到最大迭代次数时，算法结束并输出最终判决的码字。

第一次迭代判决的码字为 $\boldsymbol{c}_1=[0\quad 1\quad 1\quad 1\quad 0\quad 0\quad 0\quad 0\quad 1\quad 1\quad 0\quad 1]$，不满足 $\boldsymbol{c}\boldsymbol{H}^{\mathrm{T}}=0$，所以从步骤(2)开始新一轮的迭代。

与上述步骤计算方式一致，下面给出第 2 次迭代过程中各变量的结果。

第2次迭代:qij0

0.0000	0.0397	0.0000	0.1819	0.0000	0.3377	0.9676	0.9995	0.0000	0.0000	0.0000	0.0996
0.9736	0.0000	0.5292	0.2878	0.0000	0.0000	0.0000	0.0000	0.1335	0.0000	0.0000	0.0000
0.0000	0.0835	0.0000	0.0000	0.9999	0.0000	0.1281	0.0000	0.0000	0.0000	0.0000	0.2026
0.9333	0.0000	0.0000	0.5204	0.0000	0.0000	0.0000	0.0000	0.0000	0.7915	0.9789	0.0000
0.0000	0.0000	0.9835	0.0000	1.0000	0.1548	0.0000	0.0000	0.0000	0.0629	0.0000	0.0000
0.9532	0.0000	0.5918	0.0000	0.0000	0.0000	0.9052	0.9984	0.0000	0.0000	0.9852	0.0000
0.0000	0.0199	0.0000	0.0000	0.0000	0.3253	0.0000	0.9998	0.0608	0.0286	0.0000	0.0000
0.0000	0.0000	0.0000	0.0000	0.9999	0.0000	0.0000	0.0000	0.9001	0.0000	0.9891	0.2143

第2次迭代:qij1

0.0000	0.9603	0.0000	0.8181	0.0000	0.6623	0.0324	0.0005	0.0000	0.0000	0.0000	0.9004
0.0264	0.0000	0.4708	0.7122	0.0000	0.0000	0.0000	0.0000	0.8665	0.0000	0.0000	0.0000
0.0000	0.9165	0.0000	0.0000	0.0001	0.0000	0.8719	0.0000	0.0000	0.0000	0.0000	0.7974
0.0667	0.0000	0.0000	0.4796	0.0000	0.0000	0.0000	0.0000	0.0000	0.2085	0.0211	0.0000
0.0000	0.0000	0.0165	0.0000	0.0000	0.8452	0.0000	0.0000	0.0000	0.9371	0.0000	0.0000
0.0468	0.0000	0.4082	0.0000	0.0000	0.0000	0.0948	0.0016	0.0000	0.0000	0.0148	0.0000
0.0000	0.9801	0.0000	0.0000	0.0000	0.6747	0.0000	0.0002	0.9392	0.9714	0.0000	0.0000
0.0000	0.0000	0.0000	0.0000	0.0001	0.0000	0.0000	0.0000	0.0999	0.0000	0.0109	0.7857

第2次迭代:rji0

0.0000	0.7830	0.0000	0.7815	0.0000	0.0606	0.2138	0.2234	0.0000	0.0000	0.0000	0.7914
0.3372	0.0000	0.7925	0.6631	0.0000	0.0000	0.0000	0.0000	0.7613	0.0000	0.0000	0.0000
0.0000	0.6211	0.0000	0.0000	0.3803	0.0000	0.9822	0.0000	0.0000	0.0000	0.0000	0.6227
0.5727	0.0000	0.0000	0.4229	0.0000	0.0000	0.0000	0.0000	0.0000	0.0849	0.5697	0.0000
0.0000	0.0000	0.0673	0.0000	0.1802	0.1523	0.0000	0.0000	0.0000	0.8399	0.0000	0.0000
0.4796	0.0000	0.7475	0.0000	0.0000	0.0000	0.4597	0.4798	0.0000	0.0000	0.4797	0.0000
0.0000	0.8805	0.0000	0.0000	0.0000	0.0639	0.0000	0.1224	0.8835	0.9229	0.0000	0.0000
0.0000	0.0000	0.0000	0.0000	0.4042	0.0000	0.0000	0.0000	0.0517	0.0000	0.4033	0.6059

第2次迭代:rji1

0.0000	0.2170	0.0000	0.2185	0.0000	0.9394	0.7862	0.7766	0.0000	0.0000	0.0000	0.2086
0.6628	0.0000	0.2075	0.3369	0.0000	0.0000	0.0000	0.0000	0.2387	0.0000	0.0000	0.0000
0.0000	0.3789	0.0000	0.0000	0.6197	0.0000	0.0178	0.0000	0.0000	0.0000	0.0000	0.3773
0.4273	0.0000	0.0000	0.5771	0.0000	0.0000	0.0000	0.0000	0.0000	0.9151	0.4303	0.0000
0.0000	0.0000	0.9327	0.0000	0.8198	0.8477	0.0000	0.0000	0.0000	0.1601	0.0000	0.0000
0.5204	0.0000	0.2525	0.0000	0.0000	0.0000	0.5403	0.5202	0.0000	0.0000	0.5203	0.0000
0.0000	0.1195	0.0000	0.0000	0.0000	0.9361	0.0000	0.8776	0.1165	0.0771	0.0000	0.0000
0.0000	0.0000	0.0000	0.0000	0.5958	0.0000	0.0000	0.0000	0.9483	0.0000	0.5967	0.3941

第2次迭代:Q0_Q1

Q0:

0.9494	0.1299	0.8111	0.4430	0.9998	0.0319	0.8904	0.9983	0.3294	0.2604	0.9840	0.2955

Q1:

0.0506	0.8701	0.1889	0.5570	0.0002	0.9681	0.1096	0.0017	0.6706	0.7396	0.0160	0.7045

第 2 次译码判决出的码字为 $\boldsymbol{c}_2=[0\ \ 1\ \ 0\ \ 1\ \ 0\ \ 1\ \ 0\ \ 0\ \ 1\ \ 1\ \ 0\ \ 1]$，满足 $\boldsymbol{cH}^{\mathrm{T}}=0$，算法迭代结束。去掉码字 $\boldsymbol{c}_2$ 中的校验位，得信息序列 $\boldsymbol{m}'=[1\ \ 1\ \ 0\ \ 1]$，译码正确。可见，两次迭代就得到了正确的译码结果。

3. 对数域上的和积译码算法（log-SPA，也称为 LLR-SPA、LLR-BP）

概率域上的 SPA 译码算法包含了大量的乘法运算，硬件实现的复杂度高。2001 年左右，多位研究者在 SPA 译码算法的优化过程中提出了对数测度的优化方向，将变量节点和校验节点之间传递的概率用对数似然比（Log-Likelihood Ratio，LLR）来代替，就可以将乘法运算转化为加法运算并省去归一化计算，从而在确保译码性能的同时，大大降低算法的计算复杂度，这就是 LDPC 码非常通用的基准译码算法——LLR-BP 译码算法。

定义第 j 个变量节点的对数似然比为

$$L(P_j)=\ln\left(\frac{p(x_j=+1\mid y)}{p(x_j=-1\mid y)}\right)$$

对数测度的和积译码算法（LLR-BP）流程如下：

(1) 初始化阶段。

初始化变量节点：

$$Q_{ij}=L(P_j)=2y_j/\sigma^2$$

(2) 校验节点更新。

$$R_{ij}=\ln\frac{R_{ij}^0}{R_{ij}^1}=\ln\frac{1+\prod\limits_{j'\in N(i)\backslash j}(1-2Q_{ij'}^1)}{1-\prod\limits_{j'\in N(i)\backslash j}(1-2Q_{ij'}^1)}$$

由于

$$\tanh\left(\frac{x}{2}\right)=\frac{(\mathrm{e}^x-1)}{(\mathrm{e}^x+1)}$$

上式可以化简为

$$R_{ij}=2\tanh^{-1}\left(\prod_{j'\in N(i)\backslash j}\tanh\frac{Q_{ij'}}{2}\right)$$

(3) 变量节点更新。

$$Q_{ij}=\ln\frac{P_j(0)\prod_{i'\in M(j)\backslash i}R_{i'j}^{0}}{P_j(1)\prod_{i'\in M(j)\backslash i}R_{i'j}^{1}}=L(P_j)+\sum_{i'\in M(j)\backslash i}R_{i'j}$$

(4) 判决(码字估计更新)。

用全部校验节点更新变量节点的后验概率：

$$Q_j=L(P_j)+\sum_{i'\in M(j)}R_{i'j}$$

由此得到此轮迭代后译码码字的估计：若 $Q_j>0$,则 $\hat{d}_j=0$；否则 $\hat{d}_j=1$。

(5) 校验。

检验得到的估计码字是否满足伴随式条件 $\boldsymbol{H}\times\hat{\boldsymbol{d}}^{\mathrm{T}}=0$,如果满足则停止迭代,将 $\hat{\boldsymbol{d}}$ 作为译码输出,否则判断是否达到了最大迭代次数,若迭代次数达到预设值,则终止迭代,宣告译码失败(或者以最后结果输出)；若迭代次数未达到预设值,则返回步骤(2)继续下一轮迭代。

4. 最小和算法(Min Sum Algorithm,MSA)

最小和算法也被称作 BP Based 译码算法,是对 LLR-SPA 译码算法的简化,它与 LLR-SPA 的区别主要体现在 MSA 在校验节点更新时用求最小值的运算代替大量的乘积运算,这种近似替代牺牲了一部分译码性能,但极大地降低了运算复杂度,并且更容易在硬件上实现。另外,在 AWGN 信道上,MSA 在初始化阶段用 $L(P_i)=y_i$ 代替 LLR-SPA 中的 $L(P_i)=\frac{2y_i}{\sigma^2}$,这样做的好处是不用对噪声功率 σ^2 进行估计。

(1) 初始化阶段。

初始化变量节点：

$$Q_{ij}=L(P_j)=y_j$$

(2) 校验节点更新。

$$R_{ij}=\left(\prod_{j'\in N(i)\backslash j}\operatorname{sgn}(Q_{ij'})\right)\cdot\min_{j'\in N(i)\backslash j}(|Q_{ij'}|)$$

(3) 变量节点更新。

$$Q_{ij}=L(P_j)+\sum_{i'\in M(j)\backslash i}R_{i'j}$$

(4) 判决(码字估计更新)。

用全部校验节点更新变量节点的后验概率：

$$Q_j=L(P_j)+\sum_{i'\in M(j)}R_{i'j}$$

由此得到此轮迭代后译码码字的估计：若 $Q_j>0$,则 $\hat{d}_j=0$；否则 $\hat{d}_j=1$。

(5) 校验。

检验得到的估计码字是否满足伴随式条件 $\boldsymbol{H}\times\hat{\boldsymbol{d}}^{\mathrm{T}}=0$,如果满足则停止迭代,将 $\hat{\boldsymbol{d}}$ 作为

译码输出，否则判断是否达到了最大迭代次数，若迭代次数达到预设值，则终止迭代，宣告译码失败（或者以最后结果输出）；若迭代次数未达到预设值，则返回步骤（2）继续下一轮迭代。

8.1.4 LDPC码性能仿真

调制方式为BPSK，码率为0.2，信息为长度为320和3840的5G NR LDPC码在AWGN信道下的性能仿真如图8-5所示。

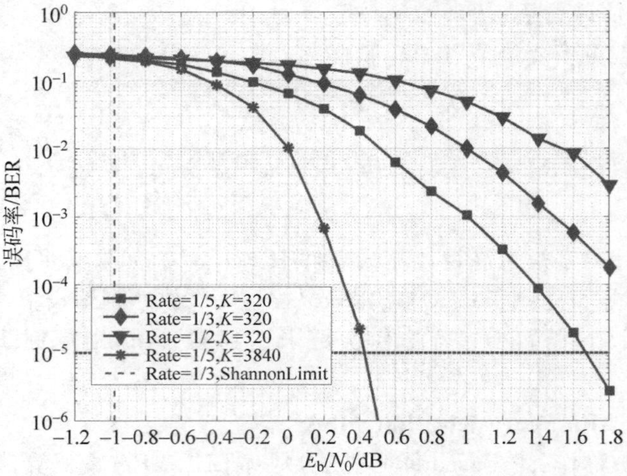

图8-5 5G NR LDPC码在AWGN信道下的性能仿真

调制方式为BPSK，码率为0.5，码长为960的IEEE 802.16e标准下的LDPC码在AWGN信道下的性能仿真如图8-6所示。

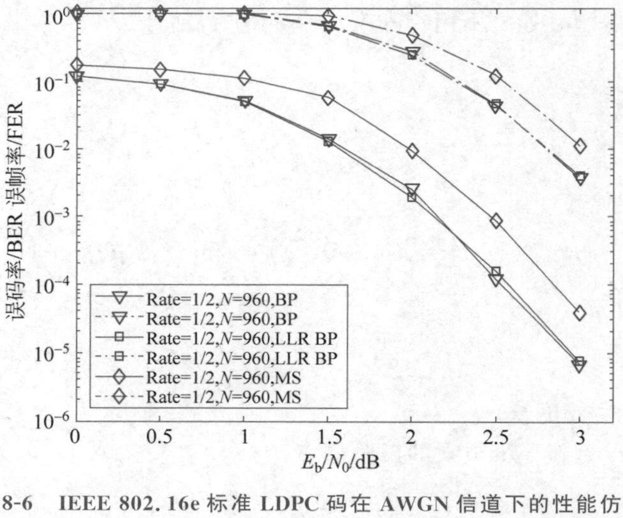

图8-6 IEEE 802.16e标准LDPC码在AWGN信道下的性能仿真

8.1.5 应用案例5：5G标准LDPC码

根据3GPP TS38.212，5G NR主要采用QC-LDPC码作为eMBB数据信道的编码方案。完整的 5G NR 传输信道 LDPC 编码流程如图 8-7 所示。

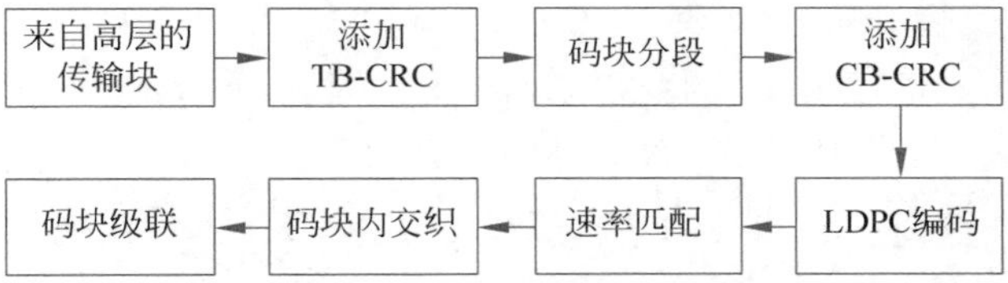

图 8-7 5G NR LDPC 编码流程图

物理层收到 MAC 层发来的传输块(Transport Block,TB),首先将大的传输块切分成若干个适合于 LDPC 编译码器处理的小数据块。其次,块根据信息比特长度和码率对切分后的小数据添加 CRC 并分割成能够进行编码的码块(Code Block,CB)。CRC 校验结合 LDPC 码的校验和矩阵(Parity Check Matrix,PCM)固有的检错能力,能够达到非常低的错误漏检概率。再次,将数据块进行 LDPC 编码。然后,为了匹配信道的承载能力,达到所要求的比特速率,还要根据冗余版本信息进行速率匹配,包括打孔和重发;最后对各 CB 进行交织和码块级联得到最终的编码比特。

1. CRC 添加(TB-CRC 和 CB-CRC)

物理层收到 MAC 层发来的传输块(Transport Block,TB),首先对 TB 添加 TB-CRC,将添加后的块作为一个整体进行分段,在每段上添加 CB-CRC。注意,最后一段的 CB-CRC 是由 CB_n 和 TB-CRC 共同计算得到的,如图 8-8 所示。为了降低 TB 重传概率,提高传输效率,NR 引入了 CBG(Code Block Group)作为重传的基本单位。每个 TB 包含若干个 CBG,每个 CBG 又包含若干个 CB。当 CBG 中的某个 CB 译码出错时,重传整个 CBG,而不用重传整个 TB,以提高传输效率。

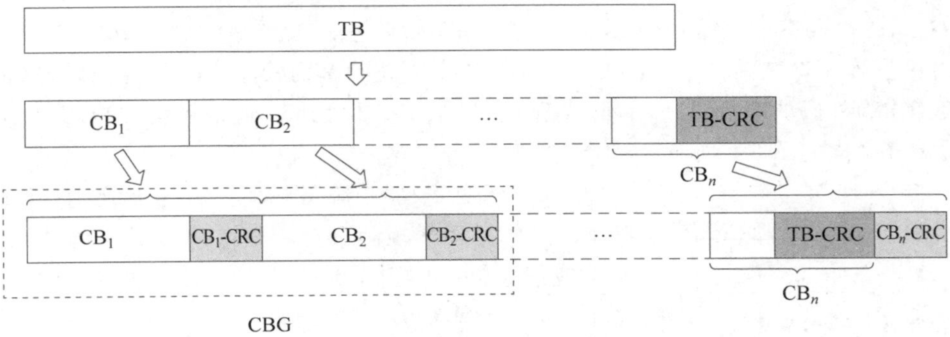

图 8-8 NR 码块分割与 CRC 添加过程

5G NR 的 LDPC 编码中添加的 CRC 长度,在保证 FAR 性能前提下,相对于传输块大小 TBS(Transport Block Size),CRC 越少,BLER 性能就越好。具体为:

(1) 添加 TB-CRC。

① 若 TBS>3824,TB-CRC 长度为 $L_{\text{TB-CRC}}=24$ 比特,生成多项式为

$$g_{\text{CRC24A}}(D)=D^{24}+D^{23}+D^{18}+D^{17}+D^{14}+D^{11}+D^{10}+D^{7}+D^{6}+D^{5}+D^{4}+D^{3}+D+1$$

② 若 TBS≤3824,TB-CRC 长度为 $L_{\text{TB-CRC}}=16$ 比特,生成多项式为

$$g_{\text{CRC16}}(D)=D^{16}+D^{12}+D^{5}+1$$

(2) 添加 CB-CRC。

若待编码序列长度 $K_{TB}=TBS+L_{TB\text{-}CRC}>8448$(对于 BG1),或者 $K_{TB}=\mathrm{TBS}+L_{TB\text{-}CRC}>3840$(对于 BG2),则需要将 TB 分段进行编码,每个码块添加的 CB-CRC 沿用 LTE 的长度为 $L_{CB\text{-}CRC}=24$ 比特的 CRC,其生成多项式为

$$g_{CRC24B}(D)=D^{24}+D^{23}+D^{6}+D^{5}+D+1$$

2. 码块分段

由于基矩阵 **BG1** 和 **BG2** 支持的信息长度和码率不同,相应的分段方案也有区别。当 $R>1/4$ 时,使用 **BG1** 进行码块分割;当 $R\leqslant 1/4$ 时,先按照最大信息长度为 3840 分段,再使用 **BG2** 编码。需要分段时,CB 数量为 $\lceil K_{TB}/(K_{CB}-L_{CB\text{-}CRC})\rceil$。码块分段得到的 CB 长度应尽量近似相等,而且编码时 TB 分段得到的所有 CB 采用相同的扩展因子 Z。

3. LDPC 编码

LDPC 码校验矩阵的设计是 5G eMBB 数据信道编码的最重要部分,采用了二元 QC-LDPC 码。作为结构化 LDPC 码的一种,如前所述,QC-LDPC 码的叠加构造方法需要设计基矩阵 $\boldsymbol{H}_b$、循环移位矩阵 $\boldsymbol{P}$ 和循环矩阵子矩阵 $\boldsymbol{Q}$。其中,基矩阵就是基模图构造法中的基图(Base Graph,BG)。BG 是整个 QC-LDPC 码设计的核心,它决定了 LDPC 码的宏观特性和整体性能。在 5G NR 中,为适应不同通信场景的需求,LDPC 码必须能够灵活地支持不同的码长和码率。同时,为提高通信可靠度,增量冗余 HARQ(IR-HARQ)也是 LDPC 码必须支持的一项特性。

3GPP 确定的 LDPC 码校验矩阵的基本结构是一种 Raptor-like 矩阵结构,即

$$\boldsymbol{H}=\begin{bmatrix}\boldsymbol{H}_{HR} & \boldsymbol{0}\\ \boldsymbol{H}_{IR} & \boldsymbol{I}\end{bmatrix}$$

其中,$\boldsymbol{H}_{HR}$ 为高码率的校验矩阵,$\boldsymbol{H}_{IR}$ 为在高码率矩阵基础上扩展的校验矩阵,$\boldsymbol{0}$ 为全零矩阵,$\boldsymbol{I}$ 为单位阵。这种结构的 LDPC 码,可以视为以高码率的校验矩阵作为内码,以扩展的校验矩阵作为外码的串行级联,从而实现 IR-HARQ。根据 5G 通信系统要求,最终 LDPC 码校验矩阵结构如图 8-9 所示。

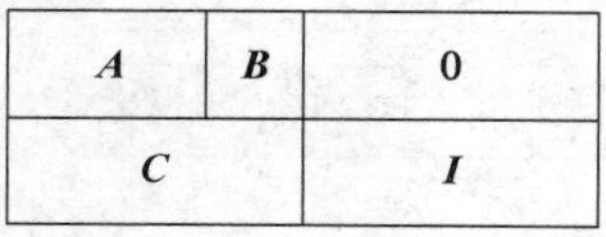

图 8-9 5G LDPC 码基矩阵结构示意图

由图 8-9 可见,校验矩阵由 5 个子矩阵构成,子矩阵 $\boldsymbol{A}$ 和子矩阵 $\boldsymbol{C}$ 是由循环子矩阵和全零矩阵组成的矩阵阵列,子矩阵 $\boldsymbol{A}$ 对应信息位;子矩阵 $\boldsymbol{B}$ 是具有双对角线结构的方阵,对应校验位;子矩阵 $\boldsymbol{0}$ 为全零矩阵;子矩阵 $\boldsymbol{I}$ 是单位矩阵。其中,$\boldsymbol{A}$ 和 $\boldsymbol{B}$ 对应 RL-LDPC 码中的核矩阵,对应一个高码率的 LDPC 码;$\boldsymbol{C}$、$\boldsymbol{0}$ 和 $\boldsymbol{I}$ 对应支持 IR-HARQ 的扩展冗余比特,是扩展部分,单位阵 $\boldsymbol{I}$ 实际上对应于度为 1 的单校验比特。这样的结构等价于一个高码率的 LDPC 码与许多个单校验码串行级联,随着扩展矩阵行列数的增加,可以得到码率任意低的 LDPC 码校验矩阵,从而可以支持 IR-HARQ 与灵活的编码码率。

根据这种结构,3GPP 确定了两个基本矩阵用于 5G LDPC 编码,分别是维度为 46×68 的 **BG1** 和维度为 42×52 的 **BG2**,如图 8-10 所示。

BG1 用于大信息块传输,支持的 CB 长度 $500\leqslant K\leqslant 8448$,码率 $1/3\leqslant R\leqslant 8/9$,是 eMBB 数据信道的主要编码方式;BG2 用于短信息块传输,支持的 CB 长度 $40\leqslant K\leqslant 2560$,码率

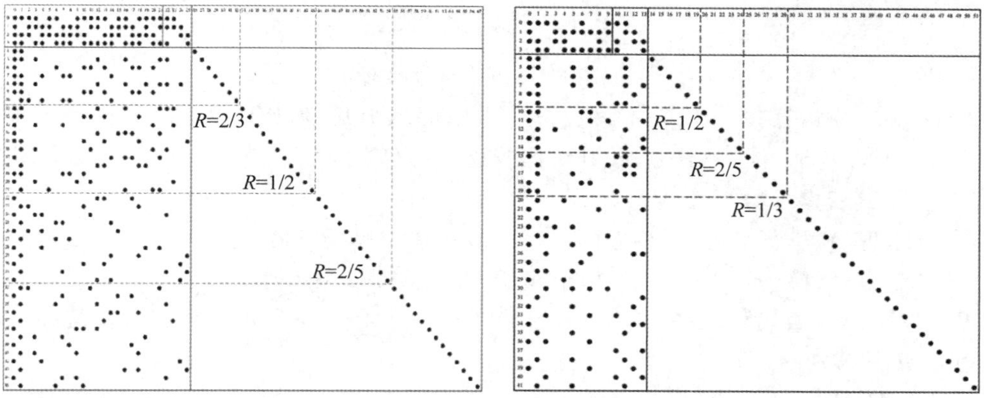

(a) BG1 (b) BG2

图 8-10 5G LDPC 码基矩阵散点图

$1/5 \leqslant R \leqslant 2/3$，是为 URLLC 的小包低码率场景而设计的，是 eMBB 场景的补充。在 5G NR 中根据传输块大小 TBS 和需要的码率 R 选择基矩阵的规则为：

(1) 如果 TBS≤292，或者(TBS≤3824)且($R \leqslant 2/3$)，或者 $R \leqslant 1/4$，则基矩阵选择 **BG2**；

(2) 其他情况都选择 **BG1**。

基矩阵中的非零元素对应于大小为 $Z \times Z$ 的单位矩阵，零元素对应大小为 $Z \times Z$ 的零矩阵，Z 为提升值，可以表示为 $Z = a \cdot 2^j$，其中，$a \in \{2,3,5,7,9,11,13,15\}$，$0 \leqslant j \leqslant 7$，得到 Z 如表 8-1 所示。

表 8-1 5G LDPC 码的提升值 Z

Z		j							
		0	1	2	3	4	5	6	7
a	2	2	4	8	16	32	64	128	256
	3	3	6	12	24	48	96	192	384
	5	5	10	20	40	80	160	320	
	7	7	14	28	56	112	224		
	9	9	18	36	72	144	288		
	11	11	22	44	88	176	352		
	13	13	26	52	104	208			
	15	15	30	60	120	240			

对于信息位长 K、码长 N、码率 $R = K/N$ 的 5G LDPC 码，校验矩阵 $\boldsymbol{H}$ 的构造过程如下：

(1) 根据 K 和 R，选择合适的 **BG** 并确定 k_b 值。

① 对于 BG1：$k_b = 22$；

② 对于 BG2：若 $K \geqslant 640$，则 $k_b = 10$；若 $56 < K < 640$，则 $k_b = 9$；若 $192 < K \leqslant 560$，则 $k_b = 8$；对于其他 K 值，$k_b = 6$。

(2) 由表 8-1 确定提升值 Z 的值，使其满足 $k_b \times Z \geqslant K$。

(3) 基于 Z 的值，由下式得到基矩阵的第(i,j)个元素的移位值 P_{ij}。

$$P_{ij}=\begin{cases}-1, & v_{ij}=-1\\ \mathrm{mod}(v_{ij},Z), & 其他\end{cases}$$

其中，mod 为取模运算，-1 代表不移位，v_{ij} 参数的取值见 3GPP TS38.212 协议中的“表 5.3.2-2：LPPC 基础图形 1（$\boldsymbol{H}_{\mathrm{BG}}$）及其奇偶校验矩阵（$V_{i,j}$）”和“表 5.3.2-3：LDPC 基础图形 2（$\boldsymbol{H}_{\mathrm{BG}}$）及其奇偶校验矩阵（$V_{i,j}$）”。

（4）对矩阵 $\boldsymbol{P}$ 进行扩展，用相应的 $Z\times Z$ 循环移位单位矩阵（$P_{ij}\neq-1$）或 $Z\times Z$ 的零矩阵（$P_{ij}=-1$）替换基矩阵中第（i,j）个元素，最终得到校验矩阵 $\boldsymbol{H}$。

根据校验矩阵 $\boldsymbol{H}$，就可以完成（N,K）LDPC 码的编码。编码可以采取直接编码等基于校验矩阵 $\boldsymbol{H}$ 的方法。

4. 速率匹配

为了支持灵活调度和提升系统吞吐量，LDPC 码需要支持多码率编码和 IR-HARQ。5G LDPC 码的速率匹配采用了 IR-HARQ 机制，采用 4 个 RV 版本，使用 RV 非均匀分布的循环缓冲器，速率匹配包括比特选取（bit selection）和比特交织（bit interleaving）两部分。

定义 Z 为 RV 起始位置的颗粒度，即 RV 起点是 Z 的整数倍。**BG1** 冗余版本的起始位置 $S_i=\{0,17,33,56\}\times Z$，**BG2** 冗余版本的起始位置 $S_i=\{0,13,25,43\}\times Z$。速率匹配方案如图 8-11 所示。

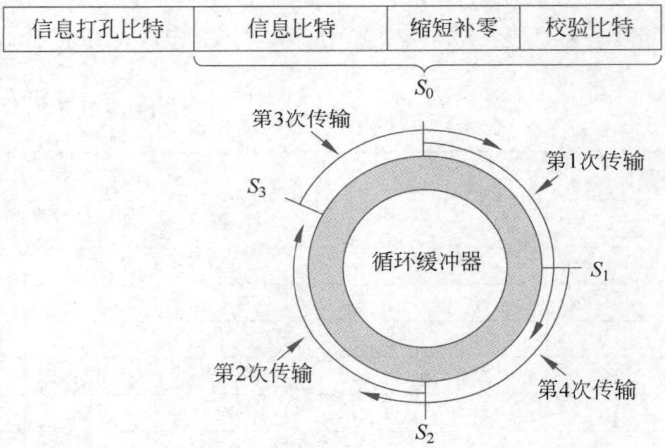

图 8-11　5G LDPC 码循环缓冲器示意图

编码块中除了前述的高列重内置打孔比特外，其他比特顺序填入循环缓冲器。根据指示的冗余版本确定起始传输位置，顺序发送编码比特，并跳过其中的填充比特。当发送到缓冲器末尾时，自动跳到信息比特起始位置继续发送，形成循环。需要说明的是，校验位的打孔是通过控制循环缓冲存储器的发送比特数量控制的，因此，针对不同基图，编码器会按照其基图所支持的最低码率进行编码，并将全部校验比特送入循环缓冲器中。

5. 码块内交织

对编码符号的交织是一种有效抵抗信号衰落和突发干扰的方式，信道交织器可以将突发错误转化为随机错误（即信道从相关衰落转化为独立衰落）。5G LDPC 码采用码块内比特交织、系统比特优先的分组交织器方案。交织器的行数为调制阶数，编码比特按照“行进列出”的方式通过交织器，如图 8-12 所示。

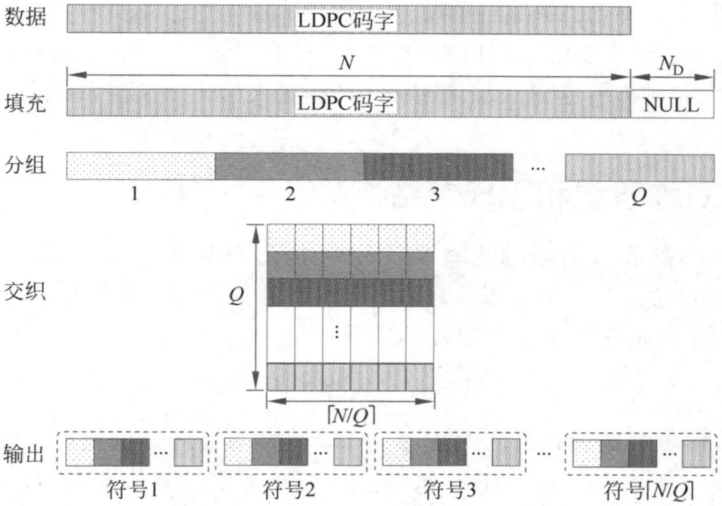

图 8-12 5G LDPC 码系统比特优先的分组交织器示意图

设数据总长度为 N，交织器的行数和列数分别为调制阶数 Q 和 $\lceil N/Q \rceil$，当 N 不能被 Q 整除时，需要进行置零处理，置零位的长度为 $N_D = \lceil N/Q \rceil \times C - N$，即在交织前在这 N_D 个位置填入 NULL 占位符，具体操作是当 $N_D \neq 0$ 时，用 N_D 个填充比特填充交织矩阵的最后一行的后 N_D 列。

由于信息比特位于编码比特序列的前端，因此这些信息比特被写入交织器的上面几行，输出时交织器的每一列比特对应一个 OFDM 符号，信息比特就映射到调制符号的 MSB (Most Significant Bit)位。该交织器与高阶调制相结合，使得信息比特受到保护，促进 NR 系统实现高吞吐量。

5G NR 传输信道 LDPC 码的更多细节参见 3GPP TS38.212 技术规范。

8.2 Polar 码

2008 年，土耳其毕尔肯大学的 Erdal Arikan 教授首次提出了信道极化的概念，并提出了迄今为止第一种能够被严格证明达到信道容量的信道编码方法，即 Polar(极化)码。Polar 码的构造思想是通过信道极化，即对信道进行信道合并和信道分裂，使各子信道呈现出不同的可靠性，极化后子信道的转移概率趋于两个完全相反的极端：其中一部分子信道趋于转移概率接近 1 的完美信道；而另一部分子信道的转移概率会趋于 0，为无效信道。如果选择在完美信道上发送信息比特，而在无效信道上发送冻结比特，则可以在理论上达到香农极限。与此同时，Polar 码还具有编译码算法复杂度低、误码率低的优点。Polar 码提出以后，因其能够在理论上达到信道容量，相关领域的学者开始大量研究 Polar 码，并且发表了大量文献。研究表明，当 Polar 码的码长趋于无穷大时，它可以达到信道容量。

Polar 码有很多构造方法，只要选择合适的子信道，就能构造生成矩阵。2009 年，Mori 和 Tanaka 在他们共同发表的论文 *Polar Codes: Characterization of Exponent, Bounds, and Constructions* 中对之前提出的各种构造方法进行了比较，从而提出了更加行之有效的 Polar 码构造方法。与此同时，越来越多的研究者对 Polar 码感兴趣，Polar 码的应用实例也越来越多,在实际生活中已经有了它的踪迹。

目前为止,Polar 码在多种不同信道中的应用已有很多实验实现。Polar 码已经成功在二进制对称信道、非对称信道、非二进制信道、多址接入信道、混合信道、高斯信道和瑞利信道中进行仿真。

8.2.1 对称容量和巴氏参数

令 $W: X \to Y$ 表示二进制输入离散无记忆信道(Binary-input Discrete Memoryless Channel,B-DMC),输入符号集为 $X=\{0,1\}$,输出符号集 $Y \in \mathbf{R}$,$\mathbf{R}$ 为实数域。Polar 码的编码构造在 GF(2)上。由信道理论可知,信道的平均互信息为

$$I(X;Y)=\sum_{x}\sum_{y}p(xy)\log[p(y\mid x)/p(y)] \tag{8-10}$$

令 B-DMC 信道 W 的转移概率为 $W(y|x)$,其中 $x\in X, y\in Y$,当信道输入 X 为均匀分布,即 $p(x=0)=p(x=1)=0.5$ 时,由式(8-10)可知,其平均互信息 $I(W)$ 为

$$I(W)=\sum_{x\in X}\sum_{y\in Y}\frac{1}{2}W(y\mid x)\log\frac{2W(y\mid x)}{W(y\mid 0)+W(y\mid 1)}$$

当 B-DMC 信道 W 为对称信道时,其信道容量(也称为对称容量)$C(W)=I(W)$。$C(W)=1$ 的信道为无噪信道,可以无差错传输信息;而 $C(W)=0$ 的信道为纯噪(无用)信道,无法传输任何信息。

Arikan 引入了巴氏参数的概念来衡量信道的可靠性。定义巴氏参数 $Z(W)$为当在信道 W 上传输 1 比特信息时,使用最大似然译码算法进行译码的最大错误概率。巴氏参数定义为

$$Z(W)=\sum_{y\in Y}\sqrt{W(y\mid 0)W(y\mid 1)}$$

可知,$0\leqslant Z(W)\leqslant 1$。巴氏参数 $Z(W)$越大的信道越能进行可靠的信息传输。巴氏参数还可以用来确定信道容量的范围。

定理 8.1 对于任意 B-DMC 信道 W,对称容量 $C(W)$和巴氏参数 $Z(W)$之间的关系为

$$\log_2\frac{2}{1+Z(W)}\leqslant C(W)\leqslant\sqrt{1-Z(W)^2} \tag{8-11}$$

可见,当 $Z(W)$趋于 0 时,$C(W)$趋于 1;当 $Z(W)$趋于 1 时,$C(W)$趋于 0。

信道 W 经过 N 次复用后的信道表示为 $W^N: X^N \to Y^N$,其转移概率为

$$W^N(\boldsymbol{y}_1^N\mid \boldsymbol{x}_1^N)=\prod_{i=1}^{N}W(y\mid x) \tag{8-12}$$

其中,$\boldsymbol{y}_1^N$ 表示矢量$(y_1,y_2,\cdots,y_N)$。

8.2.2 信道极化

Polar 码的核心思想就是信道极化。通过信道极化,将原始信道转换为一系列的子信道,其中,"好"的子信道拥有较低的错误率,而"坏"的子信道则具有较高的错误率。这样在编码时,只需将信息位发送到"好"的子信道,而避开"坏"的子信道,就能够显著降低传输误码率,提升传输可靠性。信道极化过程包括信道合并(channel combining)和信道分裂(channel splitting),原始 B-DMC 信道 W 通过信道合并得到矢量信道 $W_N: U^N \to Y^N$,W_N

通过信道分裂得到极化子信道 $W_N^{(i)}$。

1. $N=2$ 时的信道极化过程

1）信道合并

信道合并指按照一定的规则，通过递归的方式将 N 个独立同分布的 B-DMC 信道 W 进行合并，得到一个矢量信道 $W_N: U^N \to Y^N$ 的过程，其中 N 为非负整数。如图 8-13 所示为 $N=2$ 时，两个相互独立的 W 合并为矢量信道 $W_2: U^2 \to Y^2$ 的过程。

其中，$x_1=u_1 \oplus u_2$，$x_2=u_2$，$\oplus$表示模 2 加法，即 GF(2) 上的加法。u_1 和 u_2 为信道 W_2 的两个输入符号，即信源序列；x_1 和 x_2 为 u_1 和 u_2 的编码码字比特，信道 $W(y_1|x_1)$ 和 $W(y_2|x_2)$ 分别用来传输码字比特 x_1 和 x_2；y_1 和 y_2 为信道 W_2 的两个输出符号，即接收信号。

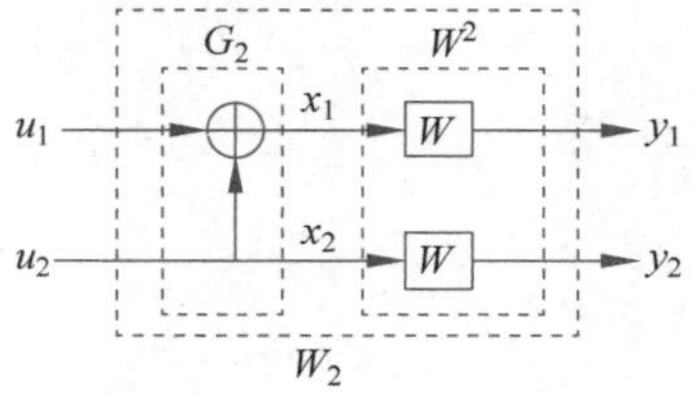

图 8-13 矢量信道 W_2

由图 8-13 可知，输入符号 u_i（即信道 W_2 的输入）和码字比特 x_i（即信道 W^2 的输入）之间的关系可以用生成矩阵 $\boldsymbol{G}_2$ 表示为 $\boldsymbol{x}_1^2=\boldsymbol{u}_1^2 G_2$，其中

$$\boldsymbol{G}_2=\begin{bmatrix}1 & 0\\ 1 & 1\end{bmatrix}$$

其中，用$\boldsymbol{\alpha}_1^N$ 的形式表示矢量$(\alpha_1,\alpha_2,\cdots,\alpha_N)$。

矢量信道 W_2 的转移概率为

$$W_2(\boldsymbol{y}_1^2 \mid \boldsymbol{u}_1^2)=W_2(y_1,y_2 \mid u_1,u_2)=W_2(y_1,y_2 \mid x_1,x_2)=W(y_1 \mid u_1 \oplus u_2)W(y_2 \mid u_2) \tag{8-13}$$

2）信道分裂

对接收信号译码的过程就是从接收信号 Y^N 中译码出输入信号 U^N 的过程，各输入符号 u_i 在传输中经过的虚拟子信道可以通过信道分裂得到。信道分裂的过程就是将矢量信道 W_N 分解为 N 个极化子信道（比特信道）$W_N^{(i)}: U \to Y^N \times U^{i-1}$，$1 \leqslant i \leqslant N$，它们的转移概率为

$$W_N^{(i)}(\boldsymbol{y}_1^N,\boldsymbol{u}_1^{i-1} \mid u_i)=\sum_{\boldsymbol{u}_{i+1}^N}\frac{1}{2^{N-1}}W_N(\boldsymbol{y}_1^N \mid \boldsymbol{u}_1^N)$$

其中，u_i 为 $W_N^{(i)}$ 的输入，$(\boldsymbol{y}_1^N,\boldsymbol{u}_1^{i-1})$为 $W_N^{(i)}$ 的输出。

Arikan 给出了信道分裂的一个直观理解：对输入符号 u_i 进行译码估计，就是已知输出 $\boldsymbol{y}_1^N$ 和过去的 $i-1$ 个输入符号 $\boldsymbol{u}_1^{i-1}$ 的情况下确定 u_i，也就是认为 u_i 经过的极化子信道的输入为 u_i，输出为 $\boldsymbol{y}_1^N$ 和 $\boldsymbol{u}_1^{i-1}$，即 $W_N^{(i)}: U \to Y^N \times U^{i-1}$，$1 \leqslant i \leqslant N$。信道分裂的示意图如图 8-14 所示。

如 W_2 信道分裂为两个比特信道 $W_2^{(1)}: U \to Y^2$ 和 $W_2^{(2)}: U \to Y^2 \times U$，它们是 u_1 和 u_2 分别经历的极化子信道。传输 u_1 的比特信道 $W_2^{(1)}(\boldsymbol{y}_1^2|u_1)$的转移概率为

$$W_2^{(1)}(\boldsymbol{y}_1^2 \mid u_1)=\frac{1}{2}\sum_{u_2}W(y_1 \mid u_1 \oplus u_2)W(y_2 \mid u_2) \tag{8-14}$$

传输 u_2 的比特信道 $W_2^{(2)}(\boldsymbol{y}_1^2,u_1|u_2)$的转移概率为

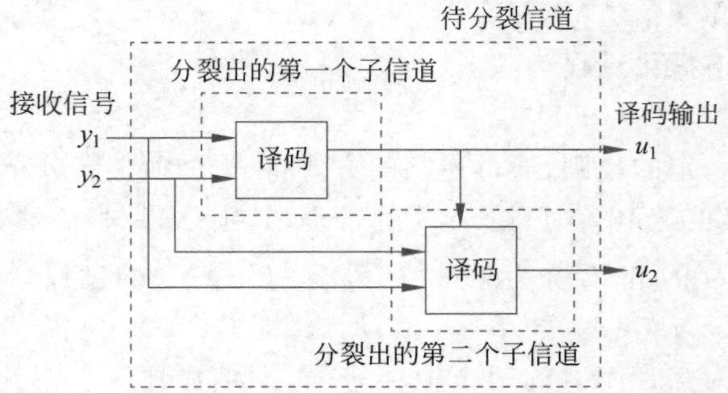

图 8-14 信道分裂示意图

$$W_2^{(2)}(\boldsymbol{y}_1^2, u_1 \mid u_2) = \frac{1}{2}W(y_1 \mid u_1 \oplus u_2)W(y_1 \mid u_2) \tag{8-15}$$

对于删除概率为 ε 的 BEC 信道 W，经过信道合并和分裂得到的极化子信道（比特信道）的信道容量 $C(W_N^{(i)})$ 可以迭代计算如下

$$\begin{cases} C(W_N^{(2i-1)}) = C(W_{N/2}^{(i)})^2 \\ C(W_N^{(2i)}) = 2C(W_{N/2}^{(i)}) - C(W_{N/2}^{(i)})^2 \end{cases} \tag{8-16}$$

其中，$C(W_1^{(1)}) = 1-\varepsilon$。

由式(8-16)可以得到，对于 $\varepsilon = 0.5$ 的 BEC 信道 W，当 $N=2$ 时两个极化子信道 $W_2^{(1)}$ 和 $W_2^{(2)}$ 的信道容量为

$$C(W_2^{(1)}) = (1-\varepsilon)^2 = 0.25$$

$$C(W_2^{(2)}) = 2(1-\varepsilon) - (1-\varepsilon)^2 = 0.75$$

由此可见，与原信道 W 的信道容量 $C(W)=0.5$ 相比，两个极化子信道的信道容量一个变好，另一个变差，出现了极化的趋势。随着 N 的增大，极化趋势将不断增强，将会出现两类极端信道。需要注意的是，经过信道极化，子信道容量的总和保持不变，$C(W_N) = \sum_{i=1}^{N} C(W_N^{(i)})$，没有发生容量损失。

2. $N=2^n$ 时的信道极化过程

1) 信道合并

长度为 $N=2^n$ 的 Polar 码是 $N=2$ 的 Polar 码的扩展。当 $n=2$ 时，$N=4$，信道 $W_4: U^4 \to Y^4$ 是由两个完全相同的 W_2 信道组合而成，长度为 4 的 Polar 码的极化过程如图 8-15 所示。

由图 8-15 可见，其输入符号 u_i 和码字比特 x_i 之间的关系可以表示为 $\boldsymbol{x}_1^4 = \boldsymbol{u}_1^4 \boldsymbol{G}_4$，其中 $\boldsymbol{G}_4$ 为生成矩阵

$$\boldsymbol{G}_4 = \begin{bmatrix} 1 & 0 & 0 & 0 \\ 1 & 1 & 0 & 0 \\ 1 & 0 & 1 & 0 \\ 1 & 1 & 1 & 1 \end{bmatrix} = \boldsymbol{G}_2 \otimes \boldsymbol{G}_2$$

其中，$\otimes$ 表示 Kronecker 积。这个结论可以推广到长度为 $N=2^n$ 的 Polar 码。定义 Arikan

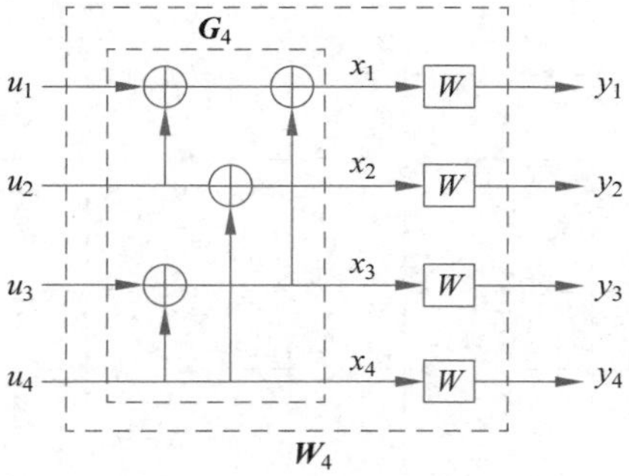

图 8-15 信道 W_4

核 $\boldsymbol{F}$ 表示 $\boldsymbol{G}_2$，即

$$\boldsymbol{F}=\begin{bmatrix}1&0\\1&1\end{bmatrix}$$

则通过信道合并得到的 $N=2^n$ 的矢量信道 $W_N: U^N \to Y^N$ 中输入符号 u_i 和码字比特 x_i 之间的关系可以表示为 $\boldsymbol{x}_1^N=\boldsymbol{u}_1^N\boldsymbol{G}_N$，其中生成矩阵 $\boldsymbol{G}_N=\boldsymbol{F}^{\otimes n}$。这里，Kronecker 幂的计算为 $\boldsymbol{F}^{\otimes n}=\boldsymbol{F}\otimes\boldsymbol{F}^{\otimes(n-1)}, n\geqslant 1$，且有 $\boldsymbol{F}^{\otimes 0}=[1]$。

在实际应用中，为了译码方便，输入符号的编码过程通常采用奇偶分离的形式，如图 8-16 所示。

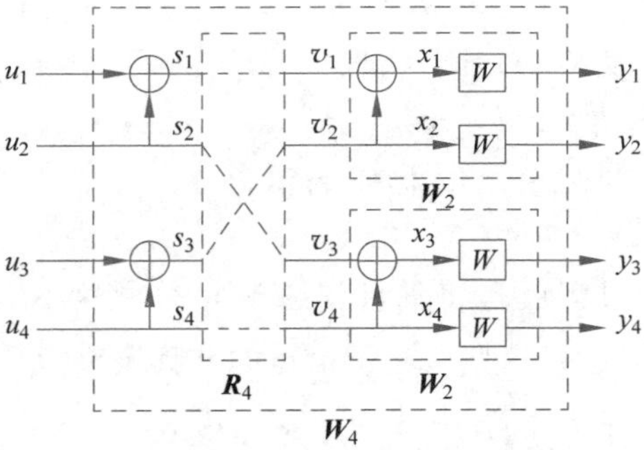

图 8-16 信道 W_4 的奇偶分离构造

如图 8-16 所示的信道 W_4 的奇偶分离构造过程中，增加了一个置换操作 R_4，通过置换，输入的奇数位置数据进入上面一个合并信道 W_2，而偶数位置的数据进入下面一个合并信道 W_2。这样 W_4 的信道转移概率为

$$W_4(\boldsymbol{y}_1^4 \mid \boldsymbol{u}_1^4)=W_2(\boldsymbol{y}_1^2 \mid u_1\oplus u_2, u_3\oplus u_4)W_2(\boldsymbol{y}_3^4 \mid u_2, u_4)=W^4(\boldsymbol{y}_1^4 \mid \boldsymbol{u}_1^4\boldsymbol{G}_4)$$

生成矩阵 $\boldsymbol{G}_4$ 变为

$$\boldsymbol{G}_4=\begin{bmatrix}1&0&0&0\\1&0&1&0\\1&1&0&0\\1&1&1&1\end{bmatrix},\quad \boldsymbol{x}_1^4=\boldsymbol{u}_1^4\boldsymbol{G}_4 \tag{8-17}$$

推广到 $N=2^n$ 的 Polar 码，信道 W_N 的构造如图 8-17 所示。

有 $\boldsymbol{x}_1^N=\boldsymbol{u}_1^N\boldsymbol{G}_N$，其中 $\boldsymbol{G}_N$ 为长度为 N 的 Polar 码的生成矩阵。经过矩阵变换，可以将

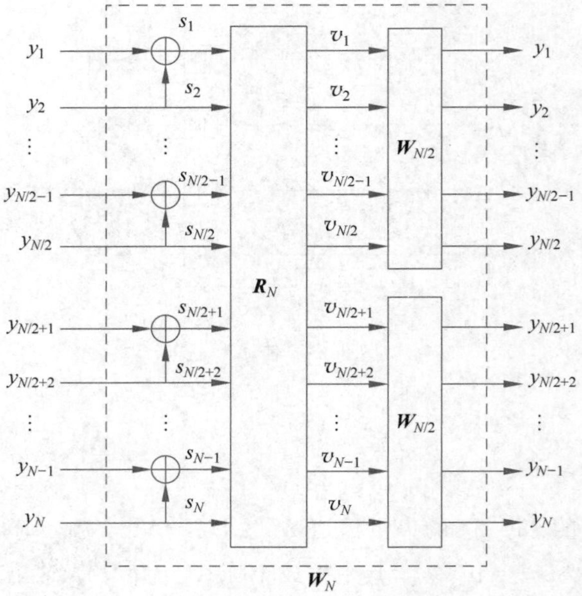

图 8-17　信道 W_N 的奇偶分离构造

$\boldsymbol{G}_N$ 表示为

$$\boldsymbol{G}_N = \boldsymbol{B}_N \cdot \boldsymbol{F}^{\otimes n}, \quad N = 2^n \tag{8-18}$$

其中，$\boldsymbol{B}_N = R_N(\boldsymbol{I}_2 \otimes \boldsymbol{B}_{N/2})$为置换矩阵，实现比特反序。其中，$R_N$ 为反向混合运算（reverse shuffle operation），它将 s_1^N 奇偶分离变为$\boldsymbol{v}_1^N=(s_1,s_3,\cdots,s_{N-1},s_2,s_4,\cdots,s_N)$，成为图 8-17 中两个 $W_{N/2}$ 信道的输入，$\boldsymbol{I}_2$ 为二阶单位矩阵，且 $\boldsymbol{B}_2 = \boldsymbol{I}_2$。

2）信道分裂

$N=2^n$ 时的信道分裂过程就是将矢量信道 W_N 分解为 N 个极化子信道（比特信道）$W_N^{(i)}: U \to Y^N \times U^{i-1}, 1 \leqslant i \leqslant N$，这些极化子信道的转移概率为

$$W_N^{(i)}(\boldsymbol{y}_1^N, \boldsymbol{u}_1^{i-1} \mid u_i) = \sum_{u_{i+1}^N} \frac{1}{2^{N-1}} W_N(\boldsymbol{y}_1^N \mid \boldsymbol{u}_1^N)$$

其中，u_i 为 $W_N^{(i)}$ 的输入，$(\boldsymbol{y}_1^N, \boldsymbol{u}_1^{i-1})$为 $W_N^{(i)}$ 的输出。注意，信道分裂的过程是无损的，即有

$$C(W_N) = \sum_{i=1}^{N} C(W_N^{(i)})$$

由式(8-16)可以得到，对于 $\varepsilon=0.5$ 的 BEC 信道 W，当 $N=4$ 时各极化子信道的信道容量为

$$C(W_4^{(1)}) = C(W_2^{(1)})^2 = 0.0625$$
$$C(W_4^{(2)}) = 2C(W_2^{(1)})^2 - C(W_2^{(1)})^2 = 0.4375$$
$$C(W_4^{(3)}) = C(W_2^{(2)})^2 = 0.5625$$
$$C(W_4^{(4)}) = 2C(W_2^{(2)})^2 - C(W_2^{(2)})^2 = 0.9375$$

可见，与前面 $N=2$ 的极化子信道容量相比，$N=4$ 时各极化子信道的信道容量进一步

分化，出现了更好的($C(W_4^{(4)})$)和更差的($C(W_4^{(1)})$)信道。这种极化趋势随着 N 的增大将不断增强，将会出现两类极端信道。图 8-18 为 $N=1024$ 时的极化子信道容量结果仿真，可以看到，出现了大量信道容量趋于 0 和趋于 1 的极化子信道。

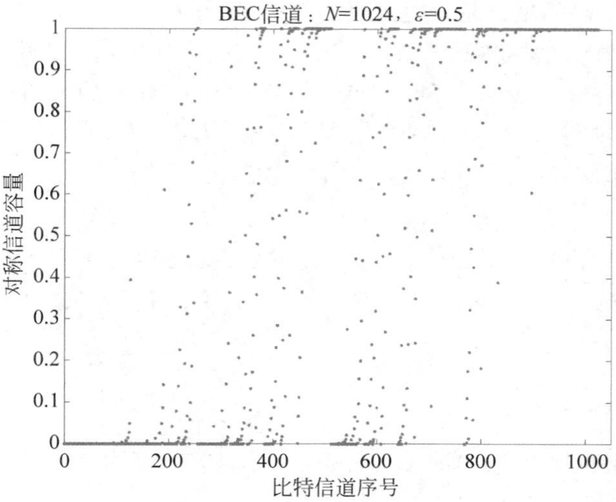

图 8-18 $\varepsilon=0.5$ 的 BEC 信道 $N=1024$ 极化后的极化子信道容量

信道极化定理：对任意的**二进制输入离散无记忆信道** W 与任意的 $\delta\in(0,1)$，当 N 以 2 的幂次趋近于无穷大时，在比特信道 $W_N^{(i)}$ 中，满足 $C(W_N^{(i)})\in(1-\delta,1]$ 的信道数占总信道数 N 的比例趋近于 $C(W)$；满足 $C(W_N^{(i)})\in(0,\delta]$ 的信道数占总信道数 N 的比例趋近于 $1-C(W)$。

当码长 $N\to\infty$ 时，信道容量趋于 1 的分裂信道比例约为 $K=N\times C(W)$，这部分是用来传输信息比特的信道数量，而信道容量趋于 0 的分裂信道比例约为 $N\times(1-C(W))$，这部分表示冻结比特的信道数量。对于信道容量为 1 的可靠信道，可以直接放置信息比特而不采用任何编码，相当于编码速率 $R=1$；而对于信道容量为 0 的不可靠信道，可以放置发送端和接收端都事先已知的冻结比特，相当于编码速率 $R=0$。那么当码长 $N\to\infty$ 时，Polar 码的可达编码速率

$$R=\frac{K}{N}=\frac{N\times C(W)}{N}=C(W)$$

即在理论上可以证明，Polar 码是可以达到信道容量的。

8.2.3 Polar 码的编码

由信道极化理论可知，经过极化后子信道的信道容量会向 0 和 1 两个方向发生“极化”。利用比特信道的这种极化现象，我们可以只在好的比特信道($C(W_N^{(i)})\to 1$)上发送有效信息(数据比特)，而在坏的比特信道($C(W_N^{(i)})\to 0$)上发送事先约定好的冗余信息(冻结比特)，冻结比特全为 0 或者全为 1，从而实现有效信息的可靠传输，这就是 Polar 码的编码思想。因此，如何选择最可靠的比特信道传输信息，是 Polar 码编码的关键。

码长为 $N=2^n$ 的 Polar 码的输入符号 $\boldsymbol{u}_1^N$ 和码字比特 $\boldsymbol{x}_1^N$ 之间的关系可以表示为二元线性分组码的编码形式

$$x_1^N = u_1^N G_N \tag{8-19}$$

其中，$\boldsymbol{u}_1^N=(u_1,u_2,\cdots,u_N)$为信息序列，$\boldsymbol{x}_1^N=(x_1,x_2,\cdots,x_N)$为编码后的码字，$\boldsymbol{G}_N$ 为 $N\times N$ 的生成矩阵。由于要选择部分比特信道传输数据比特，而余下的部分比特信道传输冻结比特，所以 Polar 码的编码是以陪集码的形式进行的。

对于一个(N,K)线性分组码，令 $L=\{1,2,\cdots,N\}$为比特信道索引集合，A 为索引集合 L 的一个子集，$|A|=K$，选取集合 A 的元素值对应的 $\boldsymbol{G}_N$ 的 K 行行矢量构成子矩阵 $\boldsymbol{G}_N(A)$，用来对长度为 K 的有效信息进行编码；$\boldsymbol{G}_N$ 中除去 $\boldsymbol{G}_N(A)$后剩下的行构成子矩阵 $\boldsymbol{G}_N(A^C)$，用来对冗余信息进行编码，其中，$A^C=L\backslash A$ 为 A 的补集，则式(8-19)可以写成

$$\boldsymbol{x}_1^N=\boldsymbol{u}_1^N\boldsymbol{G}_N=u_A\boldsymbol{G}_N(A)\oplus u_{A^C}\boldsymbol{G}_N(A^C)$$

通常我们固定集合 A 和冻结比特 u_{A^C}，把需要传送的信息序列作为 u_A，就可以得到参数为(N,K,A,u_{A^C})的 $\boldsymbol{G}_N$ 陪集码。例如，对于 $N=4$ 的 Polar 码，从式(8-17)得到 $\boldsymbol{G}_4$，则由$(4,2,\{3,4\},(0,0))$确定的码字为

$$\boldsymbol{x}_1^4=\boldsymbol{u}_1^4\boldsymbol{G}_4=(u_3,u_4)\begin{bmatrix}1&1&0&0\\1&1&1&1\end{bmatrix}+(0,0)\begin{bmatrix}1&0&0&0\\1&0&1&0\end{bmatrix}$$

当需要传送的信息序列$(u_3,u_4)=(1,1)$时，对应的码字为 $\boldsymbol{x}_1^4=(0,0,1,1)$。实际使用中，冻结比特 u_{A^C} 通常被置为全 0。

下面的例题展示了 Polar 码的编码过程。

例 8.2 在一个 $\varepsilon=0.5$ 的 BEC 信道中以 $N=8$ 的 Polar 码传输信息序列(1,1,1,1)。

解：

(1) 极化子信道的选择。

用来传输有效信息的极化子信道的选择是通过对各比特信道进行可靠性估计得到的。当 $N=8$ 时，由式(8-16)可以计算出各极化子信道的信道容量分别为

$$C(W_8^{(1)})=0.0039,\quad C(W_8^{(2)})=0.1211,\quad C(W_8^{(3)})=0.1914,\quad C(W_8^{(4)})=0.6836,$$
$$C(W_8^{(5)})=0.3164,\quad C(W_8^{(6)})=0.8086,\quad C(W_8^{(7)})=0.8789,\quad C(W_8^{(8)})=0.9961$$

将这些信道容量排序，选择其中 4 个最大信道容量的子信道组成信息比特序号集 $A=\{4,6,7,8\}$，则冻结比特的序号集为 $A^c=\{1,2,3,5\}$。

当待传输的信息序列为(1,1,1,1)时，将所有冻结比特设置为 0，则可以得到

$$\boldsymbol{u}_1^8=(0,0,0,1,0,1,1,1)$$

(2) 构造生成矩阵。

由 $\boldsymbol{B}_N=R_N(\boldsymbol{I}_2\otimes\boldsymbol{B}_{N/2})$，有

$$\begin{aligned}\boldsymbol{B}_8&=R_8(\boldsymbol{I}_2\otimes\boldsymbol{B}_4)\\&=R_8(\boldsymbol{I}_2\otimes(R_4(\boldsymbol{I}_2\otimes\boldsymbol{B}_2)))\end{aligned}$$

又

$$\boldsymbol{B}_2=\begin{bmatrix}1&0\\0&1\end{bmatrix}$$

$$\boldsymbol{I}_2\otimes\boldsymbol{B}_2=\begin{bmatrix}1&0&0&0\\0&1&0&0\\0&0&1&0\\0&0&0&1\end{bmatrix}$$

$$\boldsymbol{B}_4=R_4(\boldsymbol{I}_2\otimes\boldsymbol{B}_2)=\begin{bmatrix}1&0&0&0\\0&0&1&0\\0&1&0&0\\0&0&0&1\end{bmatrix}\begin{bmatrix}1&0&0&0\\0&1&0&0\\0&0&1&0\\0&0&0&1\end{bmatrix}=\begin{bmatrix}1&0&0&0\\0&0&1&0\\0&1&0&0\\0&0&0&1\end{bmatrix}$$

又

$$\boldsymbol{I}_2\otimes\boldsymbol{B}_4=\begin{bmatrix}1&0&0&0&0&0&0&0\\0&0&1&0&0&0&0&0\\0&1&0&0&0&0&0&0\\0&0&0&1&0&0&0&0\\0&0&0&0&1&0&0&0\\0&0&0&0&0&0&1&0\\0&0&0&0&0&1&0&0\\0&0&0&0&0&0&0&1\end{bmatrix}$$

$$\boldsymbol{B}_8=R_8(\boldsymbol{I}_2\otimes\boldsymbol{B}_4)=\begin{bmatrix}1&0&0&0&0&0&0&0\\0&0&0&0&1&0&0&0\\0&1&0&0&0&0&0&0\\0&0&0&0&0&1&0&0\\0&0&1&0&0&0&0&0\\0&0&0&0&0&0&1&0\\0&0&0&1&0&0&0&0\\0&0&0&0&0&0&0&1\end{bmatrix}\begin{bmatrix}1&0&0&0&0&0&0&0\\0&0&1&0&0&0&0&0\\0&1&0&0&0&0&0&0\\0&0&0&1&0&0&0&0\\0&0&0&0&1&0&0&0\\0&0&0&0&0&0&1&0\\0&0&0&0&0&1&0&0\\0&0&0&0&0&0&0&1\end{bmatrix}$$

$$=\begin{bmatrix}1&0&0&0&0&0&0&0\\0&0&0&0&1&0&0&0\\0&0&1&0&0&0&0&0\\0&0&0&0&0&0&1&0\\0&1&0&0&0&0&0&0\\0&0&0&0&0&1&0&0\\0&0&0&1&0&0&0&0\\0&0&0&0&0&0&0&1\end{bmatrix}$$

又有

$$\boldsymbol{F}^{\otimes 3}=\boldsymbol{F}\otimes\boldsymbol{F}^{\otimes 2}=\boldsymbol{F}\otimes(\boldsymbol{F}\otimes\boldsymbol{F}^{\otimes 1})$$

$$\boldsymbol{F}^{\otimes 1}=\boldsymbol{F}=\begin{bmatrix}1&0\\1&1\end{bmatrix}$$

$$\boldsymbol{F}^{\otimes 3}=\begin{bmatrix}1&0\\1&1\end{bmatrix}\otimes\begin{bmatrix}1&0\\1&1\end{bmatrix}\otimes\begin{bmatrix}1&0\\1&1\end{bmatrix}=\begin{bmatrix}1&0&0&0&0&0&0&0\\1&1&0&0&0&0&0&0\\1&0&1&0&0&0&0&0\\1&1&1&1&0&0&0&0\\1&0&0&0&1&0&0&0\\1&1&0&0&1&1&0&0\\1&0&1&0&1&0&1&0\\1&1&1&1&1&1&1&1\end{bmatrix}$$

由式(8-18)求得生成矩阵

$$G_8 = B_8 F^{\otimes 3} = \begin{bmatrix} 1 & 0 & 0 & 0 & 0 & 0 & 0 & 0 \\ 1 & 0 & 0 & 0 & 0 & 0 & 0 & 0 \\ 1 & 0 & 0 & 0 & 1 & 0 & 0 & 0 \\ 1 & 0 & 1 & 0 & 0 & 0 & 0 & 0 \\ 1 & 0 & 1 & 0 & 1 & 0 & 1 & 0 \\ 1 & 1 & 0 & 0 & 1 & 1 & 0 & 0 \\ 1 & 1 & 1 & 1 & 0 & 0 & 0 & 0 \\ 1 & 1 & 1 & 1 & 1 & 1 & 1 & 1 \end{bmatrix}$$

(3) 得到 Polar 码

$$x_1^8 = u_1^8 G_8 = [0 \quad 1 \quad 1 \quad 0 \quad 1 \quad 0 \quad 0 \quad 1]$$

8.2.4 Polar 码的构造

由例题可见,Polar 码的构造过程的关键在于传输子信道的选择,即信息集合 A 的选取。由于信道极化使得各子信道的可靠性产生了差异,因此选择信息集合 A 就是要选择那些最可靠的子信道序号。通常通过计算比特信道的信道参数如对称信道容量、巴氏参数等,然后对信道参数进行排序,选取可靠度最高的 K 个比特信道序号作为信息集合 A。常用的 Polar 码构造方法有巴氏参数构造法、蒙特卡罗构造法、密度进化构造法、高斯近似构造法等。

1. 巴氏参数构造法

巴氏参数构造法是 Arikan 提出的适用于 BEC 信道的 Polar 码构造方法。

Arikan 引入了巴氏参数的概念来衡量信道的可靠性。二进制输入离散无记忆信道(B-DMC)的比特信道的巴氏参数定义如下:

$$Z(W_N^{(i)}) = \sum_{y_1^N \in Y^N} \sum_{u_1^{i-1} \in x^{i-1}} \sqrt{W_N^{(i)}(y_1^N, u_1^{i-1} \mid 0) W_N^{(i)}(y_1^N, u_1^{i-1} \mid 1)} \tag{8-20}$$

$Z(W_N^{(i)})$越小,表明该信道越可靠;$Z(W_N^{(i)})$越大,表明该信道越不可靠。巴氏参数与对称信道容量的关系如式(8-20)所示。对于删除概率为 ε 的 BEC 信道,其比特信道的巴氏参数可以递推计算如下

$$Z(W_N^{(2i-1)}) = 2Z(W_{N/2}^{(i)}) - Z(W_{N/2}^{(i)})^2$$

$$Z(W_N^{(2i)}) = Z(W_{N/2}^{(i)})^2$$

其中,初始值 $Z(W_1^{(1)}) = \varepsilon$。而且在 BEC 信道上有 $C(W_N^{(i)}) = 1 - Z(W_N^{(i)})$。

Polar 码的巴氏参数构造法就是计算出极化后各比特信道的巴氏参数,根据它们对比特信道进行可靠性排序,选择巴氏参数最小的 K 个比特信道的序号构成信息集合 A。

Polar 码的巴氏参数构造法仅适用于 BEC,在实际运用中,除 BEC 信道外的其他信道无法精确计算巴氏参数,只能将它们近似为 BEC 信道再进行计算,这样难以得到最优的 Polar 码构造方案。

2. 蒙特卡罗构造法

对于一般信道,Arikan 提出了 Polar 码的蒙特卡罗构造法。该方法在给定信道上进行

蒙特卡罗仿真，不断发送全零 Polar 码，接收端在译码每一个信息比特时，会假设前面所有的信息比特都已被正确译码。统计多次译码结果，得到每个比特位的平均错误概率，它就表示了这个比特信道的可靠度。最后，根据平均错误概率的排序选择可靠度高的 K 个比特信道的序号构成信息集合 A。

蒙特卡罗构造法在仿真次数足够多时可以得到较高的构造精确度，其计算代价较高，而且受信道条件的变化影响较大。

3. 高斯近似构造法

比特信道的译码错误概率是信道可靠性估计的参数之一。在 LDPC 码的译码过程中，变量节点的错误概率可以通过因子图上 LLR 消息的概率密度进化而计算得到，因此 Mori 等提出的密度进化法可被用于 B-DMC 的 Polar 码构造。通过密度进化的方法估计错误概率 $P(A_i)$，然后选择使错误概率 $\sum P(A_i)$ 最小化的比特信道序号构成信息集合 A。在此基础上，Trifonov 为进一步降低计算复杂度，提出了在 AWGN 信道上效果较好的高斯近似构造法。高斯近似构造法假设在 AWGN 信道条件下发送全零码字，在 SC 译码过程中，计算各节点的比特对数似然比(LLR)，它是服从一致高斯分布的随机变量，满足方差为均值的 2 倍的条件。在 SC 译码过程中，迭代计算信息比特端的 LLR 的期望，它与误码率(Bit Error Ratio，BER)存在反比关系，因此选择 LLR 期望值大的比特信道序号构成信息集合 A。

8.2.5 Polar 码的译码

Arikan 在提出 Polar 码时就给出了逐次抵消(Successive Cancellation，SC)译码算法，该算法计算复杂度低，然而在实际使用中由于码长不够长，难以达到优秀的译码性能。在 SC 译码算法基础上，Vardy 和 Niu 等分别提出了逐次抵消列表(Successive Cancellation List，SCL)译码算法。SCL 译码算法及其变种是当前 Polar 码主流的译码算法。

1. SC 译码

1) SC 译码过程

逐次抵消(Successive Cancellation，SC)译码算法是 Polar 码的最经典的译码算法之一。由信道极化过程可知，对接收信号译码的过程就是从接收信号 Y^N 中译码出输入信号 U^N 的过程，各输入符号 u_i 在传输中经过的虚拟子信道是通过信道分裂得到的。

SC 译码算法的过程为：接收信号后，译码器首先利用接收信号译码 u_1，u_1 译码结束后判断是否为信息比特，如果是信息比特则判断为 0 或者 1；若为冻结比特，则为事先约定好的全 0 或全 1。然后，利用接收信号和 u_1 的估计值译码 u_2，以此类推。一般的规律是：SC 译码器利用接收信号和 $u_1, u_2 \cdots, u_{i-1}$ 的估计来译码 u_i，直到 u_N 为止。

对于已知的参数为(N, K, A, u_{A^C})的 Polar 码，在译码过程中可以令 $\hat{u}_{A^C} = u_{A^C}$，这样译码的主要任务就是得到 u_i 的估计值 $\hat{u}_i$。简单来讲，SC 译码器会通过计算 $\Pr\{\boldsymbol{y}_1^N, \boldsymbol{u}_1^{i-1} \mid u_i = 0\}$ 和 $\Pr\{\boldsymbol{y}_1^N, \boldsymbol{u}_1^{i-1} \mid u_i = 1\}$ 的值，以及判断 u_i 是否为冻结比特来译码。由于随着码长的增加，转移概率的值会越来越小，译码器存在下溢的风险，所以通常在对数域中进行运算。

常用的对数域 SC 译码算法中，定义信息比特 u_i 的对数似然比(Log-Likelihood Ratio，LLR)$L_N^{(i)}(\boldsymbol{y}_1^N, \hat{\boldsymbol{u}}_1^{i-1})$为

$$L_N^{(i)}(\boldsymbol{y}_1^N,\hat{\boldsymbol{u}}_1^{i-1})=L(u_i)\triangleq\ln\left(\frac{W_N^{(i)}(\boldsymbol{y}_1^N,\hat{\boldsymbol{u}}_1^{i-1}\mid u_i=0)}{W_N^{(i)}(\boldsymbol{y}_1^N,\hat{\boldsymbol{u}}_1^{i-1}\mid u_i=1)}\right) \tag{8-21}$$

关于 $u_i, i\in A$ 的判决函数为：如果 $L_N^{(i)}\geqslant 0$，则 $\hat{u}_i=0$；否则 $\hat{u}_i=1$。

因此 SC 译码的关键在于 LLR 值的计算。由式(8-21)可见，SC 译码算法是一种按顺序逐比特译码信息比特 u_i 的过程，当 $N>2$ 时，每个信息比特的 LLR 值无法直接由接收符号得到，需要用到递归的方法。将极化子信道按照蝶形结构逐层分解，如图 8-19 所示，其中 L 为各节点的 LLR 值。

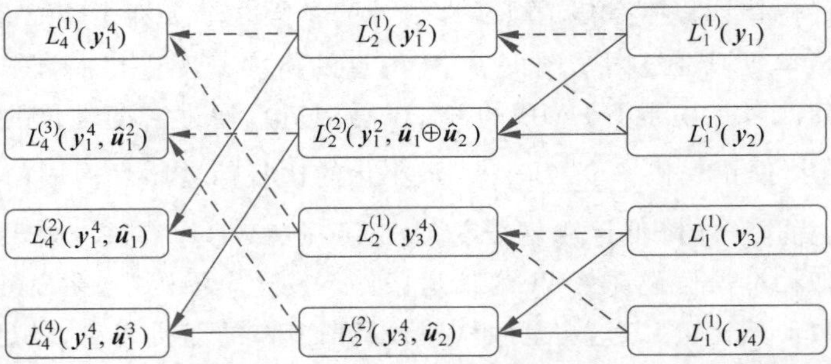

图 8-19 SC 译码算法 $N=4$ 的译码蝶形图，虚线为调用 $f()$ 函数，实线为调用 $g()$ 函数

对数似然比域中 SC 译码算法的步骤如下：

(1) 初始化。

接收符号 y_j 的 LLR 为

$$L_1^{(1)}(y_j)=\ln\frac{W(y_j\mid 0)}{W(y_j\mid 1)}=\frac{2y_j}{\sigma^2}$$

其中，σ^2 为噪声方差。

(2) 递归计算节点 LLR。

$$L_N^{(2i-1)}(\boldsymbol{y}_1^N,\hat{\boldsymbol{u}}_1^{2i-2})=f(L_{N/2}^{(i)}(\boldsymbol{y}_1^{N/2},\hat{\boldsymbol{u}}_{1,\mathrm{o}}^{2i-2}\oplus\hat{\boldsymbol{u}}_{1,\mathrm{e}}^{2i-2}),L_{N/2}^{(i)}(\boldsymbol{y}_{N/2+1}^N,\hat{\boldsymbol{u}}_{1,\mathrm{e}}^{2i-2}))$$

$$L_N^{(2i)}(\boldsymbol{y}_1^N,\hat{\boldsymbol{u}}_1^{2i-1})=g(L_{N/2}^{(i)}(\boldsymbol{y}_1^{N/2},\hat{\boldsymbol{u}}_{1,\mathrm{o}}^{2i-2}\oplus\hat{\boldsymbol{u}}_{1,\mathrm{e}}^{2i-2}),L_{N/2}^{(i)}(\boldsymbol{y}_{N/2+1}^N,\hat{\boldsymbol{u}}_{1,\mathrm{e}}^{2i-2}),\hat{\boldsymbol{u}}_{2i-1}) \tag{8-22}$$

其中，$\hat{\boldsymbol{u}}_{1,\mathrm{o}}^{2i-2}$ 和 $\hat{\boldsymbol{u}}_{1,\mathrm{e}}^{2i-2}$ 分别表示 $\hat{\boldsymbol{u}}_1^{2i-2}$ 中奇数索引值对应的元素及偶数索引值对应的元素。函数 $f()$ 和 $g()$ 定义为

$$f(a,b)=\ln\left(\frac{1+\mathrm{e}^{a+b}}{\mathrm{e}^a+\mathrm{e}^b}\right)$$

$$g(a,b,u_{\mathrm{s}})=(-1)^{u_{\mathrm{s}}}a+b \tag{8-23}$$

其中，$a,b\in\mathbf{R}, u_{\mathrm{s}}\in\{0,1\}$。

(3) 获得判决 LLR

$$\hat{u}_i=\begin{cases}u_i, & i\in A^{\mathrm{C}}(\text{冻结比特})\\ 0, & i\in A^{\mathrm{C}}\ \text{且}\ L_N^{(i)}(\boldsymbol{y}_1^N,\hat{\boldsymbol{u}}_1^{i-1})>0(\text{信息比特})\\ 1, & i\in A^{\mathrm{C}}\ \text{且}\ L_N^{(i)}(\boldsymbol{y}_1^N,\hat{\boldsymbol{u}}_1^{i-1})\leqslant 0(\text{信息比特})\end{cases}$$

例 8.3 试对码长 $N=4$，信息比特数 $K=3$ 的 Polar 码进行 SC 译码，设 u_1 为冻结比特并设为 0，输入信息比特也为全 0。已知从信道接收的对数似然比为 $L_1^{(1)}(y_1)=1.5$，

$L_1^{(1)}(y_2)=2, L_1^{(1)}(y_3)=-1, L_1^{(1)}(y_4)=0.5$。

解：

由 SC 译码算法步骤，已知初始值

$$L_1^{(1)}(y_1)=1.5, L_1^{(1)}(y_2)=2, L_1^{(1)}(y_3)=-1, L_1^{(1)}(y_4)=0.5$$

下面递归计算各节点 LLR。

(1) 对 u_1 进行译码。

要计算出 u_1 的对数似然比 $L_4^{(1)}(\boldsymbol{y}_1^4)$，需要先计算 $L_2^{(1)}(\boldsymbol{y}_1^2)$ 和 $L_2^{(1)}(\boldsymbol{y}_3^4)$，有

$$L_2^{(1)}(\boldsymbol{y}_1^2)=f(L_1^{(1)}(y_1), L_1^{(1)}(y_2))=\ln\left(\frac{1+e^{1.5+2}}{e^{1.5}+e^2}\right)\approx 1.06$$

$$L_2^{(1)}(\boldsymbol{y}_3^4)=f(L_1^{(1)}(y_3), L_1^{(1)}(y_4))=\ln\left(\frac{1+e^{-1+0.5}}{e^{-1}+e^{0.5}}\right)\approx -0.23$$

由此计算出 $L_4^{(1)}(\boldsymbol{y}_1^4)$

$$L_4^{(1)}(\boldsymbol{y}_1^4)=f(L_2^{(1)}(\boldsymbol{y}_1^2), L_2^{(1)}(\boldsymbol{y}_3^4))=\ln\left(\frac{1+e^{1.06-0.23}}{e^{1.06}+e^{-0.23}}\right)\approx -0.11$$

虽然 $L_4^{(1)}(\boldsymbol{y}_1^4)<0$，但由于 u_1 是冻结比特，所以仍然将 u_1 判决为 $\hat{u}_1=0$。

(2) 对 u_2 进行译码。

由 $L_2^{(1)}(\boldsymbol{y}_1^2)$ 和 $L_2^{(1)}(\boldsymbol{y}_3^4)$，可以直接计算 $L_4^{(2)}(\boldsymbol{y}_1^4)$ 的值。

$$L_4^{(2)}(\boldsymbol{y}_1^4, \hat{u}_1)=(-1)^{\hat{u}_1}L_2^{(1)}(\boldsymbol{y}_1^2)+L_2^{(1)}(\boldsymbol{y}_3^4)=(-1)^0\times 1.06+(-0.23)=0.83$$

由于 u_2 是信息比特且 $L_4^{(2)}(\boldsymbol{y}_1^4, \hat{\boldsymbol{u}}_1)>0$，因此判决 $\hat{u}_2=0$，此处为正确译码。

(3) 对 u_3 进行译码。

$$L_4^{(3)}(\boldsymbol{y}_1^4, \hat{\boldsymbol{u}}_1^2)=f(L_2^{(2)}(\boldsymbol{y}_1^2, \hat{u}_1\oplus\hat{u}_2), L_2^{(2)}(\boldsymbol{y}_3^4, \hat{u}_2))$$

又

$$L_2^{(2)}(\boldsymbol{y}_1^2, \hat{u}_1\oplus\hat{u}_2)=(-1)^{\hat{u}_1\oplus\hat{u}_2}L_1^{(1)}(y_1)+L_1^{(1)}(y_2)=(-1)^0\times 1.5+2=3.5$$

$$L_2^{(2)}(\boldsymbol{y}_3^4, \hat{u}_2)=(-1)^{\hat{u}_2}L_1^{(1)}(y_3)+L_1^{(1)}(y_4)=(-1)^0\times(-1)+0.5=-0.5$$

可得

$$L_4^{(3)}(\boldsymbol{y}_1^4, \hat{\boldsymbol{u}}_1^2)=f(3.5, -0.5)=\ln\left(\frac{1+e^{3.5-0.5}}{e^{3.5}+e^{-0.5}}\right)\approx -0.47$$

由于 $L_4^{(3)}(\boldsymbol{y}_1^4, \hat{\boldsymbol{u}}_1^2)<0$，因此判决 $\hat{u}_3=1$，此处发生译码错误。

(4) 最后对 u_4 进行译码。

$$L_4^{(4)}(\boldsymbol{y}_1^4, \hat{u}_3)=(-1)^{\hat{u}_3}L_2^{(2)}(\boldsymbol{y}_1^2, \hat{u}_1\oplus\hat{u}_2)+L_2^{(2)}(\boldsymbol{y}_3^4, \hat{u}_2)=(-1)^1\times 3.5+(-0.5)=-4$$

由于 $L_4^{(4)}(\boldsymbol{y}_1^4, \hat{u}_3)<0$，因此判决 $\hat{u}_4=1$，此处发生译码错误。

由例题可见，SC 译码算法采用硬判决的方式根据每个信息比特的对数似然比值进行译码，当码长较短时，由于信道极化不完全，所以不可避免地出现了译码错误。而且，由于 SC 算法是按比特顺序逐次译码的，后面的 LLR 值计算要用到前面的估计结果，因此前面信息比特的译码错误将向后传递，降低了 SC 译码器的性能。

2）SC 译码的码树表示

SC 译码过程不但可以用蝶形结构表示，而且可以用二叉树描述。

如图 8-20 是一棵四层的二叉树 $\Gamma=(\varepsilon,V)$，其中，ε 和 V 分别表示该二叉树的边和节点，各节点旁的数字是该节点对应的转移概率。从图 8-20 可以看出，除叶子节点外，每个节点下都有两条边，分别记作 0 和 1。某一个节点 v 所对应的序列 u_1^i 的值就是为从根节点开始到达该节点 v 所需经过的各个边的标记序列，各个边的标记序列就是该节点对应的取值。若该节点为叶子节点(无子节点)，则为完整取值。显然，因为 Polar 码码树实质上是一个满二叉树，所以对应的码树结构仅与码长 N 有关。注意，二叉树的每一个子二叉树都是一个 Polar 码。

我们可以把译码过程理解为在对应的满二叉树上寻找路径。对于如图 8-20 所示的 $N=4$ 的 Polar 码的二叉树，SC 译码的过程就是在每个节点处都选择转移概率较大的那条路径(如图 8-20 中虚线所示路径)，以得到最终的译码序列为[0 0 1 1]。

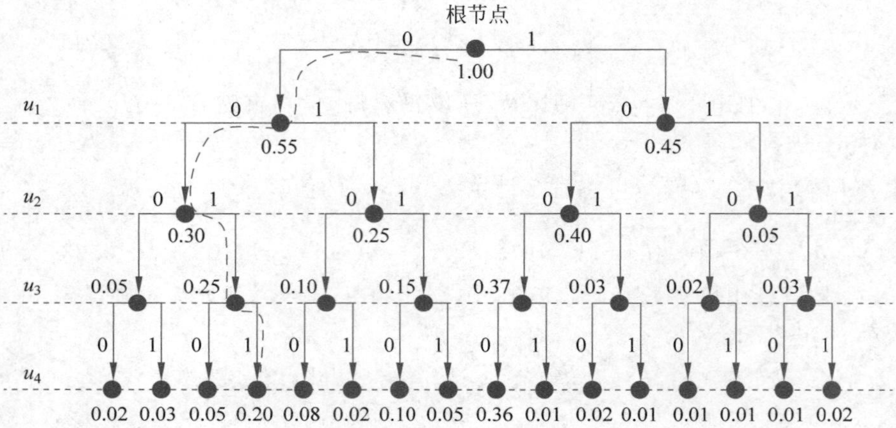

图 8-20　$N=4$ 时 Polar 码二叉树

视频 18

关于 Polar 码的 SC 译码算法仿真可扫码观看视频 18。

2. 快速 SC 译码算法

在标准的 SC 译码中，我们需要计算每个比特的 LLR 值，但事实上这是没有必要的，因为我们传输的比特中有一部分是冻结比特。冻结比特传输的是事先约定好的比特值，它的值与 LLR 无关。所以我们在用 SC 算法译码时做了很多无用功，存在大量冗余计算。

正因如此，近些年有学者指出是否可以在 SC 算法译码进行到一半时就停止，得到码字比特的估计值，以此为基础发展出快速 SC 译码算法。由前面介绍的 SC 译码的递归过程可知，子 Polar 码的译码规律和整个 Polar 码的规律是完全相同的，但是相比较而言，子 Polar 码的数据长度更短。快速 SC 译码的思想是：对于子 Polar 码，不用计算出其 LLR 值，而是直接估计这个子 Polar 码的所有码字比特。

为了区分不同的 Polar 码，我们将 Polar 码码树的节点画成白色、黑色或者灰色。白色节点表示该节点和该节点的所有叶节点都是冻结比特；黑色节点代表该节点和该节点的所有叶节点都是信息比特；灰色节点表示该节点的叶节点既包括冻结比特，也包括信息比特。按照快速 SC 译码的思想，可以把所有的 Polar 码分为 4 种：R0 Polar 码、R1 Polar 码、重复码和单偶校验码。下面定义 4 种特殊的 Polar 码。

1）R0 Polar 码

从字面理解，R0 Polar 码就是码率 $R=0$ 的 Polar 码，不包含任何信息比特，全部为冻结比特（白色节点）。R0 Polar 码没有信息比特，自然也就不携带我们需要的信息。最简单的 R0 码就是一个冻结比特。如图 8-21 所示为长度为 8 的 R0 Polar 码。

2）R1 Polar 码

与 R0 Polar 码相反，R1 Polar 码的码率 $R=1$，此码所有的比特都是信息比特（黑色节点）。如图 8-22 所示为长度为 8 的 R1 Polar 码。

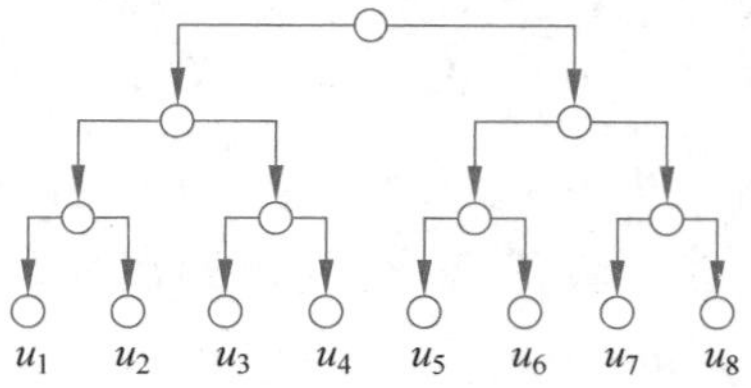

图 8-21　长度为 8 的 R0 Polar 码

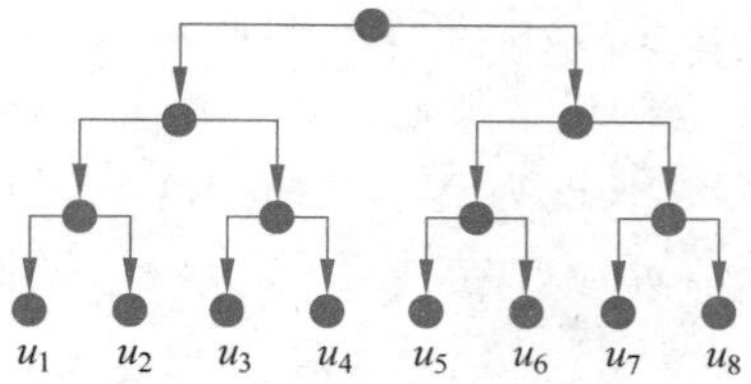

图 8-22　长度为 8 的 R1 Polar 码

3）重复码（REP）

若一个长为 $N=2^n$ 的 Polar 码只有最后一个比特 u_N 是信息比特，其余比特都是冻结比特，我们定义这样的 Polar 码为重复码，如图 8-23 所示。

4）单偶校验码（SPC）

与重复码相反，若一个长为 $N=2^n$ 的 Polar 码，只有第一个比特 u_1 是冻结比特，其余比特都是信息比特，我们定义这样的 Polar 码为单偶校验码，如图 8-24 所示。

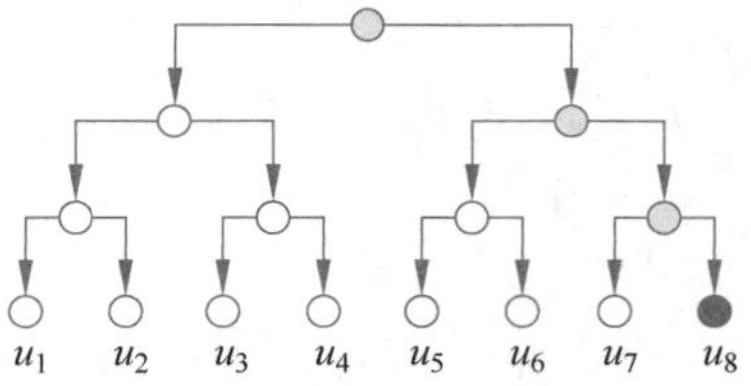

图 8-23　长度为 8 的重复码

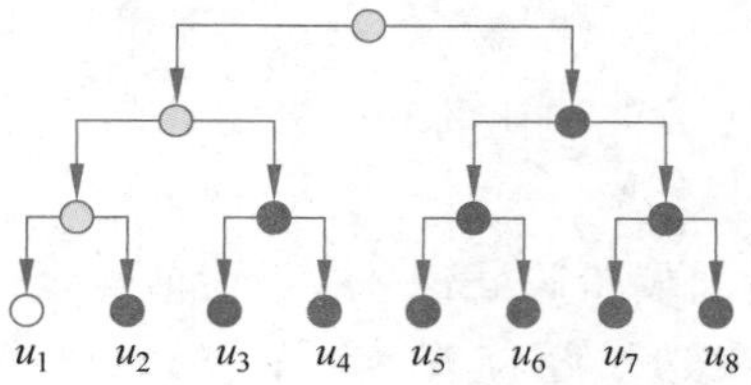

图 8-24　长度为 8 的单偶校验码

例 8.4　证明如果一个长为 $N=2^n$ 的 Polar 码只有 $u_1=0$ 是冻结比特，其余 $u_2,u_3,\cdots,u_N$ 都是信息比特，则对于任意的该 Polar 码的码字，所有码字比特的和为 0。

证明：当 $n=1$，信源为 $(0,u_2)$，$(0,u_2)F=(u_2,u_2)$，显然无论 u_2 取值为何，有 $u_2 \oplus u_2=0$。

当 $n=k$ 时，只有 $u_1=0$ 是冻结比特，$u_2,u_3,\cdots,u_{2^k}$ 都是信息比特，则对于任意的该 Polar 码的码字，所有码字比特的和为 0。

当 $n=k+1$ 时，信源序列可以写成 $(0,u_2,u_3,\cdots,u_{2^k} \mid u_{2^k+1},\cdots,u_{2^{k+1}})$，把序列平均分成两半，除 $u_1=0$ 是冻结比特外，$u_2,u_3,\cdots,u_{2^{k+1}}$ 都是信息比特，任意赋值，则

$$
\begin{aligned}
x_1^{2^{k+1}} &= (0,u_2,u_3,\cdots,u_{2^k} \mid u_{2^k+1},\cdots,u_{2^{k+1}}) \begin{bmatrix} F^{\otimes k} & 0 \\ F^{\otimes k} & F^{\otimes k} \end{bmatrix} \\
&= ((0,u_2,u_3,\cdots,u_{2^k})F^{\otimes k} \oplus (u_{2^k+1},\cdots,u_{2^{k+1}})F^{\otimes k} \mid (u_{2^k+1},\cdots,u_{2^{k+1}})F^{\otimes k})
\end{aligned}
$$

两个相同的$(u_{2^k+1},\cdots,u_{2^{k+1}})F^{\otimes k}$部分抵消，剩下的$(0,u_2,u_3,\cdots,u_{2^k})F^{\otimes k}$，所有码字比特的和为0。

上面介绍的4种Polar码都存在快速最大似然译码方法，去除掉大量的冗余计算，可以节省大量的时间。如果发现某个节点不属于以上4种节点的任何一种，那就不去研究它，而是研究其子节点，直到这个节点属于以上4种码型。

这4种码字中最简单的情况是R0码，因为它全部是冻结比特，它的值早在传输前就已经得知，根本不需要译码。

接下来介绍其余3种码的最大似然译码方法。

1）R1码的最大似然译码方法

假设发送长度为$N=2^n$的R1码，经过转移概率为$\Pr(y|x)$，$x\in\{0,1\}$的无记忆信道传输，接收信号为$(y_1,y_2,\cdots,y_{2^n})$。硬判决每一个接收信号，得到硬判决比特序列$(\beta_1,\beta_2,\cdots,\beta_{2^n})$：

$$\beta_i=\frac{1-\operatorname{sign}\left(\ln\dfrac{\Pr(y_i\mid 0)}{\Pr(y_i\mid 1)}\right)}{2} \tag{8-24}$$

$(\beta_1,\beta_2,\cdots,\beta_{2^n})$就是$(y_1,y_2,\cdots,y_{2^n})$的最大似然译码结果。

2）重复码(REP)的最大似然译码方法

假设发送长度为$N=2^n$的重复码，经过转移概率为$\Pr(y|x)$，$x\in\{0,1\}$的无记忆信道传输，接收信号为$(y_1,\cdots,y_{2^n})$，则其最大似然译码方法如下：

$$S=\sum_{i=1}^{N}\ln\frac{\Pr(y_i\mid 0)}{\Pr(y_i\mid 1)} \tag{8-25}$$

S为对数似然比的和。若$S>0$，则重复码译码为全0序列；若$S<0$，则重复码译码为全1序列。

3）单偶校验码(SPC)的最大似然译码方法

假设发送长度为$N=2^n$的SPC码，经过转移概率为$\Pr(y|x)$，$x\in\{0,1\}$的无记忆信道传输，接收信号为$(y_1,\cdots,y_{2^n})$，首先硬判决每一个接收信号，得到硬判决比特序列$(\beta_1,\beta_2,\cdots,\beta_{2^n})$：

$$\beta_i=\frac{1-\operatorname{sign}\left(\ln\dfrac{\Pr(y_i\mid 0)}{\Pr(y_i\mid 1)}\right)}{2} \tag{8-26}$$

若$\bigoplus_{i=1}^{N}\beta_i=0$，则译码结束，且$(\beta_1,\beta_2,\cdots,\beta_{2^n})$就是最大似然译码结果。

若$\bigoplus_{i=1}^{N}\beta_i=1$，定义$p=\arg\min\limits_{1\leqslant i\leqslant N}\left\{\left|\ln\dfrac{\Pr(y_i|0)}{\Pr(y_i|1)}\right|\right\}$，然后令$\beta_k=\beta_k\oplus 1$（翻转具有最小LLR绝对值的接收信号对应的硬判决比特），则翻转后的$(\beta_1,\beta_2,\cdots,\beta_{2^n})$是最大似然译码结果。

3. 逐次抵消列表译码算法

Polar码的编码、SC译码算法的时间复杂度皆为$O(N\log_2 N)$，远低于传统代数码的指数复杂度。但是Polar码的问题是只有在码长趋于无穷时，信道容量才会趋于香农极限。

而在现实中，Polar 码的码长肯定是有限的，所以会出现信道极化不完全的情况，导致可能会出现某些信息比特译码错误的情况。而 SC 译码算法是逐次顺序译码的，第 i 个信息比特的译码要依据当前收到的 LLR 和前 $i-1$ 个信息比特的译码，所以当某个信息比特译码发生错误时，可能会导致接下来的译码出现错误，并且一直传递下去。

针对 SC 译码算法的缺点，Vardy 提出了逐次抵消列表(Successive Cancellation List, SCL)译码算法来改进 Polar 码在有限码长下的译码性能。与 SC 译码算法对每一个信息比特进行判决不同，SCL 译码算法的思想类似于卷积码的维特比译码算法，它对完整的译码路径进行判决，根据定义的路径度量(Path Metrics，PM)函数，在译码过程中一直保留 L 条最好的译码路径，直到计算完最后的信息比特，再从 L 条路径中选择最优路径作为最终的译码结果。L 为 SCL 算法的搜索宽度。

用二叉树图来描述，在每一步对信息比特 u_i 进行判决时，如果 u_i 是冻结比特，则路径数不变；如果 u_i 是信息比特，则当前路径将扩展为 $u_i=1$ 和 $u_i=0$ 的两条路径。当路径数超过 L 时，只保留最好的 L 条译码路径，而剪掉其他分支。可见，SC 译码算法是选择“最好的一条路径”进行下一步扩展，而 SCL 译码算法是选择“最好的 L 条路径”进行下一步扩展，其中 $L \geqslant 1$。当 $L=1$ 时，SCL 译码就退化为 SC 译码。实质上，SCL 译码算法是一种宽度优先的译码算法，通过并行译码增加计算复杂度来实现译码性能的提升，其计算复杂度至少是 SC 译码算法的 L 倍。随着 L 的增加，其纠错性能逐渐趋于最大似然译码性能。

SCL 译码算法中路径度量的计算以译码结果的后验概率 $P(u_1^i \mid y_1^i)$ 为依据，即译码得到的是最大后验概率(Maximum A Posterior probability，MAP)的译码结果，使得

$$u_1^N = \arg \max_{u_1^N \in F_2^N} \{P(u_1^N \mid y_1^N)\}$$

对于一个码长为 N 的极化码，设 SCL 译码算法的搜索宽度为 L，定义码树的第 $i \in [1, N]$ 层，第 $l \in [1, L-1]$ 条路径的路径度量值 PM 为

$$\mathrm{PM}_l^{(i)} \triangleq \sum_{j=1}^{i} \ln(1+\mathrm{e}^{-(1-2\hat{u}_j[l]\cdot L_N^{(j)}[l])}) \tag{8-27}$$

其中，$\hat{u}_j[l]$表示第 l 条路径的信息比特 u_j 的估计值，$L_N^{(j)}[l]$为第 l 条路径用于估计信息比特 u_j 的 LLR 值，可以由式(8-21)递归计算得到。由 LLR 值的定义可知，PM 值与后验概率为负相关，因此路径的 PM 值越大，表示该路径的可靠性越低。

随着译码过程向前推进，路径度量值 PM 可以逐次计算为

$$\mathrm{PM}_l^{(i)} = \mathrm{PM}_l^{(i-1)} + \ln(1+\mathrm{e}^{-(1-2\hat{u}_i[l]\cdot L_N^{(i)}[l])}) \tag{8-28}$$

对数似然比域中的 SCL 译码算法过程如下。

(1) **初始化**。输入接收矢量 $\boldsymbol{y}$，初始化译码算法的输入值，设定搜索宽度 L；初始化 L 列表，记作 $L^{(0)}=\varnothing$。并且该序列对应的路径度量值 $\mathrm{PM}(\varnothing)=0$。

(2) **路径扩展**。在第 i 个比特的判决过程中，将路径列表中的所有候选路径扩展为两条路径，此时列表中的路径数量得以扩展为原来的 2 倍，记作 $|L^{(i)}|=2|L^{(i-1)}|$。计算每条路径第 i 个节点的 LLR 值，以及各条扩展路径的路径度量值 $\mathrm{PM}(u_1^i)$。

(3) **剪枝**。完成步骤(2)后，检测存在的译码路径数量是否已达到搜索宽度 L。如果小于 L，则返回步骤(2)；否则，将所有的译码路径按照路径度量值 $\mathrm{PM}(u_1^i)$进行排序，从中选取 L 个具有较大度量值的译码路径，并删除其余路径。

(4) **判决**。如果译码路径没有到达叶节点,则返回步骤(2);否则,从 L 条候选路径集合 $L^{(N)}$ 中选取度量值最大的路径,回溯得到最终的译码结果。

与 SC 译码算法类似,SCL 译码算法也有如快速 SCL 译码算法、CA-SCL 译码算法的改进算法。它们的原理已经在 SC 译码改进算法中有过详细描述,此处不再赘述。

观察比较 SC 译码算法和 SCL 译码算法可以知道,SC 译码算法的思想是深度优先,目的是从根节点直接到达叶子节点。与之对应的是,SCL 译码算法的思想是广度优先,不急于一次译码直接到达叶子节点,而是先扩展,再剪枝,慢慢到达叶子节点。SCL 译码算法的 PM 机制就像"马太效应",与极化现象有相似之处。它惩罚错误的路径,奖励正确的路径,导致强者愈强、弱者愈弱。

8.2.6 级联 Polar 码

1. CRC-Polar 码

由于码长有限的 Polar 码的性能与 LDPC 码、Turbo 码存在一定差距,因此研究者们努力通过采用各种方式提高 Polar 码的误码性能,如采用较大的核矩阵、多元码矩阵、级联码结构等,其中一种简单有效的级联 Polar 码是用 CRC 作外码、基本 Polar 码作内码构成的串行级联 Polar 码,称为 CRC-Polar 码,它也被 5G 标准所采用。

其中,CRC 即循环冗余校验,这是第 5 章介绍过的一种信道编码。CRC 不仅能够改善 Polar 码的重量分布(重量谱),增加 Polar 码的最小距离,而且对于 Polar 码在 SCL 译码结束时得到的一组候选路径,可以以非常低的复杂度与 CRC 进行联合检测译码,选择能够通过 CRC 检测的候选序列作为译码器输出序列,从而在短码长时有效提高译码算法的纠错能力。理论研究表明,使用一个高码率的外码(如 CRC 码)与基本 Polar 码构成的串行级联码能够达到与同样码率和码长下最佳码接近的性能。

CRC-polar 码编码流程如图 8-25 所示。普通 Polar 码一般用 $P(N,K)$表示,其中,N 是码长,K 是信息位数量,码率为 K/N。而 CRC-polar 码则记作 $P(N,K,r)$,其中 N 和 K 与普通 Polar 码一样,是码长和信息位数量,r 表示 CRC 校验位的长度为 r。

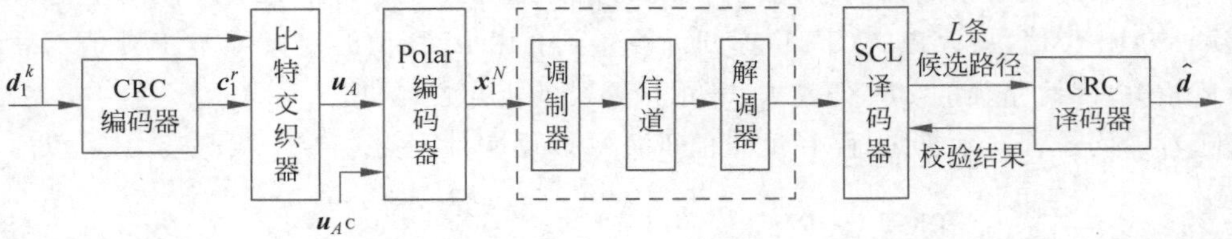

图 8-25 级联 CRC-Polar 码的编译码流程

在图 8-25 中,d_1^k 是待传输的信息序列,c_1^r 是 CRC 编码器生成的校验序列,它们通过交织器重新排序,得到信息比特序列 $\boldsymbol{u}_A$,它与冻结比特序列 u_{A^C} 共同构成 $\boldsymbol{u}_1^N$,通过 Polar 码编码,就得到了码字 $\boldsymbol{x}_1^N$。注意,Polar 码的码字加上 CRC 其实还是一个 Polar 的码字。在接收端,利用 SCL 译码算法正常译码最后获得 L 条候选路径列表,把这些候选路径按路径度量值从小到大排序,依次进行 CRC 校验。第 1 条通过 CRC 校验的路径即为译码器最终输出的估计序列。若没有路径通过 CRC 检测,则把第 1 条路径作为译码器最终输出估计序列。

级联 CRC-Polar 码的性能比普通 Polar 码有明显提升，图 8-26 仿真了 CA-Polar 码与普通 Polar 码在列表大小 $L=8$ 时的 SCL 译码器下的 BLER 性能，可见，级联 Polar 码有明显的性能增益。

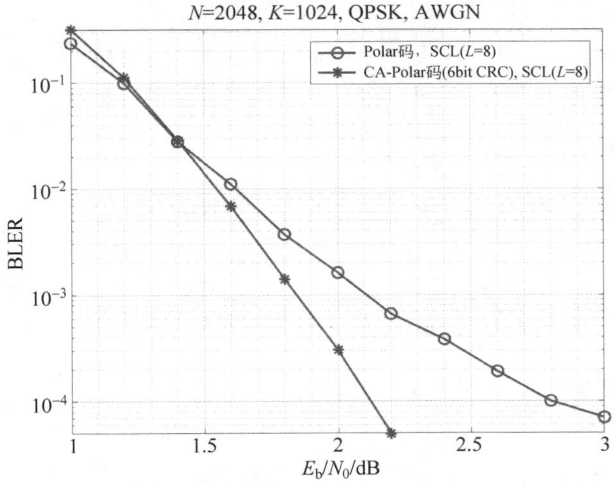

图 8-26　Polar 码与 CA-Polar 码性能对比

2. PAC 码

为了解决 Polar 码在中短码长下性能不佳的问题，Arikan 提出了一种新的 Polar 级联码方案-极化调整卷积(Polarization-Adjusted Convolutional，PAC)码。该码通过卷积码与 Polar 码级联，并将冻结位的选择提前到卷积编码之前，变相实现了信道容量的再分配。在 Fano 等类 ML 译码器的辅助下，中短码长的 PAC 码可以有效地逼近有限码长性能界。该码作为一种极具潜力的新型编码方案，在编码构造及译码算法方面有很大的研究空间。

PAC 码主要与 PAC(N,K,A,g)有关。其中，A 是信息位置的集合，N 表示子信道的个数，K 表示可靠度最高的子信道的个数，g 为卷积码的生成多项式。PAC 码的构造主要基于外部卷积变换和内部极化变换。可以将 PAC 编码视为一种极化编码方案，其中冻结比特通道的输入是原始比特通过卷积变换后的线性组合。因此，在前面的比特被正确估计的情况下，解码器仍然可以确定由相应的"坏"信道传输的值。

1) PAC 编码

信息比特 $d=(d_0,d_1,\cdots,d_{K-1})$ 首先根据速率匹配映射到一个矢量 $\boldsymbol{v}=(v_0,v_1,\cdots,v_{N-1})$。经过速率匹配变换后，使用系数矢量为 $\boldsymbol{g}=(g_0,g_1,\cdots,g_m)$ 的卷积生成多项式将矢量 $\boldsymbol{v}$ 转换为 $u_i=\sum_{j=0}^{m} g_j v_{i-j}$，其中，$g_i \in \{0,1\}$。卷积变换也可以用矩阵形式表示，其中上三角生成矩阵 $\boldsymbol{G}$ 的行由矢量 $\boldsymbol{g}=[g_0,g_1,\cdots,g_m]$ 进行移位得到。矩阵的行数等于编码数据块的长度。给定生成矩阵 $\boldsymbol{G}$，可以将消息块 $\boldsymbol{v}$ 编码为 $\boldsymbol{u}=\boldsymbol{v}\boldsymbol{G}$。由于这种预变换，$i \in \boldsymbol{A}^{\mathrm{C}}$ 的 u_i 不再是固定的或已知的(不像常规情况下为 0)。事实上，这些先前被冻结的比特正在充当奇偶校验比特或动态冻结比特。然后，如图 8-27 所示，矢量 $\boldsymbol{u}$ 通过常规极化变换 P_n 映射到 $\boldsymbol{x}$。因此，数据块长度 N 应该是 2 的幂，即 $N=2^n$。总之，极化变换是通过 $\boldsymbol{x}=\boldsymbol{u}P_n$ 来执行的。算法 8.1 总结了 PAC 编码过程。在该算法中，cState 和 currState 表示 m 位存储器的当

前状态。

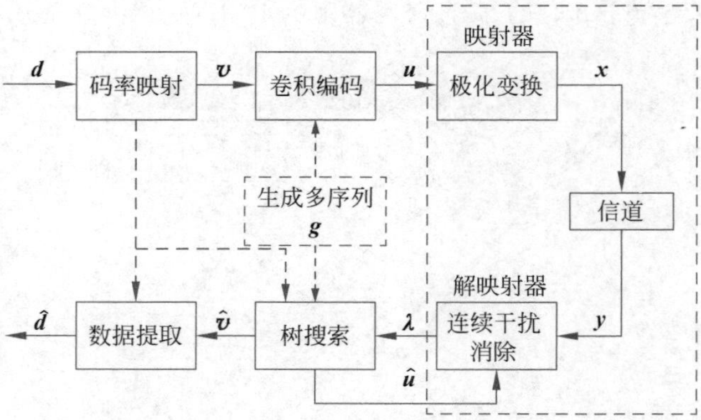

图 8-27 PAC 编码流程

算法 8.1：PAC 编码

输入：信息序列 $\boldsymbol{v}$，卷积码生成序列 $\boldsymbol{g}$
输出：码字 $\boldsymbol{x}$
$\boldsymbol{u} \leftarrow$ convTrans($\boldsymbol{v}$, $\boldsymbol{g}$) //卷积变换
$\boldsymbol{x} \leftarrow$ polarTrans($\boldsymbol{u}$) // 极化变换
return $\boldsymbol{x}$;
子程序 convTrans($\boldsymbol{v}$, $\boldsymbol{g}$)：
    cState$[1,2,\cdots,|\boldsymbol{g}|-1] \leftarrow [0,\cdots,0]$ //currState
    for i $\leftarrow$ 0 to $|\boldsymbol{v}|-1$ do
        ($\boldsymbol{u}_i$, cState) $\leftarrow$ convlbTrans($\boldsymbol{v}_i$, $\boldsymbol{c}$)
    返回 $\boldsymbol{u}$；
子程序 convlbTrans(v, currState, g)：
    $\boldsymbol{u} \leftarrow \boldsymbol{v} \cdot g_0$
    for $j \leftarrow 1$ to $|g|$ do
        if $g_j = 1$ then
            $\boldsymbol{u} \leftarrow \boldsymbol{u} \oplus$ currState$[j-1]$
    nextState $\leftarrow [v_i]$ + currState$[1,2,\cdots,|\boldsymbol{g}|-2]$
    返回($\boldsymbol{u}$, nextState)；

2) PAC 解码

在 PAC 解码过程中，可以使用树搜索算法进行解码。下面考虑为 PAC 码使用列表解码，它以固定的时间复杂度为代价换取了大量的内存需求(用于存储路径列表)，并且更容易实现。另一种比较流行的解码方式是 Fano 解码，它具有可变的时间复杂度，但内存效率更高。这里介绍列表解码算法。算法 8.2 总结了 PAC 码的列表解码过程。

算法 8.2：PAC 码的列表解码

输入：信道 LLRs $\lambda_n^{(0,N-1)}$, A, L, g
输出：恢复信息比特 $\hat{d}$
$\mathcal{L} \leftarrow \{1\}$ // 列表中的一条路径
$[\lambda,\beta] \leftarrow [\lambda_n^{(0,N-1)} + \{0\}, \{0\}]$
for $i \leftarrow 0$ to $N-1$ do
    if $i \notin$ A then
        for $l \leftarrow 1$ to $|\mathcal{L}|$ do
            $\lambda_0^i[l] \leftarrow$ updateLLRs($l, i, \lambda[l], \beta[l]$)
            $\hat{v}_i[l] \leftarrow 0$
            $[\hat{u}_i[l]$, cState$[l]] \leftarrow$ convlbTrans(v_i , cState$[l]$, g)

```
                PM_l^(i) ← calcPM(PM_l^(i−1), λ_0^i[l], û_i[l])
                β[l] ← updataPartialSums(û_i[l], β[l])
        else
                for l ← 1 to |ℒ| do
                        ℒ ← duplicatePath(ℒ, l, i, g)
                if | ℒ| > L then
                        ℒ ← prunePaths(ℒ)          // 与连续干扰消除列表解码相似
d̂ ← extrasctData(v̂_1^N[0])
返回 d̂
子程序 duplicatePath(ℒ, l, i, g):
        ℒ ← ℒ∪{l′}                                  // 路径 l′是路径 l 的复制
        λ_0^i[l] ←updateLLRs(l, i, λ[l], β[l])
        (v̂_i[l], v̂_i[l′]) ← (0, 1)
        [û_i[l], cState[l]] ← convlbTrans(v_i[l], cState[l], g)
        [û_i[l′], cState[l′]] ← convlbTrans(v_i[l′], cState[l], g)
        PM_l^(i) ← calcPM(PM_l^(i−1), ^iλ_0[l], û_i[l])
        PM_l′^(i) ← calcPM(PM_l^(i−1), λ_0^i[l], û_i[l′])
        β[l] ← updataPartialSums(û_i[l], β[l])
        β[l′] ← updataPartialSums(û_i[l′], β[l])
        返回 ℒ;
子程序 calcPM(PM, λ_0, û):
        if û = 1/2 (1 − sgn(λ_0)) then
                PM = PM
        else
                PM = PM + |λ_0|
        返回 PM ;
```

在算法 8.2 中,矢量 λ 和 β 分别是 LLR 和部分和。在开始时,列表中只有一条路径。当前位索引属于 A^C 集时,解码器知道其值,通常 $v_i=0$,因此根据当前的记忆状态 currState 和生成序列 g 将其编码为 u_i。请注意,子程序 conv1bTrans 与算法 8.1 中的子程序完全相同。然后,利用在第 6 行获得的决策 LLR λ_0^i,使用子程序 calcPM 来计算相应的路径度量。最终,解码值 u_i 在第 10 行反馈到 SC 过程中以计算部分和。另外,如果当前位的索引属于 A 集(见第 20~27 行),在 v_i 等于 0 和 1 这两种选择中进行考虑。对于 0 和 1 的每一种选择,执行包括卷积编码、计算路径度量在内的针对 $i\in A^C$ 的处理过程,然后两个编码值 $u_i=0$ 和 1 被反馈到 SC 过程中。需要指出的是,算法 8.2 中的 LLR 更新、部分和计算、路径剪枝等函数与 Polar 码的 SC 解码和 SCL 解码中所需要使用的函数的步骤和功能完全相同。

可以注意到,PAC 码的列表解码过程与 Polar 码的列表解码过程相似,只是在每一步解码过程中需要额外的卷积重新编码步骤,并需要存储每一条路径的下一个记忆状态。对于较长的块长度,还可以在信息位后面添加 CRC 位或奇偶校验(PC)位来帮助检测正确的路径。

列表解码通过其非回溯树搜索方法,需要非常大的列表大小(通常 $L=256$ 或更大)才能达到分散界。因此,更多节省内存的回溯搜索算法,如 Fano 算法,可以在低 SNR 区域内以更高的平均时间复杂度为代价达到分散界。

图 8-28 给出了在码长为 128、码率为 1/2 的情况下,采用 SCL 译码技术对 PAC 码和

Polar 码的仿真结果，可以发现，PAC 码的结果比 Polar 码的性能有很大的提升。

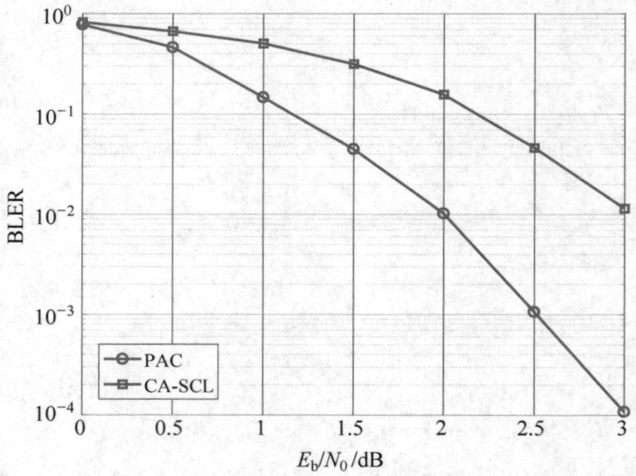

图 8-28 PAC 码与 Polar 码性能对比（SCL 译码）

8.2.7 应用案例 6：5G 标准 Polar 码

在 3GPP 5G NR 标准化过程中广泛讨论和评估了多种信道编码方案，最终形成了物理层协议中的 TS 38.212 复用与信道编码协议。Polar 码被采纳为 5G NR eMBB 场景的物理上下行控制信道（PUCCH、PUSCH、PDCCH）和物理广播信道（PBCH）的编码方案，主要用于 DCI、UCI 等上下行控制信息的编码，以及广播信息 MIB 的编码。

对于 5G NR Polar 码的编码方案，3GPP 确定在下行控制信道与下行广播信道中采用分布式 CRC Polar 码（DCRC）方案，而上行信道采用 CRC-辅助 Polar 码（CA-Polar）方案（在 $12 \leqslant K \leqslant 19$ 时采用 PC-CA Polar 码）。

5GeMBB 场景下，Polar 码编码的基本流程如图 8-29 所示。注意，图中码块分割、码块合并和信道交织模块仅在上行信道被激活，比特交织模块仅在下行信道被激活，其他模块在两种信道条件下都会被激活。

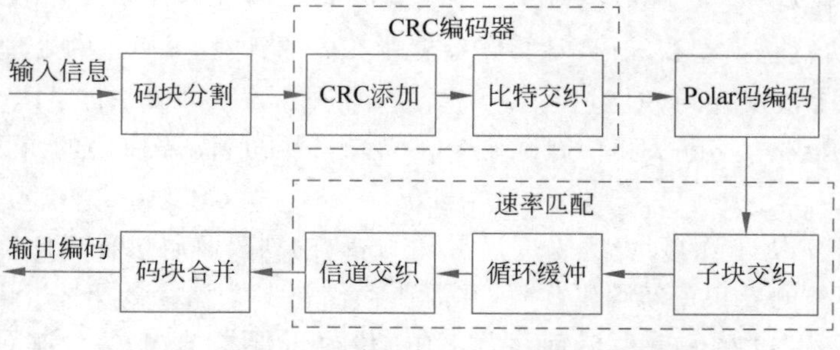

图 8-29 5G eMBB 场景下 Polar 码编码基本流程

1. 码块分割

由于控制信道对时延的要求较高，因此其编码通常采用低码率、小数据包编码。为了降低译码复杂度，对于较长的码块会分段进行编码和译码。在传递 PUCCH 和 PUSCH 对应的 UCI 时，当信息长度 $K \geqslant 360$（不包含 CRC）且编码比特长度 $M \geqslant 1088$，或 $K \geqslant 1013$ 时，码块分割操作被激活，为了确保两个码块采用相同的编码参数，特别是相同的母码长度，信息比特和编码比特长度都必须等分。

2. CRC 编码器

1) CRC 添加

添加 LCRC 长度的 CRC 校验比特到码字序列中。CRC 长度通常由系统所需的最大虚警概率决定。

(1) 对于 PUCCH，当消息长度 $K\in[12,19]$时，$L_{\mathrm{CRC}}=6$，CRC 码的生成多项式为 $g_6(x)=x^6+x^5+1$；

(2) 对于 PUCCH，当 $K\in[20,1706]$时，$L_{\mathrm{CRC}}=11$，CRC 码的生成多项式为 $g_{11}(x)=x^{11}+x^{10}+x^9+x^5+1$；

(3) 对于 PDCCH 和 PBCH 下的所有消息长度，$L_{\mathrm{CRC}}=24$，CRC 码的生成多项式为 $g_{24}(x)=x^{24}+x^{23}+x^{21}+x^{20}+x^{17}+x^{15}+x^{13}+x^{12}+x^8+x^4+x^2+x$。

2) 比特交织

在下行信道中的 PDCCH 和 PBCH，为了减少移动设备的计算负担，采用 DCRC-Polar 码方案，在 CRC 校验比特生成以后，需要进行比特交织，以支持早停特性，节省译码资源。

传统的做法是将 CRC 校验比特统一地放置在信息比特后面，译码端只有译出全部比特时才能对该码字进行校验，以确定该译码码字是否正确。在 DCRC-Polar 码中，CRC 校验比特是分散地插入到信息比特中间的。根据 CRC 编码矩阵和信息长度产生交织图样，交织器重新排列信息比特和 CRC 校验比特的位置，使得每一个 CRC 校验比特都位于它校验的所有信息比特之后，SCL 译码时，每次译完 CRC 校验比特就进行 CRC 校验，不能通过校验的路径被标记为校验失败，若译出的 L 条路径都失败，则提前终止译码。DCRC 可降低译码计算量，节省功率，带来提前终止增益。

3. Polar 码编码

1) N 的选择

Polar 码的码长 N 由消息长度 K 和码率 R 确定，$N=2^n$，n 的选取方式为

$$n=\max(\min(n_1,n_2,n_{\max}),n_{\min})$$

其中，$n_{\max}$ 和 $n_{\min}$ 分别为母码的上下界限。对于下行控制信道，$n_{\max}=9$，$n_{\min}=5$；对于上行控制信道，$n_{\max}=10$，$n_{\min}=5$。n_2 的选取基于编码器允许的最小码率，在 5G 标准中，$R_{\min}=1/8$，因此 $n_2=\lceil \log_2(8K)\rceil$。$n_1$ 的选取基于之后速率匹配的方案，其值为

$$n_1=\begin{cases}\lfloor \log_2(E)\rfloor, & \log_2(E)<0.17 \text{ 且 } R<9/16\\ \lceil \log_2(E)\rceil, & \text{其他}\end{cases}$$

其中，E 为速率匹配比特数。

2) 序列设计

Polar 码输入序列的设计，就是选取信息比特和冻结比特位置的问题。选取的规则是根据极化子信道的可靠性程度，将信息比特放置在可靠性高的子信道上。前面已经介绍了常用的序列设计的蒙特卡罗方法、高斯近似法等。

在 5G 标准中，子信道可靠性的评估采用的是复杂度极低的 Beta-expansion 算法，按照极化重量(Polarization Weight，PW)给子信道排序，以度量子信道可靠性。基于极化重量

的构造方法与具体信道无关，避开了 Polar 码的信道敏感性，在实际使用中更具价值。无论是渐进性分析，还是数值仿真结果都证实 Beta-expansion 方法以低复杂度获得了与高斯近似法相同的性能。

在信息位长度和码率给定时，5G 标准基于 Beta-expansion 算法给出了统一的信息位分布情况，参见 3GPP TS 38.212 协议中的“表 5-3.1.2-1：极化序列及其相应的可靠性表”。Polar 码编码器直接读取该表，将信息比特和校验比特分布在极化权重高的位置，从而构造出比特信道序号集合 A。

3）PC 比特的添加

在上行信道当消息长度 $K\in[12,19]$ 时采用奇偶校验（Parity Check）Polar 码（PC-CA Polar 码）方案，PC 比特位添加操作被激活。奇偶校验码编码器利用一个循环移位寄存器对信息比特进行异或操作产生校验比特，然后根据 Polar 码生成矩阵的行重选择 PC 比特的位置，使译码时每个 PC 比特位置都位于其校验的所有信息比特位置之后。PC 比特可以改善 Polar 码的码谱，提升 BLER 性能。但它不具有 CRC 比特的辅助译码作用。

4. 速率匹配

编码之后的速率匹配是信道传输非常重要的一环。由于实际通信系统所要求的码长和码率会随系统资源和信道条件而变化，而基本 Polar 码的码长为 2 的正整数幂，故需要对码字进行重复、打孔、截短的操作，使得编码长度和码率适应实际分配的物理传输资源。

速率匹配的输入序列即为编码输出序列 d_0^{N-1}，速率匹配的输出序列为 f_0^{E-1}，速率匹配比特数为 E。E 才是实际要传输的编码比特数。速率匹配过程通常包括子块交织、比特选择和信道交织。

1）子块交织

子块交织就是将原本顺序的码流按照一定的规则乱序化，这样就能在传输过程中将突发产生集中的错误最大限度地分散化，然后根据信道编码的纠错能力恢复原始正确码流。交织器将 N 位编码后的比特序列分成 32 个子块，每个子块的长度为 $N/32$。这些子块根据表 8-2 给出的特定交织模式重新排序。子块交织后得到的序列为 y_0^{N-1}。

表 8-2 子块交织模式 $P(i)$

i	$P(i)$	i	$P(i)$	i	$P(i)$	i	$P(i)$	i	$P(i)$	i	$P(i)$	i	$P(i)$	i	$P(i)$
0	0	4	3	8	8	12	10	16	12	20	14	24	24	28	27
1	1	5	5	9	16	13	18	17	20	21	22	25	25	29	29
2	2	6	6	10	9	14	11	18	13	22	15	26	26	30	30
3	4	7	7	11	17	15	19	19	21	23	23	27	28	31	31

2）比特选择

比特选择过程是采用循环缓冲（circular buffer）方式，将子块交织后输出序列的长度由 N 变为 E，从而达到相应的码率要求。具体有 3 种操作方式：重复（repetition）、打孔（puncturing）和缩短（shortening）。比特选择的操作方式示意图如图 8-30 所示。

设 K 为信息比特长度（含 CRC），E 为速率匹配所要求的传输码长，N 为 Polar 码的母码长度，根据它们的值选择相应的速率匹配操作。

（1）当 $E>N$ 时，对母码进行重复操作，从待输出比特序列的位置 0 开始循环输出，直到速率匹配所需的 E 个比特。译码时，将重复比特的 LLR 值与码字比特的 LLR 值相加，

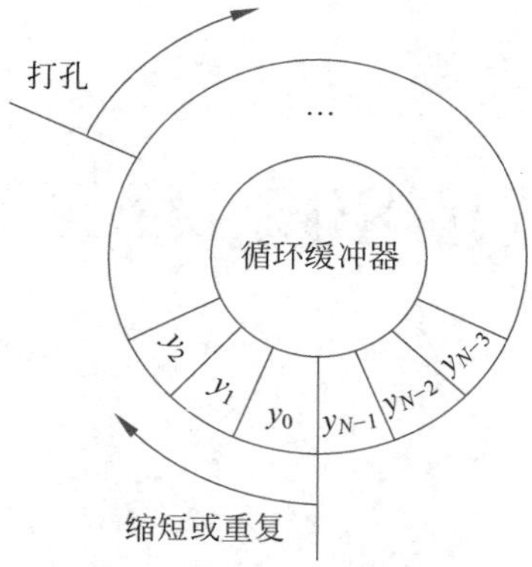

图 8-30 Polar 码的比特选择示意图

以提高译码正确率。

(2) 当 $E<N$ 且 $K/E\leqslant 7/16$ 时，对母码进行打孔操作，待打孔比特聚集在待输出比特序列的头部，即 y_0^{N-E-1}，速率匹配输出的是序列 y_{N-E}^{N-1}。译码时，认为打孔位置的比特未知，将它们的 LLR 值设置为 0。

(3) 当 $E<N$ 且 $K/E>7/16$ 时，对母码进行缩短操作，待缩短比特聚集在待输出比特序列的尾部，即 y_E^{N-1}，速率匹配输出的是序列 y_0^{E-1}。译码时，认为不传输的比特对于接收端是已知的，将它们的 LLR 值置为 $+\infty$。

3) 信道交织

速率匹配后的比特序列在进行调制之前，还需要进行信道交织(也称为比特交织)。信道交织用来减轻 Polar 码在与高阶调制结合和相关衰落信道中的性能损失，因此 5G NR 标准中信道交织仅仅针对 PUCCH 生效，在 PDCCH 和 PBCH 中不需要信道交织。

5G NR 控制信道上行链路采用三角交织器(triangular interleaver)，如下所示：

$$\begin{bmatrix} e_0 & e_1 & e_2 & \cdots & e_{T-3} & e_{T-2} & e_{T-1} \\ e_T & e_{T+1} & e_{T+2} & \cdots & e_{2T-4} & e_{2T-2} & \\ e_{2T-1} & e_{2T} & e_{2T+1} & \cdots & e_{3T-4} & & \\ e_{3T-3} & \cdots & & & & & \\ \cdots & & & & & & \end{bmatrix}$$

其中，T 是满足 $\frac{T(T+1)}{2}\geqslant E$ 的最小正整数，故有

$$T=\left\lceil \frac{\sqrt{8E+1}-1}{2} \right\rceil$$

交织器的输入序列是速率匹配得到的长度为 E 的比特序列 e_0^{E-1}，输出序列为 f_0^{E-1}。待交织的 e 序列从左到右逐行写入交织器，并写入足够数量的 NULL 值来填充空余位置，然后从上到下逐列读取交织器中的比特序列并跳过 NULL 值位置，得到输出序列 f。

5. 码块合并

码块合并是与码块分割的逆操作，仅在进行了码块分割时被激活。分割后的两个码块编码后分别独立交织，然后串行级联合并为一个码块。

5G NR 控制信道 Polar 码的更多细节请参见 3GPP TS38.212 技术规范。

附　录

APPENDIX

IEEE 802.16e 基校验矩阵

Rate $=\frac{1}{2}$																							
−1	94	73	−1	−1	−1	−1	−1	55	83	−1	−1	7	0	−1	−1	−1	−1	−1	−1	−1	−1	−1	−1
−1	27	−1	−1	−1	22	79	9	−1	−1	−1	12	−1	0	0	−1	−1	−1	−1	−1	−1	−1	−1	−1
−1	−1	−1	24	22	81	−1	33	−1	−1	−1	0	−1	−1	0	0	−1	−1	−1	−1	−1	−1	−1	−1
61	−1	47	−1	−1	−1	−1	−1	65	25	−1	−1	−1	−1	−1	0	0	−1	−1	−1	−1	−1	−1	−1
−1	−1	39	−1	−1	−1	84	−1	−1	41	72	−1	−1	−1	−1	−1	0	0	−1	−1	−1	−1	−1	−1
−1	−1	−1	−1	46	40	−1	82	−1	−1	−1	79	0	−1	−1	−1	−1	0	0	−1	−1	−1	−1	−1
−1	−1	95	53	−1	−1	−1	−1	−1	14	18	−1	−1	−1	−1	−1	−1	−1	0	0	−1	−1	−1	−1
−1	11	73	−1	−1	−1	2	−1	−1	47	−1	−1	−1	−1	−1	−1	−1	−1	−1	0	0	−1	−1	−1
12	−1	−1	−1	83	24	−1	43	−1	−1	−1	51	−1	−1	−1	−1	−1	−1	−1	−1	0	0	−1	−1
−1	−1	−1	−1	−1	94	−1	59	−1	−1	70	72	−1	−1	−1	−1	−1	−1	−1	−1	−1	0	0	−1
−1	−1	7	65	−1	−1	−1	−1	39	49	−1	−1	−1	−1	−1	−1	−1	−1	−1	−1	−1	−1	0	0
43	−1	−1	−1	−1	66	−1	41	−1	−1	−1	26	7	−1	−1	−1	−1	−1	−1	−1	−1	−1	−1	0

Rate $=\frac{2}{3}A$																							
3	0	−1	−1	2	0	−1	3	7	−1	1	1	−1	−1	−1	−1	1	0	−1	−1	−1	−1	−1	−1
−1	−1	−1	−1	36	−1	−1	34	10	−1	−1	18	2	−1	3	0	−1	0	0	−1	−1	−1	−1	−1
−1	−1	12	2	−1	15	−1	40	−1	3	−1	15	−1	2	13	0	−1	−1	0	0	−1	−1	−1	−1
−1	−1	19	24	−1	3	0	−1	6	−1	17	−1	−1	−1	8	39	−1	−1	−1	0	0	−1	−1	−1
20	−1	6	−1	−1	10	29	−1	−1	28	−1	14	−1	38	−1	−1	0	−1	−1	−1	0	0	−1	−1
−1	−1	10	−1	28	20	−1	−1	8	−1	36	−1	9	−1	21	45	−1	−1	−1	−1	−1	0	0	−1
35	25	−1	37	−1	21	−1	−1	5	−1	−1	0	−1	4	20	−1	−1	−1	−1	−1	−1	−1	0	0
−1	6	6	−1	−1	−1	4	−1	14	30	−1	3	36	−1	14	−1	−1	−1	−1	−1	−1	−1	−1	0

Rate $=\frac{2}{3}B$																							
2	−1	19	−1	47	−1	48	−1	36	−1	82	−1	47	−1	15	−1	95	0	−1	−1	−1	−1	−1	−1
−1	69	−1	88	−1	33	−1	3	−1	16	−1	37	−1	40	−1	48	−1	0	0	−1	−1	−1	−1	−1

续表

Rate=$\frac{2}{3}B$

10	−1	86	−1	62	−1	28	−1	85	−1	16	−1	34	−1	73	−1	−1	−1	0	0	−1	−1	−1	−1
−1	28	−1	32	−1	81	−1	27	−1	88	−1	5	−1	56	−1	37	−1	−1	−1	0	0	−1	−1	−1
23	−1	29	−1	15	−1	30	−1	66	−1	24	−1	50	−1	62	−1	−1	−1	−1	−1	0	0	−1	−1
−1	30	−1	65	−1	54	−1	14	−1	0	−1	30	−1	74	−1	0	−1	−1	−1	−1	−1	0	0	−1
32	−1	0	−1	15	−1	56	−1	85	−1	5	−1	6	−1	52	−1	0	−1	−1	−1	−1	−1	0	0
−1	0	−1	47	−1	13	−1	61	−1	84	−1	55	−1	78	−1	41	95	−1	−1	−1	−1	−1	−1	0

Rate=$\frac{3}{4}A$

6	38	3	93	−1	−1	−1	30	70	−1	86	−1	37	38	4	11	−1	46	48	0	−1	−1	−1	−1
62	94	19	84	−1	92	78	−1	15	−1	−1	92	−1	45	24	32	30	−1	−1	0	0	−1	−1	−1
71	−1	55	−1	12	66	45	79	−1	78	−1	−1	10	−1	22	55	70	82	−1	−1	0	0	−1	−1
38	61	−1	66	9	73	47	64	−1	39	61	43	−1	−1	−1	−1	95	32	0	−1	−1	0	0	−1
−1	−1	−1	−1	32	52	55	80	95	22	6	51	24	90	44	20	−1	−1	−1	−1	−1	−1	0	0
−1	63	31	88	20	−1	−1	−1	6	40	56	16	71	53	−1	−1	27	26	48	−1	−1	−1	−1	0

Rate=$\frac{3}{4}B$

−1	81	−1	28	−1	−1	14	25	17	−1	−1	85	29	52	78	95	22	92	0	0	−1	−1	−1	−1
42	−1	14	69	32	−1	−1	−1	−1	70	43	11	36	40	33	57	38	24	−1	0	0	−1	−1	−1
−1	−1	20	−1	−1	63	39	−1	70	67	−1	38	4	72	47	29	60	5	80	−1	0	0	−1	−1
64	2	−1	−1	63	−1	−1	3	51	−1	81	15	94	9	85	36	14	19	−1	−1	−1	0	0	−1
−1	53	60	80	−1	26	75	−1	−1	−1	−1	86	77	1	3	72	60	25	−1	−1	−1	−1	0	0
77	−1	−1	−1	15	28	−1	35	−1	72	30	68	85	84	26	64	11	89	0	−1	−1	−1	−1	0

Rate=$\frac{5}{6}$

−1	25	55	−1	47	4	−1	91	84	8	86	52	82	33	5	0	36	20	4	77	80	0	−1	−1
−1	6	−1	36	40	47	12	79	47	−1	41	21	12	71	14	72	0	44	49	0	0	0	0	−1
51	81	83	4	67	−1	21	−1	31	24	91	61	81	9	86	78	60	88	67	15	−1	−1	0	0
68	−1	50	15	−1	36	13	10	11	20	53	90	29	92	57	30	84	92	11	66	80	−1	−1	0

参 考 文 献

[1] 傅祖芸. 信息论与编码[M]. 2 版. 北京：电子工业出版社，2014.

[2] 岳殿武. 信息论与编码简明教程及习题详解[M]. 2 版. 北京：清华大学出版社，2020.

[3] 冯桂. 信息论与编码[M]. 北京：清华大学出版社，2016.

[4] 唐朝京. 信息论与编码基础[M]. 2 版. 北京：电子工业出版社，2015.

[5] 毕厚杰. 新一代视频压缩编码标准 H.264/AVC[M]. 北京：人民邮电出版社，2009.

[6] 全子一. 图像信源压缩编码及信道传输理论与新技术[M]. 北京：北京工业大学出版社 2006.

[7] 刘爱莲. 纠错编码原理及 MATLAB 实现[M]. 北京：清华大学出版社，2013.

[8] 白宝明，孙韶辉，王加庆. 5G 移动通信中的信道编码[M]. 北京：电子工业出版社，2020.

[9] 徐俊，袁弋非. 5G-NR 信道编码[M]. 北京：人民邮电出版社，2019.

[10] （美）威廉·瑞安，林舒. 信道编码：经典与现代[M]. 白宝明，马啸，译. 北京：电子工业出版社，2017.

[11] 史治平. 5G 先进信道编码技术[M]. 北京：人民邮电出版社，2017.

[12] 赵晓群. 现代编码理论[M]. 武汉：华中科技大学出版社，2008.

[13] 肖扬. Turbo 与 LDPC 编解码及其应用[M]. 北京：人民邮电出版社，2010.

[14] （德）诺伊鲍尔. 编码理论：算法、结构和应用[M]. 张宗橙，译. 北京：人民邮电出版社，2009.

[15] 刘东华. 信道编码与 MATLAB 仿真[M]. 北京：电子工业出版社，2014.

[16] 周旭栋. 移动通信中 Turbo 编解码的研究[D]. 西安：西安电子科技大学，2018.

[17] 李琦. 高速率信道编译码并行实现研究[D]. 成都：电子科技大学，2020.

[18] 白宝明，孙成，陈佩瑶，等. 信道编码技术新进展[J]. 无线电通信技术，2016，42(6)：1-8.

[19] 庞元正，李建华. 系统论控制论信息论经典文献选编. 北京：求实出版社，1989，612-636.

[20] Robert J. McEliece. 信息论与编码理论[M]. 北京：电子工业出版社，2004.

[21] Ranjan Bose. Information Theory，Coding and Cryptography[M]. 北京：机械工业出版社，2003.

[22] Morelos-Zaragoza，R. H. 纠错编码的艺术[M]. 北京：北京交通大学出版社，2007.

[23] Shannon C E. A mathematical theory of communication [J]. Bell System Technical Journal，27(1948)，379-429，623-656.

[24] Kullback S. Information and Statistics[M]. John Wiley & Sons Inc.，New York，1959.

[25] http://open.163.com/special/Khan/theory.html，可汗学院公开课：信息论.

[26] https://ocw.mit.edu/courses/electrical-engineering-and-computer-science/6-441-information-theory-spring-2016/，MIT 公开课：信息论.

[27] Perez L C，Seghers J，Costello D J. A distance spectrum interpretation of turbo codes[J]. IEEE Transactions on information Theory，1996，42(6)：1698-1709.

[28] Benedetto S，Montorsi G. Unveiling turbo codes：Some results on parallel concatenated coding schemes[J]. IEEE Transactions on Information theory，1996，42(2)：409-428.

[29] Benedetto S，Montorsi G. Design of parallel concatenated convolutional codes[J]. IEEE Transactions on Communications，1996，44(5)：591-600.

[30] Berrou C，Glavieux A. Near optimum error correcting coding and decoding：Turbo-codes[J]. IEEE Transactions on communications，1996，44(10)：1261-1271.

[31] Moloudi S，Lentmaier M，Graell i Amat A. Spatially Coupled Turbo-Like Codes：A New Trade-Off Between Waterfall and Error Floor [J]，IEEE Transactions on Communications，2019，67(5)：3114-3123.

[32] Qiu M，Wu X，i Amat A G，et al. Analysis and design of partially information and partially parity-coupled turbo codes[J]. IEEE Transactions on Communications，2021，69(4)：2107-2122.

[33] Gallager R. Low-density parity-check codes[J]. IRE Transactions on Information Theory, 1962, 8(1): 21-28.

[34] ArIkan R. Channel Polarization: A Method for Constructing Capacity-Achieving Codes for Symmetric Binary-Input Memoryless Channels. IEEE Transactions on Information Theory, 2009, 55(7): 3051-3073.

[35] ArIkan E. Serially Concatenated Polar Codes. IEEE Access, 2018, 6: 64549-64555.

[36] Rowshan M, Burg A, Viterbo E. Polarization-adjusted convolutional (PAC) codes: Sequential decoding vs list decoding. IEEE Transactions on Vehicular Technology, 2021, 70(2): 1434-1447.

[37] ArIkan E. From sequential decoding to channel polarization and back again. 2019, arXiv:1908.09594.